“十三五”职业教育规划教材
电力类技术技能型人才培养系列教材

热力辅机检修

主　编　王德坚
副主编　张雪然
参　编　付连兵
主　审　毛正孝

中国电力出版社
CHINA ELECTRIC POWER PRESS

内容提要

本书主要讲述了热力辅机设备的检修工艺，其内容包括：热力辅机设备检修常用工量具，水泵检修，风机检修，给煤机、给粉机检修，汽轮机辅机检修，以及阀门检修。本书内容翔实、图文并茂、层次分明、重点突出，每个项目目标清楚明确，每个任务后有能力训练，实现理论与实践的一体化教学，项目结束后有综合测试以检验学生对知识的掌握程度。

本书可作为高职高专热能与发电工程专业教材，也可供相关专业技术人员参考。

图书在版编目（CIP）数据

热力辅机检修/王德坚主编．—北京：中国电力出版社，2018.8

“十三五”职业教育规划教材　电力类技术技能型人才培养系列教材

ISBN 978-7-5198-2307-8

Ⅰ.①热…　Ⅱ.①王…　Ⅲ.①热力工程—设备—检修—职业教育—教材　Ⅳ.①TK17

中国版本图书馆 CIP 数据核字（2018）第 176629 号

出版发行：中国电力出版社
地　　址：北京市东城区北京站西街 19 号（邮政编码 100005）
网　　址：http：//www.cepp.sgcc.com.cn
责任编辑：李　莉
责任校对：黄　蓓　李　楠
装帧设计：郝晓燕　赵丽媛
责任印制：吴　迪

印　　刷：北京雁林吉兆印刷有限公司
版　　次：2018 年 8 月第一版
印　　次：2018 年 8 月北京第一次印刷
开　　本：787 毫米×1092 毫米　16 开本
印　　张：16.25
字　　数：398 千字
定　　价：45.00 元

前言

本书是按照高职高专热能与发电工程专业“五年一贯制”人才培养方案编写而成的。

本书按照理实一体化的教学思想，以工作任务为中心来整合相应的知识和技能，加强工作任务与知识、技能的联系，可操作性强，既能使学生学习到相关的理论知识，又重点培养了学生的动手能力。选材中注重吸取了行业发展中的新知识、新技术、新工艺、新方法，设备结构注重读图、识图能力的培养，在编写过程中，查阅大量的技术资料，参照标准检修程序，详细叙述了热力辅机设备的主要结构、原理、检修工序、检修工艺方法以及设备常见故障与处理方法。

本书由国网技术学院王德坚主编，并编写了项目一、项目二、项目三，国网技术学院张雪然为副主编，并编写项目四、项目五，中国电建集团核电工程公司付连兵编写项目六。本书由国网技术学院毛正孝副教授主审，邹县发电厂的杜峰和华电潍坊发电有限公司王承蛟两位专家在本书的编写过程中给予了大力支持，在此表示感谢。

由于编者水平有限，书中难免存在缺点和不足，敬请读者批评指正。

编　者

2018 年 6 月

目　录

项目一　热力辅机设备检修常用工量具

项目目标

熟悉扳手、手锤、手锯、锉刀等热力辅机检修常用工具的使用及保养方法；熟悉游标卡尺、千分尺、万能角度尺、塞尺、百分表、水平仪等热力辅机检检修常用量具的使用及保养方法；熟悉角向砂轮机、电动无齿锯等检修专用工器具的使用及保养方法。

任务一　常　用　工　具

任务目标

熟悉热力辅机检修中常用工具的规格、使用方法及保养方法。

知识准备

热力辅机检修中常用的工具有扳手、手锤、手锯、锉刀等。

一、扳手

扳手的种类很多，主要有活扳手、开口固定扳手、闭口固定扳手、花型扳手和管子钳。

（一）活扳手

这种扳手（见图1-1）适用于各种阀门盘根、烟风道人孔门螺丝以及M16以下的螺丝，常用的规格有200、250、300mm。活扳手的正确使用方法见图1-2（a）。

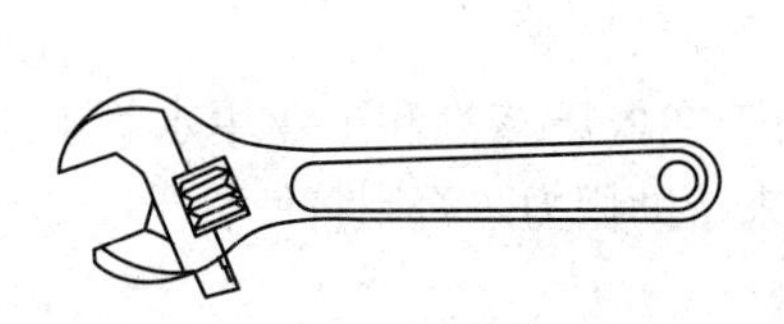

图1-1　活扳手

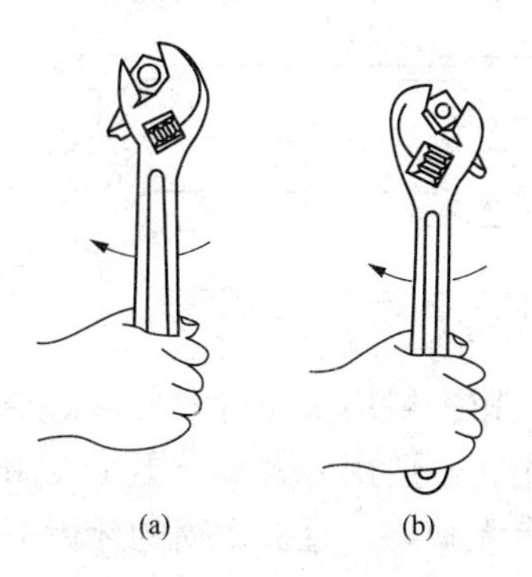

图1-2　活扳手的使用

（a）正确；（b）不正确

（二）开口固定扳手

这种扳手（见图1-3）适用于M18以下的螺丝，使用时不要用力太大，否则容易将开口损坏。这种扳手的缺点是一种规格只适用于一种螺丝，使用前要检查开口有无裂纹。

（三）闭口固定扳手

这种扳手（见图1-4）六方吃力，故适用于高压力和紧力大的螺丝，最适用于高压阀门检修，使用前应仔细检查有无缺陷。

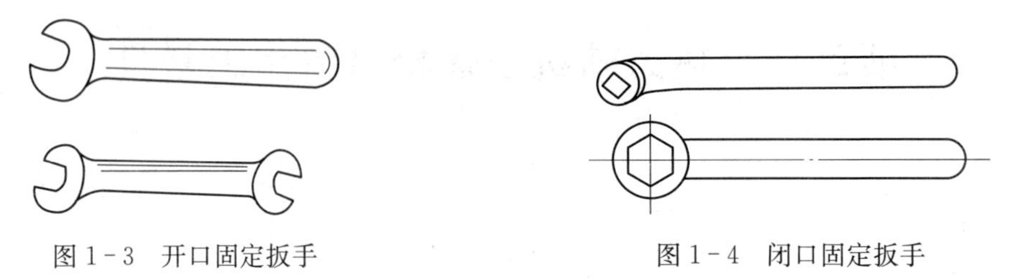

图 1-3 开口固定扳手　　图 1-4 闭口固定扳手

（四）花型扳手

花型扳手又称梅花扳手。梅花扳手（见图 1-5）两端呈花环状，其内孔是由 2 个正六边形相互同心错开 30°而成。很多梅花扳手都有弯头，常见的弯头角度为 10°～45°，从侧面看旋转螺栓部分和手柄部分是错开的。这种结构方便于拆卸装配在凹陷空间的螺栓、螺母，并可以为手指提供操作间隙，以防止擦伤。用在补充拧紧和类似操作中，可以使用梅花扳手对螺栓或螺母施加大扭矩。梅花扳手有各种大小，使用时要选择与螺栓或螺母大小对应的扳手。因为扳手钳口是双六角形的，可以容易地装配螺栓/螺母，这可以在一个有限空间内重新安装。

在使用梅花扳手时，左手推住梅花扳手与螺栓连接处，保持梅花扳手与螺栓完全配合，防止滑脱，右手握住梅花扳手另一端并加力。梅花扳手可将螺栓、螺母的头部全部围住，因此不会损坏螺栓角，可以施加大力矩。

扳转时，严禁将加长的管子套在扳手上以延伸扳手的长度增加力矩，严禁捶击扳手以增加力矩，否则会造成工具的损坏。严禁使用带有裂纹和内孔已严重磨损的梅花扳手。

（五）管子钳

管子钳又称管子扳手。管子钳（见图 1-6）用于紧固或拆卸各种管子、管路附件或圆形零件，为管路安装和修理常用工具。其钳体除可锻铸制造外，另有铝合金制造，其特点是重量轻，使用轻便，不易生锈。

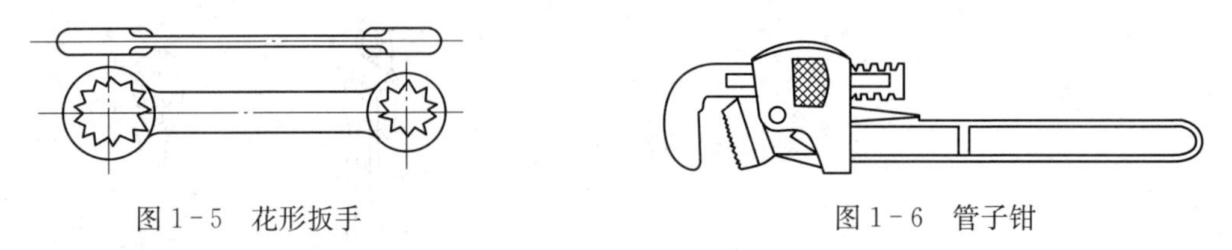

图 1-5 花形扳手　　图 1-6 管子钳

管子钳一般用来夹持和旋转钢管类工件。适用于在低压蒸汽和工业用水管上工作时采用。使用时不要用力太猛，更不要用加套管的办法来帮助用力，否则将使管子咬坏。使用前应检查有无缺陷，且扳手嘴的牙齿上不要带油。

1. 工作原理

用钳口的锥度增加扭矩，通常锥度为 3°～8°，咬紧管状物。自动适应不同的管径，自动适应钳口对管施加应力而引起的塑性变形，在出现这种降低管径的效应下，保证扭矩，不打滑。

2. 注意事项

管子钳使用注意事项：

（1）要选择合适的规格；

（2）钳头开口要等于工件的直径；

（3）钳头要卡紧工件后再用力扳，防止打滑伤人；

（4）用加力杆时，长度要适当。搬动手柄时，注意承载扭矩，不能用力过猛，防止过载损坏；

（5）管钳牙和调节环要保持清洁；

（6）一般管子钳不能作为锤头使用；

（7）不能夹持温度超过300℃的工件。

二、手锤

常用手锤的规格以锤头的重量来表示有0.25、0.5、1、1.5kg等几种。

手锤的手柄是硬木制的，长度为300～350mm。锤把的安装应细致，锤头与锤把要成90°，手柄镶入锤孔后要钉入一铁楔，以防锤头松脱。铁楔埋入深度不得超过锤孔深度的2/3。手锤的锤面稍微凸出一点比较好。锤面是手锤的打击部位，不能有裂纹和缺陷。手锤的握法见图1-7。

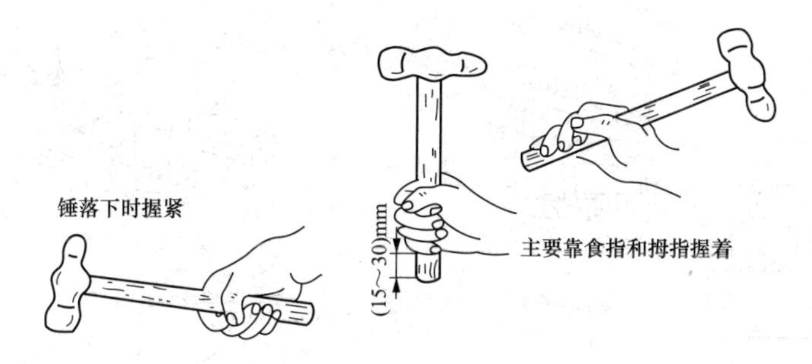

图1-7　手锤的握法

三、手锯

1. 手锯的构造

手锯（又称钢锯）由锯弓和锯条组成。锯弓是用来安装锯条的，它有可调式和固定式两种。固定式锯弓只能安装一种长度的锯条；可调式锯弓通过调整可以安装不同长度的锯条，并且可调式锯弓的锯柄形状便于用力，所以目前被广泛使用。

2. 锯条的正确安装

锯削时，手锯向前推进起切削作用，反之则不起切削作用。锯条安装在锯弓两夹头的销钉上时，锯条的一侧面应紧贴在夹头平面上，锯齿齿尖方向应向前，见图1-8。旋紧蝶形螺母，拉紧锯条。锯条安装时不可过紧或过松，太紧时锯条受力过大，在锯削中用力稍有不当，就会折断；太松则锯削时的锯条容易扭曲，也易折断，而且锯出的锯缝容易歪斜。一般用手拨动锯条时，手感硬实并略带弹性，则锯条松紧适宜。锯条装好后，应检查是否歪斜，如有歪斜，则需校正。方法是：把蝶形螺母再旋紧些，然后旋松一些来消除扭曲现象。

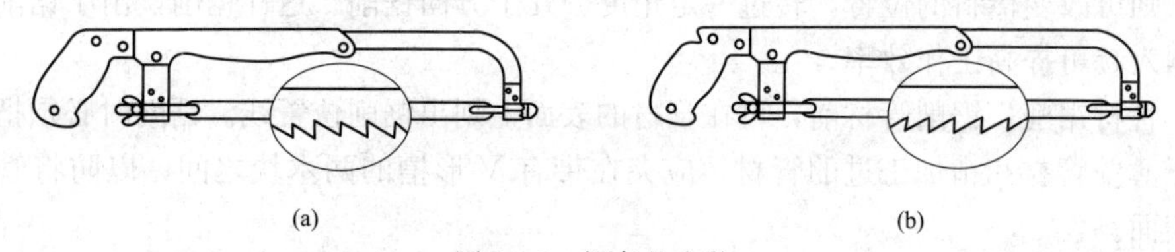

图1-8　锯条的安装

（a）正确；（b）不正确

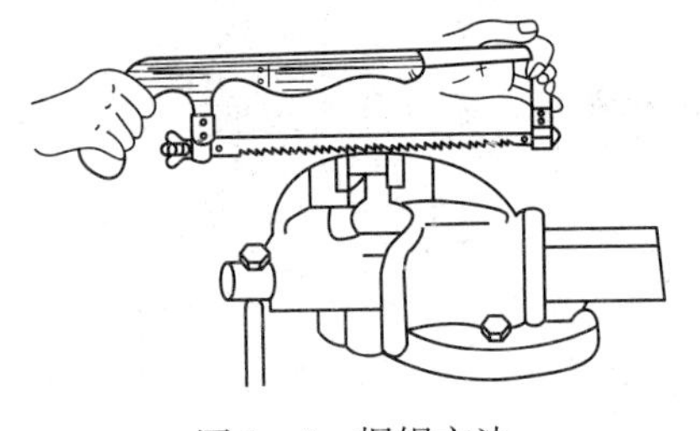
图1-9 握锯方法

3. 锯削操作

(1) 握锯。右手握住锯柄，左手轻扶在锯弓前端，双手将手锯扶正，放在工件上锯削，见图1-9。

(2) 起锯。起锯时，将左手拇指按在锯削的位置上，使锯条侧面靠住拇指指甲，见图1-10 (a)。起锯角度约15°，推动手锯，此时行程要短，压力要小，速度要慢。当锯齿切入工件2～3mm时，左手拇指离开工件，放在手锯前端，扶正手锯进入正常的切削状态。起锯的方法有两种：一种是远起锯法，在远离操作者一端起锯，见图1-10 (b)；另一种是近起锯法，在靠近操作者一端的工件上起锯，见图1-10 (c)。前者起锯方便，起锯角度容易掌握，锯齿能逐步切入工件中，是常用的一种起锯方法。

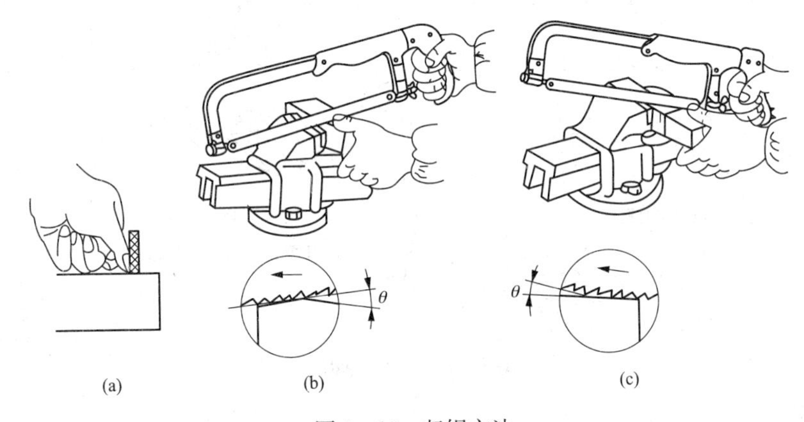

图1-10 起锯方法
(a) 起锯开始；(b) 远起锯法；(c) 近起锯法

(3) 锯削。锯削时，向前的推力和压力大小主要由右手掌握，左手配合右手扶正锯弓，压力不要过大，否则容易引起锯条折断。推锯时，身体略向前倾，双手同时对锯弓加推力和压力，回程时不可加压力，并将锯弓稍微抬起，以减少锯齿的磨损。当工件将被锯断时，应减轻压力，放慢速度，并用左手托住锯断掉下一端，防止锯断部分落下摔坏或砸伤脚。

锯削姿势有两种，直线式和摆动式。直线式运动，适用于锯薄形工件及直槽。摆动式运动，即手锯推进时，左手略微上翘，右手下压；回程时右手上抬，左手自然跟回。这样锯削不易疲劳，且效率高，但摆动要适度。

4. 锯削方法

(1) 棒料锯削。如果锯削的断面要求平整，则应从开始连续锯到结束。若锯出的断面要求不高，则可改变棒料的位置，转过一定角度分几个方向锯削。这样锯削，由于锯削面变小而容易锯入，可提高工作效率。

(2) 管材锯削。锯削管材前，可在管材的表面上划出锯削位置线。锯削时必须把管材夹正，对于薄壁管材和精加工过的管材，应夹在带有V形槽的两木块之间，以防将管材夹扁和夹坏表面。

锯削薄壁管材时不可在一个方向从开始连续锯削到结束，否则锯齿易被管壁钩住而崩裂。正确的方法应是：先在一个方向锯到管子内壁处，锯穿为止，然后把管子向推锯方向转过一定角度，并连接原锯缝再锯到管子的内壁处，如此不断转锯，直到锯断为止，见图 1-11。

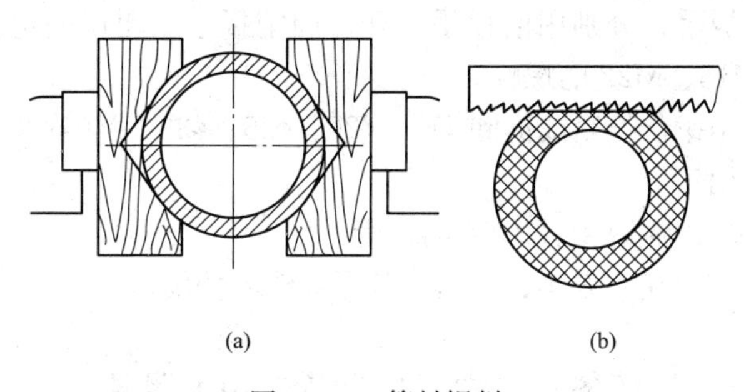

图 1-11　管材锯削

(a) 管材夹持方法；(b) 管材转位锯削

四、锉刀

锉刀的粗细是以锉面上每 10mm 长度上锉齿的齿数来划分的。粗锉刀（4～12 齿）的齿间大，不易堵塞，适用于粗加工或锉铜、铝等软金属；细锉刀（13～24 齿），适用于锉钢和铸铁等材料；光锉刀（30～60 齿）又称油光锉，只用于最后修光表面。锉刀越细，锉出的工件表面越光，生产率则越低。锉削时不要用手摸工件表面，以防再锉时打滑。粗锉时用交叉做法，基本锉平后，可用细锉或光锉以推锉法修光。

根据锉刀断面形状不同，可分平锉、半圆锉、方锉、三角锉及圆锉等。锉削时的部位与姿势见图 1-12，交叉锉法见图 1-13，推锉法见图 1-14。

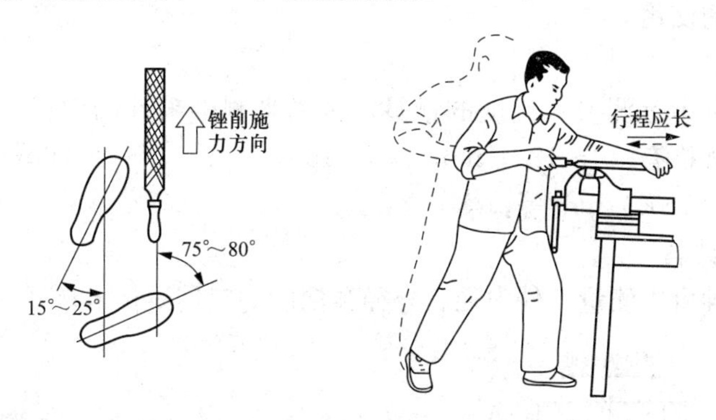

图 1-12　锉削时的部位与姿势

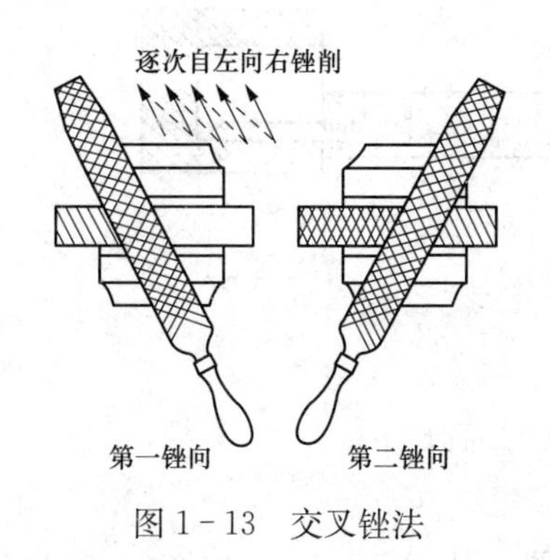

图 1-13　交叉锉法

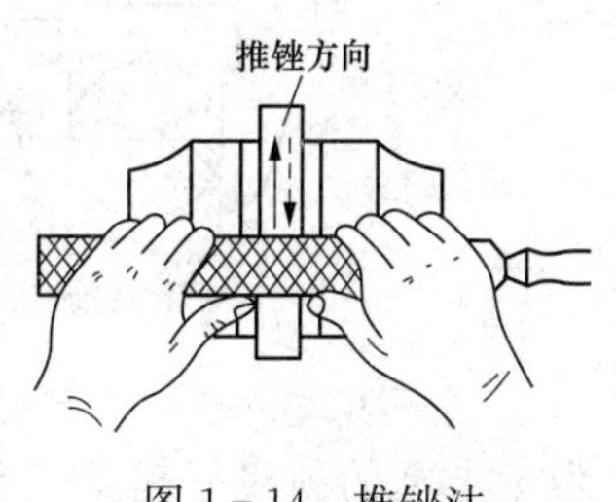

图 1-14　推锉法

能力训练

1. 请选择合适的扳手，分别用活扳手、开口固定扳手、闭口固定扳手、梅花扳手拧紧或拆卸 M6、M12、M18、M22 的螺帽。

2. 请选择合适管子钳，拧紧或拆卸 ϕ15、ϕ20、ϕ25、ϕ32、ϕ40 的管子。

3. 练习手锤的使用。

4. 用手锯锯断 ϕ10 的圆钢和 ϕ32×4 的钢管。

5. 分别用平锉、半圆锉、方锉、三角锉及圆锉练习挫削。

任务二　常用量具及专用工器具

任务目标

熟悉热力辅机检修中常用量具的规格、分类及使用方法。

知识准备

一、常用量具的种类

热力辅机检修中常用量具有以下几类：游标卡尺、千分尺、万能角度尺、水平仪、塞尺等。

二、常用量具的使用

（一）游标卡尺

游标卡尺是一种中等测量精确度的量具，常用来测量零件的内径、外径、中心距、宽度、长度等。它的规格有（0～125）mm、（0～150）mm、（0～200）mm、（0～300）mm、（0～500）mm、（0～1000）mm 等。

1. 游标卡尺的结构

图 1-15 为一种可以测量工件内径、外径和深度的三用游标卡尺及其主要组成部分。

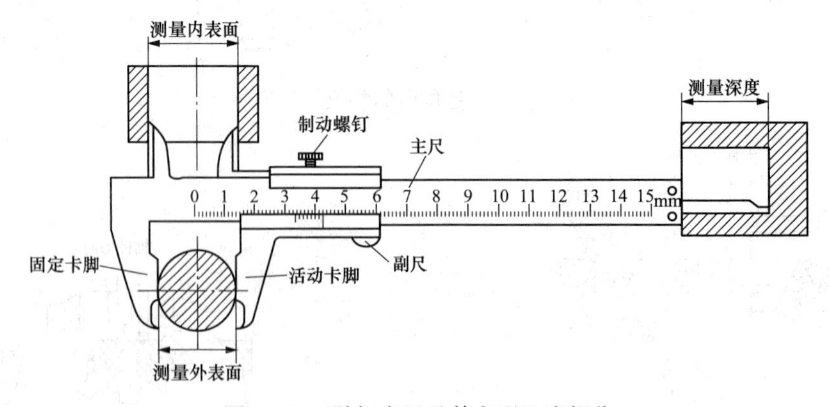

图 1-15　游标卡尺及其主要组成部分

2. 游标卡尺的刻线原理及读数方法

游标卡尺按测量精度分有 0.02、0.05、0.1mm 三种，其中 0.02mm 的游标卡尺应用最广泛。现以0.02mm的游标卡尺为例说明其读数方法。

(1) 0.02mm游标卡尺的主尺上每小格为1mm。当两量爪合并时，副尺上的50格等于主尺上的49mm，见图1-16。因此，副尺上每格为49mm÷50=0.98mm，主尺与副尺每格相差为1mm-0.98mm=0.02mm，此即游标卡尺的精度值。

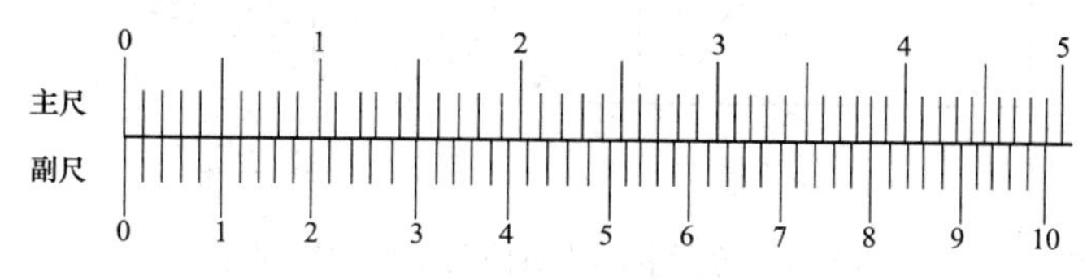

图1-16　0.02mm游标卡尺刻线原理

(2) 游标卡尺测量量值的读数方法：

读数 = 副尺0位指示的主尺整数 + 副尺与主尺重合线数 × 精度值

图1-17为游标卡尺读数方法示例，其中图（a）读数为10mm+0.1mm=10.1mm；图（b）读数为27mm+0.94mm=27.94mm；图（c）读数为21mm+0.5mm=21.5mm。

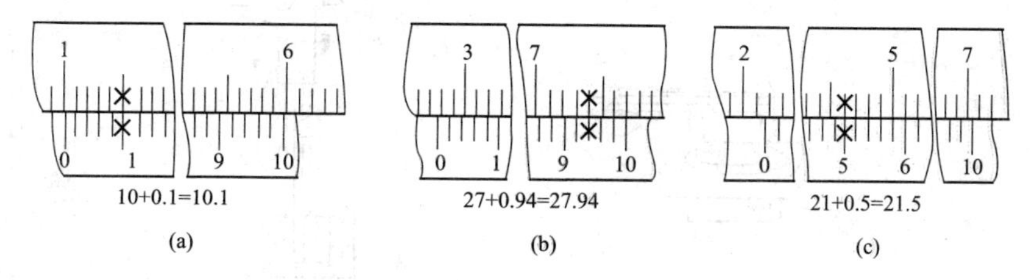

图1-17　游标卡尺读数方法

3. 游标卡尺的使用方法

游标卡尺的使用方法及注意事项如下：

(1) 测量或检验零件尺寸时，应按零件尺寸的公差等级选用相应的量具。游标卡尺是一种中等精确度的量具，只适用于尺寸公差等级为IT10～IT16的测量检验。不允许用游标卡尺测量铸、锻件毛坯尺寸，否则容易损坏量具。

(2) 测量前，应检查游标卡尺零位的准确性。擦净量爪的两测量面，并将两测量面接触贴合，如无透光现象（或有极微的均匀透光）且主尺与副尺的零线正好对齐，说明游标卡尺零位准确。否则，说明游标卡尺的两测量面已有磨损，测量的示值不准确，必须对读数加以相应的修正。

(3) 测量时，应将两量爪张开到略大于被测尺寸，将固定量爪的测量面贴靠着工件，然后轻轻移动副尺，使活动量爪的测量面也紧靠工件，见图1-18，然后把制动螺钉拧紧，即可读出读数。测量时测量面的连线垂直于被测表面，不可处于图1-19所示的歪斜位置。

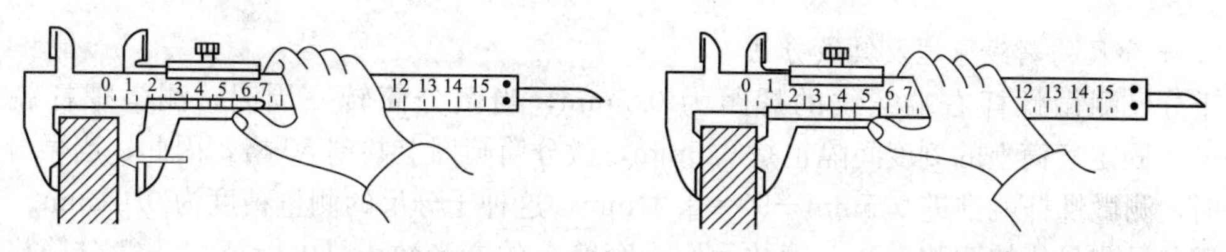

图1-18　测量时量爪的动作

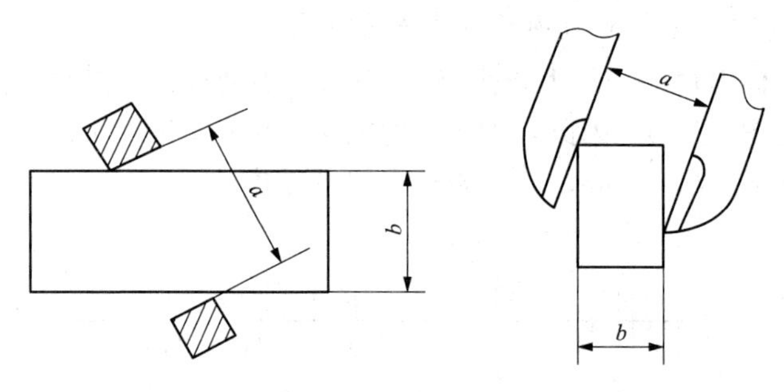

图 1-19　游标卡尺测量面与工件的错误接触

图 1-20（a）所示为测量内孔孔径的方法。测量时应使一个量爪接触孔壁不动，另一个量爪微微摆动，取其最大值，以量得真正的孔径尺寸。图 1-20（b）所示为测量孔的深度，测量时应使尺身与孔端面垂直。

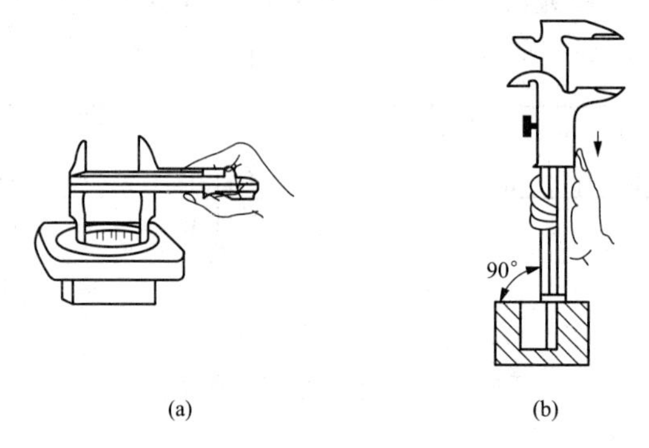

图 1-20　游标卡尺测量孔径和孔深

（a）测量孔径；（b）测量孔深

读数时，应把游标卡尺水平拿着，在光线明亮的地方，视线垂直于刻度表面，避免因斜视造成的读数误差。

（二）千分尺

千分尺也是一种中等测量精确度的量具，它的测量精确度比游标卡尺高。普通千分尺的测量精确度为 0.01mm，因此，常用来测量加工精确度要求较高的零件尺寸。

千分尺的规格按测量范围划分，在 500mm 以内，每 25mm 为一档，如（0～25）mm、（25～50）mm，……。在（500～1000）mm 以内，每 100mm 为一档，如（500～600）mm、（600～700）mm 等。

1. 千分尺的结构

图 1-21 所示是测量范围为 0～25mm 的千分尺，它是由尺架、测微螺杆、测力装置等组成。

2. 千分尺的刻线原理及读数方法

千分尺测微螺杆右端螺纹的螺距为 0.5mm，当微分筒转一周时，测微螺杆就推进 0.5mm。固定套筒上的刻度间隔也是 0.5mm，微分筒圆周上共刻 50 格，因此，当微分筒转一格时，测微螺杆就推进 0.5mm÷50＝0.01mm，这种千分尺的测量精度为 0.01mm。

千分尺测量值的读数方法：读数＝固定套筒上的毫米数＋（0.5mm）＋微分筒格数×0.01（注意：读数时，不要出现多读或少读 0.5mm 的差错）。

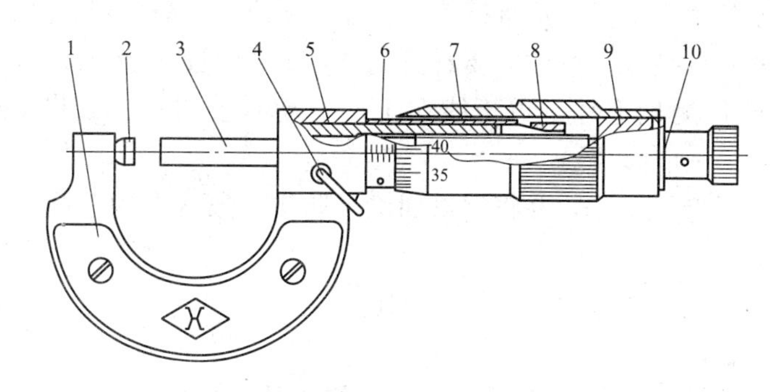

图 1-21　千分尺

1—尺架；2—测砧；3—测微螺杆；4—锁紧装置；5—螺纹轴套；6—固定套筒；7—微分筒；8—调节螺母；9—接头；10—测力装置

图 1-22 所示为千分尺的读数方法示例，其中图（a）读数为 6mm＋0.05mm＝6.05mm，图（b）读数为 35.5mm＋0.12mm＝35.62mm。

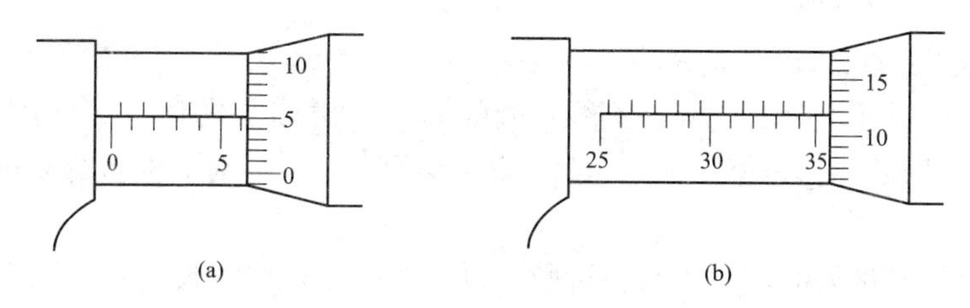

图 1-22　千分尺的读数方法示例

3. 千分尺的使用方法

千分尺的使用方法及注意事项如下：

（1）千分尺的测量面应保持干净，使用前应检查零位的准确性。对 0～25mm 的千分尺，首先应使两测量面接触，检查微分筒上的零线是否与固定套筒上的基准线对齐。如果没有对齐，则应先进行校准。对 25～50mm 以上的千分尺可用量具盒内附的校正杆来校准。

（2）测量时，千分尺的测量面和零件的被测表面应擦拭干净，以保证测量准确。千分尺要放正，先转动微分筒，当测量面接近工件时，改用测力装置，至测力装置内棘轮发出吱吱声音时为止。千分尺测量方法见图 1-23，其中图（a）为单手握尺测量，可用大拇指和食指握住微分筒，小指将尺架压向手心即可测量；图（b）为双手握尺测量。

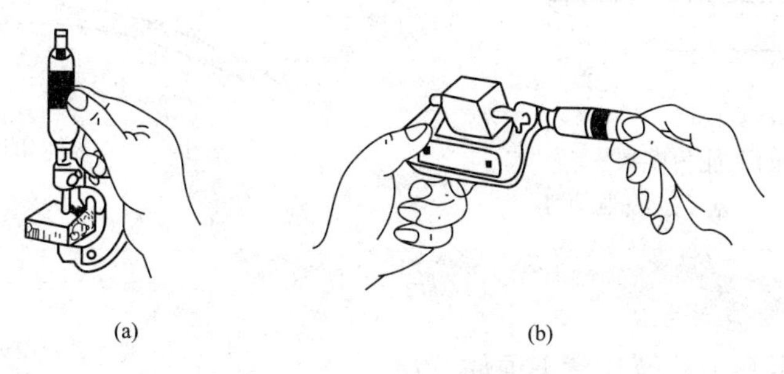

图 1-23　千分尺测量方法

（a）单手握尺测量；（b）双手握尺测量

(3) 读数时，最好不取下千分尺进行读数。如需要取下，应先锁紧测微螺杆，然后轻轻取下千分尺，以防止尺寸变动。读数时要看清刻度，不要错读 0.5mm。

(4) 不能用千分尺测量毛坯，更不能在工件转动时去测量，或将千分尺当锤子敲击物体。

(5) 千分尺用完后应擦干净，并将测量面涂油防锈，放入专用盒内，不能与其他工具、刀具、工件等混放。

(6) 千分尺应定期送计量部门进行精度鉴定。

(三) 万能角度尺

万能角度尺是用来测量工件或样板内外角度的一种游标量具，按其测量精度分有 2′和 5′两种，测量范围为 0°～320°。

1. 万能角度尺的结构

图 1－24 所示是读数值为 2′的万能角度尺。在它的扇形板上刻有间隔 1°的刻线。游标固定在底板上，它可以沿着扇形板转动。用夹紧块可以把角尺和直尺固定在底板上，可使测量角度在 0°～320°范围内调整。

2. 万能角度尺刻线原理及读法

万能角度尺扇形板上刻有 120 格刻线，间隔为 1°。游标上刻有 30 格刻线，对应扇形板上的度数为 29°，则游标上每格度数＝（29°/30）×60′＝58′，扇形板与游标每格角度相差＝1°（60′）－58′＝2′。

万能角度尺测量量值的读数方法：读数＝副尺零位指示的主尺整数＋副尺与主尺重合线数×精度值。

图 1－25 所示的测量角度值为 32°＋22′＝32°22′。

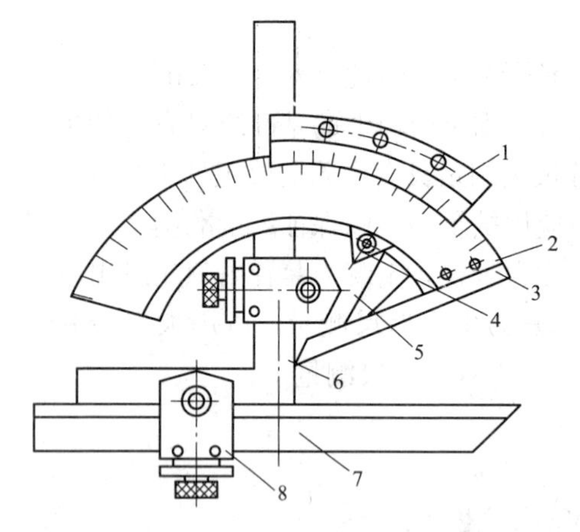

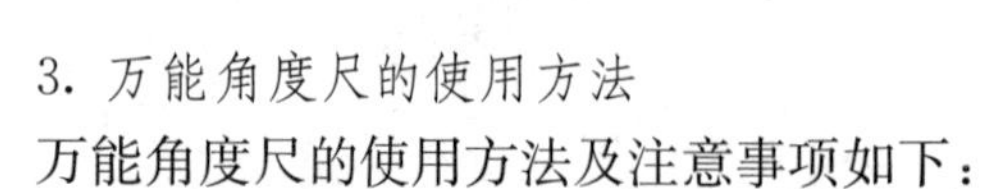
图 1－24　2′的万能角度尺

1—游标；2—扇形板；3—基尺；4—制动器；
5—底板；6—角尺；7—直尺；8—夹紧板

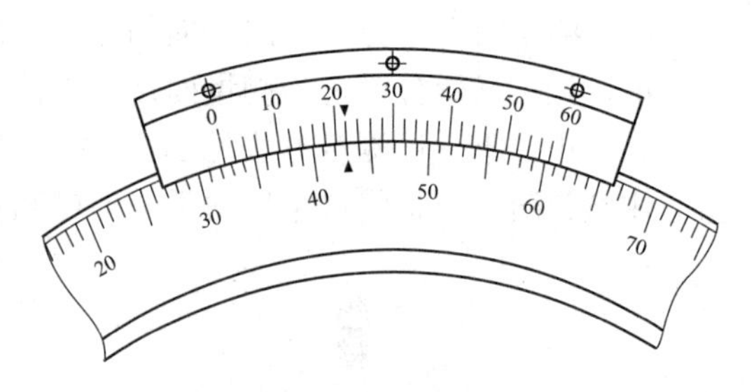

图 1－25　万能角度尺的读数法

3. 万能角度尺的使用方法

万能角度尺的使用方法及注意事项如下：

(1) 使用前应检查零位。

(2) 测量时，应使万能角度尺的两个测量面与被测件表面在全长上保持良好接触，然后拧紧制动器上的螺母即可读数。

（3）测量角度为0°～50°时，应装上角尺和直尺；在50°～140°时，应装上直尺；在140°～230°时，应装上角尺；在230°～320°时，不装角尺和直尺，这4种情况见图1-26。

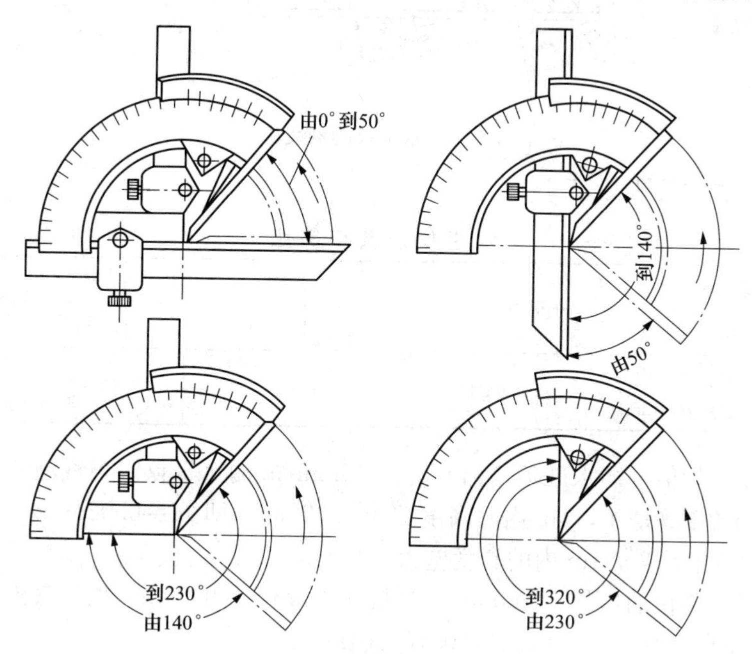

图1-26　万能角度尺的使用

万能角度尺用完后应擦净上油，放入专用盒内保管。

（四）水平仪

水平仪用于检验机械设备平面的平直度，机件的相对位置的平行度及设备的水平位置与垂直位置。常用的有普通水平仪及框式水平仪（见图1-27）。

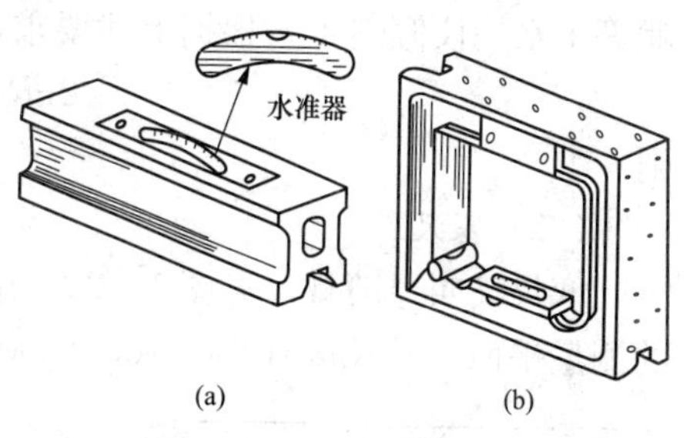

图1-27　水平仪

（a）普通水平仪；（b）框式水平仪

1. 普通水平仪

普通水平仪只能用来检验平面对水平的偏差，其水准器留有一个气泡，当被测面稍有倾斜时，气泡就向高处移动，从刻在水准器上的刻度可读出两端高低相差值。如刻度为0.05mm/m，即表示气泡移动一格时，被测长度为1m的两端上，高低相差为0.05mm。

2. 框式水平仪

框式水平仪又称为方框水平仪，其精度较高，有四个相互垂直的工作面，各边框相互垂直，并有纵向、横向两个水准器。故不仅能检验平面对水平位置的偏差，还可检验平面对垂直位置的偏差。框式水平仪的规格很多，最常用的是200mm×200mm，其刻度值有0.02mm/m、0.05mm/m两种。

3. 水平仪的刻线原理及读数方法

水平仪的读数值是，以气泡偏移一格时，被测物表面所倾斜的角度用θ来表示，或者以气泡偏移一格时，被测物表面在1m内倾斜的高度差H来表示（见图1-28）。

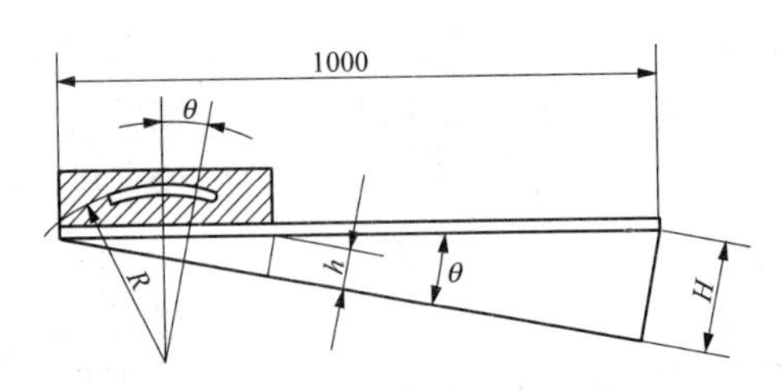

图1-28 水平仪的刻线原理

水平仪的精度等级见表1-1。

表1-1 水平仪的精度等级

精度等级	1	2	3	4
气泡移动一格的倾斜度θ	4″～10″	12″～20″	24″～40″	50″～1′
气泡移动一格时，1m内的高度差H（读数值，mm）	0.02～0.05	0.06～0.10	0.12～0.2	0.25～0.3

例如：刻度分划值（即水准器格值）为0.02mm/m的水平仪。当气泡移动一格时，水平仪的底面倾斜角度θ是4″，1m内的高度差为0.02mm（即$H=0.02$mm）。如果气泡移动2格，就表示倾斜角是8″，1m内的高度差为0.04mm。

常用的框式水平仪的边长为200mm，其接触长度仅为0.20m，如果气泡移动一格，则200mm长度两端高度差h为$0.02\times0.20=0.004$mm。

注意：为了清晰起见，一般水准器的玻璃管表面刻线间距为2mm，即气泡移动一格，就等于水平仪倾斜4″。根据上述要求，水准器的曲率半径R为

$$2\pi R:2=360\times60\times60:4$$

则

$$R=103\text{m}$$

（五）塞尺

塞尺又叫厚薄规，见图1-29，用于检验两个接触面之间的间隙大小。塞尺有两个平行的测量平面，其长度有50、100、200mm等几种。

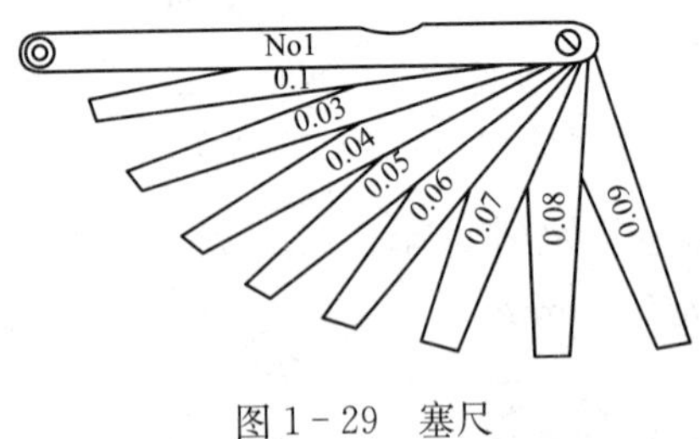

图1-29 塞尺

测量厚度为0.02～0.1mm的，中间每片相隔为0.01mm；测量厚度为0.1～1mm的，中间每片相隔为0.05mm。

使用时，根据零件尺寸的需要，可用一片或数片重叠在一起塞入间隙内。如用0.03mm能塞入，0.04mm不能塞入，说明间隙在0.03～0.04mm之间，所以塞尺是一种极限量规。

测量时，先将塞尺和测点表面擦干净，然后选用适当厚度的塞尺片插入测点，用力不要过大，以免损坏塞尺片。用塞尺测量的测量精确程度全凭个人的经验，过紧、过松均造成误差，一般以手指感到有阻力为准，其手感要通过多次实践。

如果单片厚度不合适，可同时组合几片进行测量，一般控制在3～4片。超过三片，通常就要加测量修正值。根据经验，大体上每增加一片加0.01mm修正值。在组合使用时，应将薄的塞尺片夹在厚的中间，以保护薄片。

当塞尺片上的刻值看不清或塞尺片数较多时，可用千分尺测量塞尺厚。塞尺用完后，应擦干净并抹上机油进行防锈保养。

（六）直角尺

直角尺用来检验工件相邻两个表面的垂直度。钳工常用的直角尺有宽座直角尺和样板直角尺（刀口直角尺）两种，见图 1－30。

用直角尺检验零件外角度时，使用直角尺的内边；检验零件的内角度时，使用直角尺的外边，见图 1－31。

当直角尺一边贴住零件基准表面时，应轻轻压住，然后使直角尺的另一边与零件被测表面接触，根据漏光的缝隙判断零件相互垂直面的垂直精度。直角尺的放置位置不能歪斜，否则测量不正确，见图 1－32。

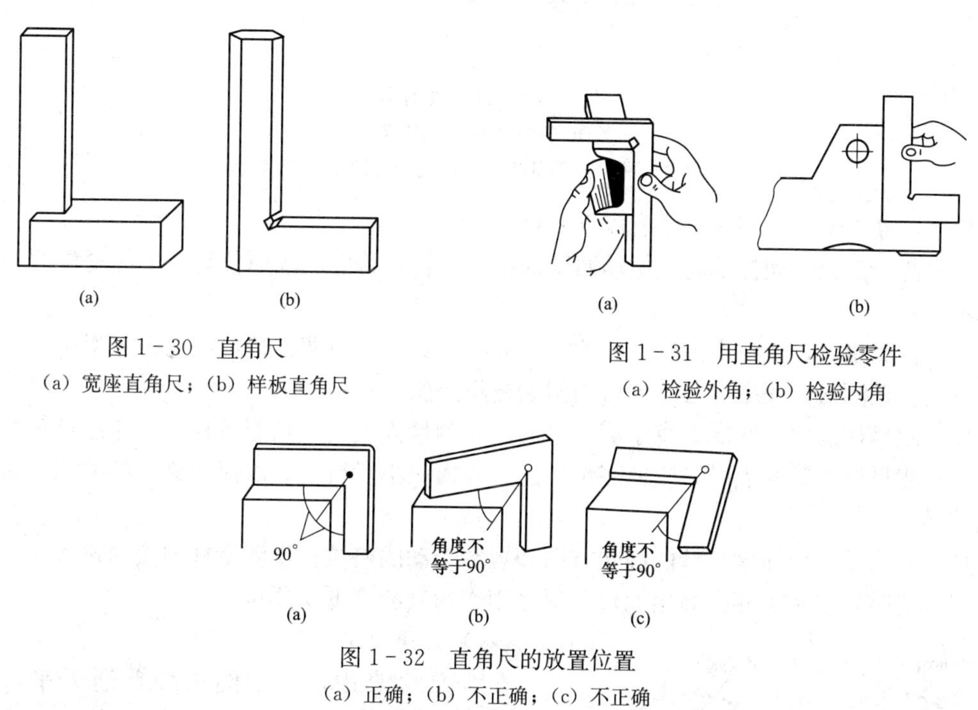

图 1－30　直角尺

（a）宽座直角尺；（b）样板直角尺

图 1－31　用直角尺检验零件

（a）检验外角；（b）检验内角

图 1－32　直角尺的放置位置

（a）正确；（b）不正确；（c）不正确

（七）百分表与千分表

百分表与千分表是测量工件表面形状误差和相互位置的一种量具。它们的动作原理均为使测量杆直线位移，通过齿条和齿轮传动，带动表盘上的指针作旋转运动。百分表结构见图 1－33。

百分表的刻线原理：测量杆直线移动 1mm，表盘上的长指针旋转一周（也就是末级小齿轮旋转一周），将表盘圆周等分 100 格，则每格为 1/100mm。千分表的刻线原理：测量杆直线移动 0.1mm，表盘上长指针旋转一周，将表盘圆周等分 100 格，则每格为 1/1000mm。

表盘上的短针用于指示长针的旋转因数。如百分表表盘上短针移动一格，就是表示长针旋转一圈，即测量杆直线移动了 1mm。

在热机设备检修中，常用的表有每格为 1/100mm 的百分表和每格为 1/1000、2/1000 或 5/1000mm 的千分表。这两种表都配有专用表架和磁性表座。磁性表座内装有合金永久磁钢，旋转表座上的旋钮，即可将磁钢吸附于导磁金属的表面上。

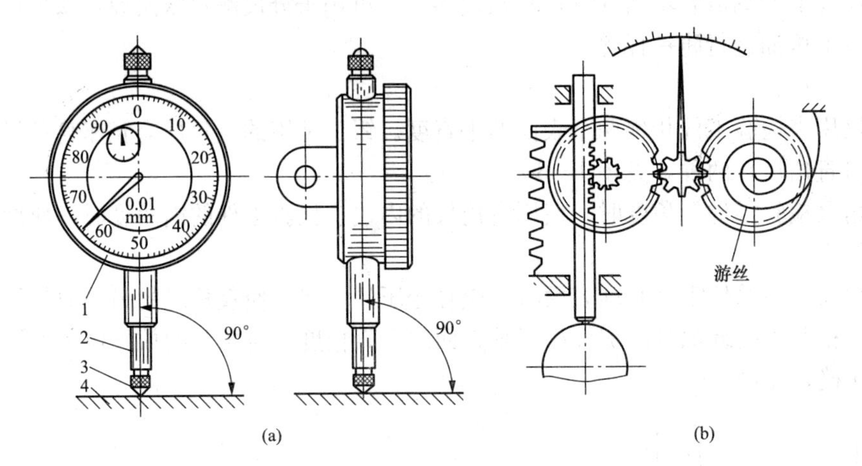

图1-33 百分表结构
(a) 外形；(b) 结构原理
1—活动表圈；2—测量杆（齿条）；3—测头；4—工件

使用百分表或千分表时应注意以下几点：

(1) 使用前先把表杆推动或拉动两三次检查指针是否能回到原位置，不能复位的表，不许使用。

(2) 在测量时，先将表夹持在表架上，表架要稳。若表架不稳，则应将表架用压板固定在机体上。在测量过程中，必须保持表架始终不产生位移。

(3) 测量杆的中心线应垂直于测点平面。若测量为轴类，则测量杆中心应通过轴心。

(4) 测量杆接触测点时，应使测量杆压人表内一小段行程，以保证测量杆的测头始终与测点接触。

(5) 在测量中应注意长针的旋转方向和短针走动的格数。当测量杆向表内进入时，指针是顺时针旋转，表示被测点高出原位，反之则表示被测点低于原位。

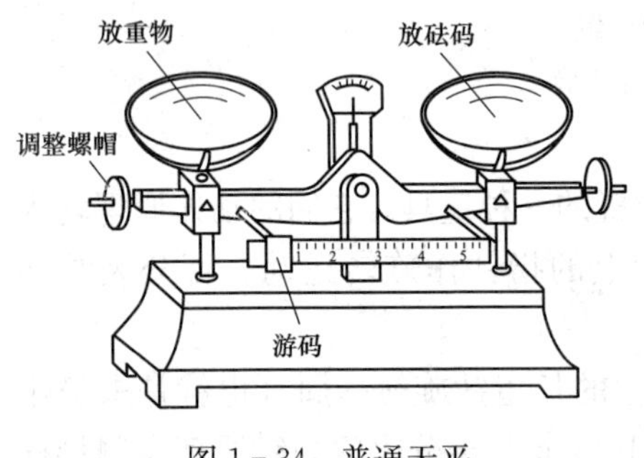

图1-34 普通天平

(八) 普通天平

在水泵检修中，常用的一种普通天平，见图1-34。使用天平时，先将天平放平，使指针指在标尺的中间位置；然后用手指轻轻点动称盘，指针左右摆动，动作灵活的天平，其左右摆动值应相等。在静止状态，若指针不在标尺中间（天平处于水平位置），可调整天平两端的螺帽。

根据习惯，称重时左称盘放重物、右称盘放砝码。加砝码时应先重后轻，微量调整时可移动游码。取放砝码应用镊子夹取，不要用手直接拿取，并要轻拿轻放。被称物体的重量，不得超过该天平所配砝码的总重，以免天平超载而受损。

三、专用工器具

(一) 电动角向砂轮机

电动角向砂轮机的结构见图1-35。它有多种规格，以适应不同场合的需要。它主要用于金属表面的磨削、去除飞边毛刺、清理焊缝及除锈、抛光等作业，也可以用来切割小尺寸的钢材。

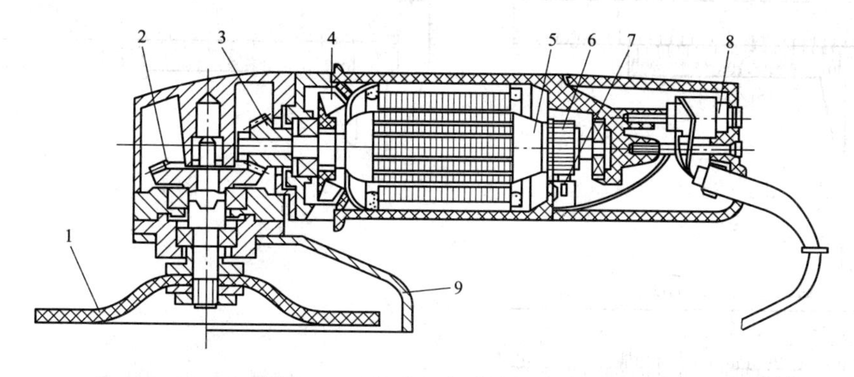

图 1-35 电动角向砂轮机的结构

1—砂轮片；2—大伞齿轮；3—风扇；4—开关；5—手柄；6—整流子；7—碳刷；8—开关；9—安全罩

在使用角向砂轮机时，砂轮机应倾斜 15°～30°，见图 1-36（a），并按图 1-36（b）所示方向移动，以使磨削的平面无明显的磨痕，且电动机也不易超载。当用来切割小工件时，应按图 1-36（c）所示的方法进行。

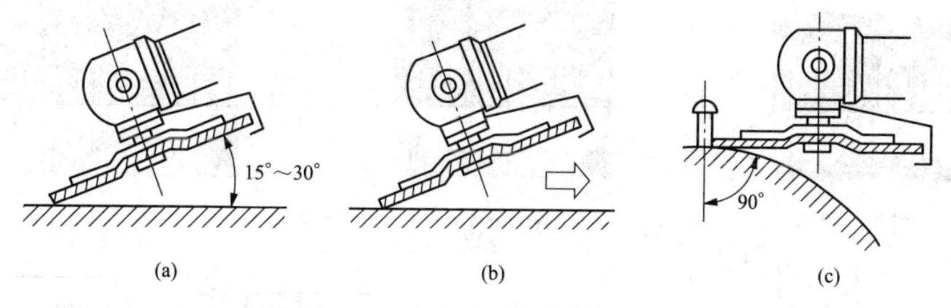

图 1-36 角向砂轮机的使用方法

（二）无齿切割机

无齿切割机见图 1-37。无齿切割机是用电动机带动砂轮片高速旋转，线速度可达 40m/s 以上，用来快速切割管子、钢材及耐火砖等材料。切削过程是通过砂轮片高速旋转，利用砂轮自身磨损切削。

为保证安全，砂轮片上必须有能罩 180°以上的保护罩。砂轮片中心轴孔必须与砂轮片外圆同心，砂轮片装好后还需检查其同心度。另外，在使用时应慢慢吃力，切勿使其突然吃力和受冲击。

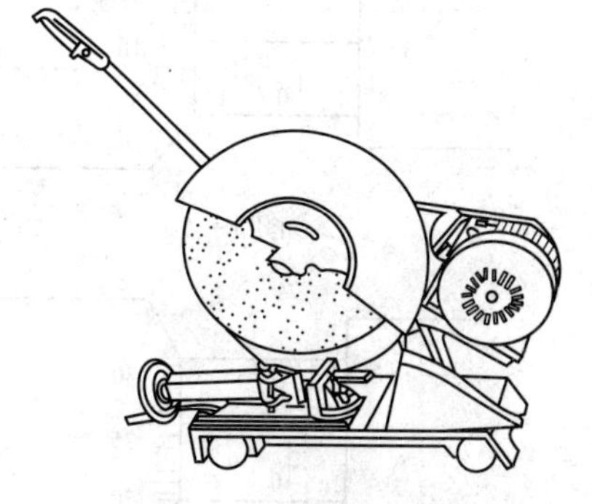

图 1-37 无齿切割机

能力训练

1. 试看图 1-38～图 1-44 中尺子的读数是多少？并用游标卡尺测量工件。
2. 请你读出图 1-45～图 1-48 中测量结果，并用千分尺测量工件尺寸。
3. 用万能角度尺练习测量各种扇形板。
4. 用普通水平仪和框式水平仪在平板上练习测量水平，并计算调整高度。

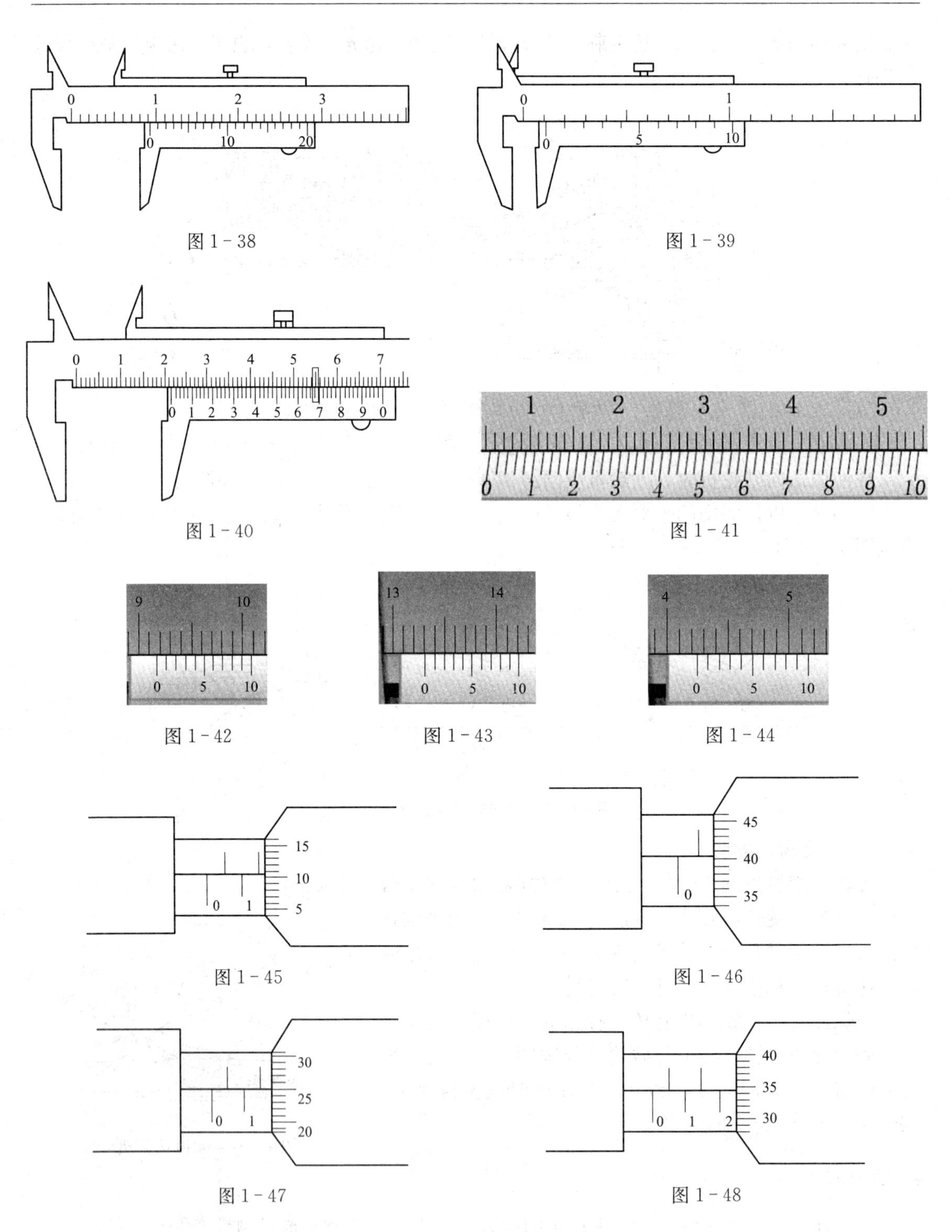

图 1 - 38

图 1 - 39

图 1 - 40

图 1 - 41

图 1 - 42

图 1 - 43

图 1 - 44

图 1 - 45

图 1 - 46

图 1 - 47

图 1 - 48

5. 用塞尺在设备上练习测量间隙。

6. 用百分表测量轴的晃动。

7. 练习用天平称重。

8. 练习用无齿切割机切断角铁。

任务三　工具、量具保养及其使用注意事项

任务目标

熟悉热力辅机检修中常用工具、量具的保养方法。

知识准备

一、工具保养

（1）任何工具均应按其性能及技术要求进行使用，不得超出工具的使用范围。

（2）使用电动工具时，其电源必须符合电动机的用电要求（交直流、电压、频率等），并严禁超负荷使用。

（3）工具应定期进行检查，及时更换已失效或磨损的附件。电动工具应定期测定电动机绝缘并作记录，电源线、开关应保持完好。

（4）凡需加油润滑的工具，应定期进行加油润滑和保养。

（5）所有工具应存放在固定地点，存放处应干燥、清洁，盒装工具使用后应清点并擦干净再装入盒内。

二、量具保养

量具是贵重仪器，应精心保养。量具保养得好坏直接影响使用寿命和量具的精度，要求做到以下几点：

（1）使用时不得超过量具的允许量程。

（2）用电的量具，电源必须符合量具的用电要求。

（3）所有量具应定期经国家认可的检验部门进行校验，并将校验结论记入量具档案。不符合技术要求或检验不合格的量具禁止使用。

（4）贵重精密量具应由专人或专业部门进行保管，其使用及保管人员应经过专业培训，熟知该仪器、仪表的使用与保养方法。

（5）使用时应轻拿轻放，并随时注意防湿、防尘、防振，用完后立即揩净（该涂油的必须涂油保养），装入专用盒内。

能力训练

1. 游标卡尺、千分尺、塞尺的使用注意事项与保养方法。
2. 电动角向砂轮机使用注意事项与保养方法。

综合测试一

一、单选题

1. 锯条锯齿的角度，按规定其后角为（　　）。

A. 30°　　B. 40°　　C. 50°　　D. 60°

2. 手锯时，往复长度不应小于锯条长度的（　　）。

A. 1/3　　B. 2/3　　C. 1/2　　D. 3/4

3. 下列量具中（　　）属于标准量具。

A. 游标卡尺　　B. 千分尺　　C. 量块　　D. 万能量角器

4. 游标卡尺游标上 50 格刚好与尺身上的 49mm 对正，则其精度为（　　）。

A. 0.05mm　　B. 0.1mm　　C. 0.005mm　　D. 0.02mm

5. 游标卡尺测量孔深时，应使深度尺的测量面紧贴孔底，端面与被测量的表面接触，且深度尺要（　　）。

A. 放正　　B. 倾斜　　C. 垂直　　D. 平行

6. 用万能游标量角器测量工件时，当测量角度大 90°小于 180°时，应加上（　　）。

A. 90°　　B. 180°　　C. 360°　　D. 270°

7. 百分表在使用时，齿杆的升降范围不宜过大，以减少由于存在（　　）而产生的误差。

A. 摆动　　B. 间隙　　C. 压力　　D. 回弹

8. 百分表测量平面时，百分表的测头应与被测表面（　　）。

A. 平行　　B. 垂直　　C. 倾斜　　D. 平齐

9. 检测工件平面度时，可使用刀口直尺和（　　）配合进行测量。

A. 塞尺　　B. 卡尺　　C. 直尺　　D. 钢尺

10. 工具钳工常用的手用锯条，其长度为（　　）mm。

A. 250　　B. 300　　C. 400　　D. 800

11. 请分辨出图 1-49 的读数（　　）mm。

A. 2.136　　B. 2.636　　C. 2.164　　D. 21.36

12. 读出图 1-50 游标卡尺的读数（　　）mm。

A. 1.51　　B. 15.1　　C. 16.1　　D. 1.61

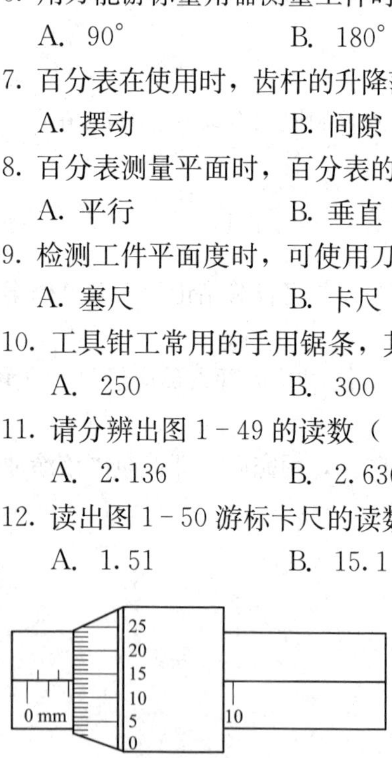

图 1-49

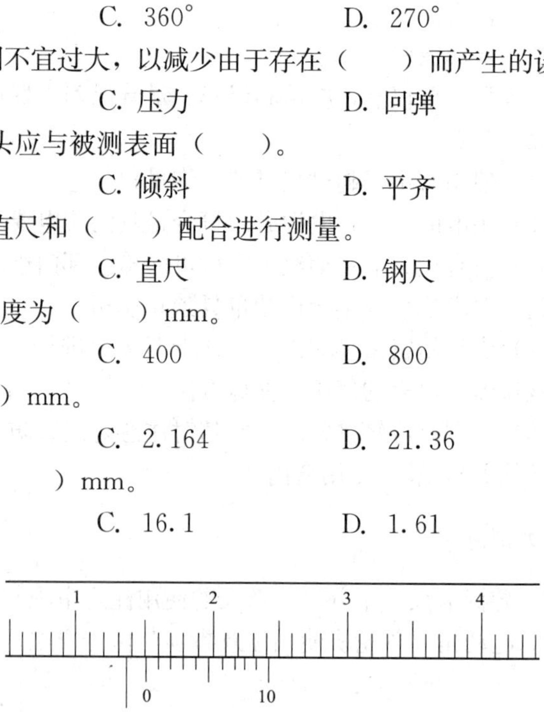

图 1-50

13. 读出图 1-51 百分表的读数是（　　）mm。

A. 0.81　　B. 8.1　　C. 1.81　　D. 81

14. 0.02 游标卡尺，游标上的 50 格与尺身上的（　　）mm 对齐。

A. 51　　B. 49　　C. 50　　D. 41

15. 读数值为 0.02mm 的游标卡尺，其读数为 30.42 时，游标上第（　　）格与尺身刻线对齐。

A. 30　　B. 21

C. 42　　D. 49

图 1-51

二、判断题

1. 游标卡尺由主尺、副尺和游标组成。（　　）
2. 当游标卡尺的游标零线与主尺零线对准时，游标上其他刻线不与主尺刻线对准。（　　）
3. 千分尺的制造精度主要由刻线精度来决定。（　　）
4. 千分尺若受到撞击造成旋转不灵时，操作者应立即拆卸，进行检查和调整。（　　）
5. 万能角度尺可以测量 0°～360°的任意角度。（　　）
6. 万能角度尺装上直尺可测量 0°～180°的角度。（　　）
7. 百分表盘面有 100 个刻度，两条刻线之间代表 0.01mm。（　　）
8. 内径百分表的示值误差很小，在测量之前不需要用千分尺校对尺寸。（　　）
9. 游标高度尺与游标卡尺的读数原理相同。（　　）
10. 使用外径千分尺时，可以直接手握住千分尺测量。（　　）
11. 百分表和千分尺的精度都是 0.01mm，所以在使用的时候它们可以互相顶替使用。（　　）
12. 百分表是一种指示式量仪，主要用来测量工件的尺寸和形位置误差。（　　）
13. 塞尺是一种标准量具，用于测量两个贴合面的距离。（　　）
14. 测量基本尺寸为 52mm 的尺寸，应选用（25～50）mm 千分尺。（　　）
15. 用千分尺测量工件时，可一边轻轻转动工件一边测量。（　　）

三、简答题

1. 请简述 0.02 游标卡尺的刻线原理。
2. 请简述 0.01 千分尺的刻线原理。
3. 请简述游标卡尺的读数方法。
4. 量具使用、维护、保存的注意事项有哪些？
5. 请简述千分尺的读数方法。
6. 简述百分表的工作原理。
7. 游标卡尺使用的注意事项有哪些？
8. 使用砂轮机时应注意哪些事项？
9. 使用塞尺时应注意哪些问题？
10. 使用活扳手时应注意哪些问题？

项目二　水　泵　检　修

项目目标

熟练识读泵结构纵剖图和实物图，熟知泵的构造及主要部件的作用；能识读泵的主要部件图，说明泵的结构、形式、特点、应用；掌握泵各种密封装置的密封原理、优缺点及应用；了解泵各构成部件的装配关系；了解轴向推力产生的原因及轴向推力平衡的措施；能对水泵检修的各种工具会使用保养；能对水泵进行解体、检查、测量、消除缺陷、安装。

任务一　水泵分类及工作原理

任务目标

熟悉水泵的分类，掌握水泵用途及工作过程。

知识储备

一、泵的分类

泵的应用广泛、种类繁多，有着许多不同的分类方法。但是，主要的分类方法有以下三种：

（1）按产生的全压高低分类：若水泵 $p<2\text{MPa}$ 的为低压泵；$2\leqslant p\leqslant 6\text{MPa}$ 的为中压泵；$p>6\text{MPa}$ 的为高压泵。

（2）按工作原理分类：可分为叶片式泵、容积式泵以及喷射泵等其他型式的泵。

（3）在火力发电厂中按在生产中的用途分类：可分为给水泵、凝结水泵、循环水泵、主油泵、灰渣泵等。

二、泵的工作原理及特点

（一）叶片式泵的工作原理

叶片式泵依靠装在主轴上叶轮的旋转运动，通过叶轮的叶片对流体做功来提高液体能量，从而输送液体。根据流体在其叶轮内的流动方向和叶片对流体做功的原理不同，叶片式泵又可分为离心式、轴流式和混流式等多种类型。

1．离心式泵

（1）离心式泵的工作原理。

图 2-1 所示的离心式泵充满了液体时，只要原动机带动它们的叶轮旋转，则叶轮中的叶片就对其中的液体做功，迫使它们旋转。旋转的流体将在惯性离心力作用下，从中心向叶轮边缘流去，其压力和流速不断增高，最后以很高的速度流出叶轮进入泵壳内。如果此时开启出口阀门，流体将由压出室排出，这个过程称为压出过程。与此同时，由于叶轮中心的流

体流向边缘，在叶轮中心形成了低压区，在吸入端压力的作用下，流体经吸入室进入叶轮；形成水泵的吸入过程。叶轮不断旋转，流体就会不断地被压出和吸入，形成了泵的连续工作。

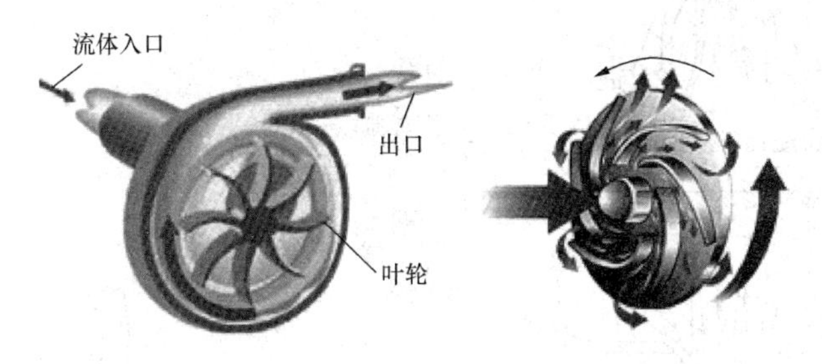

图 2-1　离心泵工作简图

(2) 离心式泵的特点。离心式泵和其他形式相比，具有效率高、性能可靠、流量均匀、易于调节等优点，特别是可以制成各种压力及流量的泵以满足不同的需要，应用最为广泛。在火力发电厂中，给水泵、凝结水泵，以及大多数闭式循环水系统的循环水泵等都采用离心式泵。

(3) 离心式泵的分类。离心式泵应用最广，种类繁多，除可按产生的全压大小分类外，还可以按下列方法进行分类。

1) 按叶轮个数分类。将只有一个叶轮的离心式泵称为单级泵，见图 2-1；将具有两个或以上叶轮的离心式泵称为多级泵，见图 2-2。由于多级泵所获得的总能头等于在各个叶轮中提高能头的总和，因此，多级泵还以叶轮的个数来分级，一个叶轮算一级，图 2-2 所示的多级泵就是一台四级离心式泵。

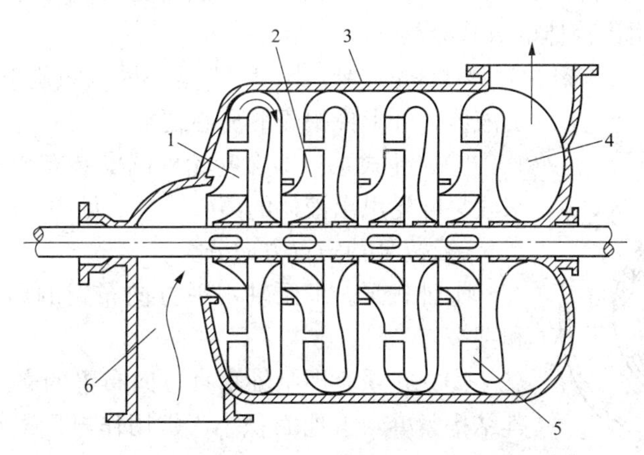

图 2-2　多级泵

1—第一级叶轮；2—第二级叶轮；3—泵壳；4—压出室；5—导叶；6—吸入口

2) 按叶轮吸入口的数目分类。将叶轮只有一个吸入口的离心式泵称为单吸泵，见图 2-1和图 2-2；将叶轮具有两个吸入口的离心式泵称为双吸泵，见图 2-3 和图 2-4。

3) 按泵体接合形式分类。

①分段式泵。它是将各级泵体在与主轴垂直的平面上依次接合，节段之间用螺栓紧固的离心式泵，见图 2-3。

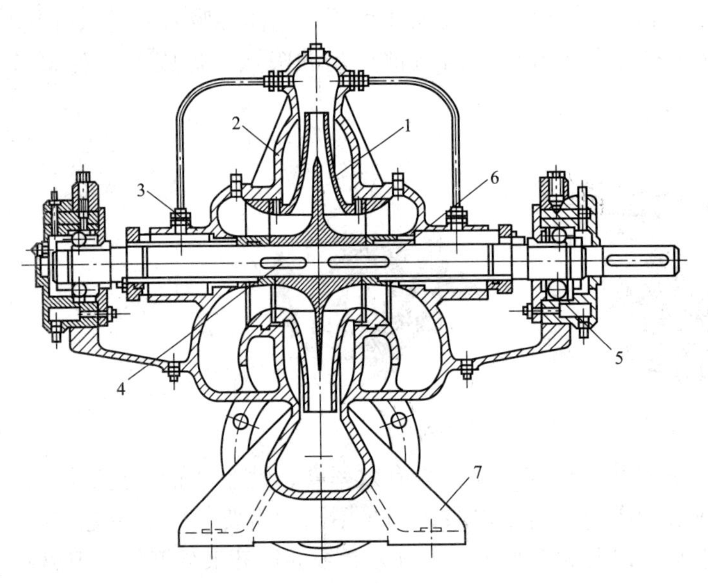

图 2-3 单级双吸水平中开式离心式泵
1—叶轮；2—泵壳；3—填料密封；4—键；
5—轴承体；6—轴；7—底座

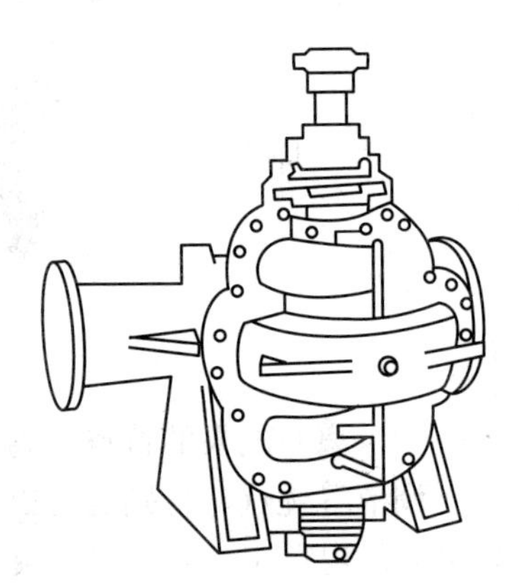
图 2-4 立式单级双吸离心式泵

②圆筒型多级泵。这种离心式泵具有内、外双层壳体，外壳体是一个圆筒形整体，节段式的内壳体与转子组成一个完整的组合体，装入外壳体内。

③中开式泵。泵体在通过泵轴中心线的平面上接合的离心式泵，见图 2-3。若再按接合面的位置又可分为水平中开式和垂直中开式两种，分别见图 2-3 和图 2-4。

4）按收集叶轮甩出液体的方式分类。

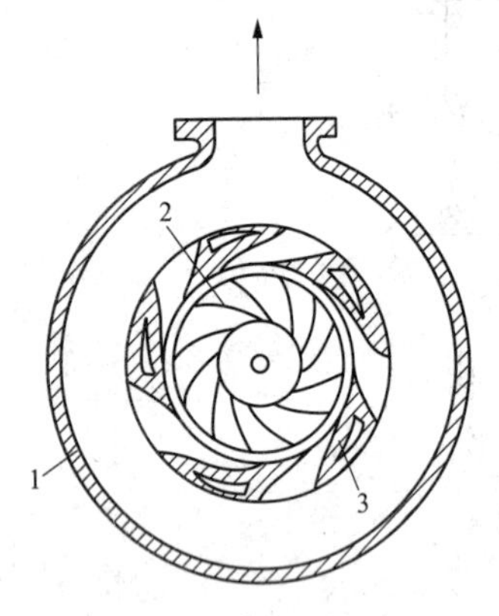

图 2-5 导叶式泵
1—环形压出室；2—叶轮；3—导叶

①蜗壳式泵。图 2-1 是一种以螺旋形的泵腔收集叶轮甩出液体，外形像蜗壳的离心式泵。

②导叶式泵。即在叶轮外圆安装有 4～7 片固定导向叶片来收集叶轮甩出液体的离心式泵，见图 2-5。

5）按泵轴安置方向分类。

①卧式泵。即泵轴水平方向布置的离心式泵，见图 2-2 和图 2-3。

②立式泵。即泵轴垂直方向布置的离心式泵，见图 2-4。其结构紧凑，占地面积小，常用作电厂凝结水泵和循环水泵；其缺点是投资费用较高，检修比较麻烦。

由上述分类可知，同一台离心式泵可以有多种型式称号，工程中可根据工作的需要在上述分类中加以选用。

2. 轴流式泵、混流式泵

(1) 轴流式泵的工作原理。图 2-6 所示的轴流式泵，当它们浸在流体中的叶轮受到原电动机驱动受力图而旋转时，轮内流体就相对叶片作绕流运动，根据升力定理和牛顿第三定律可知，绕流流体会对叶片作用一个升力，见图 2-7，而叶片也会同时给流体一个与升力大小相等、方向相反的反作用力，称为推力，这个叶片推力对流体做功，使流体的能量增加，并沿轴向流出叶轮，经过导叶等部件进入压出管路。与此同时，叶轮进口处的流体被吸入。只要叶轮不断地旋转，流体就会源源不断地被压出和吸入，形成轴流式泵与风机的连续工作。

图 2-6 轴流式泵结构示意

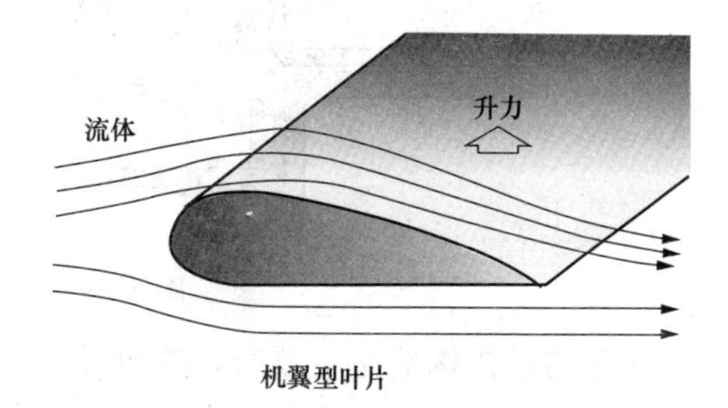

图 2-7 轴流泵叶片受力图

(2) 轴流式泵的特点。轴流式泵适用于大流量、低压头的情况。它们具有结构紧凑，外形尺寸小、质量轻等特点。大多用作大型电站的开式循环水系统中的循环水泵。

(3) 混流式泵的工作原理。混流式泵的简单结构见图 2-8，这种泵因流体是沿介于轴向与径向之间的圆锥面方向流出叶轮，工作原理又是部分利用叶型升力，部分利用惯性离心力的作用，故称为斜流式（或混流式）泵。其流量较大、压头较高，是一种介于轴流式与离心式之间的叶片式泵。混流式泵在火力发电厂的开式循环水系统或大型热力机组的循环水系统中，常用作循环水泵。

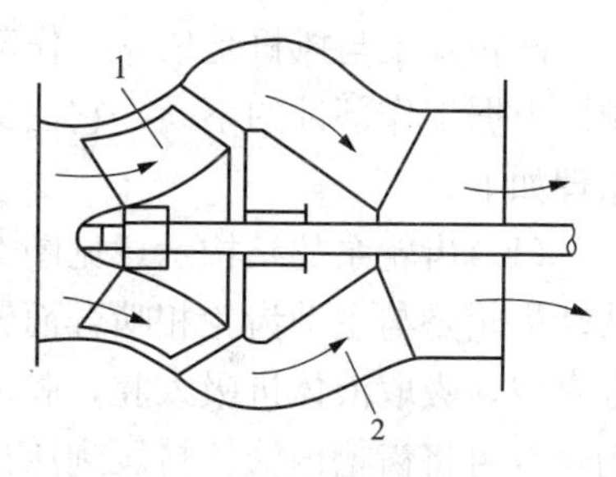

图 2-8 混流式泵的简单结构
1—叶轮；2—导叶

(4) 轴流式及混流式泵的分类。轴流式泵及混流式泵都具有比离心式泵流量大、扬程（全风压）低的特点。这个特点使其随着发电机组单机容量的不断增大，越来越多地在火力发电厂中被采用。因此，将轴流式泵及混流式泵的几种常见分类介绍如下。

1) 按主轴与水平地面的位置关系可分为立式和卧式两种。

2) 按动叶安装方式可分为固定叶片式和动叶可调节式，其中动叶可调节式又有半调节式和全调节式之分。

(二) 容积式泵的工作原理

容积式泵与风机是依靠工作室容积周期性变化来输送流体的机械。由于工作室内工作部件的运动不同，它们又有往复式和回转式之分，而工作原理也因此有如下不同。

1. 往复式泵与风机的工作原理

往复式泵与风机是依靠工作部件的往复运动，间歇改变工作室容积来输送流体的机械。

根据工作部件的不同构造，又分为活塞式、柱塞式、隔膜式三种。下面以活塞泵说明它们的工作原理，见图 2-9。当活塞开始自极左端位置向右移动时，工作室的容积逐渐扩大，室内压力降低，流体顶开吸水阀，进入活塞所让出的空间，直至活塞移动到极右端为止，此过程为泵的吸水过程。当活塞从右端开始向左端移动时，充满泵的流体受挤压，将吸水阀关闭，并打开压水阀而排出，此过程称为泵的压水过程。活塞不断往复运动，泵的吸水与压水过程就连续不断地交替进行。

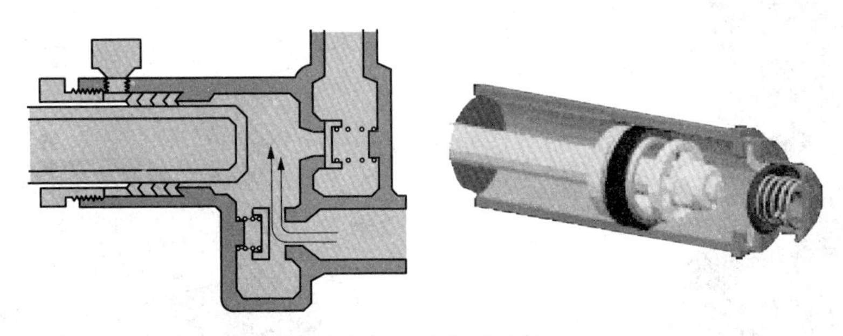

图 2-9　活塞泵示意

往复式泵与风机构造比较复杂，造价较高；工作时活塞速度和工作室容积的不断变化使其产生的能头和输出的流量都不稳定。但是它们适用于输送流量较小、扬程（或高全风压）较高的各种介质（即高或低黏性、腐蚀性、易燃、易爆的各种流体）。因此，火力发电厂中，常用作锅炉加药的活塞泵、输送灰浆的柱塞泵。

2. 回转式泵工作原理

回转式泵与风机是依靠工作部件的旋转运动，使工作室容积周期性变化来输送流体的机械。根据工作部件的不同，它们又可分为齿轮泵、螺杆泵、水环式真空泵，这些泵与风机的原理如下。

(1) 齿轮泵的结构示意见图 2-10。它的一对啮合齿轮中主动齿轮由原动机带动旋转，从动齿轮是与主动齿轮相啮合而转动。当两齿逐渐分开，工作空间的容积逐渐增大，形成部分真空，吸取液体进吸入腔，腔内液体由齿槽携带沿泵体内壁运动进入压出腔，并通过两齿的啮合再将齿槽内液体挤压到压出腔后，排入压出管。当主动轮不断被带动旋转时，泵便能不断吸入和压出液体。

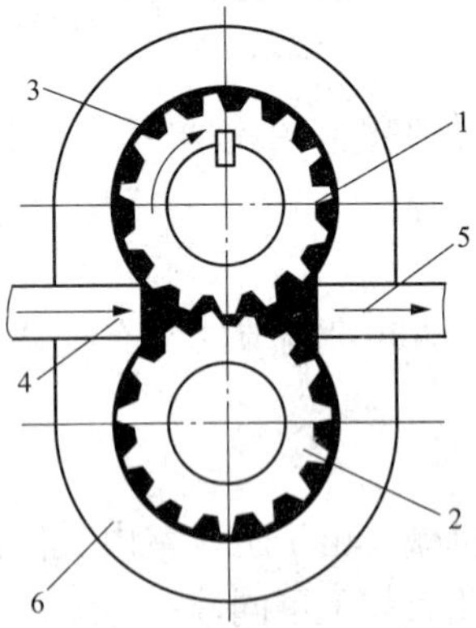

图 2-10　齿轮泵的结构示意

1—主动齿轮；2—从动齿轮；3—工作室；4—入口管；5—出口管；6—泵壳

齿轮泵结构简单，轻便紧凑，工作可靠，流量比往复泵均匀，只是运行时的噪声很大，齿轮磨损后的漏损也很大。这种泵主要适用于输送扬程较高而流量较小的高黏性流体，例如润滑油。在火力发电厂中，常作为小型汽轮机的主油泵，以及电动给水泵、锅炉送风机、引风机的润滑油泵等。

(2) 螺杆泵的结构示意见图 2-11。它主要由主动螺杆、从动螺杆、衬套和泵壳组成，其中主、从动螺杆（可以是一根，也可以有两根或三根）安装在衬套里，它们的螺纹方向相反。螺杆泵的工作原理与齿轮泵的相似，当主动螺杆在原动机带动下旋转时，靠近吸入室一端的啮合螺纹将定期打开，使容积增大，压力降低，液体流进吸入室，充满打开的螺纹槽内。然后，在螺纹啮合产生的推挤力作用下，液体如同旋转螺杆上的可移动螺母，不能随着螺杆旋转，只能在螺纹槽道内沿螺杆轴向移动，从而使液体自进口排向出口。当主动螺杆不停地旋转时，螺杆泵将源源不断地吸入和排出液体。

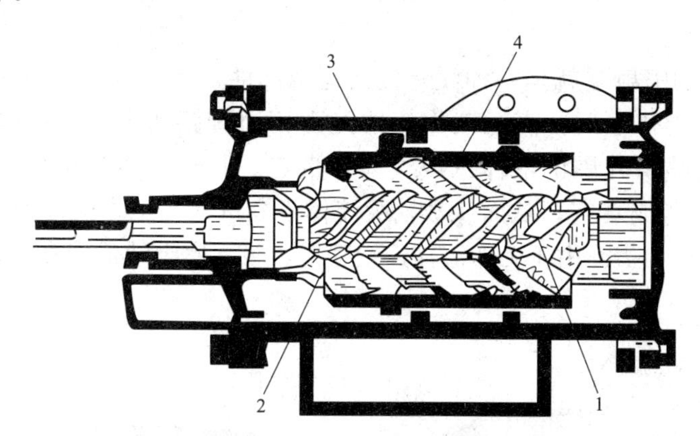

图 2-11　螺杆泵结构示意

1—主动螺杆；2—从动螺杆；3—泵壳；4—衬套

螺杆泵与齿轮泵相比较，流量更均匀；出口压力更高；效率更高，可达 70%～80%；由于旋转部分的外形尺寸小，可以与高速原动机直联，故其流量的适用范围很广，是一种较现代化的小型大流量泵。再加其泵内流体是在螺纹槽内沿杆轴方向移动，流动不受搅拌，也没有脉动，所以运转平稳、噪声低。适用输送较大流量、很高压力的高黏性流体，在火力发电厂中，常用作输送润滑油、调节油以及锅炉燃料油的油泵。

齿轮泵与螺杆泵的理论流量同往复泵一样与扬程无关，只与齿轮的齿间或螺杆的螺纹间尺寸以及主动轴的转速有关，也属于一种定排量泵。因此，它们不能用出口阀调节流量，只能用变速或旁路调节法，更不能在出口阀关闭的情况下工作，以免出口压力过高造成设备损坏。为防止在出口阀关闭或油管堵塞时油压过高，常在齿轮泵与螺杆泵的出口侧都装有安全阀，当压力超过规定数值时，安全阀自动开启，将高压液体泄回吸入侧。

(3) 水环式真空泵。它主要用于抽送气体，一般真空度可高达 85%，特别适合于大型水泵（如循环水泵等）启动时抽真空引水之用。在火力发电厂中，还常用作凝汽器的抽气装置和应用于负压气力除灰系统之中。

水环式真空泵的结构示意见图 2-12。其工作原理是星状叶轮偏心地装置在圆筒形的工作室内。当叶轮在原电动机带动下旋转时，原先灌入工作室适量的水被叶轮甩至工作室内壁，形成一个水环，水环内圈上部与轮毂相切，下部形成一个月牙形的气室（即图中Ⅰ与Ⅱ所示）。右半个气室Ⅰ顺着叶轮旋转方向，使两叶片之间的空间容积逐渐增大，压力降低，因此将气体从吸气口吸入；左半个气室Ⅱ顺着叶轮旋转方向，两叶片之间的空间容积又逐渐减小，气体的压力增加而从排气口排出。叶轮每旋转一周，月牙形气室就使两叶片之间的空间容积周期性改变一次，从而连续地完成一个吸气和一个排气过程。叶轮不断地旋转，便能连续地抽排气体。

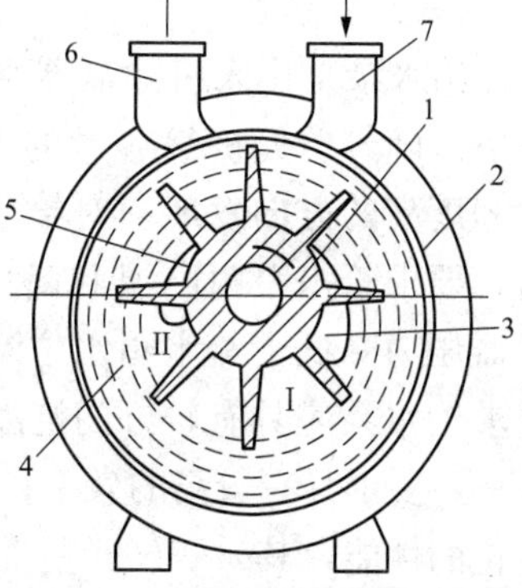

图 2-12　水环式真空泵结构示意

1—叶轮；2—泵壳；3—吸气口；4—水环；5—排气口；6—排气管；7—吸气管

（三）其他型式泵与风机的工作原理

应用不同于叶片式或容积式泵工作原理的其他原理来输送流体的泵，统称为其他型式的泵。

图2－13所示的喷射泵就是一种没有任何运动部件，完全依靠能量较高的工作流体来输送流体的泵。其工作原理：高压工作流体经由压力管路送入工作喷嘴，经喷嘴后压能变成高速动能，将喷嘴外围的液体（或气体）带走。此时因喷嘴出口形成高速气流使扩散室的喉部吸入室造成真空，从而使被抽吸流体不断进入与工作流体混合，然后通过扩散室将压力稍升高输送出去。由于工作流体连续喷射，吸入室继续保持真空，于是得以不断地抽吸和排出流体。

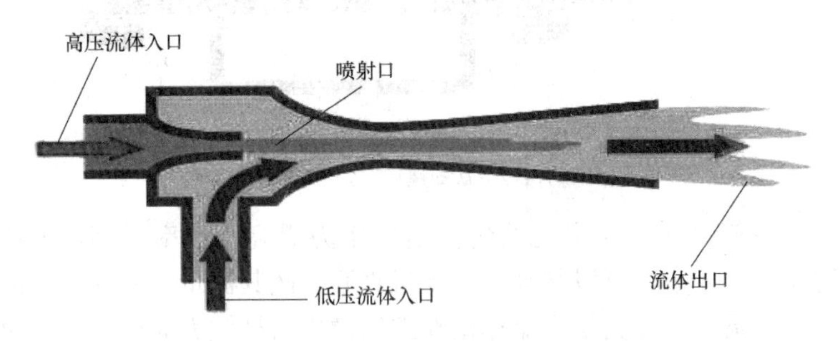

图2－13　喷射泵工作简图

喷射泵的工作流体可以是高压蒸汽，也可以是高压水，分别称为蒸汽喷射泵和液体喷射泵。被输送的流体可以是水、油或空气。在火力发电厂中，被用作输送炉渣的高压水力喷射器、凝汽设备中的抽气器、离心式循环水泵启动抽真空装置以及为主油泵供油的注油器等。

三、发电厂常用泵简介

泵是完成发电厂的蒸汽动力循环不可缺少的设备，承担着流体的输送任务。通常根据用途分为给水泵、凝结水泵、循环水泵等。由于用途不同，其工作条件也不同，因此，这些泵的性能和结构特点也各不相同。现分别介绍如下：

（一）给水泵

给水泵是用来将除氧器水箱中具有一定温度、压力的水连续不断地输送到锅炉中去的设备。随着单元机组容量的增大，给水泵越来越趋向于大容量、高转速、高效率、自动化程度高的方向发展。对给水泵的性能要求如下：①由于输送的给水温度和压力不断提高，要求给水泵耐高温和高压；②输送的给水接近饱和状态，当外界工况变化时（如除氧器压力降低、给水箱水位降低或给水泵长时间低负荷运行等），给水泵极易汽蚀，所以要求给水泵应具有较好的抗汽蚀性能；③给水泵是热力发电厂辅机中功率消耗最大的设备之一，要求具有较高的效率；④需要保证连续不断的供水，要求给水泵有较好适应机组负荷变化的性能，其q_V—H性能曲线为流量变化较大时扬程变化较小的平坦型曲线，以保证负荷变化时的给水供应。

由于给水泵是发电厂高耗能设备，拖动给水泵所需要的功率，随主汽轮机单机容量和蒸汽初参数的提高而增加。超临界参数机组百分比高达5%～7%。由于超临界机组给水泵能耗的百分比较高，所以应采用高转速给水泵以降低其功率消耗。给水泵的结构既要牢固严密，保证有良好的抗汽蚀性能和适应高温高压运行的能力，又要便于拆卸维修。超临界机组常用给水泵常用圆筒型多级离心泵。机组配置两台汽动给水泵，作为正常工作时保证锅炉工作需要的给水，一台电动泵作为备用。

为了提高除氧器在滑压运行时的经济性，同时又保证主给水泵的安全，通常在主给水泵前加装一台低速泵，称为前置泵，它与主给水泵串联运行。由于前置泵的转速低，其必须汽蚀余量 $NPSH_r$ 较小，故可以降低除氧器的安装高度，减少主厂房的建设费用。同时给水经前置泵升压后，其出水压头高于主给水泵的必需汽蚀余量和它在小流量工况下的附加汽化压头，有效地防止了给水泵的汽蚀。

（二）凝结水泵

凝结水泵也称为冷凝泵或复水泵。其作用是将凝汽器热水井中的凝结水升压，经低压加热器送往除氧器。由于凝汽器中维持了很高的真空值，凝结水泵吸入口是负压吸水，低负荷时，凝汽器热水井水位降低，凝结水量减少，极易造成凝结水的汽化而产生汽蚀，或发生空气漏入泵内，这些都会影响泵的正常工作，因此对凝结水泵的抗汽蚀性和密封性能有很高的要求。凝结水泵的流量应能适应汽轮机负荷的变化，即在输出能头变化不多的情况下，流量有较大范围的变动，所以，凝结水泵应具有较平坦的 $H—q_V$ 性能曲线。为保证其具有较高的抗汽蚀性能，不宜采用较高的转速。故大容量、高扬程的凝结水泵多采用多级低速泵，转速一般均在 2950r/min 以下，并且将第一级叶轮制成双吸式或在入口加装诱导轮；而有的机组为了增加全扬程，还相应地配置了凝结水升压泵。凝结水泵的型式主要有卧式和立式两种，超临界机组常用机组则多采用立式离心泵。通常每台汽轮机组配置两台主凝结水泵与两台凝升泵，其中用一台主凝结水泵和一台凝升泵保证汽轮机的正常运行，另外一台主凝结水泵和凝升泵作为备用。

（三）循环水泵

在凝汽式火力发电厂中，将大量的冷却水送往凝汽器冷却水侧（在铜管内），以冷却汽轮机乏汽使之在铜管外凝结成水，以建立凝汽器高度真空的水泵称为循环水泵。循环水泵是汽轮发电机的重要辅机，失去循环水，汽轮机就不能继续运行，同时循环水泵也是火力发电厂中主要的辅机之一，在凝汽式电厂中循环水泵的耗电量约占厂用电的 10%～25%。火力发电厂运行中，循环水泵总是最早启动，最先建立循环水系统。循环水泵的工作特点是流量大而压头低，一般循环水量为凝汽器凝结水量的 50～70 倍，即冷却倍率为 50～70。为了保证凝汽器所需的冷却水量不受水源水位涨落或凝汽器铜管堵塞等原因的影响，要求循环水泵的 $q_V—H$ 性能曲线应为陡降型。超临界机组则趋于采用立式轴流泵及混流泵。由于混流泵具有大流量和高于轴流泵扬程的特点，因此目前在国内超临界机组中使用的循环水泵趋于采用立式混流泵。每台汽轮机设两台循环水泵，其总出力等于该机组的最大计算用水量。

（四）疏水泵

疏水泵是用来将加热器及其管路中的疏水打入凝结水系统，以提高机组的热经济性。通常一台机组配置两台疏水泵，其中一台运行，一台备用。

（五）轴冷泵

轴冷泵的作用是输送冷却水以冷却机组各设备的轴承，保证运行设备的轴承温度在允许范围内。通常一台机组配置两台轴冷泵，一台运行，一台备用。

（六）真空泵

真空泵的作用是将凝汽器中的不凝结气体排出，以维持凝汽器的真空。一台机组配置两台真空泵，一台运行，一台备用。

能力训练

1. 发电厂一般给水泵、凝结水泵、循环水泵按工作原理分类为哪种类型的泵，叙述其工作过程。

2. 水环式真空泵一般用在发电厂什么系统中，叙述其工作过程。

任务二　离心式泵的构造

任务目标

熟悉离心式泵的主要结构、组成及每个部件的作用。

知识储备

一、离心式泵的构造

离心式泵用途广泛，结构形式繁多，各种类型泵的结构虽然不同，但主要零部件基本相同。

单级卧式离心式泵的结构（见图2－14），从部件的动静关系看由转动、静止及部分可转动这三大类部件组成。所有可转动的零部件组合在一起统称为转子，包括叶轮、主轴、轴套和联轴器；静止的部件主要有泵壳、泵座及泵壳的径向力平衡装置；部分可转动的主要部件是密封装置、轴向力平衡装置以及轴承。

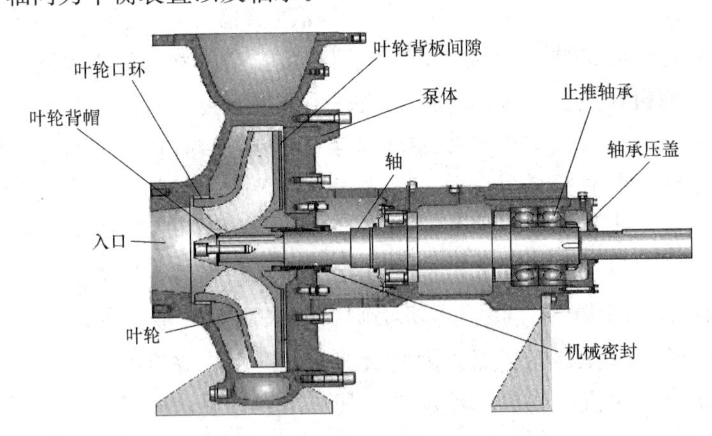

图2－14　单级卧式离心式泵的结构

（一）转子部分

转子部分包括叶轮、轴、平衡盘、轴套及联轴器等部件组成，是泵产生离心力和能量的旋转主体，图2－14中叶轮、轴、背帽等转动部分组成为单级离心式泵转子，图2－15中部件组成为多级离心式泵转子。

图 2-15　多级离心式泵转子

1—锁紧螺母；2—泵轴；3—轴承挡套；4—密封填料轴套；5—平衡盘；6—叶轮

1. 叶轮

叶轮的作用是将原动机输入的机械能传递给流体并提高流体动能和压力能。其特点是流体轴向进入，径向流出。其型式有开式、半开式和封闭式三种，见图 2-16。开式叶轮的叶片两侧均无盖板，见图 2-16（a）；半开式只在叶片背侧装有盖板，见图 2-16（b）；而封闭式叶轮由前盖板、后盖板、叶片及轮毂组成，见图 2-16（c）。离心式泵通常采用后弯式叶片，片数为 6～12 片。

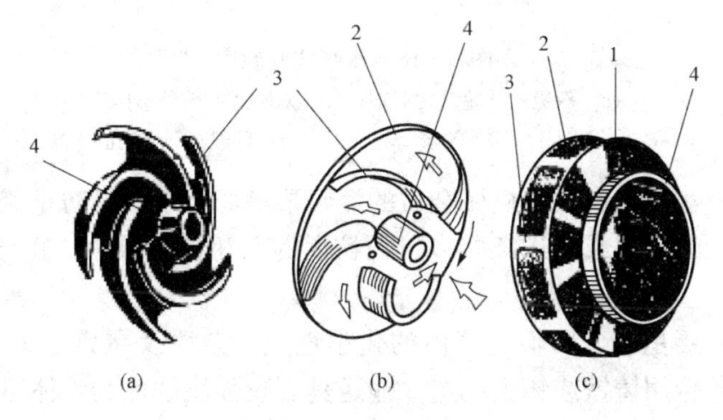

图 2-16　叶轮的型式

（a）开式；（b）半开式；（c）封闭式

1—前盖板；2—后盖板；3—叶片；4—轮毂

封闭式叶轮又分为单吸和双吸两种，其泄漏少、效率高，常在输送介质较清洁的各种高低压清水泵和油泵中使用，如电场中的给水泵、凝结泵等。单吸式叶轮是单侧吸水，叶轮的前盖板与后盖板呈不对称状，见图 2-17，泵内产生的轴向力方向指向进水侧，单级单吸离心泵才采用这种叶轮型式。

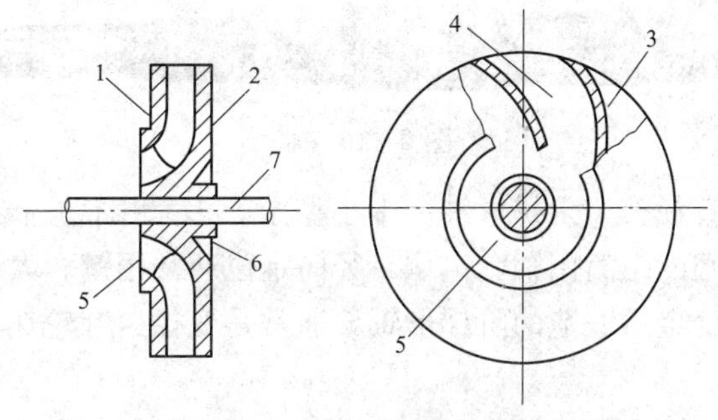

图 2-17　单吸式叶轮结构简图

1—前盖板；2—后盖板；3—叶片；4—流道；5—吸水口；6—轮毂；7—泵轴

双吸式叶轮是两侧进水，叶轮盖板呈对称状，双吸式叶轮见图 2-18，由前盖板、叶片及轮毂组成，没有后盖板，但有两块前盖板，形成对称的两个圆环形吸入口，由于双侧进水，轴向推力基本上可以相互抵消，双吸式离心式泵采用双吸式叶轮，适用于大流量泵，其抗汽蚀性能较好。

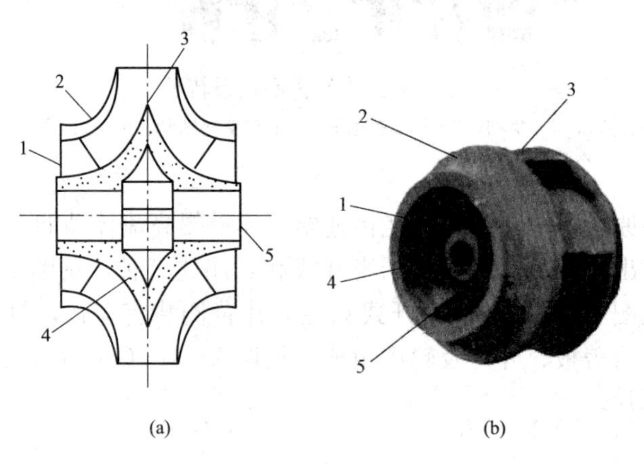

图 2-18 双吸式叶轮

(a) 双吸式叶轮结构简图；(b) 双吸式叶轮外形图

1—吸入口；2—轮盖；3—叶片；4—轮毂；5—轴孔

半开式叶轮用于输送含有大量机械杂质的泥浆泵等场合中，能防止流道堵塞。开式叶轮仅用于输送黏性很大的液体或输送杂质多、颗粒大的两相流水泵中。由于开式叶轮效率低，一般情况下不采用。

叶轮的材料，主要是根据所输送液体的化学性质、杂质及在离心力作用下的强度来确定。清水离心式泵叶轮用铸铁或铸钢制造，输送具有较强腐蚀性的液体时，可用青铜、不锈钢、陶瓷、耐酸硅铁及塑料等制造。大型给水泵和凝结水泵的叶轮采用优质合金钢。叶轮的制造方法有翻砂铸造、精密铸造、焊接、模压等，其尺寸、形状和制造精度对泵的性能影响很大。

2. 轴

离心式泵的泵轴（见图 2-19）的主要作用是传递扭矩，位于泵腔中心，并沿着中心的轴线伸出腔外搁置在轴承上，支承叶轮保持在工作位置正常运转。它一端通过联轴器与原动机轴相连，另一端支承着叶轮作旋转运动，轴上装有轴承、轴向密封等零部件。

图 2-19 轴

轴按形状分为：等直径轴，阶梯形轴。中小型泵大多采用优质碳素钢制造的等直径轴，叶轮滑装在轴上，叶轮间的距离用轴套定位，径向定位通常用键。大型高压泵采用特种合金钢如沉淀硬化钢、镍铬合金钢锻造的阶梯形轴，通常是变径、叶轮热套在轴上。

3. 轴套

轴套（见图 2-20）作用是用来保护轴并对叶轮进行轴向定位。由于轴套将轴与流动的液体和填料隔开，故既可防止液体对轴的直接冲刷腐蚀，又可使轴套与填料直接产生摩擦，磨损后能方便更换，从而起到保护轴在运行中不致磨损。所以轴套是离心泵的易磨损件，其材料一般为铸铁，也有采用硅铸铁、青铜、不锈钢等材料的。轴套表面一般也可以进行渗碳、渗氮、镀铬、喷涂等处理方法，表面粗糙度要求一般要达到 $Ra3.2\sim0.8\mu m$。可以降低摩擦系数，提高使用寿命。

4. 联轴器

联轴器也叫靠背轮，联轴器是将泵轴和原动机轴连在一起，联轴器主要由两个半联轴器、连接件和缓冲减振件组成，见图 2-21，分别与主动轴和从动轴连接，使泵和原动机成为一个整体，当原动机旋转时泵也同时旋转并传递原动机的能量，在高速重载的动力传动中，有些联轴器还具有缓冲轴向、径向的振动以及自动调整泵与原动机中心的作用，常用的联轴器分为刚性联轴器和弹性联轴器两大类。弹性联轴器见图 2-21（a），零回转间隙、可同步运转，能缓冲吸振，可补偿较大的轴向位移，微量的径向位移和角位移，应用在启动频繁的高速轴。刚性联轴器见图 2-21（b）是由刚性传力件构成，各连接件之间不能相对运动，不具备补偿两轴线相对偏移的能力，只适用于被连接两轴在安装时能严格对中，工作时不产生两轴相对偏移的场合，不具备减振和缓冲功能，一般只适宜用于载荷平稳并无冲击振动的工况条件。

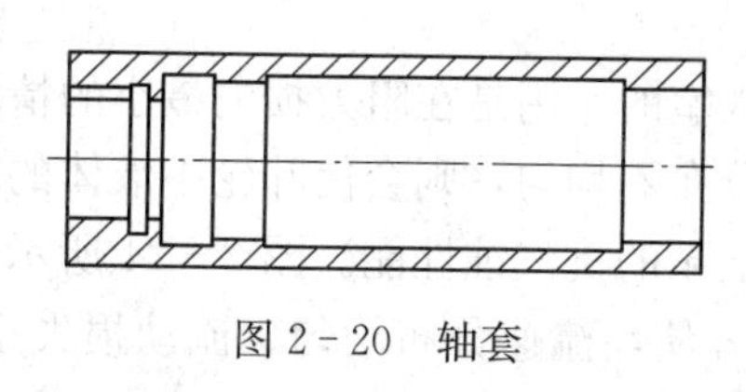

图 2-20 轴套

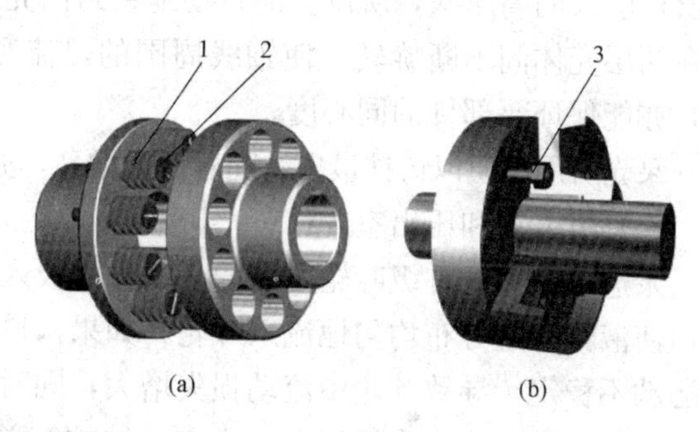

图 2-21 联轴器

（a）弹性联轴器；（b）刚性联轴器

1—橡胶衬圈；2—柱销；3—连接螺栓

二、静体部分

泵的静体部分包括泵壳、泵座及径向平衡装置等部分。

1. 泵壳

泵壳的作用主要是形成工作空间导流，有的泵壳还能将叶轮给予流体的部分动能转化为压力能。泵壳包括吸入室、压出室及多级泵中带导叶的中段。低压单级离心式泵的泵壳都采用蜗壳形，见图 2-22，故又称蜗壳，泵壳顶部通常设有灌水漏斗和排气栓，以便启动前灌水和排气，底部有放水方头螺栓，以便停用或检修时泄水。

而高压多级离心式泵多采用分段式泵壳并装有导叶，导叶片数目较叶轮叶片要少 1～2 片，多级分段式离心式泵的泵壳分为吸入段（前段）、中段和压出段（后段），吸入段的作用是保证液体以最小的摩擦损失流入叶轮入口。中段上有导叶（见图 2-23），导叶装入带有隔板的中段中，形成蜗壳。中段的作用是将前一级里以较大速度出来的液体降低速度，保证液体很好地进入下一级叶轮。压出段上还有尾盖，压出段的作用是收集从叶轮流出来的液体，并将液体的动能变成压力能。

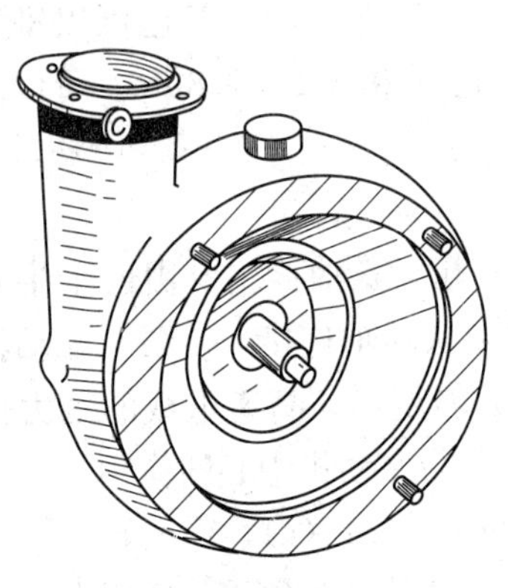

图 2-22 蜗壳形泵壳

图 2-23 中段装配示意

1—带隔板的中段；2—密封环（口环）；3—导叶；4—叶轮

对于压力非常高的泵，常采用双层泵壳体，把泵体制作成筒体式的，双壳体的内壳采用节段式或水平中开式结构，整个泵芯可从圆筒高压端取出或放入。在内、外壳体之间充有水泵出口引来的高压水，所以它能自动地密封内壳体节段结合面，而不产生泄漏，这部分高压水在两层壳体间不断旋转，使轴线周围的热流和应力均匀、对称，即使泵受到剧烈的热冲击，亦能保证泵部件的同心度。

泵壳所用材质以铸铁最多，随着压力增高，亦常用铸钢，超高压双层壳体采用合金材料。

(1) 吸入室和压出室。

泵进口法兰至首级叶轮之间的空间称为吸入室。吸入室的作用是在阻力损失最小的情况下，使液体流速分布均匀地流入叶轮，如果入口处速度分布不均匀，则会使叶轮中液体的相对运动不稳定，导致叶轮中流动损失增大，同时也会降低泵的抗汽蚀性能。图 2-24 所示是吸入室的三种形式：①锥形管吸入室：结构简单，制造方便，流速分布均匀、流动损失小，其锥度为 7°～8°，适宜用于单吸单级悬臂式泵；②圆环形吸入室：结构对称比较简单，轴向尺寸较小，但流速分布不均匀，流体进入叶轮时的撞击损失和漩涡损失大，总的损失较大，广泛用于分段式多级泵；③半螺旋形吸入室：液体进入叶轮时的流速分布比较均匀，流动损失较小，但液体通过半螺旋形吸入后，在叶轮入口处会产生预旋而降低了离心泵的扬程，大多用于单级双吸或中开式泵。

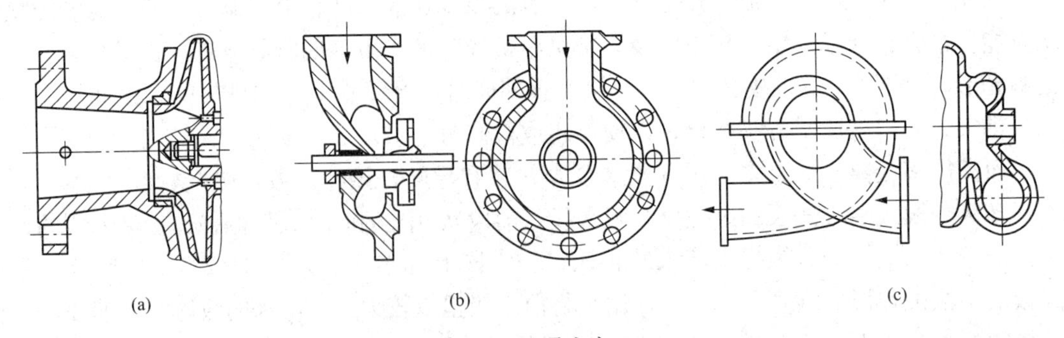

图 2-24 吸入室

(a) 锥形管；(b) 圆环形；(c) 半螺旋形

压出室是叶轮出口或多级泵末级导叶出口至出口法兰处的空间。作用是以最小的能量损失汇集从末级叶轮流出的高速液体，并将液体的大部分动能转换为压力能，然后引至压水管道。压出室结构要求以最小的流动损失收集并引导流体至压水管；降低流速，实现部分动能向压力能的转换。如果压出室中液体的流速较大，其阻力损失占泵内的流动阻力损失的大部分。所以对性能良好的叶轮必须有良好的压出室与之配合，使整个泵的效率提高。它有螺旋形和圆环形两种型式，见图 2-25。

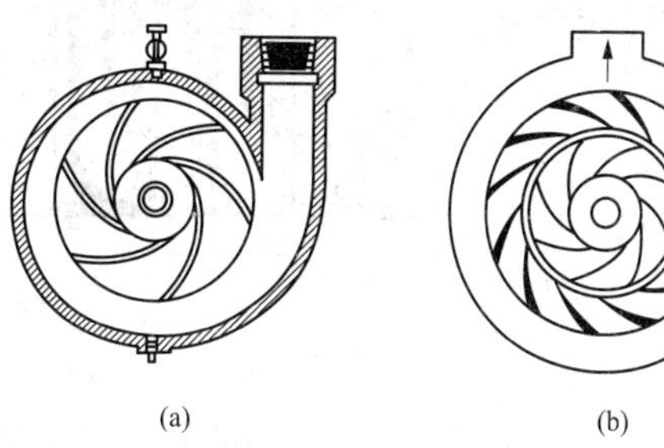

图 2-25 压出室
（a）螺旋形；（b）圆环形

螺旋形压出室主要由涡室加一段扩散管组成，不仅具有汇集液体和引导液体至泵出口的作用，而且扩散管使这种压出室具备了将部分动能转换为压力能的作用。具有制造方便、流动效率较高的特点，但在非设计工况下可能产生径向推力。一般用在单级泵、单级双吸、多级中开式泵上。

环形压出室其室内流道断面面积沿圆周相等，收集到的液体流量却沿圆周不断增加，故各断面流速不相等，室内是不等速流动。存在冲击损失，流动效率低于螺旋形压出室，主要用于多级泵的排出端，或输送有杂质的液体。其作用是汇集从末级叶轮甩出的液体，并引入压水管，在其导叶的扩压段还可将液体的部分动能转变为压力能。

（2）导叶。

导叶是静止的过流部件，可看作是一个固定叶轮。分段式和圆筒形多级泵的每一个叶轮都装配有一个导叶，位于叶轮外缘，固定在泵壳上。其作用是汇集并引导本级叶轮甩出的液体进入下一级叶轮的进口（对末级导叶而言引入压出室），并在导叶的扩压段将液体的部分动能转换为压力能。

导叶的型式有径向式、流道式和扭曲式三种，其中扭曲式已逐渐被淘汰。常采用的是径向式导叶。

1）径向式导叶见图 2-26。由螺旋线 A-B、扩散管 B-C、过渡区 C-D 和反导叶 D-E 组成。螺旋线与扩散管又称正导叶。液体从前一级叶轮流出，平缓地进入导轮，由正导叶的螺旋线 A-B 和扩压段 A-B 部分，速度逐渐降低，将部分动能转变为压力能，然后进入过渡区 B-D 环状空间改变流向，再流入反向导叶 D-E 引入次一级叶轮入口。由于末级导叶没有反导叶。液体直接经过正导叶导入压出室。

导轮上的导叶数一般为 4～8 片，导叶的入口角一般为 8°～16°，叶轮与导叶间的径向单侧间隙约为 1mm。若间隙过大，效率会降低；间隙过小，则会引起振动和噪声。与蜗壳相比，采用导轮的分段式多级离心式泵的泵壳容易制造，转能的效率也较高。但安装检修较蜗壳困难。另外，当工况偏离设计工况时，液体流出叶轮时的运动轨迹与导叶形状不一致，使其产生较大的冲击损失。由于导轮的几何形状较为复杂，所以一般用铸铁铸造而成。

2）流道式导叶见图 2-27。由正、反导叶用流道连接为连续整体，液体从正导叶进口到反导叶出口形成单独流道。与径向式的区别是没有环状空间。阻力损失比径向式小，结构尺寸也相对较小，但制造工艺较复杂。

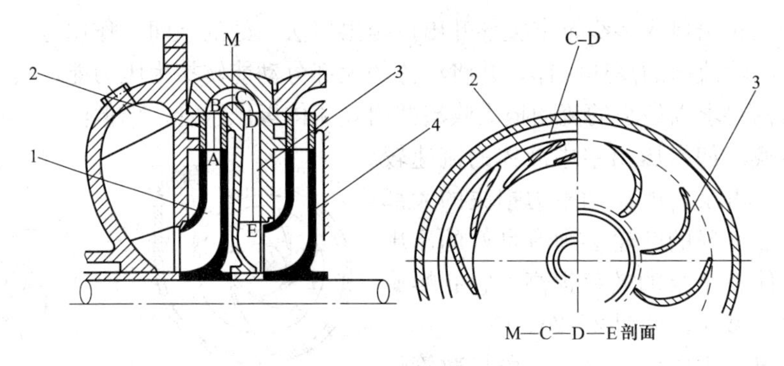

图 2-26 径向式导叶

1—首级叶轮；2—正导叶；3—反导叶；4—次级叶轮

A—B螺旋线；B—C扩压段；C—D过渡区；D—E反导叶流道区

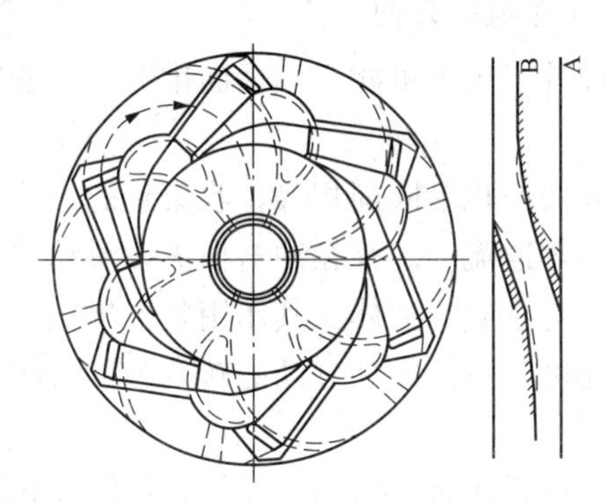

图 2-27 流道式导叶

2. 泵座

泵座用来承受水泵及进出口管件的全部重量，并保证水泵转动时的中心正确。泵座一般由铸铁制成，且大多与原电动机的底座合为一体。

三、部分可转动部分

部分可转动的主要部件是密封装置、轴承。

1. 密封装置

离心式泵的转动部件和静止部件之间总存在着一定的间隙。如叶轮与泵壳的间隙，轴与泵壳的间隙等。

离心式泵工作时，能减少或防止从这些间隙中泄漏液体的部件成为密封装置。

密封装置适应液体的性能、温度和压力，要求密封可靠，长期运转，消耗功率小，适应泵运转状态的变化。

离心式泵的密封装置包括内密封装置和外密封装置两类。内密封装置的作用是减小从叶轮甩出的高压液体返回叶轮吸入口的流量，从而减小内部泄漏损失；外密封装置用于轴两端与泵壳之间的密封，防止正压端液体向外泄漏，或防止负压端漏入空气。

(1) 内密封装置。从叶轮流出的高压液体通过旋转的叶轮与固定的泵壳之间的间隙又回到叶轮的吸入口，称为内泄漏，见图 2-28。为了减少内泄漏，保护泵壳，在与叶轮入口处及相对应的壳体上装内密封装置。

内密封装置是用密封环（又称为卡圈、口杯或防漏环）的动环装在叶轮入口外圆上，通常与叶轮连成一体；其静环装在相对应的泵壳上。两环之间构成很小的间隙，减少从叶轮甩出的高压液流（图 2－28）返回叶轮的入口，从而减少内部泄漏损失，小叶轮也可只装设静环。密封间隙要保持规定在值范围内，若密封环的径向间隙过小，则容易动静环间产生摩擦，发生振动，甚至咬死。若间隙过大，泄漏又会显著增加，效率降低。实验表明，当密封环间隙由 0.30mm 增至 0.50mm 时，效率约下降 4%～4.5%。密封环磨损后，使径向间隙增大，泵的流量减少，效率降低，当密封间隙超过规定值时应及时更换。因此，静环常用硬度较低的材料如青铜、碳钢或高级铸铁等制成，而且更换方便，可以保护叶轮和泵壳不被磨损。离心式泵常用的密封环有四种形式，见图 2－29，平环式和角环式由于结构简单、加工和拆装方便，在一般离心式泵中应用广泛；锯齿式或迷宫式的密封效果好，一般用在高压离心式泵中。

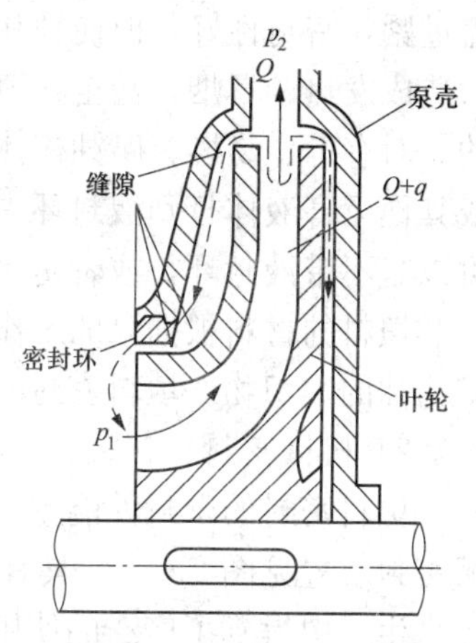

图 2－28 泵体内的泄漏

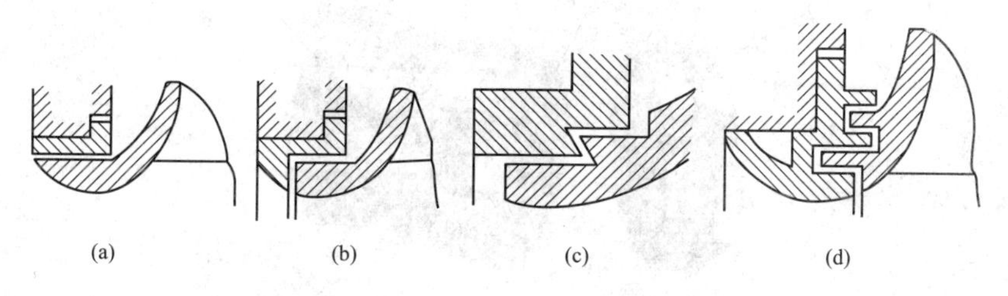

图 2－29 内密封装置

（a）平环式；（b）角环式；（c）锯齿式；（d）迷宫式

（2）外密封装置。离心泵工作时泵轴旋转而泵壳不动，其间的环隙如果不加以密封或密封不好，则外界的空气会渗入叶轮中心的低压区；空气漏入会增加噪声和振动，甚至失吸，造成泵入口无水。从叶轮流出的高压液体，经过叶轮背面，沿着泵轴和泵壳的间隙流向泵外，称为外泄漏，使泵的流量、效率下降，还可能污染环境。

在旋转的泵轴和静止的泵壳之间的密封装置称为外密封装置。外密封装置用于泵壳与两端轴间的密封，又称为轴封装置。它可以防止和减少外泄漏，提高泵的效率，同时还可以防止低压端外界空气吸入泵内，保证泵的正常运行。特别在输送易燃、易爆和有毒液体时，轴封装置的密封可靠性是保证离心式泵安全运行的重要条件。

轴封装置结构型式多样，中低压泵广泛采用填料密封，而高温高压泵则采用各种机械密封、迷宫密封和浮动环密封方式，以保证更好的密封效果。

1）填料密封。

带液封环的填料密封结构和部件，它由填料箱（又称填料函）、填料、液封环、填料压盖和双头螺栓等组成。填料密封是通过填料压盖压紧填料，使填料发生变形，并和轴（或轴套）的外圆表面接触，防止液体外流和空气吸入泵内。填料密封的密封性可用调节填料压盖的松紧程度加以控制。用压盖将填料压紧，使它和轴（轴套）外表面保持极小的间隙起密封作用。液封环安装时必须对准填料函上的入液口，通过液封管与泵的出液管相通，引入压力液体形成液封，在轴（轴套）与填料间形成的水膜，起到密封、增加润滑、减少摩擦及对轴（轴套）进行冷却作用。填料密封的密封性可用调节填料压盖的松紧程度加以控制。填料压盖过紧，密封性好，但使轴和填料间的摩擦增大，加快了轴的磨损，增加了功率消耗，严重时造成发热、冒烟，甚至将填料烧毁。填料压盖过松，密封性差，泄漏量增加，这是不允许的。对有毒、易燃、腐蚀夜体，由于要求泄漏量较小或不准泄漏，可以通过另一台泵将清水或其他无害液体打到液封环中进行密封，以保证有害液体不漏出泵外。填料密封的其他型式可以是不带液封环，或者是具有主填料和辅助填料的结构。

填料的材料根据泵的工作温度、介质不同可以是各种天然、人造纤维或金属丝浸石墨或矿物油的编织物。填料密封的缺点是不适合高速泵采用。

2）机械密封。

填料密封的密封性能差，不适用于高温、高压、高转速、强腐蚀等恶劣的工作条件。机械密封装置见图2-30，具有密封性能好，尺寸紧凑，使用寿命长，功率消耗小等优点，近年来生产中得到了广泛的使用。

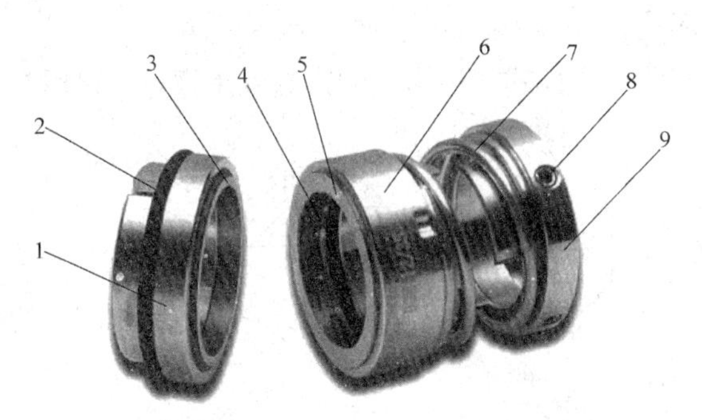

图2-30 机械密封装置

1—静环；2—静环密封圈；3—静环密封面；4—动环密封圈；5—动环密封面；6—动环；7—弹簧；8—紧钉螺钉孔；9—弹簧座

依靠静环与动环的端面相互贴合，并作相对转动而构成的密封装置，称为机械密封，又称端面密封。非平衡型单端面机械密封见图2-31。紧定螺钉将弹簧座固定在轴上，弹簧座、弹簧、推环、动环和动环密封圈均随轴转动，静环、静环密封圈装在压盖上，并由防转销固定，静止不动。动环、静环、动环密封圈和弹簧是机械密封的主要元件。而动环随轴转动并与静环紧密贴合是保证机械密封达到良好效果的关键。

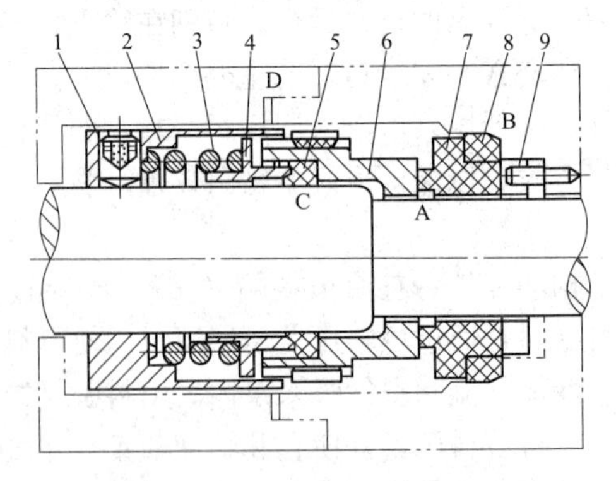

图2-31 非平衡型单端面机械密封

1—紧定螺钉；2—弹簧座；3—弹簧；4—推环；5—动环密封圈；6—动环；7—静环；8—静环密封圈；9—防转销

机械密封中一般有四个可能泄漏点 A、B、C、D。密封点 A 在动环与静环的接触面上，它主要靠泵内液体压力及弹簧力将动环压贴在静环上，防止 A 点泄漏；但两环的接触面 A 上总会有少量液体泄漏，它可以形成液膜，一方面可以阻止泄漏，另一方面又可起润滑作用；为保证两环的端面贴合良好，两端面必须平直光洁。密封点 B 在静环与静环座之间，属于静密封点；用有弹性的 O 形（或 V 形）密封圈压于静环和静环座之间，靠弹簧力使弹性密封圈变形而密封。密封点 C 在动环与轴之间，此处也属静密封，考虑到动环可以沿轴向窜动，可采用具有弹性和自紧性的 V 形密封圈来密封。密封点 D 在静环座与壳体之间，也是静密封，可用密封圈或垫片作为密封元件。

3）迷宫密封。

迷宫密封原理是依靠密封片与轴之间的微小间隙，使液体通过密封片时逐次节流降压达到密封。常用型式有炭精迷宫密封和金属迷宫密封两种型式。

螺旋密封按作用原理，属于迷宫密封的一种型式，其密封作用是在轴上加工出与液体泄漏方向相反的螺旋沟槽，或在固定衬套表面再车出与该沟槽反向的沟槽，达到减小泄漏的目的。有的锅炉给水泵就采用这种密封方式。迷宫密封的各种结构见图 2-32。

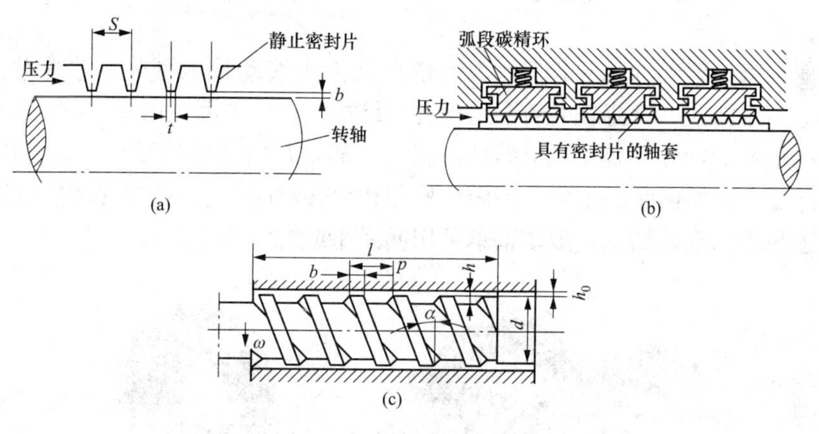

图 2-32　迷宫密封的型式

4）浮动环密封。

浮动环密封主要由数个单环套在轴上依次排列而成，每个单环均由一个浮动环、一个浮动套（支承环）及支承弹簧组成。这种密封是机械密封和迷宫密封原理相结合的密封方式。其结构见图 2-33。浮动环端面和支承环（也称浮动套）端面的接触实现径向密封；而浮动环内圈表面与轴或轴套外圈表面的狭窄间隙起到节流作用来实现轴向密封。当泵轴转动时，只要浮动环与泵轴不同心，则环、轴之间的楔形间隙内的液体会产生支承力，促使浮动环沿着支承环的密封端面上、下自由浮动，消除楔形间隙，自动对正中心。这种调心作用，既可以允许浮动环和轴套之间有很小的径向间隙以减少液体的泄漏，又能避免正常运行中环与轴套之间的碰撞，从而保证了运行的可靠性。但是，在泵启动和停车时，浮动环会因内圈支承力的不足而与轴套发生短时间的摩擦，因此，浮动环和轴套都采用耐磨、防锈材料。一般浮动环用铅锡青铜制成，轴套用不锈钢（如 3Cr13）制造，并在表面镀铬，提高表面硬度。另外，还采取启动前先引入密封液体，停运时最后关闭密封液体进口阀门的措施，以减少环与轴套之间的摩擦。浮动环密封与机械密封相比，结构简单，运行可靠，在给水泵、凝结水泵上使用效果较好。其主要缺点是轴向长度较长，运行时支承环组成的腔内必须有液体，所以这种密封不宜在粗而短的大容量给水泵中应用，也不宜在干转或汽化的条件下运行。

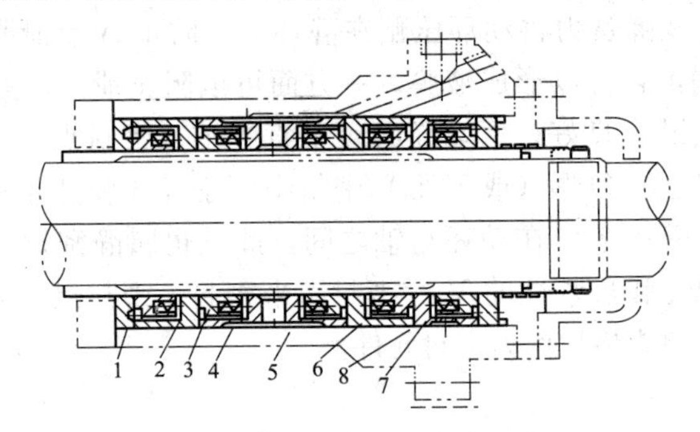

图 2-33 浮动环密封

1—密封环；2、5、6、7—浮动套（支承环）；3—浮动环；4—弹簧；8—密封圈

2. 轴承

轴承是用来支撑机转子旋转并承受转子径向和轴向载荷，以保证转子的平稳运转，降低设备在传动过程中的机械载荷摩擦系数的部件。常见的水泵轴承按摩擦性质不同分滚动轴承和滑动轴承。

(1) 滚动轴承。滚动轴承见图 2-34，依荷载大小滚动轴承可分为滚珠轴承和滚柱轴承，其结构基本相同，一般荷载大的采用后者。结构一般由外圈、内圈、滚动体和保持架组成；内圈装在轴颈上，外圈装在机架的轴承座内；通常是内圈随轴颈转动而外圈固定不动，也有的是以外圈旋转而内圈固定的。当内、外圈相对转动时，滚动体就在内外圈的滚道中滚动。中小型水泵多用滚动轴承，滚动轴承可用润滑脂或润滑油来润滑。

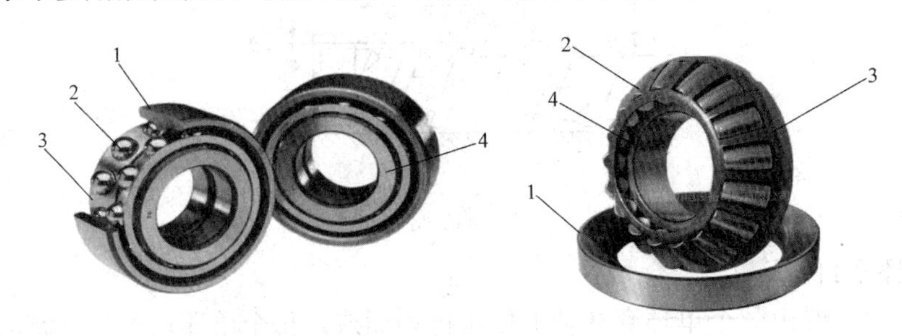

图 2-34 滚动轴承

1—外圈；2—滚动体；3—保持架；4—内圈

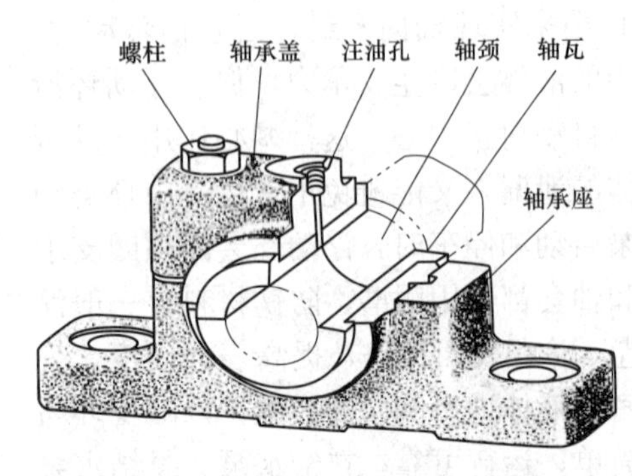

图 2-35 滑动轴承

(2) 滑动轴承。滑动轴承见图 2-35，主要是由轴瓦或轴套和轴承座组成。滑动轴承轴转动时润滑油在轴表面与轴瓦间形成油膜而轴与轴瓦不直接接触，运行噪音低。推荐用在承受巨大的冲击和振动载荷、转速高、转子重的大型水泵上。

能力训练

1. 根据装置图认识离心式泵的主要部件，简述离心式泵各部件的作用。

2. 分组讨论如何防止离心式泵内漏和外漏。

3. 分析填料密封和迷宫密封的优缺点，简述它们的适用范围。

4. 简述离心式泵的轴封装置分类，说明各自特点。

任务三　离心式泵的推力及平衡

任务目标

能分析离心式泵在运行中产生径向原因、熟练分析轴向推力的原因；熟练阐明推力对泵造成的危害，熟练阐述各种平衡推力的方法和原理；能阐述各种平衡推力方法的优缺点。

知识储备

一、径向推力平衡装置

1. 径向推力

离心式泵运行时，作用在转子上与泵轴线垂直的作用力，称为径向推力。

螺旋形压出室的离心式泵，叶轮出口到下一级叶轮入口或到泵的出口管之间为扩散管状截面积逐渐增大的螺旋形流道。在设计工况下工作时，液体在叶轮周围作均匀的等速运动，而且叶轮周围的压强基本呈均匀分布，是轴对称的，所以液体作用在叶轮上的径向推力的合力为零，不产生径向推力。当离心式泵在变工况下工作时，叶轮周围的液体速度和压强分布均变为非均匀分布，它使液体从叶轮流出后其流速平稳地降低，同时使大部分动能转变为静压能。当蜗壳具有能量转换作用时，蜗壳内液体的压力是沿途增大的，这就会对叶轮产生一个径向的不平衡力，见图 2-36（a），径向推力使泵轴产生较大的挠度，造成运行中的振动，甚至使密封环、级间套、轴套严重磨损，并可能使轴疲劳破坏，必须设法予以消除。

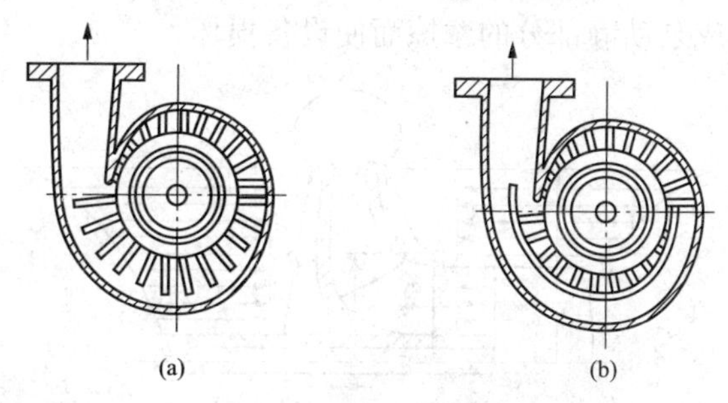

图 2-36　泵的径向推力及平衡

（a）径向推力；（b）双层压水室

2. 径向推力平衡装置

消除径向推力的方法一般有两种：一种是采用双层压出室结构，见图 2-37（a）。将压水室分成两个对称的部分，虽然每个压水室压强分布是不均匀的，但由于压水室蜗壳空间上下对称，使作用在叶轮上的径向力由于对称而抵消。另一种为采用双压水室结构或采用两个压水室相差 180°的布置方式平衡径向推力，见图 2-37（b）。

导轮式多级泵，导叶沿圆周均匀分布，理论上径向力平衡，实际上转轴存在一定偏心，会有一些径向力产生，不过偏心产生的径向力一般不大，若偏心距达到叶轮直径的 1%，径向力会增加到与蜗壳式离心式泵相近的程度。

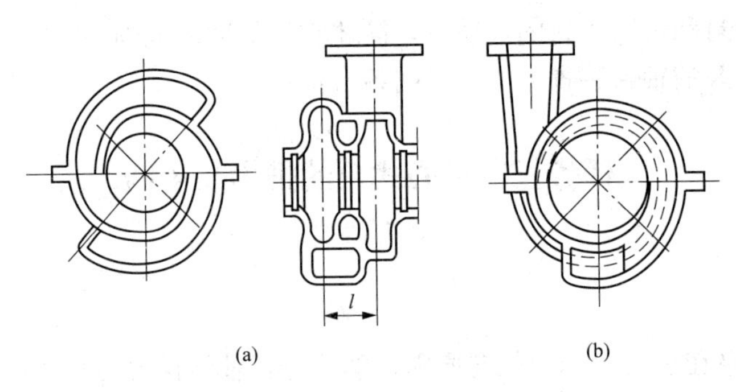

图 2－37 压水室的布置

（a）双压水室；（b）两个压水室相差 180°布置

二、轴向推力平衡装置

1．轴向推力的产生及危害

离心式泵运行时，作用在转子上与泵轴线平行的作用力，称为轴向推力。

单吸叶轮由于具有单侧的低压吸入口，致使叶轮前后盖板所受压强不相等，产生一个指向吸入口方向的轴向推力 F_1，见图 2－38。对于多级叶轮，总轴向推力的大小是每个叶轮轴向推力之和。另外，液体进出叶轮时流向的改变导致动量改变，对叶轮产生一个冲击力 F_2，该冲击力的方向与 F_1 方向相反，在泵启动时可使转子向高压侧窜动，但在正常运行时，与 F_1 相比较却很小，可以忽略不计。对于立式泵，其转子的自重力 F_3，也是沿轴向指向叶轮吸入端。对于卧式离心式泵，转子重量与轴方向垂直，$F_3=0$。但一般所指的轴向推力即指 F_1，这是轴向推力的主要部分，特别是对于多级泵，这个推力相当大，有时可高达几十万牛顿，会使转子产生轴向位移，造成叶轮和泵壳等动、静部件碰撞、摩擦和磨损；还会增加轴承负荷；导致发热、振动甚至损坏。因此，必须采取平衡措施，以保证离心式泵的安全和正常运行，否则可能造成泵动静部分的摩擦而使设备损坏。

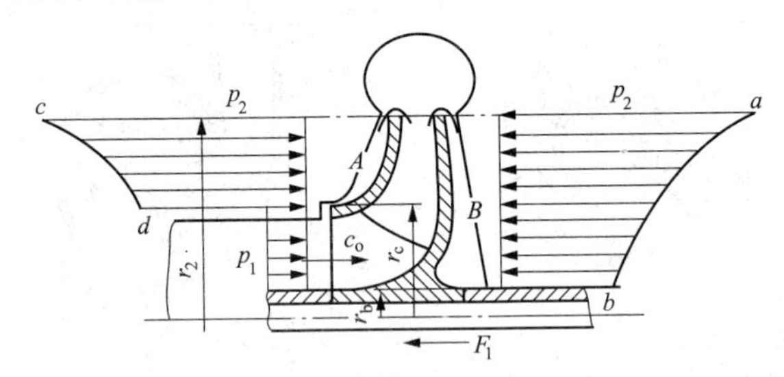

图 2－38 泵的轴向推力 F_1

2．单级泵轴向推力的平衡

（1）采用双吸叶轮。双吸叶轮压力分布见图 2－39，由于双吸叶轮结构轴向对称性，理论上不会产生轴向推力 F_1，但由于制造偏差和两侧液体流动的差异，仍然会产生部分轴向推力，还需要采用能承受一定推力的轴承来平衡该剩余推力。

（2）平衡孔和平衡管。图 2－40（a）中，在叶轮后盖板靠近轮毂处开一圈孔径为（5～30）mm 的小孔，经孔口将压强高液流引向泵入口，使叶轮背面压强与泵入口压强基本相等，但由于液体通过平衡孔有一定阻力，所以仍有少部分轴向力不能完全平衡，并且干扰泵入口液体流动，会使泵的效率有所降低，这种方法主要优点是结构简单，多用于小型离心式泵。

图 2-40（b）在后盖板泵腔引一平衡管，将压强高液流引入泵入口或吸水管，平衡部分推力，剩余部分推力仍采用止推轴承来承担。这种方法比开平衡孔优越，它不干扰泵入口液体流动，效率相对较高。这两种方式都使泵的泄漏损失增加，降低了泵效率。

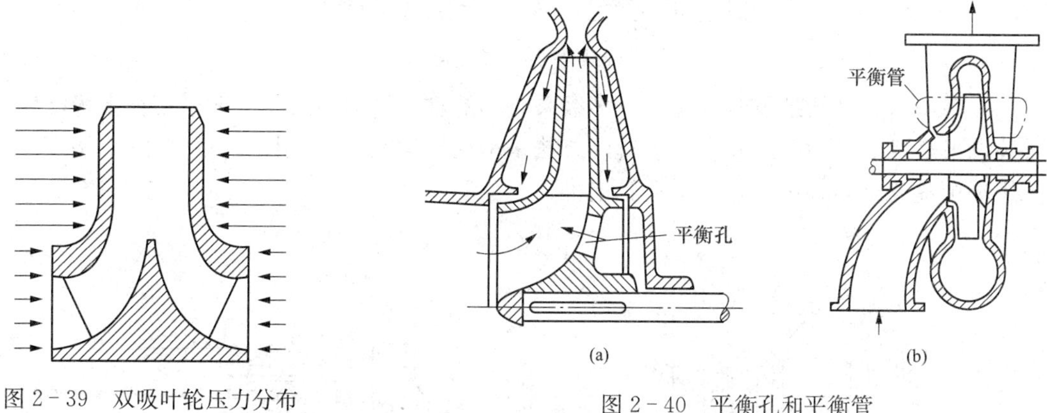

图 2-39 双吸叶轮压力分布

图 2-40 平衡孔和平衡管

（a）平衡孔；（b）平衡管

（3）背叶片见图 2-41，采用在叶轮后铸径向肋筋的方法，相当于一个半开式叶轮，当叶轮旋转时，它可以推动液体旋转，使叶轮背面靠叶轮中心部分的液体压强下降，后盖板外侧面上液体压强的分布曲线也将会由原来没有背叶片的 *abc* 线变成 *abe* 线（见图 2-42），使作用在后盖板外侧的总压力降低，叶轮两侧压差减小，从而减小轴向力 F_1，可以起平衡轴向推力的作用，但此方法要增加额外的功率消耗。下降的程度与叶片的尺寸及叶片与泵壳的间隙大小有关。此法的优点是除了可以减小轴向力以外，还可以减少轴封的负荷；对输送含固体颗粒的液体，则可以防止悬浮的固体颗粒进入轴封。

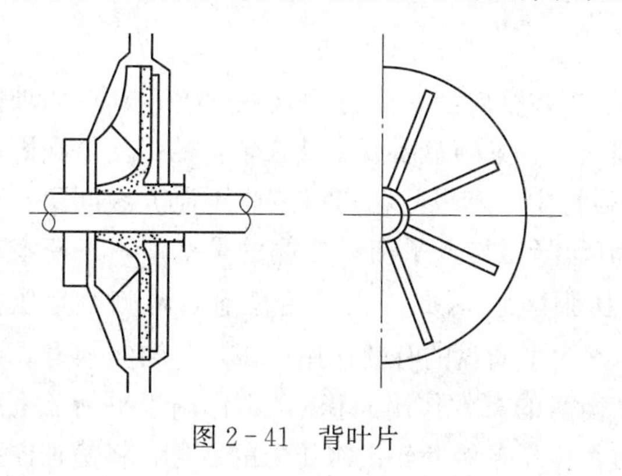

图 2-41 背叶片

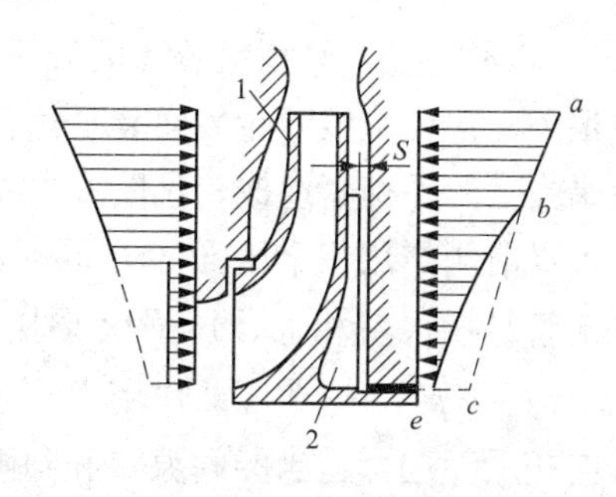

图 2-42 背叶片盖板压强分布

1—叶轮；2—背叶片

3. 多级泵的轴向推力的平衡

（1）多级泵的叶轮对称排列。对于偶数级叶轮，按两组叶轮进水方向相反的原则对称地布置在同一轴上，见图 2-43。当叶轮的几何尺寸相同、两组叶轮产生的轴向力大小相等，方向相反，可以互相抵消。并装设推力轴承或平衡鼓来承受剩余的轴向推力。这种方案流道复杂，造价较高。当级数较多时，由于各级泄漏情况不同和各级叶轮轮毂直径不相同，轴向力也不能完全平衡，往往还需采用辅助平衡装置。

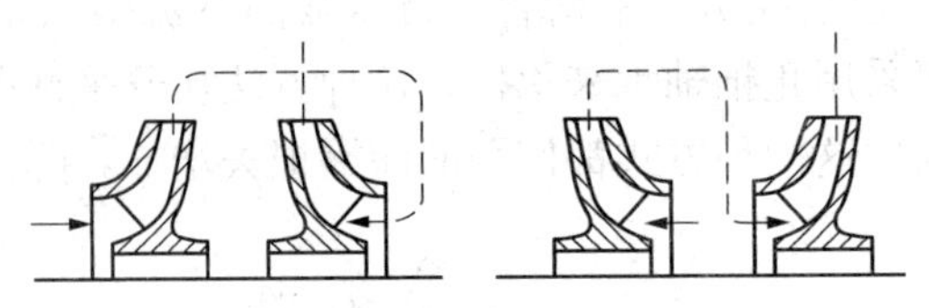

图 2-43 叶轮对称排列

（2）平衡盘、平衡鼓及联合装置。多级泵叠加的轴向推力很大，一般采用在末级叶轮后同轴装设平衡盘、平衡鼓或其联合装置的方法来平衡轴向推力，见图 2-44。中小型多级泵常采用平衡盘与推力轴承装置来平衡轴向推力。

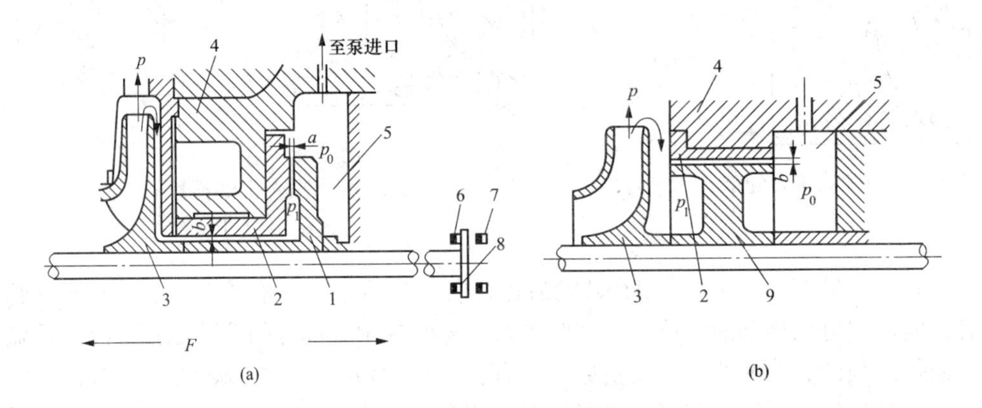

图 2-44 平衡盘、平衡鼓装置

(a) 平衡盘；(b) 平衡鼓

1—平衡盘；2—平衡套（静环）；3—末级叶轮；4—泵体；

5—平衡室；6—工作瓦；7—非工作瓦；

8—推力盘；9—平衡鼓

1）平衡盘。平衡盘装置因分段式多级离心式泵叶轮沿一个方向装在轴上，其总的轴向力很大，常在末级叶轮后面装平衡盘来平衡轴向力。平衡盘装置由装在轴上的平衡盘和固定在泵壳上的平衡套组成，见图 2-44（a）。泵运行中，末级叶轮出口液体压强 p 经间隙 b 对平衡盘前侧作用一个压强 p_1，同时经间隙 a 节流降压排入平衡盘后侧的平衡室，平衡室有平衡管与吸入室相通，压强大小接近泵入口压强 p_0。因此，在平衡盘前后两侧产生压差 $\Delta p = p_1 - p_0$，这个压差作用力 $P = \Delta p \times S$（S 为平衡盘的有效作用面积）与轴向推力 F 的方向相反。选择适当的间隙 a 和间隙 b 以及平衡盘的有效作用面积 s，则作用于平衡盘上的力足以平衡泵的轴向推力。离心泵工况改变时，由于各级叶轮出水压力的变化，将使轴向推力 F 首先改变。若轴向推力 F 增大，则与平衡力 $P = \Delta p \times S$ 的平衡将被破坏，转子就会向泵的入口侧窜动。与此同时，间隙 a 减小，间隙 a 的流动阻力增加，使通过平衡盘装置的泄漏量减少。这样，不仅导致液体流过径向间隙 b 的速度降低、间隙 b 的流动损失减小、平衡盘前的压强 p_1 升高，还会使平衡室内的压强 p_0 略有下降，最后使作用在平衡盘上的压力差 Δp 增大，平衡力 $P = \Delta p \times S$ 增加。随着转子继续向泵入口侧（左）窜动，间隙 a 将逐步减小，平衡力也就不断增加。直到转子窜到某个位置，平衡力 $P = \Delta p \times S$ 与轴向推力 F 重新相等，达到新的平衡状态为止。同理，轴向推力 F 变小，小于平衡力 P 时，转子将向泵的出口侧（右）窜动。此时，间隙 a 增大，流动损失减小，泄漏量增加，间隙 b 的流动损失增大、平衡盘前的压强 p_1 降低，平衡室的压强 p_0 略有升高，使平衡力减小，直到平衡力和轴向推力重新达到新的平衡。平衡盘在泵的工况变化时，还具有自动平衡轴向推力的功能。转子左右窜动的过程，也是自动平衡的动态过程。当泵在启动时，平衡盘因末级叶轮尚未出水，没有建立平衡力时，则靠推力轴承进行平衡。其缺点是：在工况变动大时，因轴向窜动而导致静止的平衡套磨损，在水泵出水压力较低，平衡盘前后的压差较小，不足以平衡轴向推力造成平衡盘的磨损，甚至发生动、静盘咬住的事故。因此，高速泵不宜单独采用平衡盘。

2）平衡鼓。平衡鼓是与叶轮同轴的圆柱体，见图 2-44（b），其外圆表面与泵壳上的平衡套之间有很小的间隙 b。用连通管将平衡室与首级叶轮进口连通。末级叶轮出口的液体压强 p_2，作用于平衡鼓前端，部分液体经间隙 b 泄漏入平衡室，而平衡室的压强几乎与泵入口压强 p_0 相等，因此平衡鼓前后端作用有压力差，该压差作用力方向与轴向推力方向相反，起到抵消大部分轴向推力的作用。现在已发展采用平衡鼓和双向止推轴承来平衡轴向推力。叶轮的轴向推力由平衡鼓两侧的压差所形成的平衡力抵消 90%～95%，而残余 5%～10%轴向力由止推轴来承受。双向推力轴承由推力盘、扇形块、扇块支座、推力轴承壳体、轴承体端盖等零件组成，它能承受两个方向轴向力，同时它能把转子固定在确定的位置上。这种轴承能够承受泵在各种异常工况运行所产生的附加力或残余轴向力。平衡鼓无须极小的轴向间隙，同时采取了较大的平衡鼓与固定套之间的径向间隙，保证了水泵在任何运转条件恶化下，不会发生平衡装置的磨损和咬住事故，提高了运转的可靠性。但是，平衡鼓径向间隙较大，因此泄漏量较大而影响到水泵了效率，为了减小泄漏量，在平衡鼓的外周和固定衬套的内表面铣出反向螺旋槽。

3）联合平衡装置（见图 2-45）。大型高速给水泵，一般采用平衡盘和平衡鼓的联合装置，该平衡装置主要由平衡座、平衡盘及平衡鼓组成。由平衡鼓承担 50%～80%的轴向推力，减少平衡盘的负荷，可以使平衡盘的间隙 a 放大一些，避免了转子窜动而导致动、静盘的摩擦或咬住，而残余轴向力由双向止推轴承承受。

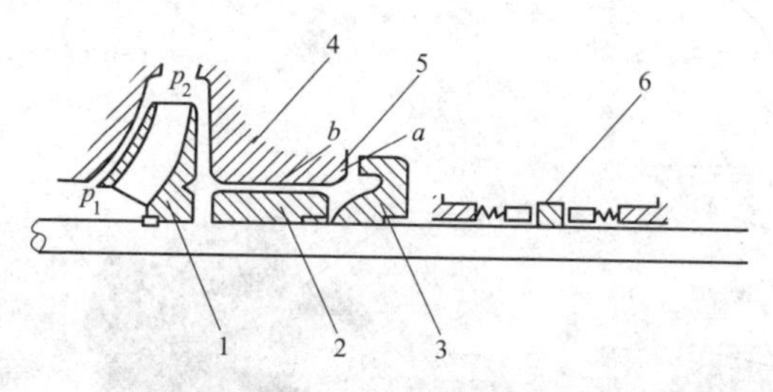

图 2-45 多级泵的平衡盘、平衡鼓和双止推轴承平衡装置

1—末级叶轮；2—平衡盘；3—平衡鼓；4—泵体；
5—平衡座；6—双向止推轴承

能力训练

1. 简述离心式泵的平衡盘工作过程。
2. 分析离心式泵产生轴向力的原因，简述轴向推力的平衡方法。

任务四　轴流泵与混流泵的结构

任务目标

熟练识读轴流泵与混流泵结构纵剖图和实物图，说明它们的构造及主要部件的作用；能识读主要部件图，说明它的结构、形式、特点及应用。

知识储备

轴流泵属于高比转数泵，在叶片式泵中流量最大、扬程最低。轴流泵按泵轴方向有立式和卧式两种。混流泵的比转数和其流量、扬程特性介于高比转数的离心式泵与轴流泵之间。目前大型发电厂大多采用立式轴流泵或立式混流泵作为循环水泵。

一、立式轴流泵

各种型号的立式轴流泵结构基本相同，见图 2-46，由转子部分与壳体部分组成。转子部分：叶轮通过联轴器与泵轴相连。壳体部分：叶轮外壳、导叶体、进水喇叭管、中间接管、出水弯管、轴承和密封装置等。

1. 转子部分

(1) 叶轮。

叶轮是决定水泵性能的主要部件，轴流泵叶轮无前后盖板，属敞开式。叶轮作用是将原动机输入的机械能传递给流体并提高流体动能和压力能。它由叶片、轮毂、流线型动叶头组成，见图 2-47。中、小型泵一般用优质铸铁制成，大型泵多用铸钢制成。

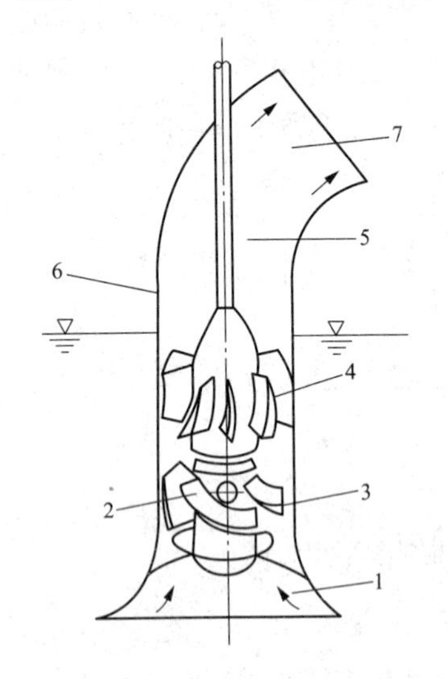

图 2-46　轴流泵的工作示意图

1—吸入管；2—叶片；3—叶轮；4—导叶；5—轴；6—机壳；7—出水弯管

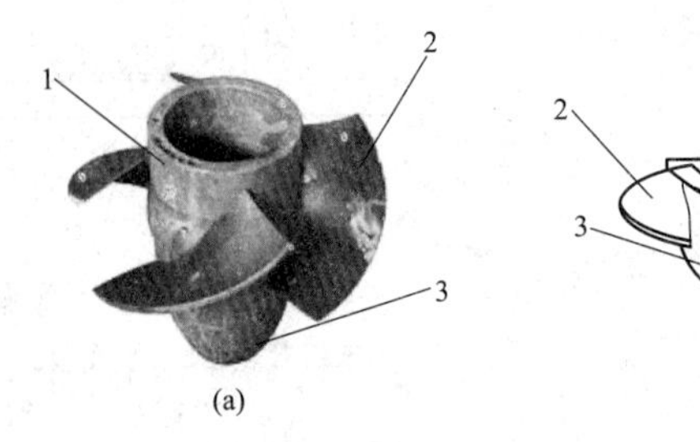

图 2-47　轴流泵叶轮

(a) 叶轮外形；(b) 可调式叶轮

1—轮毂；2—叶片；3—流线型动叶头

1) 叶片：轴流泵叶片为扭曲机翼型，装在轮毂上，有固定式和调节式两种连接方式。固定式联接方式见图 2-47 (a)：叶片与轮毂铸成一体，叶片的安装角度不能调节。

调节式联接方式：调节式联接方式又分为半可调式联接方式（图 2－48）和全可调式联接方式（图 2－49）两种。目前广泛应用的是全可调式，此方式可在运行中随时对水泵叶片进行调节，根据需要随时改变机组运行工况，实现高效运行和优化调度。同时机组启动时，调整叶片角度，减小起动转矩，便于机组牵入同步。

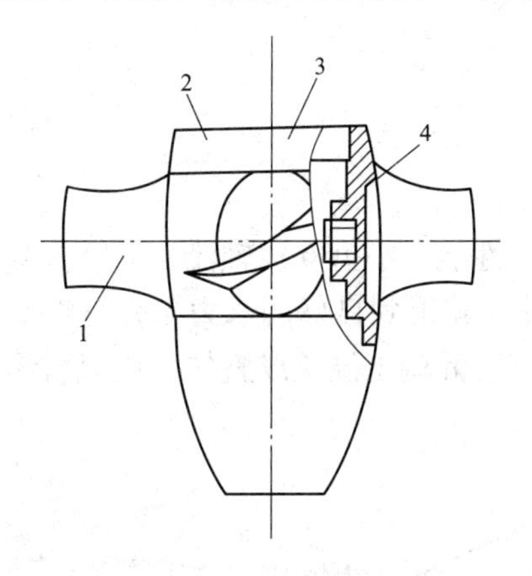

图 2－48　半调式叶片

1—叶片；2—轮毂体；3—角度位置；4—调节螺母

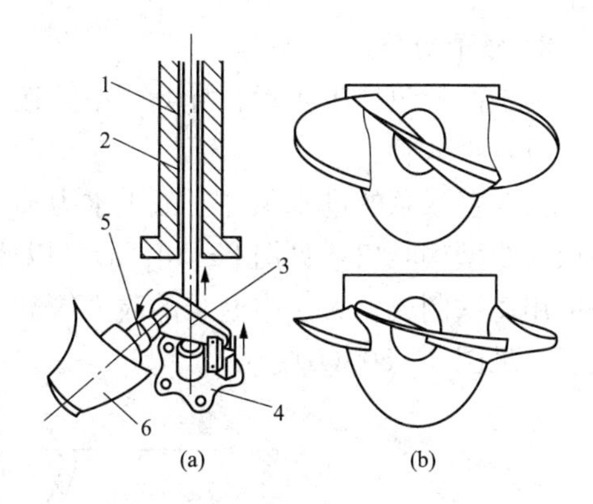

图 2－49　立式轴流泵调节机构及动叶片位置

（a）动叶调节示意图；（b）叶片的两种位置

1—泵轴；2—调节杆；3—拉臂；4—拉板套；5—叶柄；6—叶片

半可调式联接方式的叶片是用螺栓装配在轮毂体上的，叶片的根部刻有基准线，轮毂体上刻有相应的安装角度位置线，见图 2－48。停泵后根据不同的工况要求，可将调节螺母松开，转动叶片，改变叶片的安装角度，从而改变水泵的性能曲线。半调节式转轮叶片角度的调整只能在拆泵的情况下才能进行，调节不方便，但结构简单，便于检修。应注意的是，每片叶片调好的角度要相等，否则运行时就会产生振动。

全可调式联接方式多用于大、中型轴流泵上。大型泵的调节机构常用机械控制系统和液压控制系统，中型泵多用手动控制系统。大、中型全可调式轴流泵，在运行中不停机即可根据需要调节叶片安装角。

图 2－49 中，叶片的拉臂分别与拉板套上的孔用带有铰孔的螺栓连接，拉板套用螺帽固定在调节杆上，调节杆从空心的泵轴内穿出，在泵轴上端由蜗轮、蜗杆传动，调节杆上下移动时，带动拉板套一起上下移动，使拉臂旋转，从而改变叶片安装角，达到调节目的。

2）轮毂：轮毂钻有孔，孔内装入叶片，并用圆锥销将叶柄与拉臂固定在一起，拉臂通过衬圈靠在轮毂上，轮毂有圆锥形、圆柱形和球形三种。动叶可调的轴流泵，一般采用球形轮毂。

3）流线型动叶头：流线形体，以减少流动的阻力损失，并与入口喇叭管相配合构成液体流入的良好入口条件。

（2）轴与轴承。

轴是传递扭矩的部件。立式泵的轴的特点是细而长，刚性差，采用镀铬优质钢制造。全调节式的泵轴是空心轴，内装调节杆，通过蜗轮蜗杆传动，使调节杆作带动拉板套上下移动，使拉臂旋转，改变叶片安装角，其原理结构见图 2－49（a）。

泵的轴承包括承受径向力的导轴承和承受轴向力的推力轴承。由于立式泵的结构特点，叶轮位于轴的悬臂端，容易产生晃动，因此导轴承位于泵体内靠近叶轮处，以减小悬臂长度。在轴穿过泵壳处也装有导轴承，如泵轴较长，在轴中部也可装设导轴承。导轴承采用硬橡胶轴承，靠自身（或外部供水系统）输送水润滑和冷却。在电动机轴顶端的上机架上，装有推力轴承，承受水流作用在叶片上的向下轴向推力和转子自重力，并将其传到基础上。

2. 静子部分

静子部分包括吸入管、导叶、中间接管和出水弯管。

(1) 吸入管。

为改善水泵的进水条件，减少水力损失，提高抗气蚀性能，小型立式轴流泵的吸入管常做成流线型喇叭口，见图 2-50 (a)，以便汇集水流，并使其得到良好的水力条件，喇叭口一般用铸铁制成。大、中型泵的吸入管与泵站基础则用钢筋混凝土浇筑成整体，做成肘形吸入管，见图 2-50 (b)。

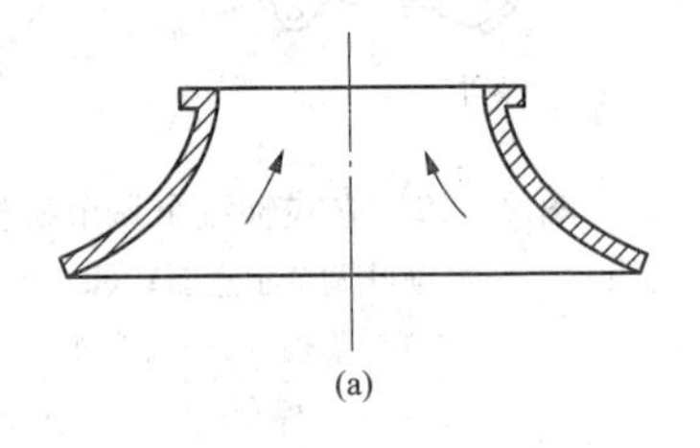

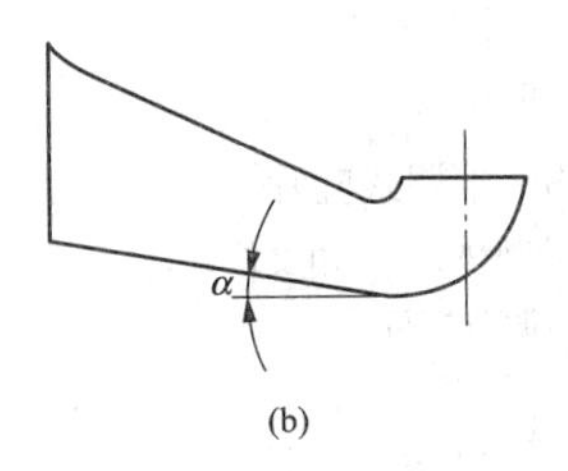

图 2-50 轴流泵的吸入管

(a) 喇叭形吸入管；(b) 肘形吸入管

(2) 导叶。

在轴流泵中，液体运动类似螺旋运动，即液体除了轴向运动外，还有旋转运动。导叶固定在泵壳上（见图 2-51），常采用后置式（即位于叶轮后），一般为 3～7 片。水流经过导叶时旋转运动受限制而作直线运动，旋转运动的动能转变为压力能。因此，导叶作用是消除流体的旋转运动，使这部分动能转换为压能，确保流体沿轴向流出，避免冲击损失和漩涡损失，提高流动效率。

图 2-51 轴流泵导叶体

二、混流泵

混流泵的结构形式介于离心式泵和轴流泵之间，分为蜗壳式和导叶式两种。从混流泵结构随比转速变化的演变趋势来看，蜗壳式混流泵属较低比转速泵，其结构特点接近于离心式泵；而导叶式混流泵属较高比转速泵，其结构特点更接近于轴流泵。两者均可视具体需要制成立式或卧式结构。立式混流泵为带导叶的单级或双级泵，结构与轴流泵相似，其主要特征为宽短形的扭曲状叶片，出口液体为斜向流出，所以又称为斜流泵。其优点是：径向尺寸小，流量大，叶轮淹没水中，无须真空引入设备，占地面积小。立式混流泵的结构见图 2-52 (a)。

立式混流泵的转动部分由单吸式叶轮和泵轴组成。叶轮包括叶片、轮毂和锥形体部分。可以调节叶片角度的立式混流泵为开式叶轮。调节方式也分为半可调式和全可调式，调节原理与轴流泵基本相同。

大型立式混流泵的轴如过长，为方便安装和检修，将其分解为上部轴、中部轴和下部轴三部分，采用法兰螺栓连接，由于是空心轴，在连接处必须采取密封措施。

立式混流泵的泵体分为双壳式和单壳式。双壳式泵的转动部分和导体可以抽出，方便检修。泵壳部分一般包括吸入喇叭管和具有导叶的吐出室。

立式混流泵的密封装置和径向轴承，与轴流泵基本相同，采用水润滑橡胶轴承。也有采用单列向心球轴承和双列向心球面滚柱轴承的结构。

另外，电厂的循环水泵也有采用蜗壳式混流泵，见图 2-52（b）。

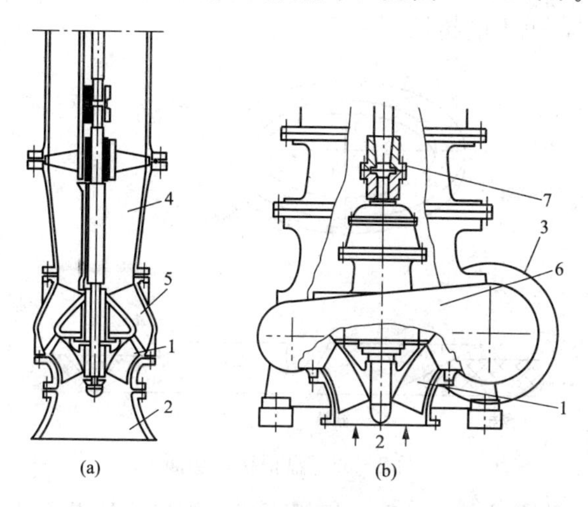

图 2-52 混流泵示意

（a）立式混流泵结构；（b）蜗壳式混流泵

1—叶轮；2—吸入口；3—出水口；4—出口扩压管；5—出口导叶；6—蜗壳；7—联轴器

能力训练

1. 根据图 2-49 简述轴流泵全可调式改变叶片的安装角度。
2. 简述轴流泵和混流泵的主要部件及各部件的作用。

任务五 水泵检修的基本技术

任务目标

掌握轴封泄漏的处理的方法；掌握滚动轴承检修工艺；掌握滑动轴承的检修工艺；掌握密封环的磨损与间隙调整的方法；掌握联轴器找中心的步骤；掌握叶轮找静平衡的方法；掌握水泵动平衡试验；掌握泵轴的检修的方法及直轴的方法。

知识储备

一、轴封泄漏的处理

轴封泄漏是水泵运行中最常见的缺陷，它直接影响到泵的安全运行和效率。本书中介绍的就是填料密封泄漏的处理方法，即通常所说的加盘根的方法。

（一）工作过程

（1）首先应将填料涵内彻底清理干净，并检查轴套外面是否完好，有无明显的磨损情况。若确认轴套可以继续使用，即可加入新的盘根圈。

（2）盘根的规格应按规定选用，性能应与所输液体相适应，尺寸大小应符合要求。如果盘根过细，即使填料压盖拧得很紧，也起不到轴封的作用。

（3）切割盘根时，刀子的刀口要锋利，每圈盘根均应按所需长度切下并靠在靠膜 A 面上，接口应切成 30°～45°的斜角，切面应平整，见图 2－53。切好的盘根装在填料涵内必须是一个整圆，不能短缺，也不能超长。

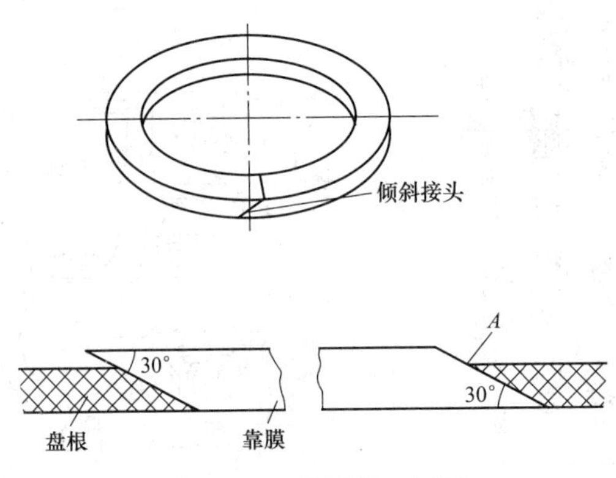

图 2－53　盘根接口切面

（4）切好的盘根装入填料涵内以后，相邻两圈的接口要错开至少 90°。如果轴套内部有水冷却结构时，要注意使盘根圈与填料涵的冷却水进口错开，并把水封环的环形室正好对正此进口，见图 2－54。

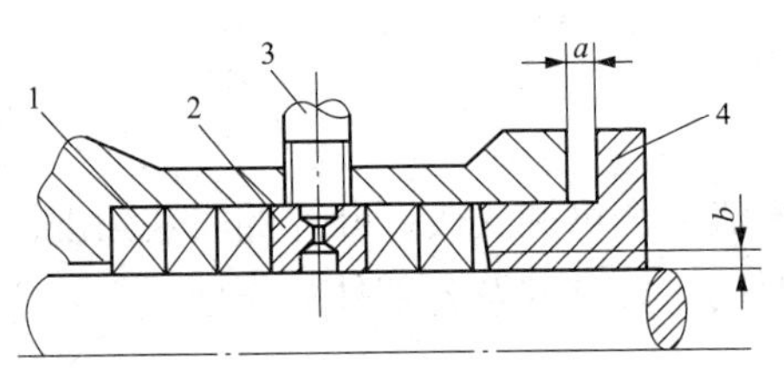

图 2－54　填料涵结构

1—填料；2—水封环；3—密封水来水管；4—填料压盖

（5）当装入最后一圈盘根时，将填料压盖装好并均匀拧紧，直至确认盘根已经到位。然后，松开填料压盖，重新拧紧到适当的紧力。

（6）盘根被紧上之后，压盖四周的缝隙 a 应相等。有些水泵的填料压盖与轴之间的缝隙 b 较小，最好用塞尺量一下，以免压盖与轴产生摩擦，参见图 2－54。

（二）填完填盘根后的检查

填完盘根后，还应检查填料压盖紧固螺母的紧力是否合适。若紧力过大，盘根在填料涵内被过分压紧，泄漏量虽然可以减少，但盘根与轴套表面的摩擦将迅速增大，严重时会发热、冒烟，直至把盘根与轴套烧毁；若紧力过小，泄漏量又会增大。因此，填料压盖的紧力必须适当，应使液体通过盘根与轴套的间隙逐渐降低压力并生成一层水膜，用以增加润滑、减少摩擦及对轴套进行冷却。水泵启动后，应保持有少量的液体不断地从填料涵内流出为佳。填料压盖的压紧程度可以在水泵启动后进行调整，直至满意为止。

二、滚动轴承检修工艺

（一）滚动轴承构造及分类

滚动轴承由四部分组成：外圈、内圈、滚动体和保持架。滚动轴承按其承受载荷的方向可分为向心轴承（主要承受径向载荷）、推力轴承（只能承受轴向载荷）和向心推力轴承（能同时承受径向和轴向载荷）。

由于滚动轴承有着各种不同的类型，各类型又有不同的结构、尺寸精确度和技术要求。为了便于使用，国家标准中规定了滚动轴承代号。轴承代号由 7 位阿拉伯数字及 1 位拉丁字母组成，其代号的意义见图 2-55。

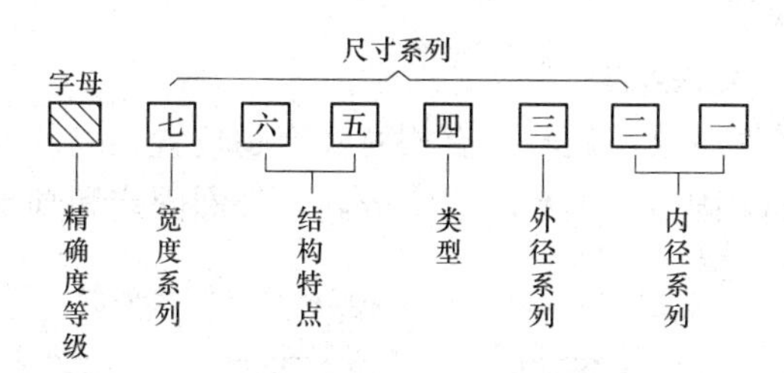

图 2-55 滚动轴承代号意义

(1) 第一、第二位数字表示内径系列代号，表示轴承内圆的孔径。除 00、01、02、03 外，其余轴承内径尺寸均为内径代号数字乘以 5。00、01、02、03 轴承内径尺寸为 10、12、15、17（单位为 mm）。

(2) 第三位数字表示外径系列代号，为了满足不同承载能力的需要，同一内径的轴承可使用不同大小的滚动体，因而轴承的外径和宽度也随之改变。这种将内径相同而外径不同的轴承以号相区别，其代号称外径系列。

(3) 第四位数字表示轴承的类型代号，滚动轴承共有 10 个类型，其代号从 0 到 9，分别代表：0 为向心球轴承；1 为向心球面球轴承；2 为向心短圆柱滚子轴承；3 为向心球面滚子轴承；4 为向心长圆柱滚子轴承、滚针轴承；5 为向心螺旋滚子轴承；6 为向心推心力球轴承；7 为向心推力圆锥滚子轴承；8 为推力球轴承和推力向心球轴承；9 为推力滚子轴承和推力向心滚子轴承。

(4) 第五、第六位数字表示轴承的结构特点代号，如无特殊要求时，其代号为零，可不标出。

(5) 第七位数字表示宽度系列代号，对内外径尺寸都相同的轴承，配有不同宽度，如宽度无特殊要求时，其代号为零，可不标出。由于通常所使用的轴承多为通用型结构，且宽度无特殊要求，故代号的第五、六、七位数字均可省略。因此，常见的轴承代号就只有四位数字。

(6) 精确度等级代号，国家标准中规定的滚动轴承精确度等级及其代号见表 2-1，其中 G 级精确度最低，称为标准级，其精确度代号可不标出，凡在轴承的端面代号组中无精确度等级号的，均为 G 级，滚动轴承各级精度的应用情况如下。

表 2-1 滚动轴承轴精确度等级及其代号

精确度等级代号	C	D	E	G
精确度等级	超精级	精密级	高级	标准级

G级（通常称为普通级）——用于低、中速及旋转精度要求不高的一般旋转机构，它在机械中应用最广。例如普通机床变速箱、进给箱的轴承，汽车、拖拉机变速箱的轴承，普通电动机、水泵、压缩机等旋转机构中的轴承等。

E级——用于转速较高、旋转精度要求较高的旋转机构。例如普通机床的主轴后轴承，精密机床变速箱的轴承等。

D级、4（C）级——用于高速、高旋转精度要求的机构。例如精密机床的主轴轴承，精密仪器仪表的主要轴承等。

（二）滚动轴承轴向固定及配合

为了使轴和轴上的零件在泵内运转时有相对稳定的位置，以及轴承能承受转子的轴向推力，滚动轴承沿轴向位置应固定。轴承的固定分内、外圈固定和轴承组合轴向定位三种，轴承内圈的固定方法见图 2-56。

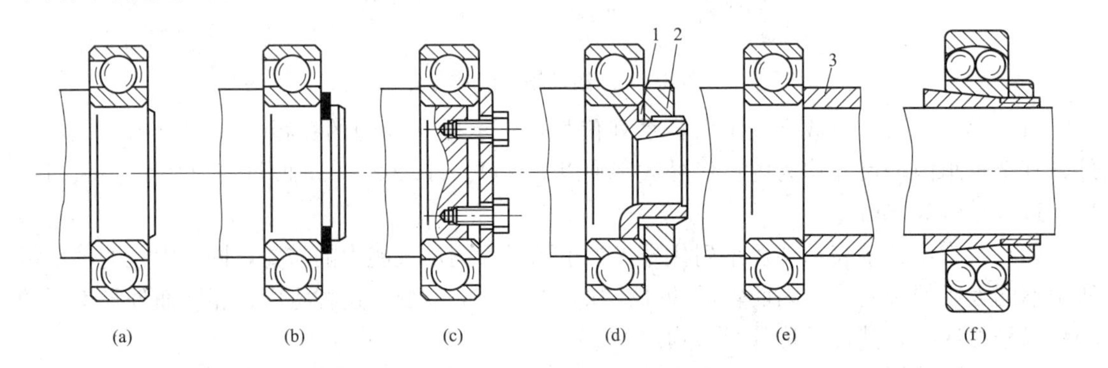

图 2-56 轴承内圈的固定方法

(a) 轴肩单向固定；(b) 弹性挡圈固定；(c) 轴端挡圈固定；
(d) 圆螺帽固定；(e) 套装件固定；(f) 锥套固定
1—止退垫圈；2—圆螺帽；3—轴套

1. 滚动轴承内圈固定

(1) 轴肩单向固定，见图 2-56 (a)。这种固定方法只能承受轴向单向推力。

(2) 用弹性挡圈、轴端挡圈及圆螺帽固定，见图 2-56 (b)、(c)、(d)。此种固定方法承受轴向双向推力。

(3) 利用轴上的套装件固定，见图 2-56 (e)。

(4) 用锥套固定，见图 2-56 (f)，这种固定方法仅适用于内锥形轴承。

2. 滚动轴承外圈固定

轴承外圈的固定方法见图 2-57。

(1) 用轴承端盖单向固定，见图 2-57 (a)。

(2) 用轴承端盖和轴承座内凸肩双向固定，见图 2-57 (b)。这种结构可承受双向推力。图 2-57 (c) 所示的是类似结构，它用弹簧挡圈代替端盖。

（3）用内、外轴承端盖固定，见图 2 - 57（d）。

（4）用卡环将外圈卡在槽内定位，见图 2 - 57（e）。

3. 轴承组合轴向定位

轴承组合的轴定位见图 2 - 58。

（1）双支点单向定位，它是在轴的两零点支点上分别限制轴的单向移动，两个支点合在一起就能限制轴的双向移动，见图 2 - 58（a）；

（2）单支点双向定位，它是在轴的一个支点上限制轴的双向移动，另一个支点可沿轴向移动，见图 2 - 58（b）。

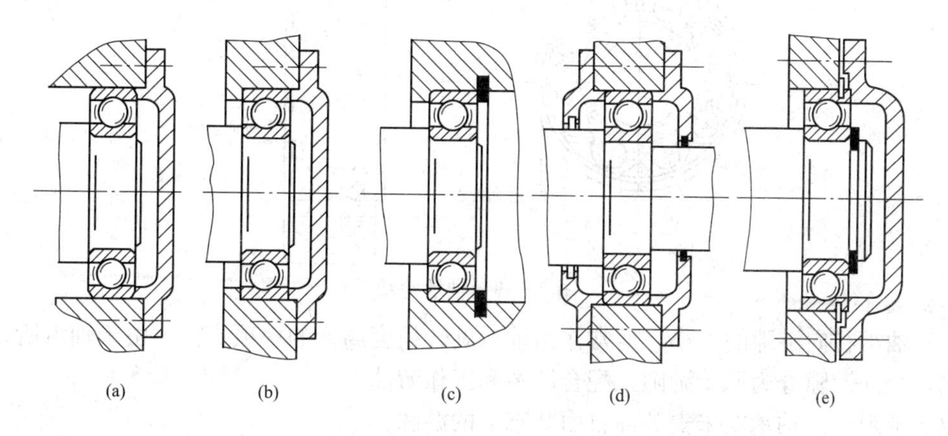

图 2 - 57　轴承外圈的固定方法

（a）用轴承端盖单向固定；（b）用轴承端盖和轴承座内凸肩双向固定；
（c）用弹簧挡圈和轴承座内凸肩双向固定；（d）用内、外轴承端盖固定；
（e）用卡环将外圈卡在槽内定位

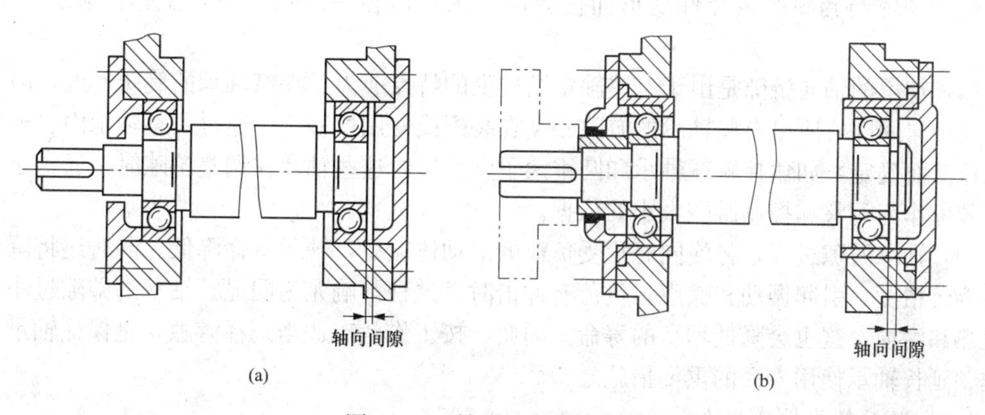

图 2 - 58　轴承组合的轴定位

（a）双支点单向定位；（b）单支点双向定位

无论采用哪种轴承组合定位，均要考虑轴的热胀冷缩性能。同轴的两个轴承必须有一个轴承外圈沿轴向留有间隙，以保证外圈能沿轴向移动。

4. 滚动轴承配合

滚动轴承在工作时，轴承内圈与轴颈之间及外圈与轴承孔之间不允许发生相对转动，为此要求与轴及轴承孔的装配有一定的紧力。在轴承装配过程中轴承内圈与轴颈的配合为基孔制；轴承外圈与轴承孔的配合为基轴制。

（三）滚动轴承的游隙

滚动轴承的游隙分为径向游隙和轴向游隙，见图2-59，固定一个套圈则另一个套圈沿径向的最大活动量称为径向游隙，沿轴向的最大活动量称为轴向游隙。两类游隙之间有着密切的关系，一般来说，径向游隙愈大，则轴向游隙也愈大，反之，径向游隙愈小，轴向游隙也愈小。

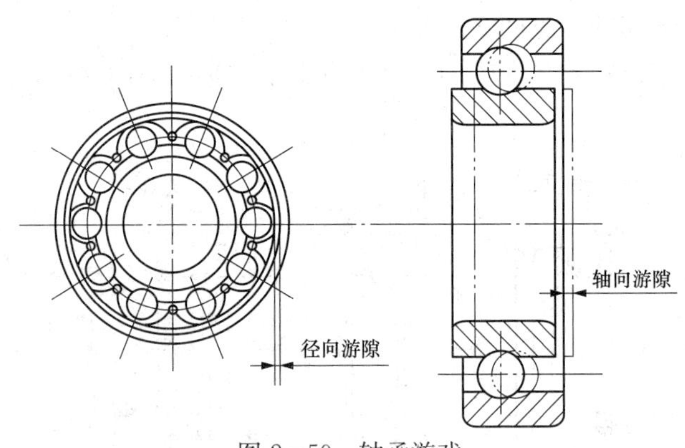

图2-59 轴承游戏

（1）轴承径向游隙的大小，通常作为轴承旋转精度高低的一项指标。由于轴承所处的状态不同，径向游隙分为原始游隙、配合游隙和工作游隙。

原始游隙——轴承在未安装前自由状态下的游隙。

配合游隙——轴承装配到轴上和外壳内的游隙。其游隙的大小由过盈量决定。配合游隙小于原始游隙。

工作游隙——轴承在工作时因内外圈的温差，使配合游隙减小，又因工作负荷的作用，使滚动体与套圈产生弹性变形而使游隙增大，但在一般情况下，工作游隙大于配合游隙。

（2）轴承的轴向游隙是由于有些轴承结构上的特点或为了提高轴承的旋转速度，减小或消除其径向间隙，所以有些轴承的游隙必须在装配或使用过程中，通过调整轴承内、外圈的相互位置而确定，如角接触球轴承和圆锥滚子轴承等，这些轴承在调整游隙时，通常是将轴向游隙值作为调整和控制游隙大小的依据。

（3）轴承游隙过大，将使同时承受负荷的滚动体减少，轴承寿命降低。同时还将降低轴承的旋转精度，引起振动和噪声，负荷有冲击时，这种影响尤为明显。轴承的游隙过小，则易发热和磨损，这也会降低轴承的寿命。因此，按工作状态适当选择游隙，是保证轴承正常工作、延长轴承使用寿命的重要措施之一。

（四）滚动轴承拆装方法

（1）铜棒手锤法，见图2-60（a），其优点是方法及工具简单，缺点是铜棒易滑位而使珠架受伤，铜屑易落入轴承的滚道内。

（2）套管手锤法，见图2-60（b），此法较前方法优越，能使敲击的力量均匀地分布在整个滚动轴承内圈的端面上。注意所选套管的内径要稍大于轴径，其外径要小于轴承内圈的滚道直径。

（3）加热法。即在拆装滚动轴承之前，先将其加热，此时轴承内径胀大，不用很大的力量就可在轴上拿下或装上。在生产现场安装轴承时，一般是用热源体（如电热炉、热管道等）直接传热或是用热油浸泡加热的方法，以使轴承胀大而便于装配，此时应注意对加热温度的控制，以防轴承退火。另外，安装轴承时也可用蒸汽或热水加热，但应保证轴承不会生锈，注意在轴承装好后将水除净并涂上润滑油。拆卸轴承时可用热油浇淋，但应将附近的轴包好不使其受热。对已损坏的轴承可用气焊加热，实在太紧时可用气割法割掉。

（4）拔子法。主要用在拆卸轴承时，方法见图 2-60（c）。操作时要保持主螺杆与轴心线一致，不能偏斜。

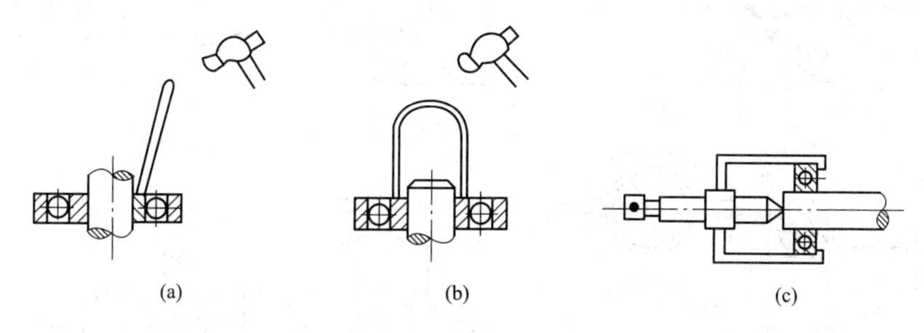

图 2-60 滚动轴承的拆装方法

（a）铜棒手锤法；（b）套管手锤法；（c）拔子法

（五）拆装注意事项

（1）确保施力部位的正确性原则：与轴配合的轴承打内圈，与外壳配合的打外圈，见图 2-61。应尽量避免滚动体与滚道受力变形或压伤。

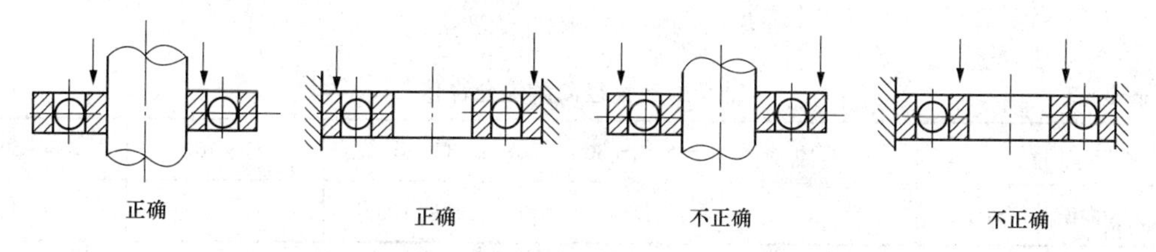

图 2-61 滚动轴承施力部位

（2）要保证对称地施力，不可只打一侧而引起轴承歪斜、啃伤轴颈。

（3）在拆装工作前将轴和轴承清理干净，不能有锈垢及毛刺等。

（六）滚动轴承检查

（1）检查轴承内的润滑油。用手指蘸少许润滑油，先查看油质状况，然后用拇指和食指相互搓动，检查油中是否有硬性杂质，如果有说明轴承已损坏。

（2）检查保持架是否完整，位置是否正确，活动是否自如。若保持架损坏无法修复时，应更换新轴承。

（3）检查滚动轴承的旋转情况。用手指插入孔内旋转轴承，然后让其自行逐渐减速停止。一个良好的轴承，在旋转时应该转动平稳，有轻微的转动响声，但无振动；如轴承不良，在转动时会发生杂声和振动，停止时不是逐渐减速停止，而是突然停止。

（4）滚动体及滚道表面不能有斑、孔、凹痕、剥落、脱皮等现象。

（5）滚动轴承游动间隙测量。

游隙的测量方法为：径向游隙可用塞尺测量或用铅丝在滚珠下面滚压一次，测量其厚度；也可将内圈固定，用百分表测量外圈的窜动值（轴向和径向）。测量滚动轴承的径向游隙和轴向游隙，径向游隙可用塞尺测量，见图 2-62（a）；或用铅丝在滚珠下面滚压一次，测量其厚度，见图 2-62（b）；也可以将内圈固定，用百分表测量外圈的窜动值（轴向和径向），见图 2-62（c）、（d）。一般径向游隙大于轴向游隙，轴承的最大径向游隙允许值见表 2-2。

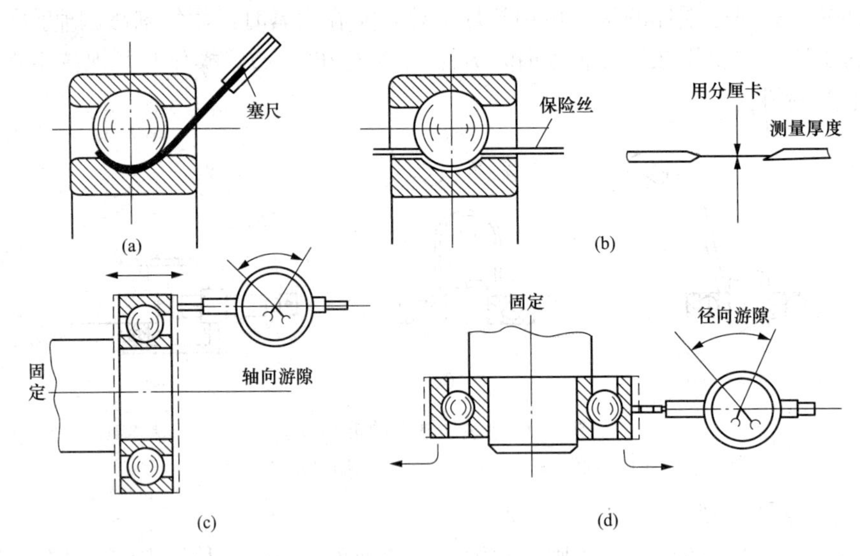

图 2-62　轴承游隙的测量方法

（a）用塞尺测量；（b）用压铅丝法测量；（c）用百分表测量轴向游隙；（d）用百分表测量径向游隙

表 2-2　　轴承的最大径向游隙允许值

轴承内径	＜10	12～30	35～70	75～100	105～200
最大径向游隙（mm）		2*D*/1000	1.5*D*/1000	*D*/1000	0.8*D*/150

（七）滚动轴承损坏原因

滚动轴承损坏有两种情况：一是轴承已达到寿命极限而磨损报废；二是由于检修质量不良，维护保养不当，造成的提前损坏。目前大多数轴承损坏属于提前损坏，其主要原因如下。

（1）安装不良，轴中心线歪斜，造成滚道表面局部受力，滚道和滚动体迅速疲劳。

（2）装配时将硬质微粒落入轴承内，滚道歪曲，当滚动体通过时，造成滚道压伤和金属剥落。

（3）润滑不良。包括缺油、油质乳化等。

（4）轴承内圈与轴配合过盈量小，造成内圈与轴磨损。

（5）轴承外圈与轴承体之间有间隙，引起外圈与轴承体之间磨损。

（八）轴承发热的处理

1. 轴承发热的主要原因

（1）油位过低，使进入轴承的油量太少。

（2）油质不合格，掺水、混入杂质或乳化变质。

（3）带油环不转动，轴承的供油中断。

（4）轴承的冷却水量不足。

（5）轴承已损坏。

（6）轴承压盖对轴承施加的紧力过大而使其径向间隙被压死，轴承失去了灵活性，这也是轴承发热的常见原因。

2. 滚动轴承发热的处理方法

（1）对因润滑油位低而引起的轴承发热，将润滑油加到规定位置即可。

（2）因油质损坏而引起的轴承发热，可将轴承油室彻底清理干净后，更换上合格的、新的润滑油或润滑脂。

对采用润滑脂润滑的轴承，若油脂供给太多，反而会因油脂的搅拌使轴承发热。因此，在更换润滑脂时，只需注满轴承室容积的1/3～1/2即可。

（3）由于轴承损坏而引起的轴承发热，则需更换新的轴承。

（4）因冷却水量不足而引起轴承发热的，将轴承的冷却供水增大到适当程度即可。

（5）因其他原因造成轴承发热的，可根据实际情况加以适当调整即可。

三、滑动轴承的检修工艺

（一）滑动轴承的种类和构造

滑动轴承的种类有整体式和对开式，见图2-63。根据润滑方式又可分为自身润滑式和强制润滑式。整体式轴承是一个圆柱形套筒，它以紧力镶入或螺栓连接的方式固定在轴承体内。其与轴接触的部分（瓦衬）可以镶青铜或挂乌金。对开式轴承由上下两半组成，也叫轴瓦。轴瓦上面由轴承盖压紧。

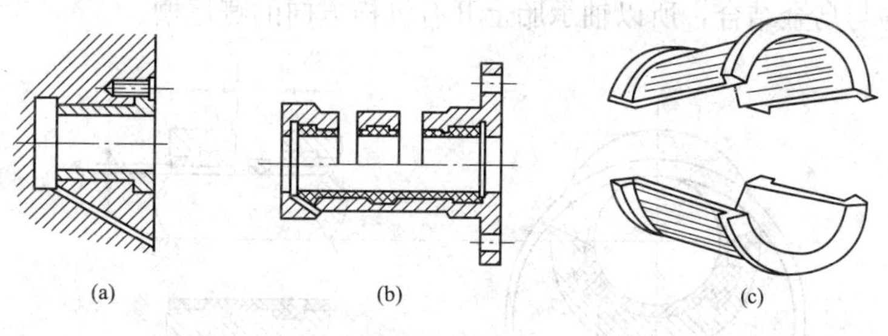

图2-63 滑动轴承

(a)、(b) 整体式；(c) 对开式

1. 顶部间隙

为便于润滑油进入，使轴瓦与轴径之间形成楔形油膜，在轴承上部都留一定的间隙。一般为0.002D，D是轴直径。间隙过小会使轴承发热，特别是高速机械，在转数高时采用较大间隙。两侧的间隙应为顶部间隙的1/2。下瓦与轴接触，见图2-64。

2. 油沟

为了把油分配给轴瓦的各处工作面，同时起储油和稳定供油作用，在进油一方开有油沟。油沟顺转动方向应具有一个适当的坡度。油沟坡度取0.8轴承长度，一般是在油沟两端留有15～20mm不开通。

3. 油环

正常情况下，油环（见图2-65）可润滑两侧各50mm以内长度的轴瓦。轴径小于50mm与转数不超过3000r/min的机械都可以采用油环油滑。大于50mm的轴径采用油

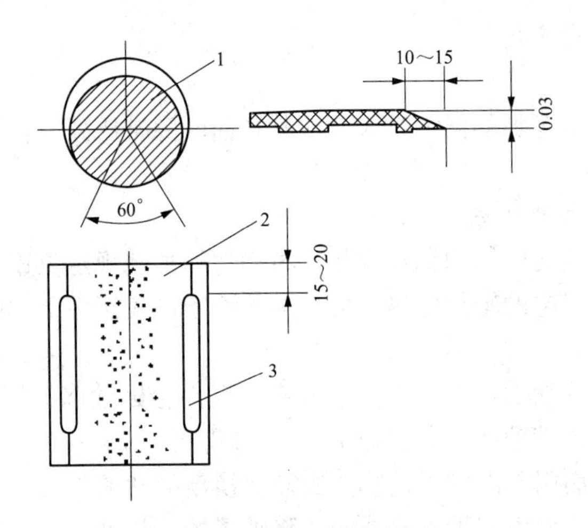

图 2-64 轴瓦与轴的接触

1—泵轴；2—下瓦接触痕；3—油沟

环时，其转数应放低一些。油环有矩形和三角形等，内圆车有 3～6 条沟槽时可增加带油量。

$$油环宽度\ b=B-(2\sim5)\ \mathrm{mm}$$

$$油环厚度\ \delta=3\sim5\mathrm{mm}$$

油环浸入油面的深度为 $D/4\sim D/6$。

滑动轴承的轴承胎大多是用生铁铸成的，大型重要的轴承胎则用钢制成。由于生铁含有片状石墨，不易与乌金结合，所以轴承胎上开有纵横方向的燕尾槽。

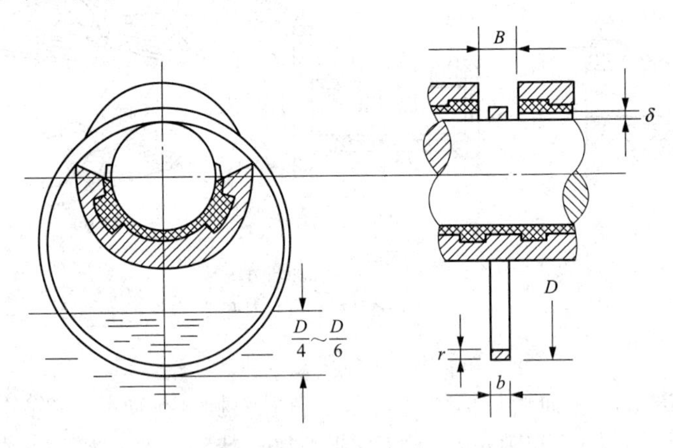

图 2-65 油环

(二) 瓦衬常用的几种材料

(1) 锡基巴氏合金。含锡 83%，另外含有少量的锑和铜，是很好的轴承材料，用于高速重载机械。

(2) 铅基巴氏合金。含锡 15%～17%，用于没有很大冲击的轴承上。

(3) 青铜。有磷锡青铜、锡锌铅青铜、铅锡青铜、铝铁青铜等。青铜耐磨性、硬度、强度都很好，在水泵中常用在小轴径或低转速的轴承上。

以上材料作瓦衬时，厚度一般都小于 6mm，直径大时取大值，巴氏合金作瓦衬时，厚度应小于 3.5mm，这样可使疲劳强度得到提高。

滑动轴承的优点是工作可靠、平稳、无噪声，因润滑油层有吸振能力，所以能承受冲击载荷。

（三）滑动轴承检修工艺

轴承座解体后先用煤油清洗干净，检查轴承座是否变形，将滑动轴承安装在轴承座上检查二者的接触情况是否良好。

1. 滑动轴承检修前的测量

铸铁或铸钢滑动轴承的本体，其内孔加工出燕尾槽，然后衬轴承合金，再加工出所需要的形状。

滑动轴承解体后，将轴承各部件用煤油清洗干净。轴承结合面用砂布清理干净。下轴承翻出前应用百分表测轴颈的下沉值，并用塞尺及压铅丝方法，测量轴承两侧及顶部间隙以及轴承紧力。具体测量方法如下。

（1）轴承间隙的测量应在轴承与轴颈接触情况修刮合格后进行。圆筒型轴承间隙的数值，应符合制造厂的规定，也可参照下列规定：①轴径大于 100mm 时，轴承顶部间隙为轴径的 1.5/1000～2/1000（较大数值适用于较小直径），两侧间隙为顶部间隙的一半；②轴径小于 100mm 时，轴承顶部间隙为轴径 2/1000，但不得小于 0.10mm，两侧间隙为轴径的 1/1000，但不得小于 0.06mm。

（2）轴承两侧间隙的测量是用塞尺在轴瓦水平结合面四个角（瓦口）处进行。塞尺的插入深度为轴直径的 1/10～1/12。检查侧间隙是否对称，可用 0.03mm 厚的塞尺沿瓦口插入，检查插入深度是否一致。若不一致，常常是因轴承的下部接触面不对称或接触不良所造成。

（3）轴承顶部的间隙通常是用压铅丝方法进行的。取直径比轴承顶部间隙大的铅丝，截取约 50mm 长 6 段，将 6 段铅丝编上记号 a_1、a_2、b_1、b_2、b_3、b_4（见图 2－66），将 a_1、a_2 放在轴颈上，将 b_1、b_2、b_3、b_4 放在上下轴承结合面上，扣上上轴承并均匀拧紧轴承结合面螺栓，使铅丝受压变形，然后打开轴承，分别测量各段铅丝厚度，计算顶部间隙，顶部间隙为顶部铅丝厚度的平均值减去两侧铅丝厚度的平均值，即为 $(a_1+a_2)/2-(b_1+b_2+b_3+b_4)/4$。检查顶部间隙是否出现楔形，可将前后端的平均值分别进行计算，即前端顶隙 $a_1-(b_1+b_2)/2$，后端顶隙 $a_2-(b_3+b_4)/2$，前后端的顶隙应相等，若不等，则证明顶部出现楔形间隙。如果测量顶部间隙过大，则应刮削上下瓦结合面或上瓦补焊乌金，然后修刮，若数值偏小，则修到至合格。

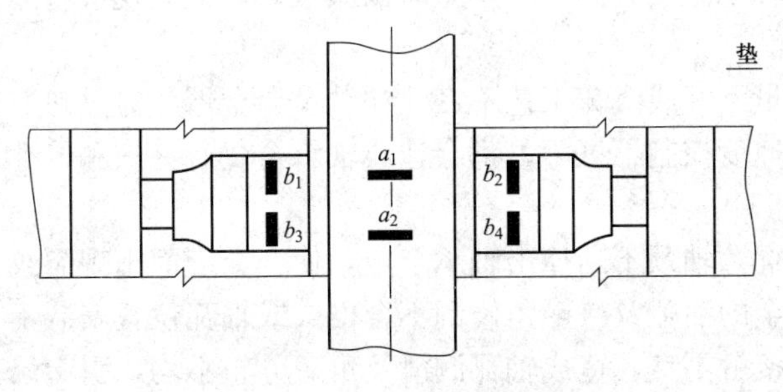

图 2－66　轴瓦顶部间隙测量

（4）轴承紧力的测量通常也用压铅丝方法测得，轴承紧力的作用是保证轴承在运行中的稳定。轴承紧力测量方法与轴承顶部间隙测量方法相同，只是放铅丝的位置不同。图 2－67

中，在上瓦顶部放一截“O”形铅丝，在两轴承座结合面两侧对称放置两条厚度相同的平钢垫片，将上轴承座扣好后，均匀的拧紧轴承座螺栓，然后打开上轴承座，用千分尺分别测量铅丝与垫片的厚度，计算轴承的紧力值。设瓦顶铅丝厚 a_1 ，轴承座结合面两侧垫片厚度平均值为 b_1 ，则瓦顶部紧力为 a_1-b_1 ，一般要求轴承顶部紧力为 0～0.03mm，如果测量的数值偏大，则应修到轴承座结合面，如测量数值小于标准值，则应在轴承座结合面处加适当厚度的不锈钢垫片，或修刮轴瓦结合面。

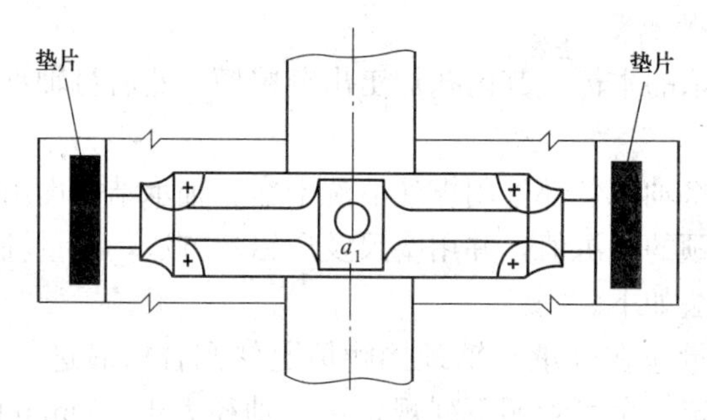

图 2－67 轴承紧力的测量

2. 滑动轴承检查

滑动轴承解体后，首先检查轴承合金磨损程度，看有无裂纹、局部脱落、脱胎及腐蚀等。检查轴承合金的磨损程度，除观察其表面磨损的痕迹外，还应根据轴瓦图纸尺寸核算轴承合金现存厚度。

轴承合金脱胎的检查方法，除脱胎很明显地可直接检查看出外，一般都需要将轴承合金与瓦胎的接合处浸在煤油中，停留片刻取出擦干，将干净纸放在接合处或用白粉涂在接合处，然后用手挤压轴承合金面，若纸或白粉有油迹，则证明轴承合金脱胎。或是用着色探伤检查轴承合金是否有裂纹、脱胎等现象，也可用手锤木柄轻轻敲击轴承合金，听其声音是否沙哑，手摸是否有振动感，如果有上述现象发生，则证明轴承合金有脱胎现象。

滑动轴承一旦发生脱胎现象后，合金易熔化。一般可采用浇铸或补焊的方式对轴承进行修复。

产生上述缺陷的原因如下。

（1）轴承的供油系统发生故障，轴瓦的润滑油中断或部分中断，造成轴承合金熔化。

（2）润滑油质量不良，常表现为油中水分超标及有杂质。油质不良会导致轴颈和轴瓦发生腐蚀，产生磨损及轴承温度升高等。严重时油膜被破坏，出现混合摩擦，最后造成轴承合金熔化。

（3）轴承合金质量不好或浇铸工艺不良。如轴承合金熔化时过热、有杂质，瓦胎清洗工作不良，浇铸后冷却速度控制不好等，都会造成轴承合金有夹渣和气孔，出现裂纹、脱胎等现象。

（4）泵组振动超标，轴颈不断撞击轴承合金，使合金表面出现裂纹。

（5）由于轴承合金的油隙及接触角修刮不合格，或轴瓦位置安装不正确，使轴瓦与轴颈的间隙不符合要求或接触不良，造成轴瓦润滑及负载分布不均，引起局部干摩擦而导致的轴承严重磨损。

3. 推力瓦检修工艺

推力轴承解体后应用清洗剂清理干净。首先检查各瓦块和固定底盘有无毛刺和损伤，瓦块乌金有无严重磨损、变形、剥落、脱开、划痕等现象，然后按如下内容进行。

(1) 检查上下推力瓦块工作印痕大小是否大致相等，乌金表面有无磨损及电蚀痕迹。

(2) 检查乌金是否有裂纹、脱胎、气孔、夹渣等缺陷。

(3) 检查瓦块的厚度应均匀，两块的厚度差不应超过 0.02mm，推力瓦块的乌金厚度应为 1.5mm±0.2mm。

(4) 最后检查推力瓦块与推力盘的接触情况，将推力瓦组合好，边盘动转子，边用专用工具将转子推向需要研磨的推力瓦一侧。转动数圈后，将轴承拆下，根据接触痕迹进行修刮，其接触面积应占每块瓦块总面积的 75%以上并且分布均匀。

(四) 滑动轴承的修刮

(1) 首先，进行外观检查。看有没有气空、裂纹等缺陷；检查尺寸是否正确；乌金是否脱胎（可浸煤油试验）。如合格，可进行第二步工作。

(2) 第二步属于初步修刮。目的是使轴与轴瓦之间出现部分间隙，一般来讲，车削后的轴承内径比轴径要大一些，只留一半左右的修刮量。但有时也会内径小，轴放不进去。这时就要扩大间隙，方法是：把轴瓦扣在轴上、轴瓦乌金表面涂一层薄形的红丹粉，然后研磨。研后用刮刀把接触高点除去。对圆筒式轴套，则试往轴上套，如套不进，可均匀地刮去一层乌金，再试，直到出现部分间隙为止，间隙一般不超过正常间隙的 2/3。

这一步的特点是轴瓦扣在轴上研，而不是放在轴承体内之后再与轴研。

(3) 把轴承放在轴承体内，涂上红丹粉研磨。此项工作不可在初步修刮中就把轴瓦间隙刮够，因为初步修刮后的轴承中心，不一定和轴承体的中心相一致，见图 2-68。这样虽然在初步修刮中就把间隙磨够了，但当轴承放入轴承体内之后，间隙就不合适。因轴承内孔与轴承体中心产生了扭斜，使轴承间隙偏向了一侧，这样的轴承是无法工作的。所以必须限制第一步的修刮量，进行把轴承放在轴承体内的修刮工作，这样才能把出现的扭斜纠正过来。

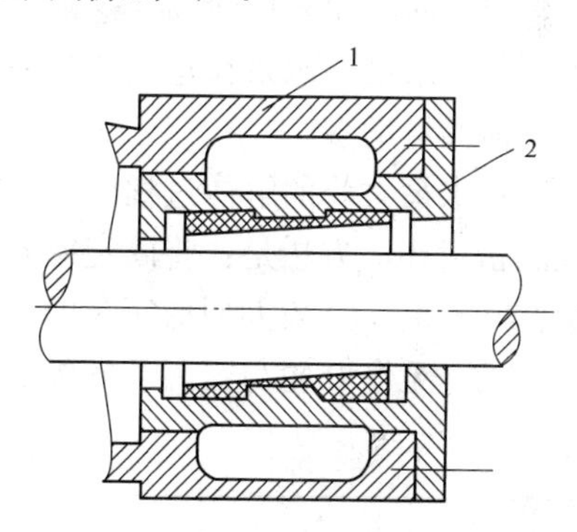

图 2-68 轴承内孔与轴承体不同心
1—轴承体；2—轴承

研刮合适后的轴承，其下部与轴的接触角 θ 为 60°左右（见图 2-69），接触面上每平方厘米不少于 3 块接触点。两侧间隙用塞尺测量，插进深度为轴径的 1/4。下瓦研刮好之后，再把上瓦放在轴承体内研刮，并把两侧间隙开够。圆筒式轴承用长塞尺测量顶部和侧面间隙。间隙合适后，在水平结合面处开油沟，油沟大小要合适，一般来说，瓦大油沟大，瓦小油沟小。为了使润滑油顺利流出，在轴瓦两端开有 0.03mm 的斜坡。

(4) 在没有进行第二步工作之前，要检查轴承放在轴承体内后，轴瓦的下部是否有间隙。如属于局部间隙，则有可能在修利中消除；如属于全部有间隙，则是不合适的，因为这样的轴承失去了支承转子的作用。因此首先检查泵的穿杠（拉紧）螺栓，由于水泵上部的几根螺栓紧力不够，使中段的接合缝上部张口，出现轴承托架向下低头，使轴瓦下出现间隙。也可能是轴承托架本身紧偏造成的。对于蜗壳式水泵来说，不涉及穿杠螺栓的问题，这时只有将轴瓦垫高或重新浇铸轴瓦。

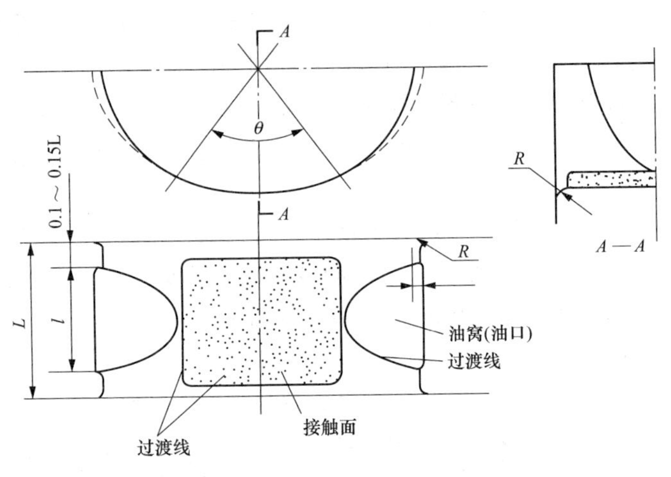

图 2-69 下瓦刮削后的最终形状

四、密封环的磨损与间隙调整

在水泵叶轮的入口处，一般均设有密封环。当水泵工作时，由于密封环两侧存在压差，即一侧近似为叶轮出口压力，另一例为叶轮入口压力，所以始终会有一部分水沿密封间隙自叶轮出口向叶轮入口泄漏。这部分水虽然在叶轮里获得了能量，却未能输出，这样就减少了水泵的供水量。水泵在运行的过程中，随着密封环的磨损将使得密封环与叶轮之间的间隙加大，泄漏量增多。

在水泵大修的解体过程中，应注意检查叶轮和密封环的间隙，若此间隙太大，则要重新配制密封环，方法是：将固定密封环内径车一刀（见圆为止），然后按该尺寸做一个保护环镶在叶轮上。一般大型低压泵的叶轮原来就镶有保护环，重新配制时应先将旧环卸下后再换上新的。至于叶轮与密封环的配合间隙，可参照表 2-3 所提供的数值选取。

表 2-3 **叶轮与密封环的配合间隙**

密封环内径（mm）	总间隙（mm）		密封间隙极限值（mm）
	最小	最大	
80～120	0.30	0.45	0.60
120～180	0.35	0.55	0.80
180～260	0.45	0.70	1.00
260～320	0.50	0.75	1.10
320～360	0.60	0.80	1.20
360～470	0.65	0.95	1.30
470～500	0.70	1.00	1.50
500～630	0.80	1.10	1.70
630～710	0.90	1.20	1.90
710～800	1.00	1.30	2.10
900	1.00	1.35	2.50

五、联轴器找中心

（一）找中心原理

联轴器找中心就是根据联轴器的端面、外圆来对正轴的中心线，亦叫作对轮找正。因为水泵是由电动机或其他类型的原动机带动的，所以要求两根轴连在一起后，其轴心线能够相重合，这样运转起来才能平稳、不振动。

泵的运行状况的好坏直接影响到设备的正常、安全、生产。泵发生的故障形式很多，其中，由于联轴器的中心找正不当引发的机械故障是常见的主要形式之一。在旋转机械设备中，联轴器是用来连接主动轴（电动机）和从动轴（泵）的一种特殊装置。联轴器在安装时必须精确的找正对中，否则将会在轴和联轴器中引起很大的应力，并将严重影响轴、轴承和轴上其他零件的正常工作，甚至会引起整台机器和基础的振动或损坏事故。选择正确的找正公差和合理的找正方法，对于提高检修质量，保障设备的安全运行具有重要的意义。

找中心的目的是使一台设备转子轴中心线与另一台设备转子轴中心线重合，即要使联轴器两对轮的中心线重合，也就是要求泵体轴中心线与电动机轴中心线重合。具体要求是使两对轮的外圆面同心，使两对轮的端面平行。

以图 2-70 为例，图 2-70（a）是找正前轴心线的情况，联轴器存在上张口，数值为 δ，电动机轴心线低，差值为 Δh，为使两轴轴心线重线重合，应进行如下调整。

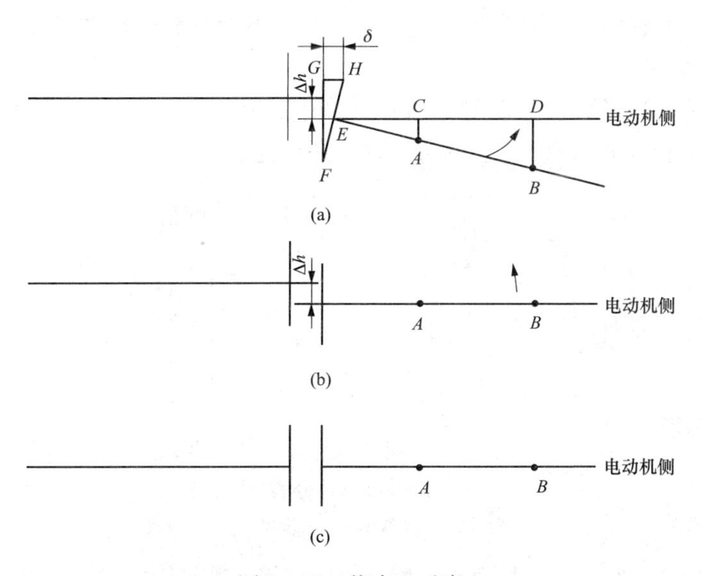

图 2-70 找中心示意

（a）原始中心情况；（b）联轴器消除张口后中心情况；（c）调整完毕后中心情况

（1）消除联轴器张口。可在前支座 A 及后支座 B 下分别增加不同厚度的垫片，根据图 2-70（a）中三角形 ΔFHG、ΔEAC、ΔEBD 的相似关系，可计算出前支座 AC，后支座 BD 需加垫片的数值，关系如下

$$AC = (AE/FH) \cdot GH \tag{2-1}$$

式中 GH——上张口；

AE——电动机前支座 A 到联轴器端面的距离；

FH——联轴器的直径。

同理，后支座加垫的数值为

$$BD=(BE/FH)\cdot GH \tag{2-2}$$

(2) 消除联轴器高度差。电动机前后支座同时垫起即可消除联轴器的高度差，情形见图2－70 (b)。

(3) 综合上述两个步骤，总调整量为：电动机前支座 A 加垫厚为 $\Delta h+AC$，电动机后支座 B 加垫厚度应为 $\Delta h+BD$。

(4) 如果联轴器出现下张口且电动机轴偏高的情形，则计算方法与上述相同，不过这时所需的不是加垫而是减垫。

（二）水泵联轴器找正步骤

在水泵检修完毕以后，为使其正常运行，就必须保证运转时水泵和原动机的轴处于同一直线上，以免水泵和原动机因轴中心的互相偏差造成轴承在运行中的额外受力，进而引起轴瓦发热磨损和原动机的过负荷，甚至产生剧烈振动而使泵组停止运行。

水泵检修后的找正是在联轴器上进行的。开始时先在联轴器的四周用水平尺比较一下原动机和水泵的两个联轴器的相对位置，找出偏差的方向以后，先粗略地调整使联轴器的中心接近对准，两个端面接近平行。通常，原动机为电动机时，应以调整电动机地脚的垫片为主来调整联轴器中心；若原动机为汽轮机，则以调整水泵为主来找中心。在找正过程中，先调整联轴器端面、后调整中心比较容易实现对中目的。下面就分步来进行介绍。

1. 测量前的准备

根据联轴器的不同形式，配以图 2－71 中的专用工具架（桥尺），利用塞尺或百分表直接测量圆周间隙 a 和端面间隙 b。在测量过程中还应注意：

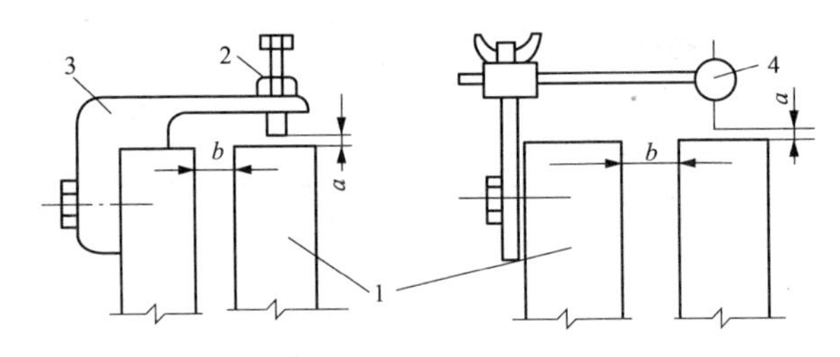

图 2－71 联轴器间隙 a、b 测量
（用桥尺或百分表）
1—对轮；2—可调螺栓；3—桥尺；4—百分表

(1) 找正前应将两联轴器用找中心专用螺栓连接好。若是固定式联轴器，应将二者插好。

(2) 测量过程中，转子的轴向位置应始终不变，以免因盘动转子时前后窜动引起误差。

(3) 测量前应将地脚螺栓都正常拧紧。

(4) 找正时一定要在冷态下进行，热态时不能找中心。

2. 测量过程

将两联轴器做上记号并对准，有记号处于零位（垂直或水平位置）。装上专用工具架或百分表，调整好百分表，转子转一周，百分表的 0°和 360°读数不变。开始计数，沿转子回转方向自零位起依次旋转 90°、180°、270°，同时测量每个位置时的圆周间隙 a 和端面间隙 b，并把所测出的数据记录在图 2－72 内。

根据测量结果，将两端面内的各点数值取平均数，按照图 2－73 记好。

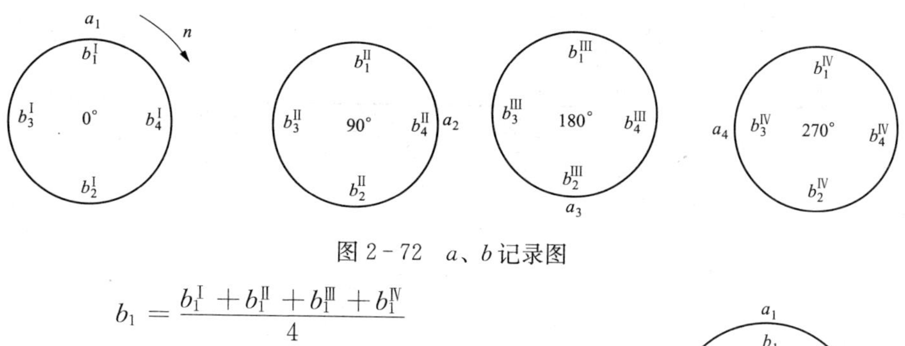

图 2-72　a、b 记录图

$$b_1=\frac{b_1^{\mathrm{I}}+b_1^{\mathrm{II}}+b_1^{\mathrm{III}}+b_1^{\mathrm{IV}}}{4}$$

$$b_2=\frac{b_2^{\mathrm{I}}+b_2^{\mathrm{II}}+b_2^{\mathrm{III}}+b_2^{\mathrm{IV}}}{4}$$

$$b_3=\frac{b_3^{\mathrm{I}}+b_3^{\mathrm{II}}+b_3^{\mathrm{III}}+b_3^{\mathrm{IV}}}{4}$$

$$b_4=\frac{b_4^{\mathrm{I}}+b_4^{\mathrm{II}}+b_4^{\mathrm{III}}+b_4^{\mathrm{IV}}}{4}$$

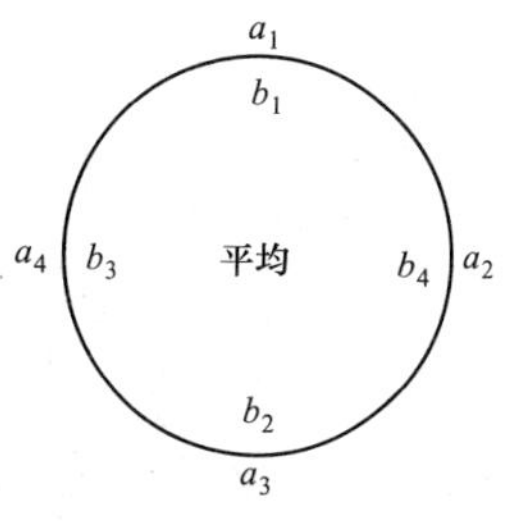

图 2-73　平均间隙记录图

综合上述数据进行分析，即可看出联轴器的倾斜情况和需要调整的方向。

3. 分析与计算

一般来讲，转子所处的状态一般有以下几种：

（1）联轴器端面彼此不平行，两转子的中心线虽不在一条直线上，但两个联轴器的中心却恰好相合，见图 2-74。

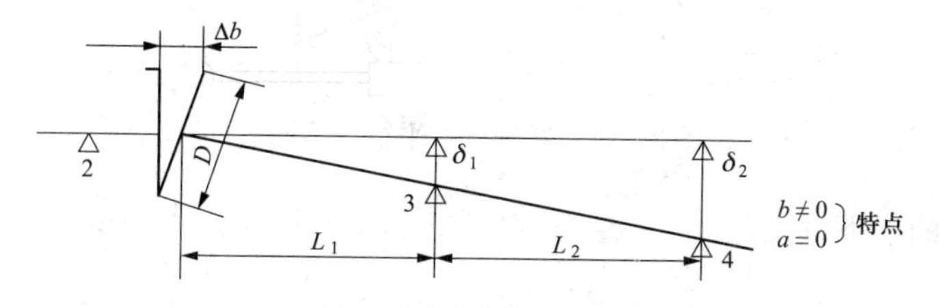

图 2-74　联轴器同心、不平行

调整时可将 3、4 号轴承分别移动 δ_1 和 δ_2 值，使两个转子中心线连成一条直线且联轴器端面平行。δ_1、δ_2 值计算公式可根据相似三角形的比例关系推导得出，即 $\delta_1=\dfrac{\Delta b}{D}L_1$，$\delta_2=\dfrac{\Delta b}{D}(L_1+L_2)$，其中，$\Delta b=b_1-b_2$，$D$ 是联轴器直径，L_1 是被调整联轴器至 3 号轴承的距离，L_2 是 3、4 号轴承之间的距离。

（2）两个联轴器的端面互相平行，但中心不重合，见图 2-75。

调整时可分别将 3、4 号轴承同移 δ'_1，则两个转子同心共线。δ'_1 与 δ'_2 的计算公式为 $\delta'_1=\delta'_2=\dfrac{a_1-a_3}{2}$。

（3）两个联轴器的端面不平行，中心又不吻合，这是最常见的情况，见图 2-76。调整量的计算公式如下：

1）3 号轴承的上下移动量 $\delta_3=\delta_1+\delta'_1=\dfrac{\Delta b}{D}+\dfrac{a_1-a_3}{2}$。

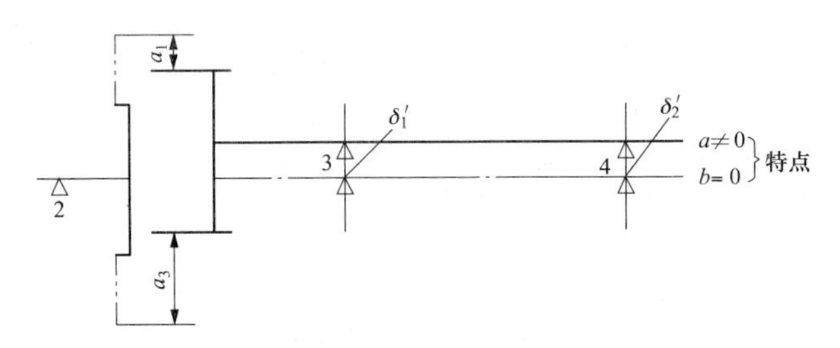

图 2-75 联轴器平行、不同心

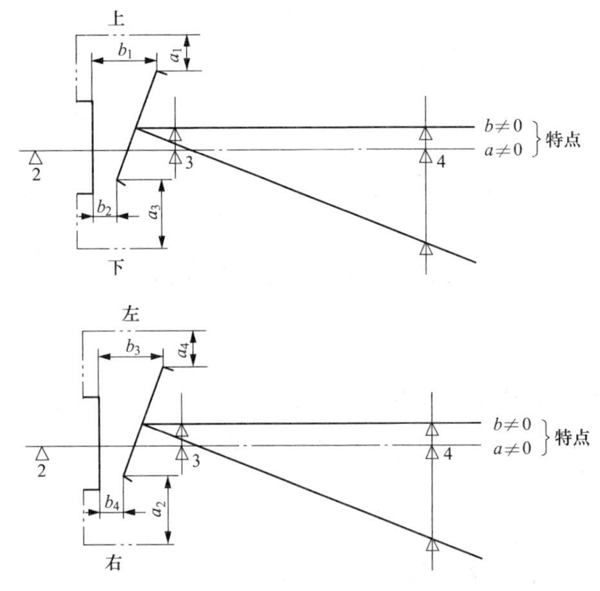

图 2-76 联轴器不平行、不同心

2）4 号轴承的上下移动量 $\delta_4=\delta_2+\delta'_2=\dfrac{\Delta b}{D}(L_1+L_2)+\dfrac{a_1-a_3}{2}$ 。

3）3 号轴承的左右移动量 $\delta'_3=\dfrac{\Delta b'}{D}+\dfrac{a_4-a_2}{2}$ ，其中，$\Delta b'=b_3-b_4$ 。

4）4 号轴承的左右移动量 $\delta'_4=\dfrac{\Delta b'}{D}(L_1+L_2)+\dfrac{a_4-a_2}{2}$ 。

当 δ_3、δ_4、δ'_3、δ'_4的计算结果均为正数时，3、4 号轴承应向上向左（这里的左、右方向是假想观察者站在两联轴器间，面对被调整转子的联轴器而得到的）移动；若计算结果均为负值时，3、4 号轴承则应向下、向右移动。

调整时首先消除上下张口，然后消除外圆上下高低值，最后调整左右张口及外圆的左右偏差。

4. 调整时的允许误差

调整垫片时，应将测量表架取下或松开，增减垫片的地脚及垫片上的污物应清理干净，最后拧紧地脚螺栓时应把外加的楔铁或千斤顶等支撑物拿掉，边紧地脚螺栓边监视百分表数值的变化，以防联轴器轴心线又产生偏移。

联轴器找中心的质量要求随泵的结构、参数等而异，如转速高，质量要求也高；转速低，对质量要求也低。联轴器是弹性的或是刚性的亦与质量要求有关，等等。联轴器找中心时的具体要求值可参考表 2－4 和表 2－5。

表 2－4　　联轴器找中心的允许偏差值　　(mm)

转　　速	固　定　式		非　固　定　式	
	径向	端面	径向	端面
$n \geqslant 3000$	0.04	0.03	0.06	0.04
$3000 > n \geqslant 1500$	0.06	0.04	0.10	0.06
$1500 > n \geqslant 750$	0.10	0.05	0.12	0.08
$750 > n \geqslant 500$	0.12	0.06	0.16	0.10
$n < 500$	0.16	0.08	0.24	0.15

表 2－5　　联轴器找中心的允许误差　　(mm)

联轴器类别	允　许　误　差	
	周距（a_1、a_2、a_3、a_4、任意两数之差）	面距（Ⅰ、Ⅱ、Ⅲ、Ⅳ任意两数之差）
刚性与刚性	0.04	0.03
刚性与半挠性	0.05	0.04
挠性与挠性	0.06	0.05
齿轮式	0.10	0.05
弹簧式	0.08	0.06

另外，水泵与电动机联轴器实现对中后，其间还应保证留有一定的轴向距离。这主要是考虑到运行中两轴会发生轴向窜动，留出间隙可防止顶轴现象的发生。一般联轴器端面的距离随水泵的大小而定（见表 2－6）。

表 2－6　　水泵联轴器端面距离　　(mm)

设　备　大　小	端　面　距　离
大型	8～12
中型	6～8
小型	3～6

六、叶轮的静平衡

水泵转子在高转速下工作时，若其质量不均衡，转动时就会产生一个较大的离心力，造成水泵振动或损坏。转子的平衡是通过其上的各个部件（包括轴、叶轮、轴套、平衡盘等）的质量平衡来达到的，现代火电厂中高压、高速的大型水泵对转子精确平衡的要求更高，特别是在检修、更换转子上的零件后，找平衡成为检修中十分重要的一个环节。这里就对转子静平衡的设备及操作方法做一简单的介绍。

目前我国发电厂最常用的静平衡设备是平行导轨式静平衡台，其结构简单、使用方便且精确度高，最适于水泵叶轮的静平衡试验。此种平衡台主要由两根截面相同的平行导轨和能调整高度的支架组成，见图 2－77。

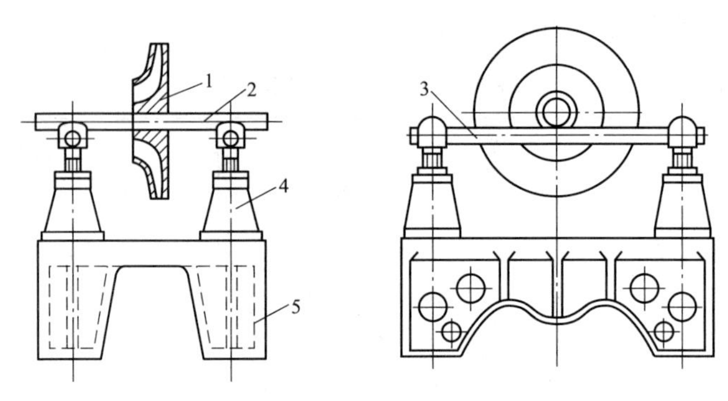

图 2-77 平衡导轨式静平衡台

1—叶轮；2—心轴；3—平衡台；4—调整支架；5—基础

除平衡台外，找平衡时还需用专门的心轴、百分表、天平及铅皮等。具体的方法是：

（1）先调整平衡台，使两导轨的水平偏差小于 0.05mm/m，两导轨的平行度偏差小于 2mm/m。将专用的心轴插入叶轮内孔，并保持一定紧力。

（2）叶轮的键槽要用密度相近的物质填充，以免影响平衡精确度。把装好的转子放在平衡台导轨上往复滚动几次，确定导轨无弯曲现象时，即可开始工作。用手轻轻地转动转子，让它自由停下来，可能出现两种情况：

1）当转子的重心在旋转轴心线上时，转子转到任何一角度都可以停下来，这时转子处于静不平衡状态，这种平衡为随意平衡。

2）当转子的重心不在旋转轴线上时，若转子的不平衡力矩大于轴和导轨之间的滚动摩擦力矩，则转子就要转动，使转子的重心位于下方，这种静不平衡为显著静不平衡；

若转子的不平衡力矩小于轴和导轨之间的滚动摩擦力矩，则转子有转动趋势，但却不能使其重心方位向下，这种静不平衡为不显著静不平衡。

（一）找显著静不平衡的方法（两次试加重量法，见图 2-78）

两次加重法只适用于显著静不平衡的转子找静平衡。

（1）用水平仪将道轨找平，使其水平度在 0.5mm/m。

（2）把转子转动 3～4 次，若每次转动停止后，总是停留在同一位置则停止时的最低点为转子的偏重方向设该方向偏重为 G。

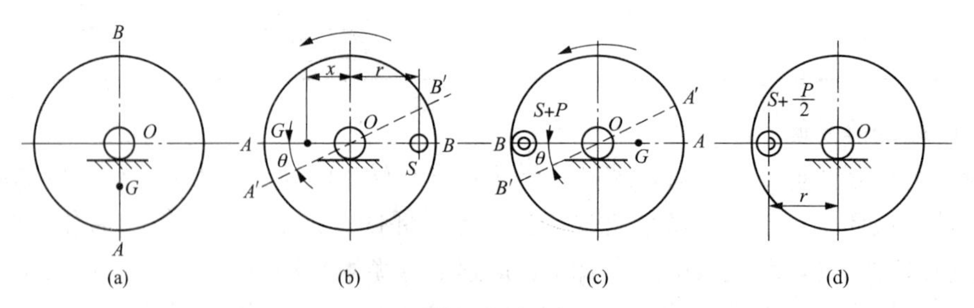

图 2-78 两次加重法找转子不平衡的工艺步骤

（3）G 于水平位置时，在 G 对应面转子边缘加一试重 S，使转子按 G 作用的方向旋转一定角度 θ（一般以 30°～45°为宜），后取下 S 称重记下，再把 S 放回原处。

（4）把转子旋转 180°使 S、G 在同一水平面上，并在 S 处再加一适当重量 P，使转子转

动与第一次相同的 θ 角度。后取下 P 称重并记下。

（5）根据力矩平衡原理，两次转动所产生的力矩：第一次所产生的力矩是 $Gx-Sr$：第二次所产生的力矩是（$S+P$）$r-Gx$。因两次转动角度相等，故其转动力矩也相等，即

$$Gx-Sr=(S+P)r-Gx,\text{则}\ Gx=\frac{2S+P}{2}r\text{。}$$

在转子滚动时，导轨对轴颈的摩擦力矩：因两次的滚动条件近似相同，其摩擦力矩相差甚微，故可视为相等，并在列等式时略去不计。

（6）若使转子达到平衡，所加平衡重 Q 应满足 $Qr=Gx$ 的要求，将 Qr 代上式，得 $Gr=\frac{2S+P}{2}r$，即 $Q=S+\frac{P}{2}$

说明：第一次加重 S 后，若是 B 点向下转动 θ 角，则第二次试加重 P 应加在 A 点上（加重半径与第一次相等），并向下转动 θ 角。其平衡重应为

$$Q=S-\frac{P}{2}$$

（7）在加试重 S 的地方，加上重量 Q。

（8）校验。将 Q 加在试加重位置，若转子能在轨道上任一位置停住，则说明该转子已不存在显著静不平衡。

（二）找剩余静不平衡

在消除了显著静不平衡后，找剩余静不平衡。

1. 试加重量周移法找转子不显著不平衡（见图 2-79）。

（1）将转子圆周分成若干等分（通常为 8 等分），并将各等分点标上序号。

（2）将 1 点的半径线置于水平位置，并在 1 点加一试加重 S_1，使转子向下转动一角度 θ，然后取下称重。用同样方法依次找出其他各点试加重。在加试加重时，必须使各点转动方向一致，加重半径 r 一致，转动角度一致，见图 2-79（a）。

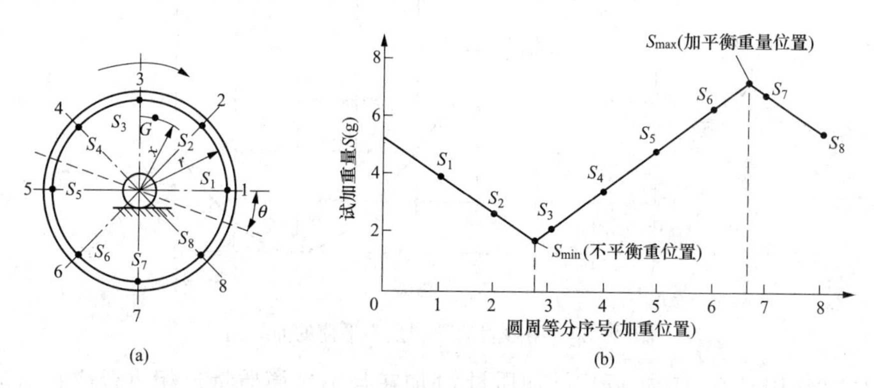

图 2-79 试加重量周移法找转子不显著不平衡

（a）求各点试加重；（b）试加重与加重位置曲线

（3）以试加重 S 为纵坐标，加重位置为横坐标，绘制曲线图，见图 2-79（b）。曲线最低点为转子不显著不平衡 G 的方位。但要注意：曲线最低点不一定与最小试加重位置相重合。因为最小试加重位置是在转子编制的序号上，而曲线的最低点是试加重曲线的交点。曲线最高点是转子的最轻点，也就是平衡重应加的位置。同样应注意曲线最高点与试加重最重

点的区别。

(4) 根据图 2-79 可得 $Gx+S_{min}r=S_{max}r-Gx$，所以 $Gx=\frac{Smax-Smin}{2}r$，若使转子达到平衡，所加平衡重 Q 应满足 $Qr=Gx$ 的要求，将 Qr 代上式，并化简得 $Q=\frac{Smax-Smin}{2}$。

把平衡重 Q 加在曲线的最高点，该点往往是一段小弧，高点不明显，可在转子与曲线最高点相应位置的左右做几次试验，以求得最佳位置。

称出加重块的质量。通常，不在叶轮较轻一侧加重量，而是在较重侧通过减重量的方法来达到叶轮的平衡。

2. 用秒表消除剩余不平衡法

(1) 在转子的八点或十六点上，逐次加一个相同的试加质量 Q，把该点放到水平位置上，使其转动不同的角度，记录下摆动周期，从摆动的周期长短，看其不平衡位置，可用下式（2-3）计算其不平衡质量：

$$P=\frac{T_{max}^2-T_{min}^2}{T_{max}^2+T_{min}^2}\times Q \tag{2-3}$$

式中 P——不平衡质量，g；

Q——试加质量，一般应不大于 50g，g；

T——时间（周期），s。

(2) 剩余不平衡质量的位置，应在叶轮的后盖板上做好永久记号，以便组装时将其位置相互错开。如果去掉时，就在不平衡重心点上去掉不平衡质量部分。

(3) 为了更准确地求出不平衡质量，应绘制曲线图，见图 2-80。横轴表示叶轮等分点的编号，纵轴用某种比例表示摆动周期。如果设备无问题，则作出的曲线将是正弦曲线，在曲线图上可确定不平衡质量所在位置。

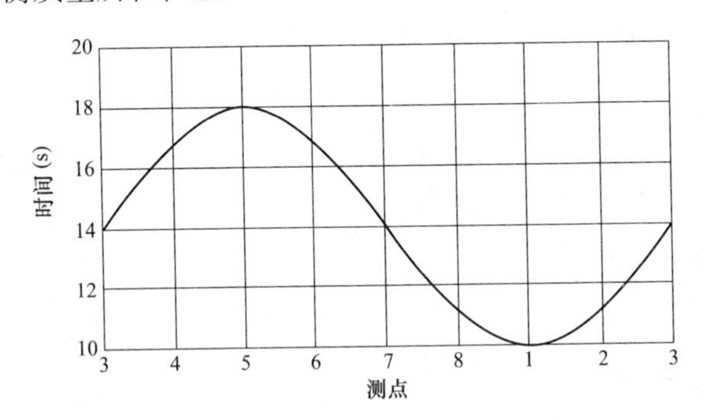

图 2-80 用秒表消除剩余不平衡的曲线图

在实际操作中，不可能恰好把试加质量 Q 加在与不平衡质量户相重合或相对应的位置上，为了求得正确的结果，在用上述公式进行计算时，不要用秒表法实际测得最大与最小周期进行计算，而应采用曲线图上的最大与最小周期进行计算，以免造成误差。

叶轮去掉不平衡质量时，可用铣床铣削或是用砂轮磨削（当去除量不大时），一般使用端面铣刀铣削。铣削时应以质心为中心成为扇面形向两端扩展，需去掉的不平衡质量应比试加质量略小一些。一般一次很难达到要求，需重复以上步骤，一直到满足平衡要求为止。但注意铣削或磨削的深度不得超过叶轮盖板厚度的 1/3，切削部分应与圆盘平滑过渡。

当用端面铣刀去重时，所形成的面积是扇面状的圆环形，见图 2-81。去掉金属的深度不要超过图纸的规定。

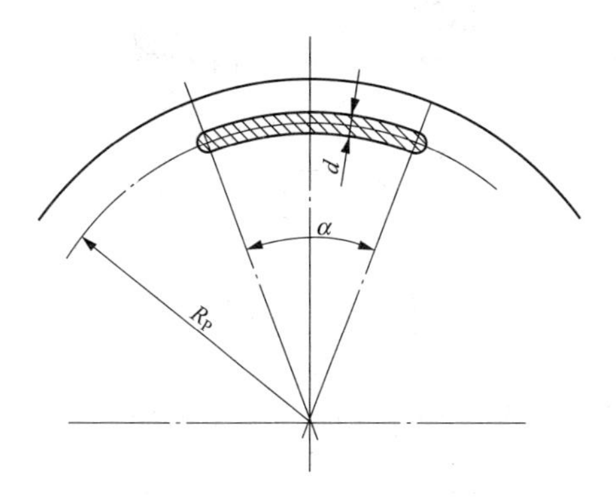

图 2-81　叶轮用端面铣刀铣削不平衡质量后的形状

这样调整不平衡质量后，仍然会有一小部分剩余不平衡，但只要剩余不平衡质量在正常运行时发生的离心力不超过转子质量的 4%～5%就可以认为合格。

一般离心式水泵叶轮静平衡允许误差见表 2-7。

表 2-7　　离心式水泵叶轮静平衡允许误差

叶轮外径 D_2 (mm)	叶轮最大直径上的不平衡量 (g)	叶轮外径 D_2 (mm)	叶轮最大直径上的不平衡量 (g)
<200	3	700～900	20
200～300	5	900～1200	30
300～400	8	1200～1500	50
400～500	10	1500～2000	70
500～700	15	2000～2500	100

七、泵轴的检修及直轴工作

泵解体后，对轴的表面应先进行外观检查，通常是用细砂布将轴略微打光，检查是否有被水冲刷的沟痕、两轴颈的表面是否有擦伤及碰痕。若发现轴的表面有冲蚀，则应做专门的修复。

在检查中若发现下列情况，则应更换为新轴：

(1) 轴表面有被高速水流冲刷而出现的较深的沟痕，特别是在键槽处。

(2) 轴弯曲很大，经多次直轴后运行中仍发生弯曲者。

(一) 轴弯曲的测量方法

轴弯曲之后，会引起转子的不平衡和动静部分的磨损，所以在大修时都应对泵轴的弯曲度进行测量。

(1) 将泵轴放在专用的滚动台架上，也可使用车床或 V 形铁为支承来进行检查，见图2-82。

(2) 在泵轴的对轮侧端面上做好八等分的永久标记，一般以键槽处为起点，见图2-83。在所有检修档案中的轴弯曲记录，都应与所做的标记相一致。

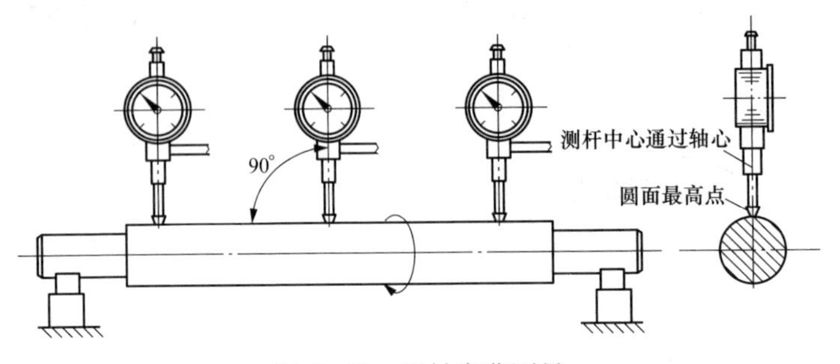

图 2-82 泵轴弯曲测量

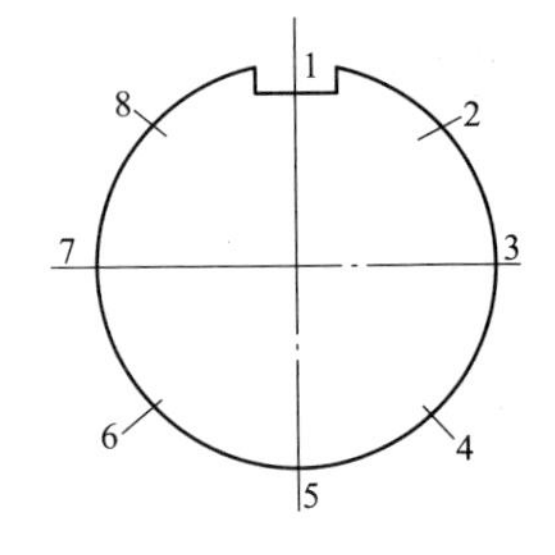

图 2-83 泵轴八等分标记

（3）开始测量轴弯曲时，应将轴始终靠向一端而不能来回窜动（但轴的两端不能受力），以保证测量的精确度。

（4）对各断面的记录数值应测 2～3 次，每一点的读数误差应保证在 0.005mm 以内。测量过程中，每次转动的角度应一致，盘转方向也应持一致。在装好百分表后盘动转子时，一般自第二点开始记录，并且在盘转一圈后，第二点的数值应与原数相同。

（5）测量的位置应选在无键槽的地方，测量断面一般选 10～15 个即可，测量记录见图 2-84。在进行测量的位置应打磨、清理光滑，确保无毛刺、凹凸和污垢等缺陷。

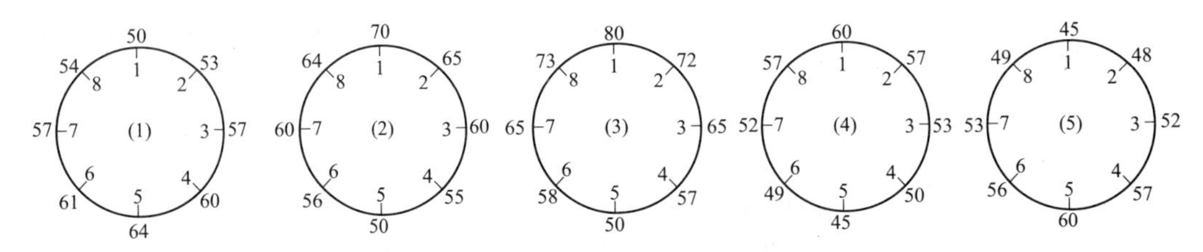

图 2-84 测量记录

（6）泵轴上任意断面中，相对 180°的两点测量读数差的最大值称为该断面的“跳动”或“晃度”，轴弯曲即等于晃度值的一半。每个断面的晃度要用箭头表示出，根据箭头的方向是否一致来判定泵轴的弯曲是否在同一个纵剖面内。根据测量记录计算出各断面的弯曲值绘制相位图，见图 2-85。

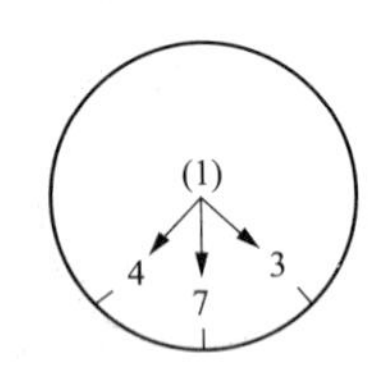

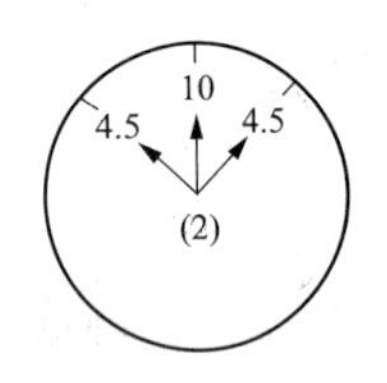

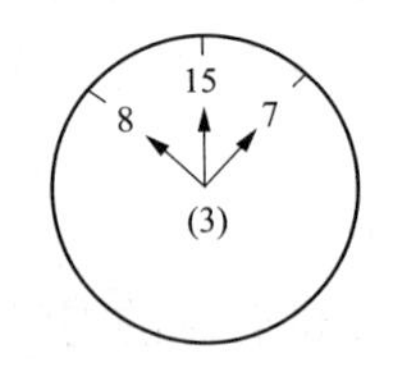

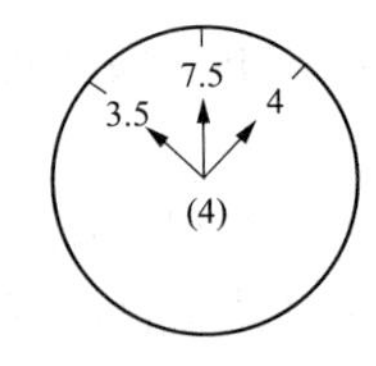

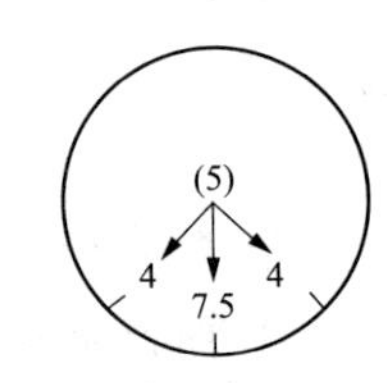

图 2-85 相位图

（7）将同一轴向断面的弯曲值，列入直角坐标系。纵坐标为弯曲值，横坐标为轴全长和各测量断面间的距离。由相位图的弯曲值可连成两条直线，两直线的交点为近似最大弯曲点，然后在该两边多测几点，将测得各点连成平滑曲线与两直线相切，构成轴的弯曲曲线，见图 2-86。

（8）如轴是单弯，那么自两支点与各点的连线应是两条相交的直线。若不是两条相交的直线，则有两个可能：在测量上有差错或轴有几个弯。经复测证实测量无误时，应重新测其他断面的弯曲图，求出该轴有几个弯、弯曲方向及弯曲值。

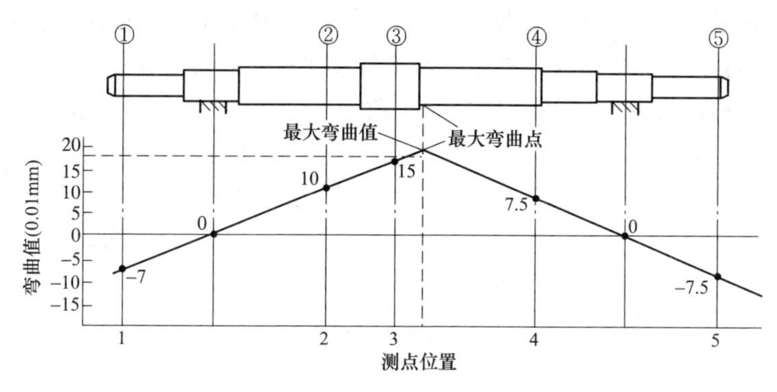

图 2-86 轴的弯曲曲线

(9) 检查泵轴最大弯曲不得超过 0.04mm，两端不超过 0.02mm。否则应采用“捻打法”或“内应力松弛法”进行直轴，而“局部加热直轴法”则尽量不要采用。

(二) 直轴工作

1. 直轴前的准备工作

(1) 检查裂纹。对轴最大弯曲点所在的区域，用浸煤油后涂白粉或其他的方法来检查裂纹，并在校直轴前将其消除。消除裂纹前，需用打磨法、车削法或超声波法等测定出裂纹的深度。对较轻微的裂纹可进行修复，以防直轴过程中裂纹扩展；若裂纹的深度影响到轴的强度，则应当予以更换。裂纹消除后，需做转子的平衡试验，以弥补轴的不平衡。

(2) 检查硬度。对检查裂纹处及其四周正常部位的轴表面分别测量硬度，掌握弯曲部位金属结构的变化程度，以确定正确的直轴方法。淬火的轴在校直前应进行退火处理。

(3) 检查材质。如果对轴的材料不能肯定，应取样分析。在知道钢的化学成分后，才能更好地确定直轴方法及热处理工艺。

在上述检查工作全部完成以后，即可选择适当的直轴方法和工具进行直轴工作。直轴的方法有机械加压法、捻打法、局部加热法、局部加热加压法和应力松弛法等。

2. 捻打法（冷直轴法）

捻打法就是在轴弯曲的凹下部用捻棒进行捻打振动，使凹处（纤维被压缩而缩短的部分）的金属分子间的内聚力减小而使金属纤维延长，同时捻打处的轴表面金属产生塑性变形，其中的纤维具有了残余伸长，因而达到了直轴的目的。

捻打时的基本步骤为：

(1) 根据对轴弯曲的测量结果，确定直轴的位置并做好记号。

(2) 选择适当的捻打用的捻棒。捻棒的材料一般选用 45 号钢，其宽度随轴的直径而定（一般为 0～15mm），捻棒的工作端必须与轴面圆弧相符，边缘应削圆无尖角（R_1=2～3mm），以防损伤轴面。在捻棒顶部卷起后，应及时修复或更换，以免打坏泵轴。捻棒形状见图 2-87。

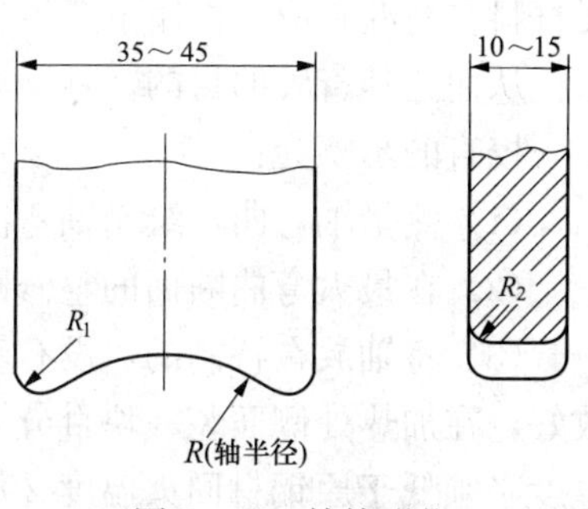

图 2-87 捻棒形状

(3) 直轴时，将轴凹面向上放置，在最大弯曲断面下部用硬木支撑并垫以铅板，见图 2-88。另外，直轴时最好把轴放在专用的台架上并将轴两端向下压，以加速金属分子的振动而使纤维伸长。

(4) 捻打的范围为圆周的 1/3（即 120°），此范围应预先在轴上标出。捻打时的轴向长度可根据轴弯曲的大小、轴的材质及轴的表面硬化程度来决定，一般控制为 50～100mm。

捻打顺序按对称位置交替进行，捻打的次数为中间多、两侧少，见图 2-89。

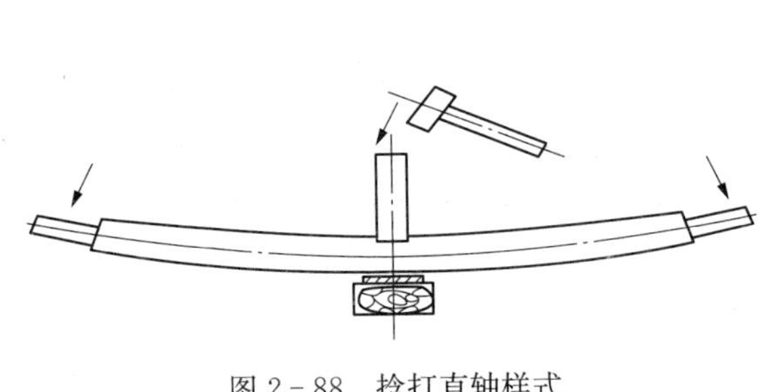

图 2-88 捻打直轴样式

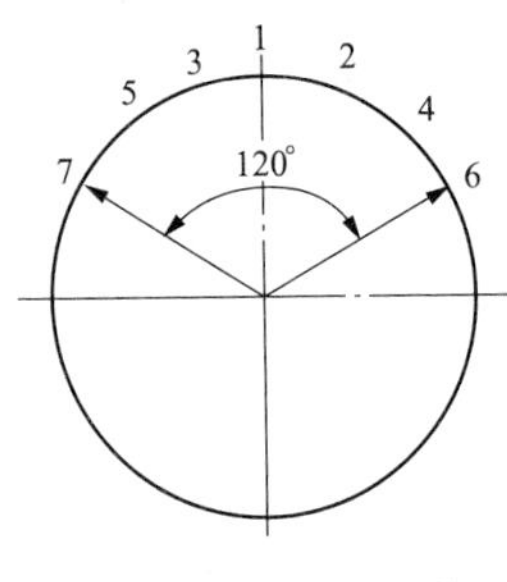

图 2-89 锤击次数

(5) 捻打时可用 1～2kg 的手锤敲打捻棒，捻棒的中心线应对准轴上的所标范围，锤击时的力量中等即可而不能过大。

(6) 每打完一次，应用百分表检查弯曲的变化情况。一般初期的伸直较快，而后因轴表面硬化而伸直速度减慢。如果某弯曲处的捻打已无显著效果，则应停止捻打并找出原因，确定新的适当位置再进行捻打，直至校正为止。

(7) 捻打直轴后，轴的校直应向原弯曲的反方向稍过弯 0.02～0.03mm，即稍校过一些。

(8) 检查轴弯曲达到需要数值时，捻打工作即可停止。此时应对轴各个断面进行全面、仔细的测量，并做好记录。

(9) 最后，对捻打轴在 300～400℃进行低温回火，以消除轴的表面硬化及防止轴校直后又弯曲。

上述的冷直法是在工作中应用最多的直轴方法，但它一般只适于轴颈较小且轴弯曲在 0.2mm 左右的轴。此法的优点是直轴精度高，易于控制，应力集中较小，轴校直过程中不会发生裂纹。其缺点是直轴后在一小段轴的材料内部残留有压缩应力，且直轴的速度较慢。

3. 内应力松弛法

图 2-90 为内应力松弛法直轴，此法是把泵轴的弯曲部分整个圆周都加热到使其内部应力松弛的温度（低于该轴回火温度 30～50℃，一般为 600～650℃），并应热透。在此温度下施加外力，使轴产生与原弯曲方向相反的、一定程度的弹性变形，保持一定时间。这样，金属材料在高温和应力作用下产生自发的应力下降的松弛现象，使部分弹性变形转变成塑性变形，从而达到直轴的目的。

校直的步骤为：

(1) 测量轴弯曲，绘制轴弯曲曲线。

(2) 在最大弯曲断面的整修圆周上进行清理，检查有无裂纹。

(3) 将轴放在特制的、没有转动装置和加压装置的专用台架上，把轴的弯曲处凸面向上放好，在加热处侧面装一块百分表。加热的方法可用电感应法，也可用电阻丝电炉法。加热温度必须低于原钢材回火温度 20～30℃，以免引起钢材性能的变化。测温时是用热电偶直接测量被加热处轴表面的温度。直轴时，加热升温不盘轴。

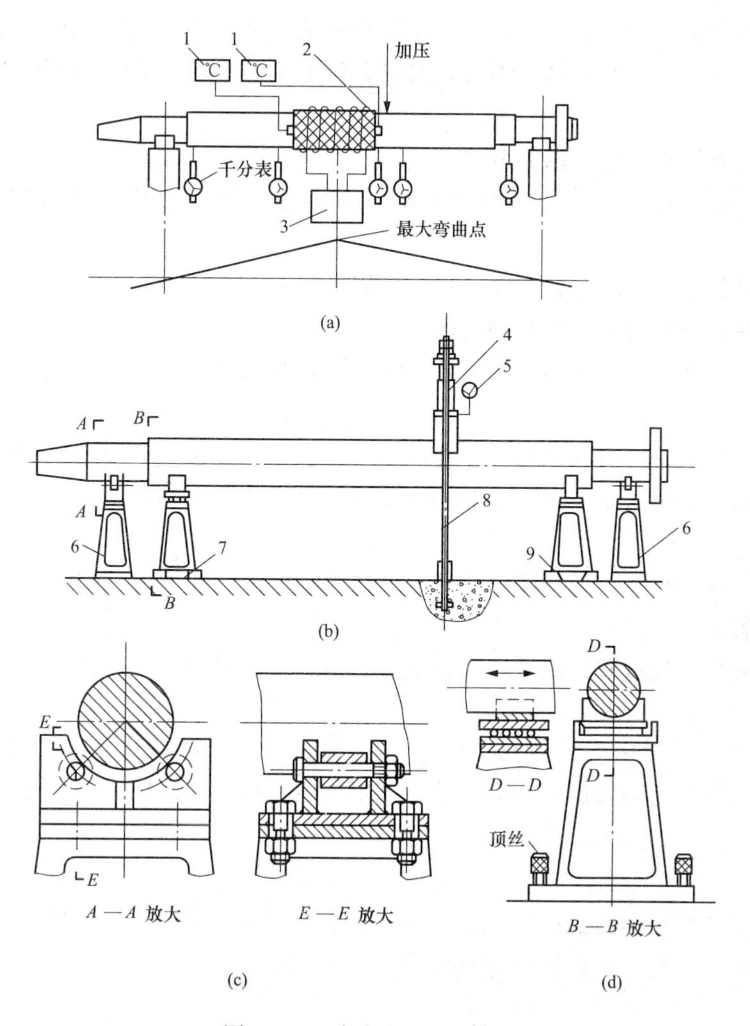

图 2-90　内应力松弛法直轴

(a) 总体布置；(b) 支承与加压装置；(c) 滚动支架；(d) 承压支架（膨胀端）

1—热电偶温度表；2—感应线圈；3—调压器；4—千斤顶；5—油压表；6—滚动支架；

7—承压支架（活动）；8—拉杆；9—承压支架（固定）

(4) 当弯曲点的温度达到规定的松弛温度时，保持温度 1h，然后在原弯曲的反方向（凸面）开始加压。施力点距最大弯曲点越近越好，而支承点距最大弯曲点越远越好。施加外力的大小应根据轴弯曲的程度、加热温度的高低、钢材的松弛特性、加压状态下保持的时间长短及外加力量所造成的轴的内部应力大小来综合考虑确定。

(5) 由施加外力所引起的轴内部应力一般应小于 0.5MPa，最大不超过 0.7MPa。否则，应以 0.5～0.7MPa 的应力确定出轴的最大挠度，并分多次施加外力，最终使轴弯曲处校直。

(6) 加压后应保持 2～5h 的稳定时间，并在此时间内不变动温度和压力。施加外力应与轴面垂直。

(7) 压力维持 2～5h 后取消外力，保温 1h，每隔 5min 将轴盘动 180℃，使轴上下温度均匀。

(8) 测量轴弯曲的变化情况，如果已经达到要求，则可以进行直轴后的稳定退火处理；若轴校直得过了头，需往回直轴，则所需的应力和挠度应比第一次直轴时所要求的数值减小一半。

采用此方法直轴时应注意以下事项：

(1) 加力时应缓慢，方向要正对轴凸面，着力点应垫以铅皮或紫铜皮，以免擦伤轴表面。

(2) 加压过程中，轴的左右（横向）应加装百分表监视横向变化。

(3) 在加热处及附近，应用石棉层包扎绝热。

(4) 加热时最好采用两个热电偶测温，同时用普通温度计测量加热点附近处的温度来校对热电偶温度。

(5) 直轴时，第一次的加热温升速度以100～120℃/h为宜，当温度升至最高温度后进行加压；加压结束后，以50～100℃/h的速度降温进行冷却，当温度降至100℃时，可在室温下自然冷却。

(6) 轴应在转动状态下进行降温冷却，这样才能保证冷却均匀、收缩一致，轴的弯曲顶点不会改变位置。

(7) 若直轴次数超过两次以后，在有把握的情况下可将最后一次直轴与退火处理结合在一起进行。

内应力松弛法适用于任何类型的轴，而且效果好、安全可靠，在实际工作中应用的也很多。关于内应力松弛法的施加外力的计算，这里就不再介绍，应用时可参阅有关的技术书籍中的计算公式。

4. 局部加热法

这种方法是在泵轴的凸面很快地进行局部加热，人为地使轴产生超过材料弹性极限的反压缩应力。当轴冷却后，凸面侧的金属纤维被压缩而缩短，产生一定的弯曲，以达到直轴的目的，见图2-91。

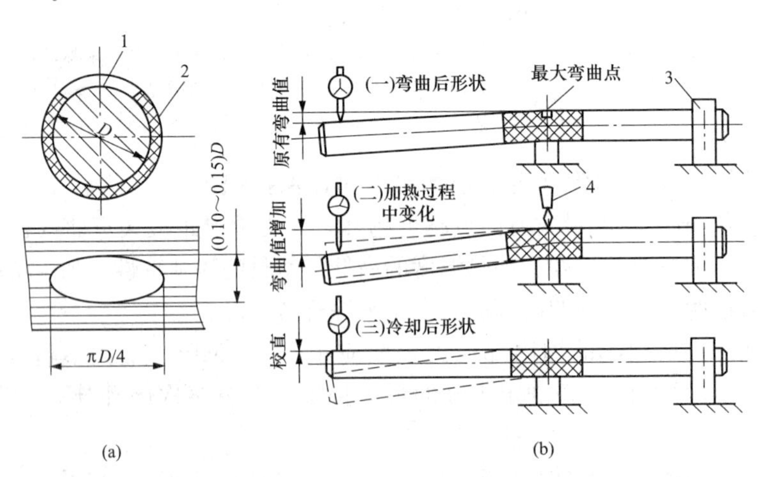

图2-91 局部加热法直轴

(a) 加热孔尺寸；(b) 加热前后轴的变化

1—加热孔；2—石棉布；3—固定架；4—火嘴

具体的操作方法为：

（1）测量轴弯曲，绘制轴弯曲曲线。

（2）在最大弯曲断面的整个圆周上清理、检查并记录好裂纹的情况。

（3）将轴凸面向上放置在专用台架上，在靠近加热处的两侧装上百分表以观察加热后的变化。

（4）用石棉布把最大弯曲处包起来，以最大弯曲点为中心把石棉布开出长方形的加热孔。加热孔长度（沿圆周方向）为该处轴径的25%～30%，孔的宽度（沿轴线方向）与弯曲度有关，为该处直径的10%～15%。

（5）选用较小的5号、6号或7号焊嘴对加热孔处的轴面加热。加热时焊嘴距轴面15～20mm，先从孔中心开始，然后向两侧移动，均匀地、周期地移动火嘴。当加热至500～550℃时（轴表面呈暗红色），立即用石棉布把加热孔盖起来，以免冷却过快而使轴表面硬化或产生裂纹。

（6）在校正较小直径的泵轴时，一般可采用观察热弯曲值的方法来控制加热时间。热弯曲值是当用火嘴加热轴的凸起部分时，轴就会产生更加向上的凸起，在加热前状态与加热后状态的轴线的百分表读数差（在最大弯曲断面附近）。一般热弯曲值为轴伸直量的8～17倍，即轴加热凸起0.08～0.17mm时，轴冷却后可校直0.01mm，具体情况与轴的长径比及材料有关。对一根轴第一次加热后的热弯曲值与轴的伸长量之间的关系，应作为下一次加热直轴的依据。

（7）当轴冷却到常温后，用百分表测量轴弯曲并画出弯曲曲线。若未达到允许范围，则应再次校直。如果轴的最大弯曲处再次加热无效果，应在原加热处轴向移动一位置，同时用两个焊嘴顺序局部加热校正。

（8）轴的校正应稍有过弯，即应有与原弯曲方向相反的0.01～0.03mm的弯曲值，待轴退火处理后，这一过弯曲值即可消失。

在使用局部加热法时应注意以下问题：

（1）直轴工作应在光线较暗且没有空气流动的室内进行。

（2）加热温度不得超过500～550℃，在观察轴表面颜色时不能戴有色眼镜。

（3）直轴所需的应力大小可用两种方法调节，一是增加加热的表面；二是增加被加热轴的金属层的深度。

（4）当轴有局部损伤、直轴部位局部有表面高硬度或泵轴材料为合金钢时，一般不应采用局部加热法直轴。

最后，应对校直的轴进行热处理，以免其在高温环境中复又弯曲，而在常温下工作的轴则不必进行热处理亦可。

5. 机械加压法

这种方法是利用螺旋加压器将轴弯曲部位的凸面向下压，从而使该部位金属纤维压缩，把轴校直过来，见图2-92。

6. 局部加热加压法

这种方法又称为热力机械校轴法，其对轴的加热部位、加热温度、加热时间及冷却方式均与局部加热法相同，所不同点就是在加热之前先用加压工具在弯曲处附近施力，使轴产生与原弯曲方向相反的弹性变形。在加热轴以后，加热处金属膨胀受阻而提前达到屈服极限并产生塑性变形。

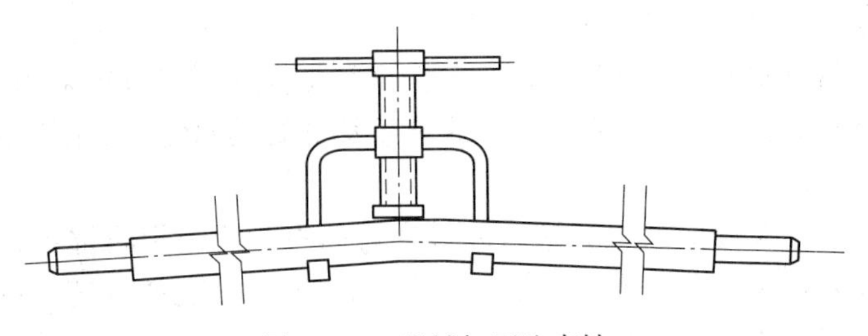

图 2－92　机械加压法直轴

这样直轴大大快于局部加热法，每加热一次都收到较好的结果。若第一次加热加压处理后的弯曲不合标准，则可进行第二次。第二次加热时间应根据初次加热的效果来确定，但要注意在某一部位的加热次数最多不能超过三次。

五种直轴方法中，机械加压法和捻打法只适用于直径较小、弯曲较小的轴；局部加热法和局部加热加压法适用于直径较大、弯曲较大的轴，这两种方法的校直效果较好，但直轴后有残余应力存在，而且在轴校直处易发生表面淬火，在运行中易于再次产生弯曲，因而不宜用于校正合金钢和硬度大于 HB180～190 的轴；应力松弛法则适于任何类型的轴，且安全可靠、效果好，只是操作时间要稍长一些。

能力训练

1. 在教师指导下分组练习水泵加盘根。
2. 在教师指导下分组练习用塞尺和压铅丝方法测量滚动轴承的游隙。
3. 在教师指导下分组练习用压铅丝的方法测量滑动轴承的紧力。
4. 在教师指导下在对轮找中心实验台上练习对轮找中心。
5. 在教师指导下在静平衡试验台练习转子找静平衡。
6. 在教师指导下分组练习泵轴找弯曲，并画出泵轴的弯曲图，简述弯曲轴的处理方法。
7. 在教师指导下在的动平衡试验台上做动平衡试验，找出加重位置和加重重量。

任务六　多级离心式泵（DG 泵）的检修

任务目标

掌握离心式泵的解体、测量、调整、安装、检修工艺；熟练使用离心式泵拆装的各类工具、量具；能说出拆卸离心式泵各部件的名称、用途、工作性质；培养学生的生产中团结协作素质，建立掌握操作技能的概念。

知识储备

D 型多级离心式泵（DG 泵）的结构见图 2－93，D 型泵壳体部分主要由轴承体、前段、中段、后段、导叶等用螺栓联接整体。转子部分主要由轴及安装在轴上的叶轮、轴套、平衡盘等零件组成。轴上零件用平键和轴套螺母紧固使之与轴成为一体，整个转子由两端轴承支承在泵壳体上。

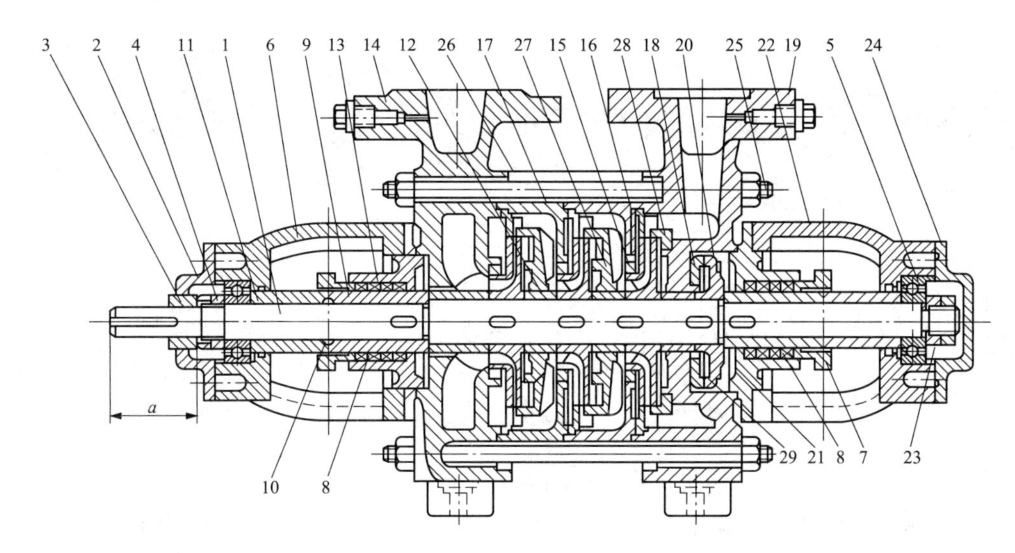

图 2-93 D 型多级离心式泵（DG 泵）的结构

1—泵轴；2—低压侧轴承端盖；3—前轴套；4—轴套螺母；5—向心滚动球轴承；6—低压侧轴承支架；7—盘根压盖；8—盘根；9—轴套；10—O 形密封圈；11—轴套；12—叶轮间距套；13—低压侧外盖（盘根盒）；14—进水段；15—密封环；16—叶轮；17—中间段；18—平衡座；19—出水段；20—平衡盘；21—高压侧外盖（盘根盒）；22—高压侧轴承支架；23—锁紧圆螺帽；24—高压侧轴承端盖；25—穿杠螺栓；26—保护罩；27—导叶；28—出水导叶；29—调整套

一、分段式离心式泵的解体

1. 水泵解体注意事项

在进行水泵解体时，应注意以下事项：

(1) 在解体时，对于相同和有位置要求的零件，应在其结合面的侧表面明显处用钢字打上记号，记号不要打在零件的配合面上，也不要用粉笔、样冲做记号。如果零件原来有标记，标识正确，就不要再标识。

(2) 水泵在解体阶段应做必要的测量，其目的是：①与上次检修时的数据进行对比，从数据的变化分析原因，制定检修方案；②与回装时的数据进行对比，避免回装错误。

(3) 拆下的零部件均应分类放置在清洁的木板或胶垫上，用干净的白布或纸板盖好，以防碰伤经过精加工的表面。精密的轴拆下后，应用多支点支架水平放置。

(4) 对所有在安装或运行时可能发生摩擦的部件，如泵轴与轴套、轴套螺母、叶轮和密封环均应涂以干燥的 MoS_2 粉（其中不能含有油脂）。

(5) 在拆卸中如有些零件拆不下，必须毁坏个别零件时，应当保存价值高的、制造困难的或无备品的零件。

(6) 撬杠、螺丝刀不准碰伤止口。

(7) 把卸下的叶轮、键、挡套、轴套、泵壳都要编号放好，见图 2-94。

2. 分段式离心式泵解体步骤

(1) 拆下两侧轴承端盖。

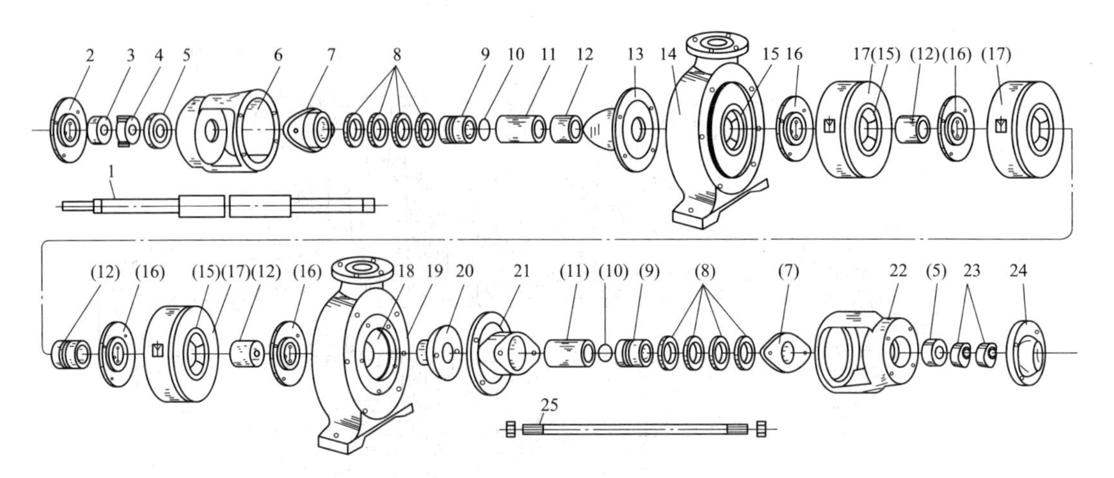

图 2－94　50D×4 型离心式泵零部件分解

1—泵轴；2—低压侧轴承端盖；3—前轴套；4—轴套螺帽；5—向心滚动球轴承；6—低压侧轴承支架；
7—盘根压盖；8—盘根；9—轴套；10—O 形密封圈；11—定位套；12—叶轮间距套；
13—低压侧外盖（盘根盒）；14—进水段；15—密封环；16—叶轮；
17—中间段（泵段壳体）；18—平衡座；19—出水段；
20—平衡盘；21—高压侧外盖（盘根盒）；
22—高压侧轴承支架；23—锁紧圆螺帽；
24—高压侧轴承盖；25—穿杠螺栓

（2）测量轴头长度。轴头长度是指轴套螺帽 4 到轴端的距离 a（见图 2－93），是确定泵轴在泵体内的轴向位置的重要数据。可以用深度游标卡尺测量。

（3）拆下两侧轴承和支架。拆轴承支架时，用顶丝将支架顶松，再取下支架。

（4）拆下两侧填料盒。拆下填料压盖，用盘根钩钩出全部盘根，再拆下填料盒。

（5）测量水泵平衡盘窜动量。在未拆除平衡盘的状态下，测量平衡盘窜动量。平衡盘窜动量是转子总窜量的一半，故又称为水泵的半窜量，其数值一般情况下为 4mm 左右。

测量方法是在取下轴封装置及高压侧轴承端盖后，在轴端装一百分表，然后推、拨转子，转子在来回终端位置的百分表读数差，即是平衡盘的窜动量，见图 2－95。

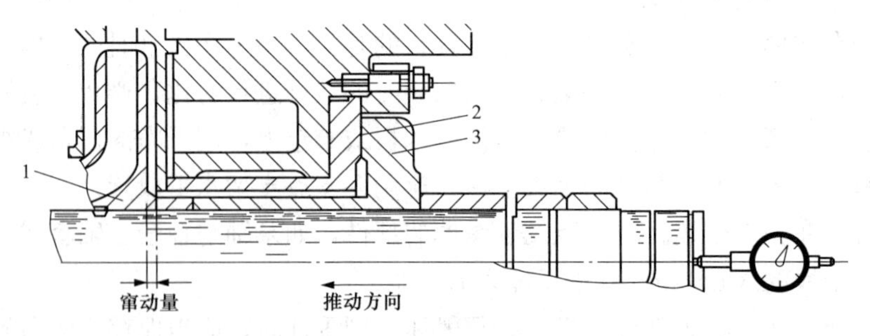

图 2－95　平衡盘窜动量的测量

1—末级叶轮；2—平衡套；3—平衡盘

（6）测量转子总窜动量。水泵总窜量是水泵的制造及安装后固有的数值，水泵总窜量如果发生变化，则说明水泵各中段紧固螺栓有松动或水泵动静部分轴向发生磨损。一般水泵总窜量为 8～10mm。

总窜量的测量方法如下：

在平衡盘工艺孔内拧入两根长螺栓，将平衡盘拉出，并取下方型键。

1）在平衡盘轴上位置装一个与平衡盘等长的假轴套（应事先准备好，然后把轴的套装件按装配顺序一一装复，不装胶圈及键），用锁紧螺帽将轴上套装件压紧。

2）用测量平衡盘窜动量的方法测记百分表读数，两值之差即为转子总窜动量（见图2-96）。

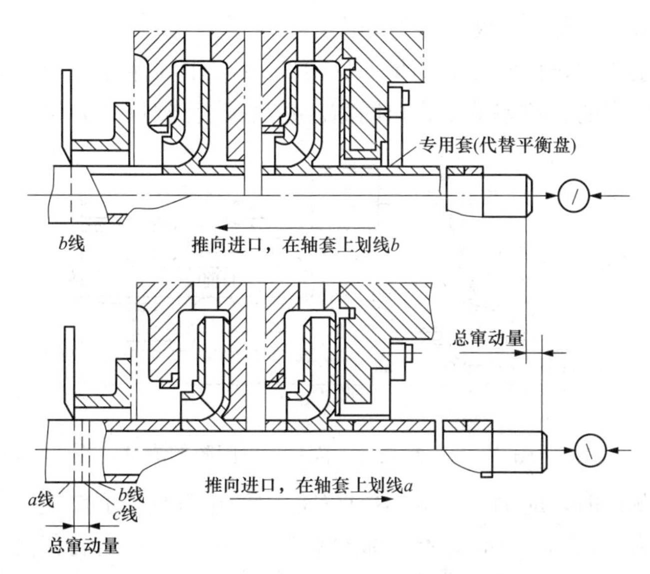

图2-96 转子总窜动量的测量

3）测量完成后，拆下平衡盘、假轴套等部件。

（7）拆卸泵体大穿杠螺栓。拆卸泵体大穿杠螺栓时，要做好记号。每个螺栓上的螺帽在螺杆抽出后，应及时套在上面，以防检修中互换。

（8）拆下出水段上连接的管道及附件。用铜棒轻振出水段，松动后沿轴向缓缓吊出。

（9）拆叶轮。拆下出水段上连接的管道及附件后，退出末级叶轮、键、定距轴套等，接着逐级拆下各级中段、叶轮等。

拆下的各级部件均应做好记号，防止回装时顺序错乱。

（10）抽出泵轴。在拆装轴上套装件时，应避免将轴擦伤、拉毛。若发生拉毛、擦伤，则及时用油光挫或细油石将擦痕磨光。为防止出现这些现象，在拆装时应用干净的布将套装件孔及轴擦干净，并抹上清机油；有快口的套装件，应倒棱。

泵轴取下后，最佳放置方法是吊放，不允许斜靠在墙上或随便放在地面上。

泵的进水段一般不必拆卸。

二、部件的检修

1. 零部件的清洗、检查

清扫叶轮、导口、泵壳接合面上的水垢、铁锈、轴承接合面的油垢，清扫水封管、平衡管、冷却水管，并检查管内是否畅通。用煤油清洗轴瓦、轴承、油圈、油位计等。

2. 泵壳的检修

（1）检查泵壳内部流通道被冲刷情况，并清除其铁锈、水垢。

（2）检查壳体有无裂纹。最简便的方法是用手锤轻敲泵壳，如有沙声则说明有裂纹；随后在疑点处浸上煤油，少顷，将煤油擦干净并涂上白粉，用手锤振击壳体裂纹处的煤油渗透外出，使白粉显现出一条湿线，以此证明裂纹的长度与范围。

（3）测量相邻两泵壳的止口间隙。多级分段式水泵的静止部分与转动部分的实际间隙，与泵壳的止口配合精度直接相关。在拆装时，对泵壳的止口应倍加保护，不允许将其击伤、碰伤，也不要轻易用砂布、锉刀修磨止口配合面，否则，会增大止口配合间隙。止口间隙值一般为 0.04～0.08mm，最大不大于 0.1mm。

相邻两泵壳（泵段）止口间隙的测量，见图 2－97。即先将相邻两泵段叠起，再往复推动上面的泵段，百分表的读数差就是止口间隙。然后按上法对 90°方位再测量一次。

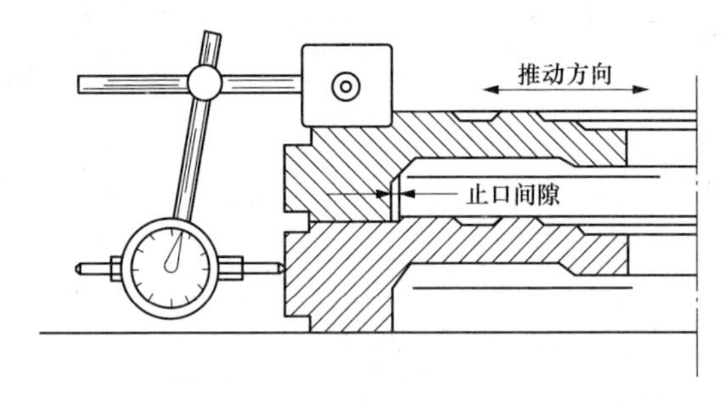

图 2－97 泵壳（泵段）止口间隙的测量

当用游标卡尺测量时，应测 0°与 90°两个方位内外止口直径值之差，即为止口间隙。

其间隙值一般为 0～40.08mm。若间隙大于 0.10mm，就应进行修复。

最简单的修复方法是在间隙较大的泵壳止口上均匀堆焊 6～8 处，然后按需要的尺寸进行车削。止口间隙、测量记录见表 2－8。

表 2－8　　止口间隙测量记录表

级数 / 项目	一级	二级	三级	四级
纵向止口间隙				
横向止口间隙				
测量结果				
质量标准：间隙值一般为 0.04～0.08mm				

3. 导叶检查

高压水泵的导叶若采用不锈钢材料，一般不会损坏；若采用锡青铜或铸铁，则应隔 2～3 年检查一次冲刷情况，必要时更换新导叶。凡新铸的导叶，在使用前应用手砂轮将流道打磨光滑，这样可提高效率 2%～3%。

此外还应检查导叶衬套（应与叶轮配合在一起）的磨损情况，根据磨损的程度来确定是整修还是更换。

导叶与泵壳的径向配合间隙为 0.04～0.06mm，过大时则会影响转子与静止部件的同心度，应当予以更换。

用来将导叶定位的定位销钉与泵壳的配合要过盈 0.02～0.04mm，销钉头部与导叶配合处应有 1.0～1.5mm 的调整间隙。

导叶在泵壳内应被适当地压紧，以防高压泵的导叶与泵壳隔板平面被水流冲刷。应先测量出导叶与泵壳之间的轴向间隙。其方法是在泵壳的密封面及导叶下面放上3～4段铅丝，再将导叶与另一泵壳放上，见图2－98（a）。垫上软金属垫，用大锤轻轻敲打几下，取出铅丝测其厚度，两处铅丝平均厚度之差，即为轴向间隙值。通常，压紧导叶的方法是在导叶背面叶片的肋上钻孔，加装3～4个紫铜钉（尽量靠近导叶外缘，沿圆周均布），见图2－98（b），利用紫铜钉的过盈量使导叶与泵壳配合面密封。加装的一般应高出背面导叶平面0.50～0.80mm。

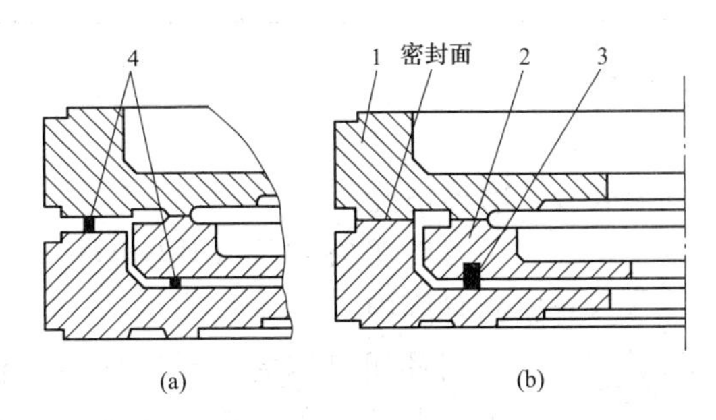

图2－98　导叶间隙的测量及压紧方法
（a）轴向间隙的测量；（b）紫铜钉的布置
1—泵壳；2—导叶；3—紫铜钉；4—铅丝

4. 平衡盘的检查

（1）着色磨合法，此法效率高、直观。着色分两次进行，一次将着色剂涂在平衡盘上，一次涂在平衡座上，两次着色的目的主要是判定平衡盘与平衡座谁的问题最大。平衡盘的着色法记录见表2－9。

表2－9　　平衡盘的着色法记录表

项　　目	着色剂涂在平衡盘上	着色剂涂在平衡座上
着色率（%）	平衡座上	平衡盘上
质量鉴定结果		
质量标准：着色75%以上		

（2）应用压铅丝法来检查动、静平衡盘面的平行度，方法见图2－99。

将轴置于工作位置，在轴上涂润滑油并使动盘能自由滑动，其键槽与轴上的键槽对齐。用黄油把铅丝粘在静盘端面的上下左右四个对称位置上，然后将动盘猛力推向静盘，将受撞击而变形的铅丝取下并记好方位；再将动盘转180°重测一遍，做好记录。用千分尺测量取下铅丝的厚度，测量数值应满足上下位置的和等于左右的和，上减下或左减右的差值应小于0.05mm，否则说明动静盘变形或有瓢偏现象，应予以消除。平衡盘的压铅

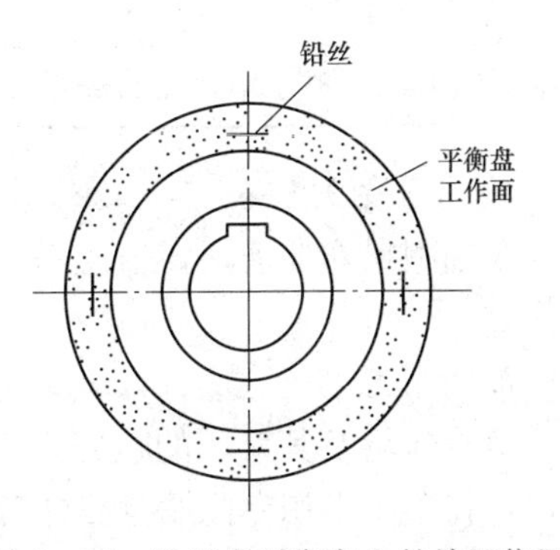

图2－99　铅丝在平衡盘上的放置位置

丝法测量记录见表 2-10。

表 2-10　平衡盘的压铅丝法测量记录表

位置	上部	下部	左部	右部
铅丝厚度 δ（mm）	$\delta_{上}=$	$\delta_{下}=$	$\delta_{左右}=$	$\delta_{右}=$
质量鉴定结果	$\delta_{上}-\delta_{下}=$		$\delta_{左}-\delta_{右}=$	
质量标准：上减下或左减右的差值应小于 0.05mm				

（3）动静盘磨损过多，应更换。

5. 密封环间隙检查

（1）密封环（卡圈）是否破裂及磨损情况。

（2）叶轮裂纹及叶片的腐蚀、冲刷变薄情况及测量计算密封环间隙。

密封环间隙是指密封环内径与相对应的叶轮口环外径之差值，其值一般为密封环内径的 0.15%～0.30%。测量时在 0°和 90°位置做两次，并以其中的小值为计算依据。对密封环密封面上的冲刷或摩擦伤痕，可以修刮或磨光，其修刮量以不超过最大允许密封环间隙为限。测量密封环内径和叶轮入口外径，两数差值一半即为该处径向间隙，见图 2-100。

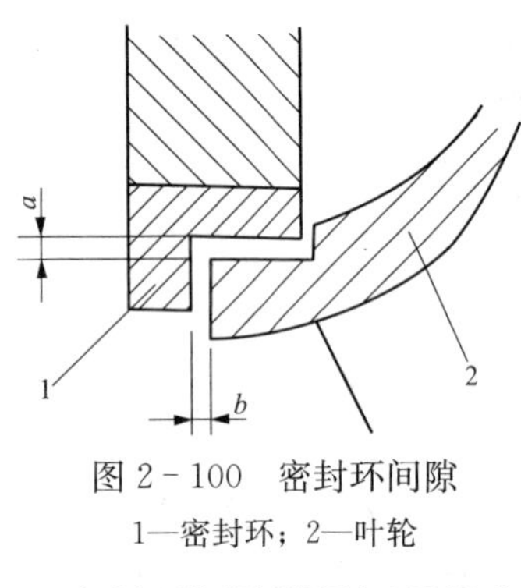

图 2-100　密封环间隙

1—密封环；2—叶轮

密封环间隙测量记录见表 2-11。

表 2-11　密封环间隙测量记录表

位置 \ 级数	1	2	3	4
泵壳密封环径				
叶轮入口外径				
径向间隙 a 值				
测量结果				
密封环间隙 a 一般为 0.09～0.22mm				

6. 水泵轴的检查

泵轴测量弯曲值，该值应符合检修规程的技术标准，如不符合标准，应进行泵轴直轴工作。

7. 叶轮检修

（1）叶轮及其口环的检修。在水泵解体后，检查叶轮口环的磨损程度，若在允许范围内，可在车床上用专门胎具胀住叶轮内孔来车修磨损部位，修正后要保持原有的同心度和表面粗糙度。最后，配制相应的密封环和导叶衬套，以保持原有的密封间隙。

叶轮口环经车修后，为防止加工过程中胎具位移而造成同心度偏差，应用专门胎具进行检查，见图 2－101。具体的步骤为：用一带轴肩的光轴插入叶轮内孔，光轴固定在钳台上并仰起角度 α，确保叶轮吸入侧轮毂始终与胎具轴肩相接触并缓缓转动叶轮，在叶轮口环处的百分表指示的跳动值应小于 0.04mm，否则应重新修整。

对首级叶轮的叶片，因其易于受汽蚀损坏，若有轻微的汽蚀小孔洞，可进行补焊修复或采用心度的方法环氧树脂黏结剂修补。测量叶轮内孔与轴颈配合处的间隙，若因长期使用或多次拆装的磨损而造成此间隙值过大，为避免影响转子的同心度甚至由此而引起转子振动，可采取在叶轮内孔局部点焊后再车修或镀铬后再磨削的方法予以修复。

叶轮在采取上述方法检修后仍然达不到质量要求时，则需更换新叶轮。

（2）叶轮的更换。对新换的叶轮应进行下列工作，检查合格后方可使用。

1）叶轮的主要几何尺寸，如叶轮密封环直径对轴孔的跳动值、端面对轴孔的跳动、两端面的平行度、键槽中心线对轴线的偏移量、外径 D_2、出口宽度 b_2、总厚度等的数值与图纸尺寸相符合。

2）叶轮流道清理干净。

3）叶轮在精加工后，每个新叶轮都经过静平衡试验合格。

对新叶轮的加工主要是为保证叶轮密封环外圆与内孔的同心度、轮毂两端面的垂直度及平行度，见图 2－102。

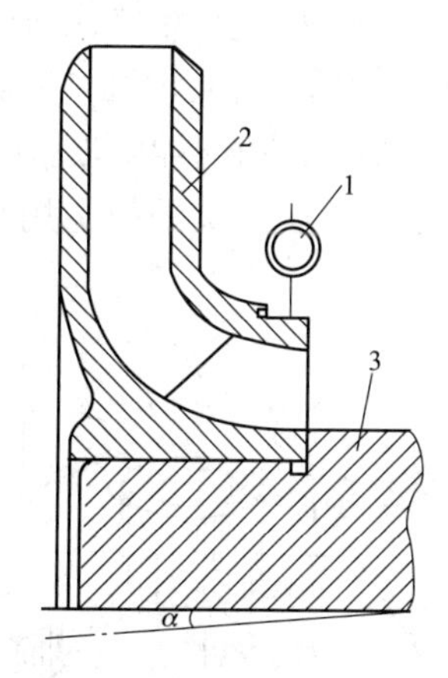

图 2－101 检查叶轮口环同心度的方法

1—百分表；2—叶轮；3—专用胎具

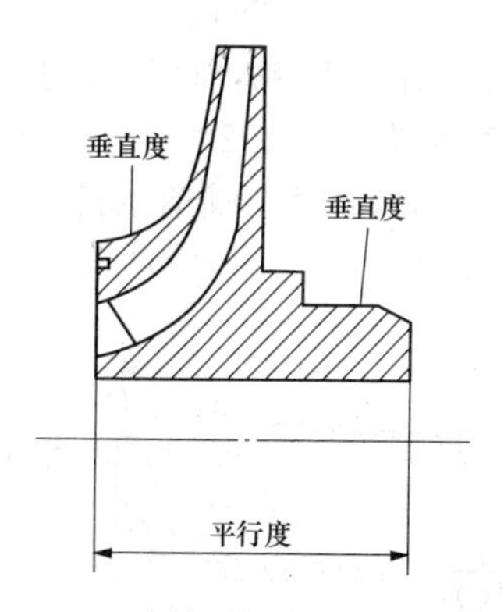

图 2－102 叶轮平行度和垂直度的检查

8. 轴承的检查

滚动轴承的拆装（任务五已叙述），检查滚动轴承的内外圈、保持架、滚动体，有无起皮、锈蚀、麻点，裂纹、伤痕等缺陷，如有应更换（保持架破损超过原来 1/3 时，需更换新轴承）。

一般径向游隙大于轴向游隙。轴承的最大径向游隙允许值见表 2－12，轴承测量记录见表 2－13。

表 2－12 轴承的最大径向游隙允许值

轴承内径	<10	12～30	35～70	75～100	105～200
最大径向游隙（mm）		$2D/1000$	$1.5D/1000$	$D/1000$	$0.8D/150$

表 2-13 **轴承测量记录表**

项　　目	进水端轴承	出水端轴承
轴承外观		
轴承轴向游隙		
轴承径向游隙		
质量鉴定		
质量标准：参考表 2-12		

9. 盘根冷却盒的检查

检查有无砂眼、裂纹及蚀薄现象，不合格者应更换新的，凡更换的必须做水压试验。试验压力 1.2MPa，停留 5min 无漏水即为合格。

三、水泵的组装（DG 水泵组装的一般步骤）

1. 水泵的试装

目的：主要是为了提高水泵最后的组装质量。通过这个过程，可以消除转子的紧态晃动度，可以调整好叶轮的轴向间隙，从而保证各级叶轮和导叶的流道中心同时对正，可以确保调整套的尺寸。

在试装前，应对各部件进行全部尺寸的测量，消除明显的超差。各部件径向跳动的测量，对各部件端面晃度的检查方法为：叶轮仍是采用专门的心轴插入叶轮内孔，心轴固定在平台上，轻轻转动叶轮，百分表的指示数值即为端面的跳动。此跳动值不得超过 0.015mm，否则应进行车修，见图 2-103。而轴套等部件端面跳动的检查可在一块平板上用百分表测出，见图 2-104，此跳动值不得大于 0.015mm。

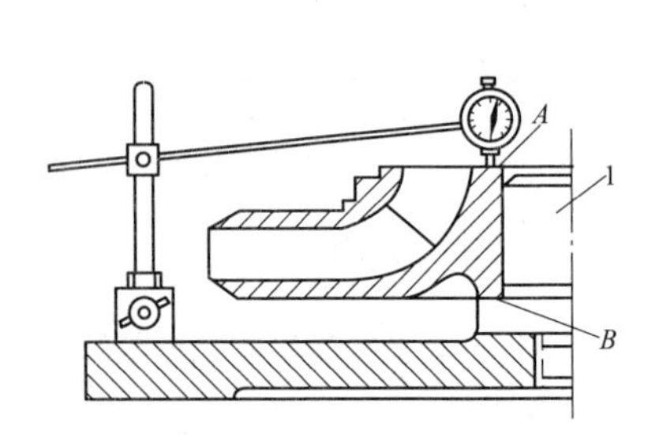

图 2-103　检查套装零件的垂直度和平行度

A—叶轮入口端面；B—叶轮出口端面；1—心轴

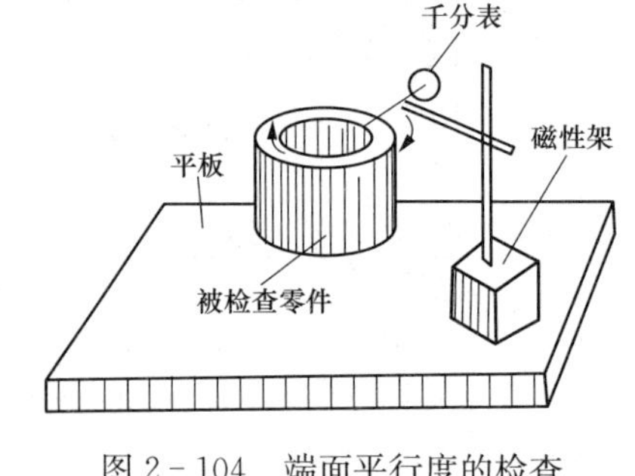

图 2-104　端面平行度的检查

总之，在检查转子各部件的端面已清理，叶轮内孔与轴颈的间隙适当，轴弯曲不大于 0.04mm，各套装部件的同心度偏差小于 0.02mm 且端面跳动小于 0.015mm 时，即可在专用的、能使转子转动的支架上开始试装工作。

转子试装可以按以下步骤进行。

（1）按图 2-105 各转动部件顺序安装，在安装过程中将所有的键都按号装好，以防因键的位置不对而发生轴套与键顶住的现象。

（2）将所有的密封圈等按位置装好，把锁紧螺母紧好并记下出口侧锁紧螺母至轴端的距离，以便水泵正式组装时作为确定套装部件紧度的依据。

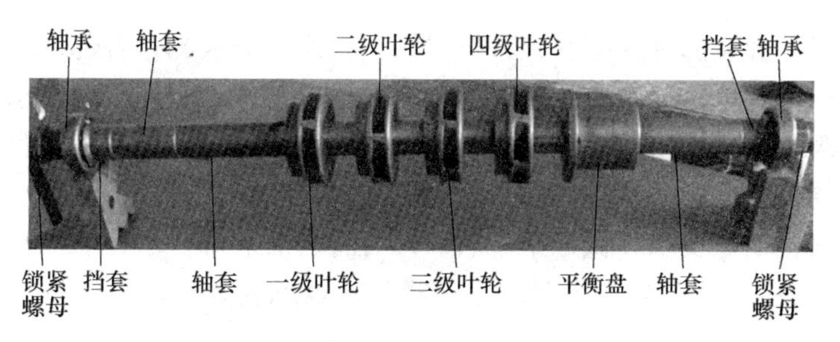

图 2-105　转子试装顺序

（3）在紧固轴套的锁紧螺母时，应始终保持泵轴在同一方位（如保持轴的键槽一直向上），而且在每次测量转子晃度完成后应松开锁紧螺母，待下次再测时重新拧紧。每次紧固锁紧螺母时的力量以套装部件之间无间隙、不松动为准，不可过大。

（4）各套装部件装在轴上时，应根据各自的晃度值大小和方位合理排序，防止晃度在某一个方位的积累。在转动部件上装好百分表（见图 2-106），测量各部件瓢偏度、晃度度，支表位置见图 2-107，应使转子不能来回窜动且在轴向上不受太大的力。最后，检查组装好的转子各部位的晃度不应超出表 2-14 对应数值。

图 2-106　转子试装后百分表测量

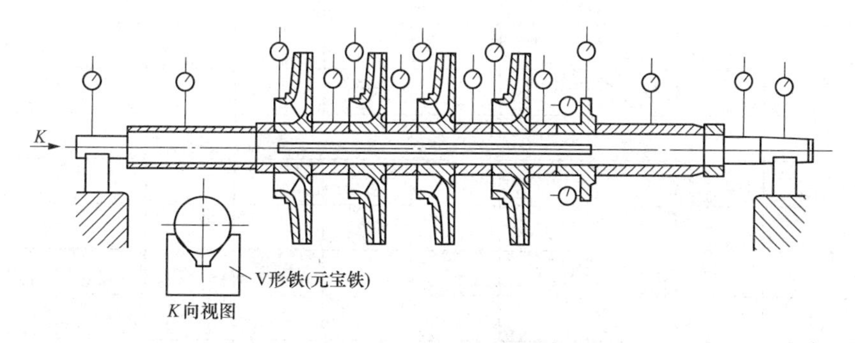

图 2-107　转子试装后的测量位置

表 2-14　转子各部位的晃度允许值

测量位置	轴颈处	轴套处	叶轮口环处	平衡盘	
				径向	轴向
允许值（mm）	≤0.02	≤0.04	≤0.08	≤0.04	≤0.03

（5）装好转子各套装部件并紧好锁紧螺母后，再用百分表测量各部件的径向跳动是否合格。若超出标准，则应再次检查所有套装部件的端面跳动值，直至符合要求。

（6）检查各级叶轮出水口中心距离是否相符，并测量末级叶轮至平衡盘端面之间的距离以确定好调整套的尺寸。

在试装结果符合质量要求并做好记录后，即可将各套装部件解体，以待正式组装。平衡盘瓢偏度测量记录见表2-15，转子晃动度测量记录表见表2-16。

表2-15　　平衡盘瓢偏度测量记录表

位置编号	A表	B表	A-B	最大差值	最小差值	瓢偏值
1—5						瓢偏值$=\frac{(A-B)_{最大}-(A-B)_{最小}}{2}$
2—6						
3—7						
4—8						
5—1						
6—2						
7—3						
8—4						
1—5						
瓢偏度允许值	平衡盘≤0.25mm					
质量鉴定						

表2-16　　转子晃动度测量记录表

测点 / 等分	轴颈	进水段挡套	轴套1	轴套2	一级叶轮	二级叶轮	三级叶轮	四级叶轮	轴套3	轴套4	出水段档套
1											
2											
3											
4											
5											
6											
7											
8											
最大值											
最小值											
差值											
质量鉴定											

2. 泵的组装

当试装检查合格后就进行组装，其顺序正好与拆卸相反，即先卸的后装、后卸的先装，对于大型多级泵采用垂直组装法。即将入口端水平放在支架上，轴自上而下穿入。轴端与入口端的相对位置，用下面的千斤顶调整，然后用行车将叶轮、泵壳吊起穿入轴上。对于小型多级泵则采用水平组装。

水泵组装一般步骤：

（1）将入口端放正，将轴水平方向穿入。

（2）装第一级叶轮（叶轮紧靠轴的凸肩）。

（3）装入挡套、泵壳、叶轮以此类推至最后一级。要求：①每装一级叶轮出口与导轮入口中心必须对正，若有误差可通过加减挡套的长度调整；②泵壳止口要对正，泵壳与泵壳相对位置要对齐；③止口垫子要放正放平，止口接合面禁止敲打或用撬杠撬。

（4）装上出水室，穿入拉紧螺栓，拧紧螺帽。

（5）测量总窜动轴量：用一假轴套，代替动平衡盘，装入轴套，拧紧锁紧螺母，拨动转子，在轴端面装上百分表、两次差值即为转子轴的总窜动，一般为 8～9mm。

（6）转子轴向位置的调整：取下假轴套，装上动、静平衡盘及轴承，将锁紧螺母锁紧，测量平衡盘窜动量（方法同前），平衡盘的窜动量约为总窜动量的 1/2，一般为 3～4mm。此间隙的调整是通过加长或缩短平衡前挡套长度来完成的。例，若总窜动量为 8mm 装上平衡盘后的窜动量应为 3mm。若大于 3mm，应缩短挡套的长度，反之则加长。

（7）装上两端盘根盒，换上新盘根，装上水封及盘根压盖，装上轴承箱及其端盖（具体要求可见任务五轴封泄漏的处理）。

（8）装上对轮。

（9）推力间隙的测量：将百分表顶在轴端上，前后拨动转子，两次读数差即为推力间隙，此间隙的调整是通过加、减轴承端盖的垫片厚度来实现的，见图 2－108。此间隙一般为 0.8mm，若大于此值应增加垫片的厚度，反之应减薄。

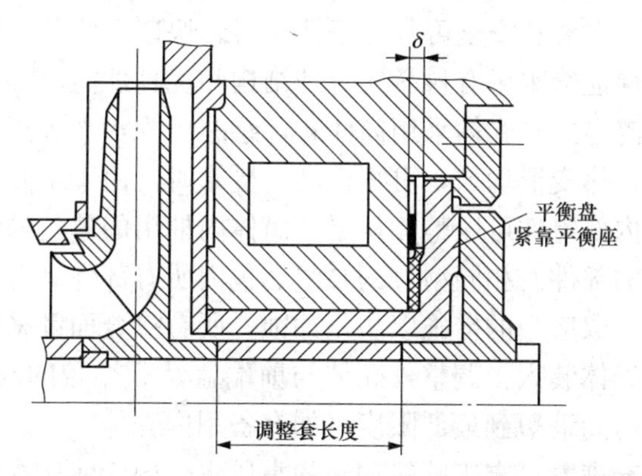

图 2－108 调整转子轴向位置的方法

（10）盘动转子，应转动灵活，无摩擦声；否则应找出原因予以消除。

3. 其余工作

水泵的检修至此已算基本完成，后期工作有联轴器找正（任务五已叙述）和试运转。

最后，检查水泵盘转正常，各部件无缺陷且运转时振动也很小，再次复测转子和静子的各项间隙、转子的轴向总窜动量等合乎要求，组装后的动静平衡盘的平行度偏差小于 0.02mm，泵壳穿杠螺栓的紧固程度上下左右误差不大于 0.05mm，则可以认为水泵检修、安装的质量合格。

能力训练

1. 在教师指导下分组拆装多级离心式泵（DG 泵），对解体泵的部件进行检查、测量。要求在拆装前做出多级离心式泵（DG 泵）拆装的工序卡，测量记录表，安装结束后，写出多级离心式泵（DG 泵）拆装实训报告。

2. 简述转子试装的目的。

任务七 双壳体圆筒型多级离心式泵检修

任务目标

了解双壳体圆筒型多级离心式泵的应用场合特点；了解双壳体圆筒型多级离心式泵的结构；了解双壳体圆筒型多级离心式泵检修步骤及检修方法。

知识储备

一、双壳体圆筒型多级离心式泵适用场合及特点

双壳体圆筒型多级离心式泵，常用于大型发电机机组锅炉给水泵。给水泵是一种将给水连续压入锅炉的清水泵，输送的是纯净的接近饱和状态的高温水，在外界负荷变化时，给水泵极易汽蚀。火电厂的辅机设备中消耗功率最大。高压、超高压及亚临界压力机组的给水温度可高达 158℃以上，给水泵的扬程也达到 1500～2680m。由此可见，给水泵是处于高压和较高温度下工作，并求要求它能快速适应机组负荷变化的需要。由于给水泵的特殊工作条件，对泵的设计、制造、安装、安全可靠和经济运行、快速方便及高质量的检修等各方面都提出了很高的要求，以保证给水泵有科学的合理结构和优良性能。

双壳体圆筒型多级离心式泵壳体采用筒体式，泵芯包为水平、离心、多级筒体式，此泵特点是：壳体对称性好，热变形均匀，可靠性高。检修时，由于不必拆装焊接在固定的圆筒壳体上的进、出水管，内部组件可以整体从泵外筒体内抽出的芯包的结构，以便于快速检修泵，芯包内包括泵所有的部件。相同型号的泵组芯包内所有部件具有互换性。筒体内所有受高速水流冲击的区域都采取适当的措施以防止冲蚀，所有接合面都采取了保护措施。发生故障时，只要把备用的内壳体装入，调整外壳体与前端盖及后端盖的同心度，就可恢复运转。从而使单元机组的停运时间缩短到最低限度（如有备用内壳体，一般 8h 内即可更换好）。泵运行时，其内外壳之间充满着自末级叶轮输出的高压水，内壳体在水的外周压力作用下，结合面保持了极高的严密性。圆筒型双壳体可保证各部件在组合时对轴心线对称并减少压差、温差，使热冲击和热变形均匀对称，从而提高给水泵运转的可靠性和经济性，给水泵结构简图见图 2-109。

二、双壳体圆筒型多级离心式泵（给水泵）的结构性能

以日立 400mm/450mm BGM-CH 汽动给水泵为例，介绍一下给双壳体圆筒型多级离心式泵的结构性能及检修工艺方法。日立 400mm/450mm BGM-CH 汽动给水泵结构简图见图 2-110。日立 400mm/450mm BGM-CH 汽动给水泵技术参数见表 2-17。

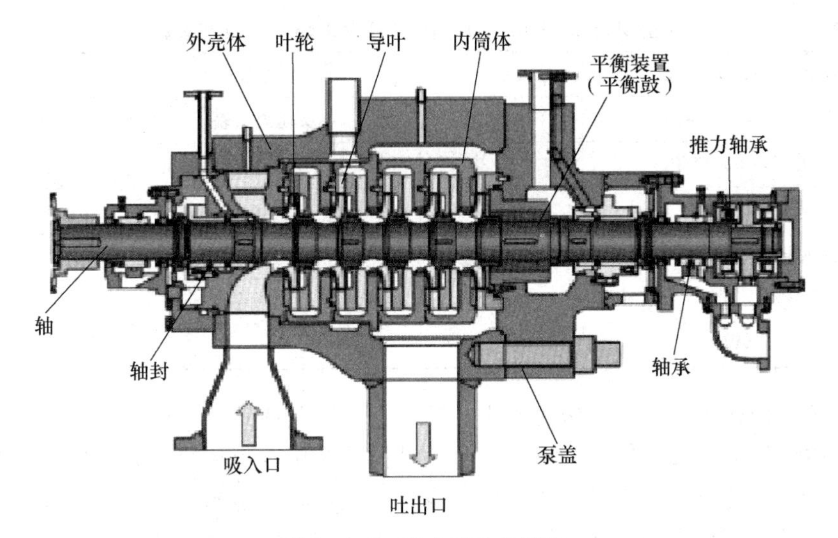

图 2-109 给水泵结构简图

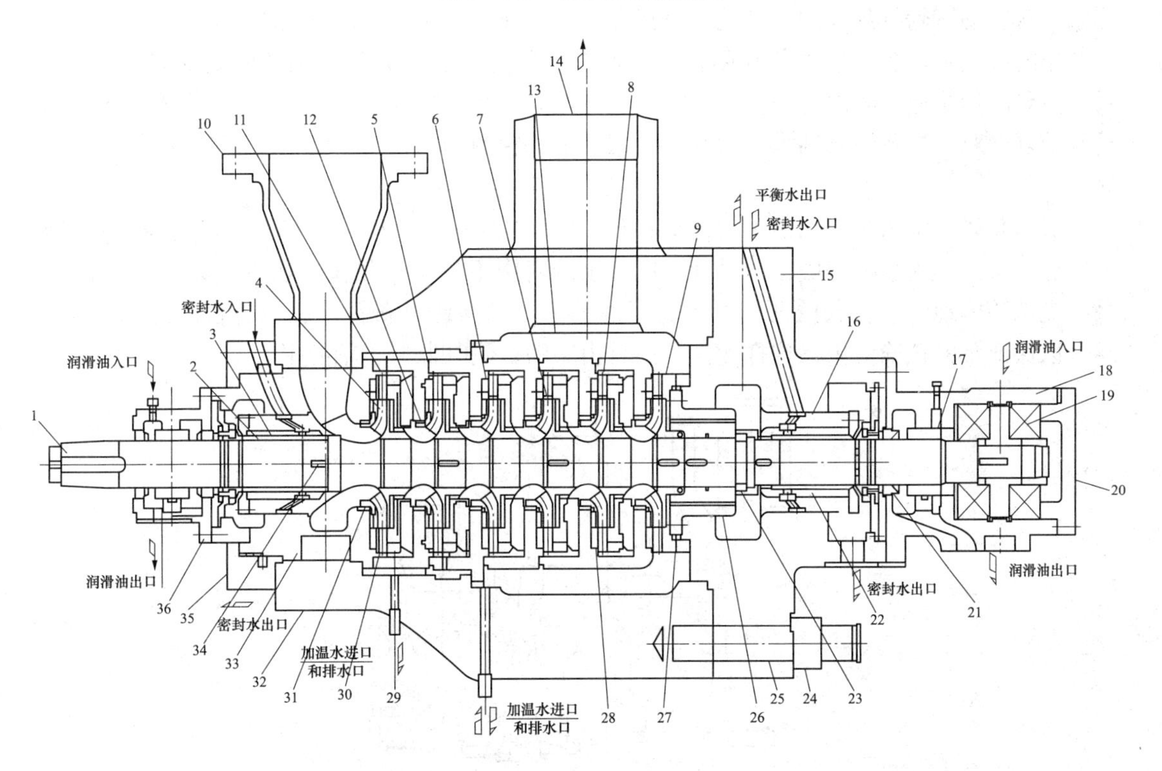

图 2-110 给水泵结构简图

1—泵轴；2—密封套；3—密封座；4～9—叶轮；10—入口端盖；11—导叶；12—导叶衬套；
13—中段泵壳；14—泵出口；15—泵筒体；16—轴封；17—径向轴承；18—轴头；
19—密封件；20—轴头压盖；21—出水段轴承；22—轴套；23—开环；24—螺帽；
25—螺栓；26—平衡盘；27—开口环；28—结合端口；29—接轴封；30—导叶；
31—密封环；32—壳体；33—中开环；34—平键；35—端盖；36—轴封压盖

表 2-17 日立 400mm/450mm BGM-CH 汽动给水泵技术参数

扬程（mH_2O）	3621	泵总压头（MPa）	31.254
泵吸入压力（表压）（MPa）	1.984	抽头压力（表压）（MPa）	9.6
泵出口压力（表压）（MPa）	33.238	抽头流量（t/h）	151.65
额定流量（m^3/h）	1592.35	最小流量（m^3/h）	570
进水温度（℃）	186.3	最高工作转速（r/min）	5200±2
级数	5	效率（%）	85.6%
轴功率（kW）	19650		

泵的壳体采用筒体式，泵芯包为水平、离心、多级筒体式，为便于快速检修泵，内部组件设计成可以整体从泵外筒体内抽出的芯包的结构，芯包内包括泵所有的部件。相同型号的泵组芯包内所有部件具有互换性。筒体内所有受高速水流冲击的区域都采取适当的措施以防止冲蚀，所有接合面都采取了保护措施。该泵属于允许对泵内部零件进行拆卸的五级卧式筒形泵，从驱动汽轮机到泵的驱动是通过扰性管夹型连轴节传动的。泵和驱动汽轮机安装在一个共用的底座上，驱动连轴节封闭在一个联接保护器内。泵壳与泵轴的密封形式为迷宫密封，主要原理是通过间隙控制泄漏的方式进行汽动给水泵的密封工作。轴承配置包括在非驱动端的复合双止推及轴颈轴承，和在驱动端的平面轴颈轴承，每个轴承从润滑油系统上得到润滑。

（1）泵壳。给水泵泵壳由不锈钢材料 SF440A 制成，其结构见图 2-111，内表面铸有水力通道。泵壳、支承板和底板的设计，能使泵的对中不受接管载荷或运行参数变化的影响。泵的支承整体地铸造在泵的两侧，泵壳下面的一个纵向键，布置在底板键台的滑动垫块之间，以保证泵的正确对中，这样允许泵的自由胀缩，同时保持了轴的中心不变。

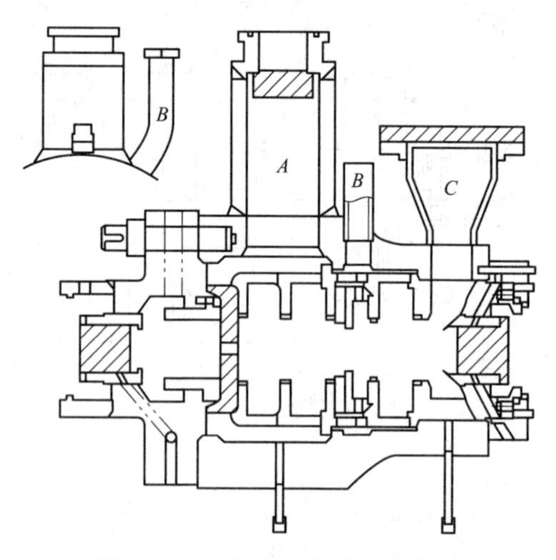

图 2-111 给水泵壳体结构简图

（2）轴。轴由优质不锈钢（SUS403）锻件制成，泵轴示意如图 2-112 所示，表面镀铬以使轴颈有硬的耐磨表面。泵轴长 3.2m，跳动值标准为小于 0.03mm。轴是传递扭矩的主要部件。泵轴采用阶梯轴，叶轮用热套法装在轴上，叶轮与轴之间没有间隙，不致使轴间窜水和冲刷，但拆装困难。

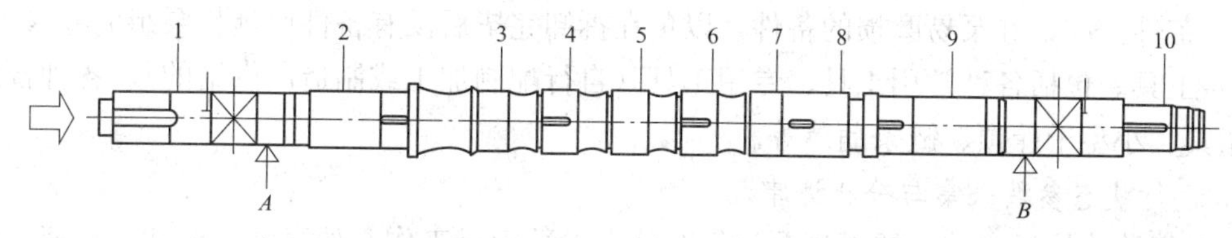

图 2-112 给水泵泵轴结构简图

（3）叶轮。给水泵叶轮采用封闭单吸式结构，叶轮材料采用抗汽蚀的不锈钢（SCS2），为单侧进水形，与轴配合后并经高速动平衡处理。叶轮在轴上的轴向定位，一侧是依靠定位套筒和轴肩，另一侧是依靠定位套筒和轴端螺母。轴端螺母锁紧套筒，以组成一个牢靠的锁紧装置。叶轮采用过盈配合和键装在轴上。在制作时叶轮套装在轴上，并做低速和高速动平衡对转子进行质量平衡。

（4）轴承。联轴器侧轴承是套筒轴承、反联轴器侧轴承是套筒轴承和 Kingsberry 公司生产的 14inch 形推力轴承（可倾瓦块结构）组成、轴承的润滑油是强制润滑。Kingsberry 形推力轴承设计成了可以承受由压力减压衬套剩下的轴向的平衡的轴推力，以及由于负载的急剧的变动的轴推力。转子的轴向位置是推力轴承的位置来决定的。另外，转子是推力轴承的推力面为中心向联轴器侧膨胀，但是和筒体型壳体的膨胀方向是相反方向，所以相互抵消，两者的相对位置保持一定。推力轴承与径向轴承支承在同一个轴向中分的轴承座上，并由轴承座以及轴承上盖和轴承端盖共同保持在其位置上。

（5）中间抽头。给水泵第二级上设有中间抽头，中间抽头的出水压力、流量能满足再热器喷水减温的要求，抽头出口设置逆止门。中间抽头位于筒体右侧（由联轴器向筒体端方向看）与进口管成 30°夹角，汽泵在下侧，电泵在上侧。抽头设计流量 172.3m^3/h。

（6）平衡装置。泵的水力平衡装置为平衡鼓结构，通过平衡鼓平衡大部分轴向推力，其余轴向力通过推力轴承平衡。整套平衡装置能防止主泵在任何工况下转子的轴向窜动。推力轴承应在所有的稳态和暂态情况下，包括泵起动和停止时应能维持纵向对中和可靠的平衡轴向推力。

（7）轴封。采用迷宫衬套密封方式的。迷宫衬套密封比接触密封寿命长（零部件交换周期大约是 10 年），使用简单，具有高可靠性。

三、双壳体圆筒型多级离心式泵（给水泵）的检修

（一）检修前准备工作

1. 确定工作负责人、资源准备

（1）人员准备。一台给水泵检修需配备 4～5 人。人员配备除在数量上满足以外，还应注意人员素质。提高素质可以适当弥补人数上的不足，从中确定一位工作负责人。

（2）技术准备。开工前由技术人员编写技术措施，并进行技术交底，明确技术责任。检修人员一定要熟悉有关泵的图纸，对所要检修的设备应了解它的工作原理、运行方式、内部结构、零件用途及零件之间关系，牢记重要零件的装配方法及要求。认真学习技术人员的大修技术交底内容，必要时做好笔录，严格按质量标准检修。

（3）备品、备件准备。

1）消耗材料。包括各种清洗剂、螺栓松动剂、红丹粉、黑铅粉等。

2）油料。包括汽油，煤油、常用机油、润滑脂等。

3）备件。准备好泵易磨损的备件，以免在拆卸完毕后没有备件而延长泵组的检修工期。

4）工具。包括各种常用工具、专用工具（自行配制加工或制造厂供给的）、各种普通或精密量具、小型千斤顶、链条葫芦等。

2. 运行状态参数采集与分析评审

在泵组检修停运之前，要做好泵运行时状态参数记录工作，如温度、振动、转速、压力等，了解设备运行中存在的问题及设备缺陷。检查所记录的技术参数是否与泵的额定参数相符，如果与额定参数不符则应在本次设备的检修工作中侧重处理。泵检修停运前技术参数与检修后泵运行技术参数相比较，也是评测人员检修技术水平高低的一个手段。

3. 按照规定要求办理热力机械工作票

设备检修开工前必须先办理检修工作票，在开工时要检查检修措施是否完备，泵内存水是否放净等，确认检修措施完备后，方可进行检修工作。

4. 对检修工作的几点要求

（1）工作场地要清洁，无杂物，做到物放有序。

（2）在检修工作中严禁强行拆装，防止零件碰伤或损坏，如零件拆不下就用大锤敲打，螺丝拧不动就用錾子錾。

（3）正确地使用工具，不允许超出其使用范围，如活扳手当榔头用，螺丝刀当扁铲、撬棍等用。

（4）对检修的设备必须按检修规程认真严格执行，严禁马虎、凑合。检修中应注意节约，禁止大材小用。

（5）做好标识，防止零件回装时装错。

5. 检修安全措施

（1）开工前负责人根据工作需要及人员精神状态，确定工作负责人及检修人员，技术员组织工作组成员学习检修工艺规程，安全工作规程，工序卡及本项安全措施。

（2）检修前必须检查泵体内汽水放尽，并确认无压力后方可开始检修。

钢丝绳检查，外观无断股、变形、磨损、腐蚀，接口无松动，内部无锈蚀，新钢丝绳必须有产品合格证，并经试验合格后才能使用。

（3）倒链全面检查，吊钩、链条完整，无变形、断裂、开扣及磨损，且润滑良好，拉动灵活，升降正常，制动装置可靠。

（4）吊车要全面检查，大车、跑车、吊钩行走、提升正常，限位、制动装置可靠，并经生产、安监部门验收合格。

（5）检修用的电动工器具必须试验合格，并有合格证。

（二）双壳体圆筒型多级离心式泵（给水泵）检修工艺方法

1. 拆卸

（1）拆联轴器保护罩、联轴器润滑油管及连接螺栓，拿下中间加长套并测量记录联轴器中心及推力间隙；联轴器端面距离 289.6mm±0.5mm。找中心时两对轮要按运行方向旋转相同角度，读数记录要准确。

（2）拆除在泵盖和轴承体上的润滑油管、冷却水管、平衡水管、排水管及测温元件等；油管、水管管口要用布包好，以防落入杂物；密封圈以及螺丝、短小管路应妥善保管。

2. 吊出转子

(1) 拆除分隔拉环和泵壳以及入口导板之间的紧固螺丝，并且拆下拉环。

(2) 用六角螺丝将第一级张力管固定到轴承室上，然后将胀紧螺栓拧入泵轴端的锥形孔中。

(3) 紧固螺帽，以吸收旋转组件和卡盘的自由轴向位移（用力不要太大）。

(4) 将抽出管旋到第一级张力管上，直到管面相接。

(5) 将安全环套在抽出管上，并且用锁紧螺丝固定。

(6) 将驱动端千斤顶放置在泵的基板上。

(7) 调整千斤顶，直到和张力管相接触，用调整槽确保千斤顶在中心位置，然后用螺丝将千斤顶紧固到基板上。

(8) 拆除出口端盖螺帽：

1) 用螺丝将顶起装置上到径向相对的壳体螺杆上，用插入壳体螺杆的方法确保两个顶起装置是拧到出口盖上。

2) 通过软管和连接器将手动操作的液压泵和两个顶起装置相连。

3) 操作手泵并向系统注油，然后将系统中的压力升高到133MPa将螺杆卸载，使用撬棒松开出口盖螺帽。

4) 释放系统中的油压，通过操作泵上的阀门将油返回泵。

5) 重复上述步骤，以松开剩下的出口盖螺帽，以免使盖子变形。

(9) 使用螺丝和垫圈紧固支架，以支撑轨道。

(10) 用螺丝、螺帽和千斤顶组装支撑轨道，支架组件。

(11) 用螺丝将紧固卡箍组紧固到出口盖上。

(12) 用水平仪和调整装置，找平支撑轨道，确保它们与出口盖上的卡箍组件相接触。

(13) 检查千斤顶始终与张力管牢固接触。

(14) 拆下驱动侧定位堵板。

(15) 紧固螺丝和垫圈，保持支撑轨道的位置，在支撑轨道上安装止动销。

(16) 通过出口盖的锥形孔拧紧螺丝，并且将泵的支座卡盘顶起，脱离泵壳。

(17) 将转子组件从壳中抽出，直到安全箍触到千斤顶组件。

(18) 将第二个抽取管拧入第一个抽取管上，固定好安全箍。

(19) 以此类推逐次将抽取管都加上，并且转子组件已经从泵壳中抽出。

(20) 安装吊具，把转子吊起。

(21) 拆除抽取管组件。

(22) 吊起转子组件，运至适当的检修场地，将卡盘适当支撑，确保转子放平，拆掉吊具。

3. 转子解体

(1) 解体准备。

1) 用专用工具把转子组件紧固。

2) 拆除驱动端轴承室的张力螺帽、板和螺杆，以及第一级张力管。

(2) 拆除驱动端轴承室。

1) 拆除外部护油圈和轴承室之间螺丝，并且将护油圈抽出。

2）拆除上半轴承室和下半轴承室之间的固定螺丝。

3）吊走上半轴承室。

4）拆下上轴瓦拆除并保存护油圈防转动销。

5）仔细地绕轴转动下半轴瓦衬套和护油圈，并且拆下。

6）使用合适的吊具吊起下半轴承室的重量。

7）抽出定位销，并且拆除下半轴承室的紧固螺丝，然后吊走下半轴承室。

8）在轴上标注抛油圈的位置，松开平头螺丝，并且将抛油圈和外部护油圈从轴上滑出。

（3）拆除非驱动端轴承室。

1）拆除端盖和驱动端轴承室之间的联结螺栓，并且拆除端盖，O形圈报废。

2）拆除上半轴承室和出口盖之间的螺丝。

3）拆除固定并且定位上下轴承室的六用螺帽和销子。

4）将上半轴承室吊走。

5）吊走轴颈轴承的上半部分和护油圈，拆除并保存护油圈防转动销。

6）通过热工拆除推力瓦上的测温元件。

7）依次拆除每个推力隔板套环。

8）承担轴的重量，然后仔细地绕轴转动下半轴承衬套和护油圈，并且拆下。

9）使用合适的吊具承担非驱动端下半轴承室的重量。

10）松开垫圈，使用专用扳手松开并拆除推力环，锁紧垫圈报废。

11）使用专用抽出装置，将推力环从轴上拉出，将推力环键从轴上的键槽中拆除并保存。

12）将推力环间隔垫从轴上拆下，并测量其厚度记入记录本上。

13）在轴上标注抛油圈的位置，将轴上的平头螺钉松开并滑出抛油圈。

（4）泵内部组件的解体。

1）将螺杆拧入出口盖的两个相对的锥形孔中，然后将夹板放置到轴上与轴肩相接。

2）在每个螺杆上拧入螺帽，并且紧固到刚刚能限制旋转组件的自由运动，不要过分紧固螺帽。

3）将吊具连接出口盖的活结螺栓，仔细地将转子组件升至竖直位置。注意：提升组件时，必须确保任何时间组件的重量不能由泵轴突出端承担。

4）将组件下降，放置在合适的支撑架上，轴端要离开地面，拆掉吊具和螺杆以及增值板，在轴的驱动端的下面放置一合适的千斤顶或木块支撑，调整千斤顶的高度，直到能够支撑轴的重量。

5）将紧固转子组件的双头螺栓拆除。

6）在出口盖上挂吊具，将盖吊出，拆除并保存第一级扩散器的防止动销。

7）松开并拆除平头螺丝，然后使用专用扳手松开并拆掉平衡鼓。

8）使用抽出装置，对平衡鼓均匀加热，并且将平衡鼓从轴上抽出，拆下键并作记号保存。

9）将圆盘弹簧从末级扩散器上吊走。

10）拆除末级扩散器和末级环件之间的固定螺丝，吊起扩散器，拆掉并保存扩散器定位销。

11）对末级叶轮均匀加热，并且将叶轮从轴上抽出，拆除并保存叶轮键将分隔剪切环从轴上的槽中拆掉并保存。

12）依次拆下第三级、第二级叶轮，直到第一级叶轮停留在轴上。

13）将轴的起吊吊耳拧到轴的驱动端，仔细地提升泵轴组件，使之与入口导板和组件脱离。

14）将轴支撑在水平位置，使用环形加热器对第一级叶轮进行加热，并且将叶轮从轴上拆下，拆除并保存轴上键槽中的叶轮键，并且将分隔环从轴上拆掉并保存。

15）吊走入口导板的隔板级环件。

16）拆除入口导板和支持框架之间的螺丝，使用适当的吊具将入口导板吊离支持框架。

4. 解体后检查

（1）叶轮与泵壳耐磨环检查。

1）检查叶轮是否已有腐蚀的情况，尤其是在中片顶端，检查叶轮流道内是否有任何在解体过程中发生的损坏，并且清理所有的毛刺，以确保叶轮流道完好光滑，没有任何变形。

2）检查叶轮和泵壳耐磨环，测量叶轮与泵壳耐磨环的间隙，如超标应进行更换密封环。更换程序如下：①加工叶轮的密封耐磨面，去掉所有的标记并且恢复叶轮中心孔的同心度；②拆下锁定埋头螺栓，将被磨损的耐磨环从入口导板和环形组件及扩散器上取下并车削加工；③保护耐磨部位的清洁，然后通过把新换的耐磨环浸入液态氮中几分钟，将其热态就位；④当耐磨环的温度升到已加热部件的温度时，用平头螺栓将其就位；⑤将新换的耐磨环车削加工，使间隙达到规定要求尺寸。

叶轮密封环经车修后，为防止加工过程中胎具位移而造成同心度偏差，应用专门胎具进行检查。具体的步骤为：用一带轴肩的光轴插入叶轮内孔，光轴固定在钳台上并仰起角度α，确保叶轮吸入侧轮毂始终与胎具轴肩相接触并缓缓转动叶轮，在叶轮密封环处的百分表指示的跳动值应符合要求，否则应重新修整。

如果叶轮损坏严重，无法修复，则更换新叶轮，对新换的叶轮应进行下列工作，检查合格后方可使用：①叶轮的主要几何尺寸，如叶轮密封环直径对轴孔的跳动值、端面对轴孔的跳动、两端面的平行度、键槽中心线对轴线的偏移量、外径 D_2、出口宽度 b_2、总厚度等的数值与图纸尺寸相符合；②叶轮流道清理干净；③叶轮在精加工后，每个新叶轮都经过静平衡试验合格。

（2）出口外罩环形部件，扩散器和入口导向装置的检查。

1）检查出口外罩环形部件，扩散器和入口导向装置是否磨损或腐蚀，尤其检查通道内的部位。

2）检查入口导向装置的孔，环形部件和扩散器，耐磨环以及平衡鼓限制衬管是否磨损或变成椭圆形，视必要予以更换或修理。

（3）泵轴检查。

1）将轴打磨、清理。

2）将轴放到车床上或放于专用支架上，测量各部跳动。

3）检查轴表面有无冲刷、电蚀现象，测量各轴肩轴向跳动。

4）从入端开始，依次测量配合处的轴径尺寸。

（4）平衡装置检查。

1）检查平衡鼓、平衡套、支承环有无轴向磨痕和擦伤。

2）用外径千分尺分别测量平衡鼓与轴配合紧力应为0.03～0.05mm。

3）测量平衡鼓与平衡套的配合间隙。

（5）推力轴承检查。

1）检查推力盘两平面，如有毛刺沟痕，应在磨床上进行修光。

2）检查扇形瓦块的表面，接触是否良好，应无脱胎及沟痕。

（6）检查径向轴承。

1）检查轴承的钨金表面，应无擦伤，脱胎。

2）检查轴瓦的接合面，瓦衬端面应无伤痕。

（7）检查迷宫密封。复查密封轴套与衬套间隙：如果间隙过大，就会造成密封水作用失效。

（8）检查挠性联轴器。检查联轴器的部件是否存在磨损，损坏迹象必要时加以更换。

5．组装

（1）组装泵的内部组件。

1）确保支撑架牢固固定在外搁架上，然后将入口导板吊装在支架上，用支撑吊耳和螺丝将入口导板紧固在支撑支架上。

2）将隔板级环件吊到入口导板的位置。

3）水平方向支撑泵轴，然后将第一级叶轮键安装到轴上的键槽中，并将叶轮剪切环放在轴的切槽中。

4）均匀地加热第一级叶轮的轮壳，然后将叶轮滑安装到轴上，在键上就位并与剪切环相连。

5）将吊耳拧入轴的非驱动端，使用适当的吊具将轴升至位置，并且缓慢地降低直到第一级叶轮大约高于入口导板耐磨环的位置，在轴的下面放置一个千斤顶或木块，调整千斤顶或木块直到于轴端接触，拆掉吊具和吊耳。

6）确保第一级扩散器中的防转动销就位，并且扩散器在第一级的环件中的位置正确。

7）将第一级环件和扩散器，吊到轴的上方，并就位于隔板级环件中，用定位销定位。

8）用螺丝将第一级环件固定到隔板级环件上。

9）在进行下面的工作之前，检查总的轴向间隙。

10）依次复装第二、三、四、五级叶轮。

11）将圆盘弹簧安装到末级扩散器的切槽中。

12）将平衡鼓键插入轴上的键槽中，均匀加热平衡鼓，然后将平衡鼓滑动到键上，直到与轴肩相接。

13）使平衡鼓冷却到环境温度，然后将密封环以及填料压紧环安装到平衡鼓的腔体中。

14）使用平衡鼓螺帽将平衡鼓在轴上固定位，用平头螺丝将平衡鼓螺帽锁紧就修位。

15）适当的吊起出口盖到轴的上方，确保平衡鼓和限位衬垫不被损坏，并且出口盖正确就位于防转动销。

16）在双头螺栓上装一个衬垫，拧紧螺帽以夹紧卡盘，锁紧组件，测量出口盖的剪切面和支撑支架之间应无间隙，确认旋转组件轴向移动不变。

17）将螺杆拧入出口盖的两个相对的锥形孔中，将夹板放置在轴肩上。

18）紧固到刚刚能限制旋转组件的自由运行，不要过分紧固螺帽。

19）用合适的吊具吊起转子，水平放置，将固定旋转组件的夹板及螺杆拆除，复查转子轴向窜量保持不变。

（2）驱动端轴承的复装。

1）将密封键在轴上的键槽中就位，并将密封组件安装到轴上，和槽键相吻合。

2）用六角螺丝将密封盖紧固到密封室上，确保充水管径向位置正确。

3）将剪切环在轴上的套中就位，然后将密封套螺帽上到密封套端部，并且使用专用扳手紧固螺帽。

4）将抛油圈滑动至拆卸时在轴上标注的位置，用平头螺钉将抛油圈紧固到泵轴上。

5）用合适的起吊工具和下半轴承连接，并且将其吊装至入口导板上，用销子和六角螺丝将轴承室入口导板紧固。

6）承担起轴的重量，将下半护油圈和轴颈轴承放置在轴上，并且将其转动至下半轴承室中，释放轴的重量。

7）将上半轴颈轴承和护油圈放置在下半部分上，确保防转动销就位。

8）将上半轴承室放置在下半轴承室，确保轴颈轴承和护油圈的防转动销位置正确。

9）用定位销将上下轴承室固定就位，并且用六角螺丝固定。

10）用六角螺丝紧固上半轴承室和入口导板。

11）用螺丝紧固护油圈和轴承室。

（3）组装非驱动端轴承。

1）将密封键在轴上的键槽中就位，并且将密封组件安装到轴上，和键槽相吻合。

2）用六角螺丝将密封盖紧固到密封室上，确保充水管径向位置正确。

3）将剪切环在轴上的套中就位，然后将密封套螺帽上到密封套端部，并且使用专用扳手紧固螺帽，使密封套和剪切环上紧。

4）将密封组件定位器从密封套的槽中拆下，并且用螺丝进行固定。

5）将抛油圈滑动至拆卸时在轴上标准的位置，用平头螺钉将抛油圈紧固至泵轴上，将推力瓦间隔块在轴上就位，直到和轴肩相接。

6）将推力盘键插入泵的键槽中，然后将推力瓦安装到轴上，和间隔块对接。

7）将新的锁紧垫圈上到推力瓦轮壳上，并且用专用扳手紧固，用锁紧垫圈锁位螺帽。

8）将合适的起吊工具和下半轴承连接，并且将其吊装复位，用销子和六角螺帽在出口盖上就位，释放轴的重量。

9）将下半护油圈和轴颈轴承放置在轴上，并且将其转动至下半轴承室中，释放轴的重量。

10）将端盖固定到下半轴承室上，确保间隔块固定到端盖上。

11）联系热工安装测温元件。

12）依次安装推力隔板套环，步骤如下：放置隔板半环（不带止动销），使推力瓦接触止推轴承环的表面并且将其旋转进入轴承室中，放置另一半环（带止动销）在第一半上，旋转整个隔板套环，直到止动销进入下半轴承室，重复这一步骤，止推轴承环另一侧安装，第二个隔板套环。

13）将上半轴承室放在下半轴承室上，确保轴颈轴承和护油防转动销安装正确。

14）将上半轴颈轴承和护油圈安装到上半轴承室中，确保防转动销在上半轴承室的孔中正确就位。

15）用销子将上半轴承室就位在下半轴承室上，并且用六角螺丝进行固定。

16）用六角螺丝将上半轴承室固定到出口盖上。

17）将端盖安装到轴承室，并且紧固就位，测量推力间隙。

（4）找中心复装管道。

1）安装找中心专用工具，测量中心情况，如超标应进行调整。

2）将联轴器挠性元件和间隔件放回原位，联接对轮并紧固。

3）安装联轴器的护罩。

4）安装在拆卸时拆下的油管道、冷却水管、密封水管及其他管道。

6. 质量标准

（1）主轴各部位无裂纹、严重吹损及腐蚀，各键及卡环应完好，轴镀铬不脱落，螺纹完好无损及翻牙，配合不松旷。

（2）轴最大跳动值≤0.03mm。

（3）叶轮两端面不平等度≤0.02mm，叶轮与轴配合紧力0.05～0.07mm。

（4）壳环与叶轮间隙：0.28～0.32mm。

（5）级衬套与叶轮间隙：0.362～0.402mm。

（6）叶轮与键配合，两侧不松旷。

（7）叶轮表面无严重磨损，整个叶轮无裂纹，流道光滑。

（8）泵芯组装好后，测量转子总轴窜应为8～10mm。

（9）转子的抬量一般为转子间隙的一半加0.10±0.03mm。

（10）平衡鼓、限位套应无轴向、径向的磨痕和擦伤，擦伤表面修正后其跳动≤0.01mm；

（11）平衡鼓与限位套之间间隙为0.39～0.49mm。

（12）径向轴承顶部间隙为0.150～0.188mm。

（13）轴瓦钨金应无脱壳、裂纹、气孔、凹坑等缺陷，钨金表面应光洁无损伤，油槽无堵塞。

（14）推力盘两侧的摩擦面应光滑无损伤，两摩擦面不平行度≤0.01mm，外圆跳动≤0.02mm，与轴配合间隙为0.01～0.03mm，端面跳动≤0.005mm。

（15）推力间隙0.50±0.05mm。

（16）密封轴套与衬套应光洁，不得有任何划伤。

（17）密封轴套与衬套应无裂纹、锈蚀、两端面与中心线的不垂直度≤5%。

（18）密封衬套与密封套筒间隙：0.500～0.538mm（里侧）；0.450～0.488mm（外侧）。如果间隙过大，就会造成密封水作用失效，无法保证密封效果；而间隙过小，又会造成动静部分的摩擦，导致泵芯损坏。

（19）对轮找中心：圆距≤0.05mm，面距≤0.05mm。特殊要求：要求泵比小机高0.04m。

四、双壳体圆筒型多级离心式泵（给水泵）故障、原因分析及措施

主给水泵故障、原因分析及措施见表2-18。

表 2-18 主给水泵故障、原因分析及措施

症　状	可能引起原因	措　施
泵不能启动	汽轮机故障	检查汽轮机
	泵组卡住	将汽轮机柔性联轴器拆除以找出“卡住”方位、必要时进行大修
	泵组处于“跳闸”状态	调查产生原因、进行“跳闸”值的重设定
泵组性能低下	汽轮机或供电故障	检查汽轮机和蒸汽供给
	再循环装置故障	检查再循环装置运作状况
	泵内部磨损严重	解体泵并测试内部，必要时进行大修
	泵进口压力低下	检查进口状况
	泵进口或出口阀非“全开”	检查阀门位置
轴承过热	润滑油不充分或油质污染	检查润滑油供油情况
	润滑油等级不当	检查油级
	轴承磨损严重或对中不良	测试轴承
	泵和汽轮机对中不良	检查对中情况
泵组不能满足出力需要	出口压力过低	检查流量
	泵静件和动件间摩擦阻力大	检查间隙
	泵内间隙过大	检查间隙
泵过热或卡住	泵运行断水	检查进口隔绝阀是否打开、进口滤网是否洁净
	泵内摩擦阻力过大	检查间隙
	润滑油不充分或油质污染或等级不符要求	检查供油和油级
	润滑油系统有故障	检查润滑油系统
	轴承磨损严重或对中不良	测试轴承
	泵组对中不良	检查对中情况
噪声或震动过甚	转动部件平衡不良	检查并鉴别此泵组零部件引起转动组件的动平衡故障
	联轴器对中严重有误	检查对中
	轴承磨损严重	检查轴承
	地脚螺栓松弛	检查螺栓
	泵内部间隙过大	检查间隙
	进口压力过低	检查进口系统
	管路支撑不当引起共振	检查调整管路和支撑
	柔性联轴器受损	检查联轴器（参考制造厂说明书）

能力训练

1. 在教师指导下分组做出双壳体圆筒型多级离心式泵检修工序卡。
2. 简述双壳体圆筒型多级离心式泵的主要部件，叙述主要部件作用。
3. 分组讨论双壳体圆筒型多级离心式泵（给水泵）故障原因及应对措施。

任务八 立式混流泵检修

任务目标

了解立式混流泵的特点及适用场合；了解混流泵的结构及部件作用；了解立式混流泵的检修步骤及检修方法。

知识储备

一、立式混流泵的特点及适用场合

立式混流泵工作特点是流量大而压头低，大型火力发电厂中的循环水泵趋于采用立式混流泵。立式混流泵具有如下特点。

（1）体积小，质量轻，机组占地面积小，节省水泵房投资。

（2）泵效率可达80%～90%，高效区较宽。功率曲线在整个流量范围内较平坦。

（3）汽蚀性能好，由于泵吸入口深埋在水中，不容易汽蚀。启动前不用灌水。

（4）结构简单、紧凑，容易维修，安全可靠，使用寿命长。

（5）流量大，扬程高，应用范围大。

二、立式混流泵（循环水泵）的性能与结构

下面主要介绍型号为88LKXA－30.3型混流泵结构。

1. 设备型号及结构概述

水泵型号为88LKXA－30.3，其中88代表泵吐出口径为88英寸，即2200mm，L代表立式，K代表内体可抽出式，X代表吐出口在泵安装基础层之下，A代表设计顺序，30.3代表泵设计扬程30.3m。

从电动机侧往泵看，叶轮为逆时针方向旋转。

88LKXA－30.3型混流泵为立式单级导叶式、内体可抽出式混流泵，输送介质为淡水，供电厂冷却循环系统之用，也可用作城市给排水和农田排灌工程。水泵的叶轮、轴及导叶为可抽式、固定式叶片，其主轴由两段组成，采用套筒联轴器连接，共有3只水润滑赛龙轴承，叶轮在主轴上的轴向定位采用叶轮哈夫锁环。

本型号泵在泵外筒体不拆卸的情况下，内体可单独抽出泵体外进行检修，电动机与泵直联，泵吸入口垂直向下，吐出口水平布置。从进口端看，泵顺时针方向旋转，泵轴向推力由电动机承受。

2. 88LKXA－30.3型混流泵及驱动电机参数资料（见表2－19）

表2－19 88LKXA－30.3型混流泵及驱动电动机参数资料

循环水泵			
型式	88LKXA－30.3型立式斜流泵	流量	$33480m^3/h$
扬程	30.3m	转速	370r/min
必需汽蚀余量	8.47m	轴功率	3173.8kW
输送介质	淡水	最小淹深	4.5m

续表

循 环 水 泵			
效率	87.1%	制造	长沙水泵厂
转子提升高度	4mm		
循环水泵电动机			
型号	YKSL3650-16/2600-1型	功率	3650kW
电压	10kV	电流	279.2A
转速	370r/min	绝缘等级	F
接线型式	4Y	功率因数	0.8
制造	湘潭电机厂		

3. 88LKXA-30.3型立式斜流泵（循环水泵）结构

本泵采用立式、单基础层安装，吐出口在基础层之下，泵过流部件及壳体部分铸件，其余为钢板焊接结构，转子提升高度由轴端调整螺母来调节。立式混流泵结构示意图见图2-113。

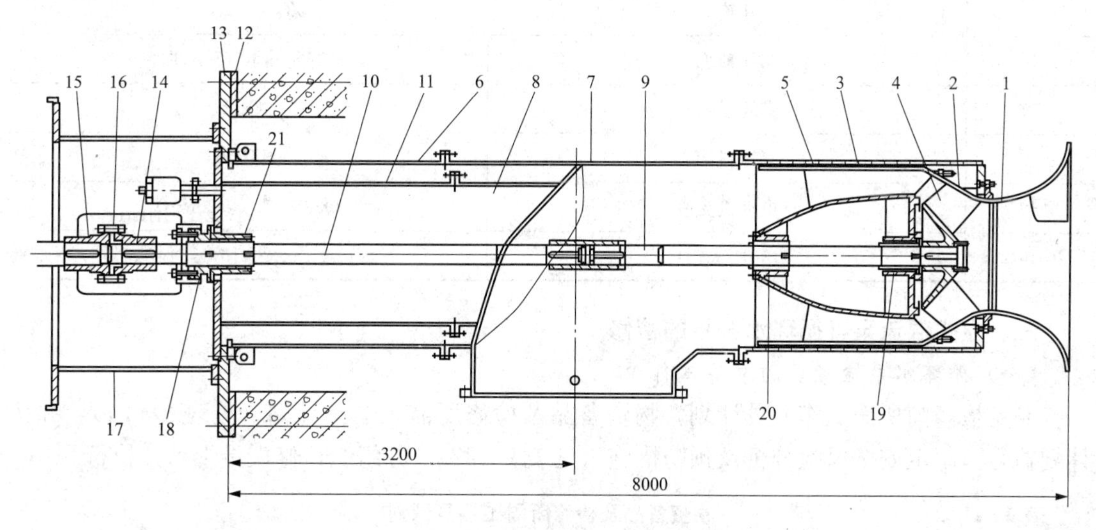

图2-113 立式混流泵结构示意图

1—吸入喇叭口；2—叶轮室；3—导叶体；4—叶轮；5—外接管（下）；6—外接管（上）；7—吐出弯管；8—导流片；9—下主轴；10—上主轴；11—导流片接管；12—安装垫板；13—泵支撑板；14—泵联轴器；15—电动机联轴器；16—调整螺母；17—电动机支座；18—填料函体；19—导轴承（下）；20—导轴承（中）；21—导轴承（上）

该泵由以下零部件组成：吸入喇叭口、外接管（a、b）、泵安装垫板、吐出弯管、电机支座、叶轮、叶轮室、导叶体、主轴（a、b）、内接管（a、b）、导流片、导流片接管、填料函体、轴套、填料轴套、轴套螺母、赛龙轴承、套筒联轴器、连接卡环、止推卡环、叶轮哈夫锁环、泵联轴器、电动机联轴器、调整螺母、填料压盖、键、螺柱、螺钉、螺母、O形密封圈、转向牌、标牌及纸垫等。

泵的密封：各密封连接面采用机械密封胶密封，轴采用填料密封，其余采用密封垫和O形密封圈。

在水泵运转层上可调节转动部分及叶轮边缘与静止部分的间隙。叶轮与叶轮室之间的间隙值可通过位于安装基础层上的联轴器处的调整螺母予以调节和补偿。

4. 循环水泵各部件材质（表2-20）

表2-20 循环水泵各部件材质

序号	部件	材质
1	壳体	HT250（≥25mm）
2	叶轮	316
3	主轴	316
4	导叶	316
5	轴套（填料套）	2Cr13
6	吸入喇叭口	316
7	出水弯管	HT250（≥25mm）
8	泵盖（即泵支撑板及安装垫板）	Q235-A
9	叶轮室	ZG1Cr13Ni1
10	导轴承	进口赛龙轴承（SXL白色）
11	套筒联轴器	2Cr13
12	填料函	HT250
13	电动机支座	Q235-A（≥20mm）
14	叶轮哈夫锁环	2Cr13

三、立式混流泵（循环水泵）的检修

（一）循环水泵检修前的准备工作

制定检修前所需工作人员计划，物资备品及检修所需工器具计划（见表2-21），并按计划执行。制定安全风险分析及预防措施（见表2-22），并组织检修人员学习并执行。

表2-21 物资备品及检修所需工器具计划

工作名称	88LKXA-30.3型循环水泵				
工作所需物资、备品计划					
编号	名称	单位	数量	单价	总价
1	破布	千克	50		
2	煤油	千克	20		
3	松锈剂	瓶	5		
4	盘根	千克	5		
5	生胶带	盘	1		
6	胶皮	千克	10		
合计					

续表

工作名称	88LKXA-30.3型循环水泵		
工作所需工器具计划			
序号	工具名称	型号	数量
1	梅花扳手	17/19	1套
2	螺丝刀	200	2件
3	敲击扳手		1件
4	手锤	1.5磅	1把
5	剪刀		1把
6	撬棍		2件
7	百分表		1个
8	表座		1个
9	千分尺		1件
10	铜棒		2件
11	专用耙子		1件
12	套筒扳手		1套
13	重型套筒扳手		1套
14	活扳手		1套

表2-22　安全风险分析及预防措施

工作名称	88LKXA-30.3型循环泵检修			
序号	风险及预防措施	执行时间	执行情况	备注
1	碰撞（挤、压、打击）			★
	1. 戴好安全帽，穿合格的工作服			
	2. 在工作中戴工作手套			
	3. 必要时设置安全标志或围栏			
2	高空作业带来的风险			
	1. 高处作业均须先搭设脚手架或采取防止坠落措施，方可进行			
	2. 高处作业时下面应拉好围栏，设置隔离带，禁止无关人员停留或通行			
	3. 在脚手架周围设置临时防护遮栏，并在遮拦四周外侧配置“当心坠落”标志牌			
	4. 禁止交叉作业			
3	起重工作带来的风险			
	1. 起重人员在起重前检查索具			
	2. 要有专人指挥且起重人员要戴袖标			
	3. 起重过程中，重物下严禁站人			

续表

工作名称	88LKXA－30.3型循环泵检修			
序号	风险及预防措施	执行时间	执行情况	备注
4	异物落入设备的风险			
	1. 临时封堵拆除的人孔门			
	2. 设备回装前检查设备内干净无异物			
5	检修人员精神状态			
	1. 不能酒后作业			
	2. 遵守电业安全规程			
6	临时电源带来的风险			
	1. 检修电源必须配置有漏电保护器			
	2. 临时电源使用前必须检查漏电保护器完好			
7	动火作业带来的风险			
	1. 工作负责人（或现场消防人员）应在收工后晚离开一个小时等措施方法，来进一步检查现场，防止死灰复燃			
	2. 使用电气焊时，应清理周围可燃物，并做好防火措施			
	3. 油管道动用电气焊必须办理动火工作票			

以上安全措施已经全体工作组成员学习。

工作成员签字：

（二）循环水泵检修工艺

1. 开工前准备工作确认

检查开工前准备工作，是否按计划执行，确保准备工作做好，开工前准备工作确认表见表2－23。

表2－23 开工前准备工作确认表

	开工前准备情况	确　　认
安全预防措施	工作票内所列安全措施应全面、准确，得到可靠落实后，方可开工	
	工作现场照明充足	
	电气焊作业时，氧气瓶与乙炔瓶应竖直放置牢靠，且氧气瓶与乙炔瓶之间的距离不小于8m，工作现场做好防火措施，严禁吸烟	
	钢丝绳、千斤顶、专用耙子、倒链等起吊工具应检验合格后方可使用	
	设备已完全隔离	
现场工作条件	通风和照明良好	
	检修工作场地准备好	
	设置临时围栏、警戒绳	

续表

	开工前准备情况	确　认
工器具	常用机械检修工具齐全	
	干净塑料布、煤油、破布等	
备品备件	轴套	
	盘根	
	轴承	

2. 检修方法及工艺

（1）泵的解体。

1）解体注意事项：①在各零部件配合处做好标记，以便下次安装能顺利进行；②拆卸下来的小型零件和紧固件应用一些小箱子保管好，并做好标记，注明是从何处拆卸的，切记混杂；③拆卸下来的零部件，清洗干净后加工表面要涂上防锈油；④零部件的油漆表面如有锈蚀部位，则要铲除锈蚀，重新油漆；⑤O形密封圈、填料、锈坏的紧固件一般往往不能复用，需要准备备件。

2）拆掉水泵周围的润滑水管路系统。

3）拆卸联轴器螺栓，做好标记，保管好。

注意：在拆卸过程中，必须打上相对位置标记。

4）起吊电动机。

5）拆除泵内壳与基础面连接螺栓，整体吊出转子，放到指定检修场地。

6）拆除水泵联轴器。

7）拆卸填料压盖和上轴承填料函体、胶圈。

8）拆除上内接管。

9）松掉内吐出弯管与内中间接管的联接螺栓，拆卸中间轴承体的胶圈、轴承。

10）拆卸吸入喇叭管，拆下叶轮螺母盖后，打开叶轮螺母上的内鼻止动垫片上的翻边，用叶轮螺母扳手拆卸螺母。注意：叶轮螺母为右旋螺纹，因此应旋松开。

11）拆出叶轮。

12）松掉轴保护管。

13）拆卸泵轴。

（2）检查、更新和维修。

1）用钢丝刷新清理所有的零件，检查零件是否有磨损、腐蚀和锈蚀，检查叶轮、导叶体是否有裂纹，并做好记录。

2）按下列方法检查泵轴。一是将轴置于V形垫铁上，检查轴某些截面的径向跳动，径向跳动应在0.025mm以内。支撑泵轴的V形垫铁用两块，位置靠近轴的两端，而且轴径大致相等的轴承或联轴器部位上。二是在轴的每一轴承和联轴器部位每300mm的跨距上进行测量。记录测量数据的测量部位距轴某一端的距离。轴的最大径向跳动$\delta=0.083\times L$（L最大为1/2轴长），轴长单位为m，超出此范围的轴要矫直。

3）检查轴套和导轴承之间的间隙，当总间隙值超过1.6mm时则需要更换其中之一或全部。若轴套磨损了，则更换轴套。方法是：松开轴套上的三个M10×12的螺钉，将轴套从轴上取下，用新的轴套装上。若轴套上的定位螺孔与原来的方位不对，则要根据新轴套在轴上重新钻孔，再在轴套上攻丝，装上定位螺钉。若轴承磨损了则需要更换轴承。

4）作叶轮动平衡试验检查叶轮磨损情况，允许其动不平衡量150000g·mm。

（3）泵的复装。

1）壳体部分的安装。注意：在任何情况下，都不能用吸入喇叭口作为泵支撑或者用喇叭口作为类似用途。①将泵安装垫板置于基础预留孔内，并在垫板下塞置垫铁，通过调整垫铁调正垫板水平；②在喇叭口法兰配合面上均匀涂上密封胶，用M36×90的螺柱将喇叭口与外接管a连接起来；③在泵安装垫板上放置枕木或其他支撑物，将连接好的外接管a与吸入喇叭口置于枕木或其他支撑物上；④在外接管b法兰面上均匀涂上密封胶，用螺栓将吐出弯管与外接管b连接起来，支撑板用螺柱M36×100与外接管b连起来，把此组件用螺栓与外接管a连接起来置于枕木或其他支撑物上；⑤吊起上述已连接好的壳体，移开支撑物，将泵安装垫板配合面清理干净，并均匀涂上一周密封胶，放下泵壳体，并用地脚螺栓初步将壳体坚固在基础上；⑥校正泵的水平度，使垫板水平度在0.05mm/m以下；⑦拧紧地脚螺栓，灌浆浇固泵安装垫板。

2）可抽部分的安装。①从主轴的叶轮端装进轴套，滑过短键槽处，在短键槽处装上一根B16×10×70的键，将轴套退回至键位顶住，在轴套三螺孔处拧上三个M10×12的螺钉，在轴的另一端的短键槽处装上一根B16×10×70的键，装上轴套，用紧定螺钉固定在轴上；②将叶轮（已装叶轮密封环）放置在一人高左右的梁架上，在主轴下端装叶轮处装上一根B56×32×460的键，在主轴的另一端拧上吊环螺钉，将主轴吊至叶轮上方，放下主轴，使主轴穿过叶轮的主轴孔，在主轴和叶轮上装上叶轮锁环，用4组M24×75的螺栓、弹簧垫圈将叶轮锁环固定在叶轮上，然后吊起组装好的部件放入叶轮室中；③用M20×50的螺柱，螺母，双耳止动垫圈将橡胶导轴承装于导叶体下部，同时用M20×85的螺柱将内接管与导叶体（已装好导轴承）连接起来，吊起此组件至主轴上方，穿过主轴，慢慢放下，用M36×90的螺柱将导叶体和叶轮室连接起来，注意：装配上述组件时，在各配合面须涂机械密封胶；④吊起主轴组件置于泵壳内，并将其支撑在枕木上，并在主轴上端装上一B56×32×325的键；⑤在主轴装轴套部位装上一B16×10×70的键，装上轴套，在装填料轴套部位装上一B14×10×70的键，装上填料轴套及轴套螺母并在另一端装上一B56×32×360的键。用三个M10×12的螺钉将轴套螺母紧固在轴上；⑥将套筒联轴器直立于一平台上，使带有4个螺孔的一端朝下；⑦将主轴吊起至套筒联轴器上方，慢慢放下，使主轴从套筒联轴器内孔穿过，将套筒联轴器顺轴上推，直至露出键为止，并在联轴器外缘上拧上两个固定螺钉将其固定于轴上；⑧将上主轴吊至下主轴上方，两轴对中，将连接卡环装于轴上，松开联轴器上的固定螺钉使其缓缓下落并滑过连接卡环至止推卡环位置上，并与止推卡环用M16×55的螺栓连接起来，与此同时，把两内接管用M20×90的螺栓连起来；⑨吊起轴连接件，移开枕木，放入外接管内，注意使叶轮室的防转块卡在外接管的防转槽内，以防开车时的旋转。

3）导流片接管、导流片、填料部件的安装。①用行车将导流片组件吊至主轴上方，调整好导流片的方向，穿轴放下，用一组M36×120的螺柱将导流片接管与支撑板连起来；②将导轴承a用螺柱M20×50装进填料函体的轴承腔中，用行车吊起至主轴b上方，穿轴放入导流片接管上填料函体腔内，用一组M30×80的螺柱将填料函体连接在导流片接管上；

③在主轴 b 的上部装上泵联轴器和轴端调整螺母；④电动机支座和电动机的安装：将电动机支座吊至导流片接管上方，用 M36×110 的螺柱将其与泵支撑板连接起来。电动机支座安装好后，在电动机支座上法兰面打水平度，水平度允差为 0.05mm/m。

4）泵、电机轴的对中。①电动机与泵轴对中：在电动机联轴器上安装百分表，用盘车转动电动机，并调整电动机支架，使中心偏差在 0.05mm 以内。②电动机与泵轴对中之后，用螺栓将电动机固定在电动机支座上，并用定位销定位。

5）转子间隙的调整。①判断转子是否已落在极下位置；②卸下泵联轴器与轴端调整螺母之间的联接螺栓；③旋转轴端调整螺母直至上端面与电动机联轴器法兰面贴紧；④向下旋转轴端调整螺母，使转子高度提升 4mm，若泵联轴器与轴端调整螺母的螺孔位置不合，则应继续向下旋转轴端调整螺母，直至两螺栓孔重合；⑤装上联轴器、轴端调整螺母之间的联接螺栓，对角交替地逐渐上紧螺母，最后用（920－1080）N·m 的力矩拧紧其联接螺母。

6）填料的安装。①取下填料压盖，清理干净填料函；②每次将一环填料装进填料函内，并确保填料落在正确的位置；③各环填料的切口位置要错开放置，当最后一环填料装进时，再装上分半填料压盖，均匀地拧紧螺母直至齐平，然后松开螺母，再适当紧固。

能力训练

1. 简述立式混流泵的特点及适用场合。

2. 在教师指导下分组制定立式混流泵的检修作业指导书，要求任务目标明确，工具材料准备充分，安全措施考虑周全妥当，操作步骤详细。

综合测试二

一、单选题

1. 叶轮的作用是使流体获得（　　）。

A. 动能　B. 压能　C. 能量　D. 速度

2. DG500－240型泵第一级叶轮采用双吸进口，其目的是（　　）。

A. 平衡轴向力　B. 平衡径向力　C. 防止汽蚀　D. 增加流量

3. 离心式泵输送含有杂质的液体时，按是否有前、后盖板区分的叶轮形式不宜采用（　　）。

A. 封闭式　B. 半开式　C. 开式　D. 全不宜采用

4. 使用平衡鼓平衡轴向推力时，剩余的轴向推力由（　　）承担。

A. 滚动轴承　B. 滑动轴承　C. 止推轴承　D. 球轴承

5. 多级离心式泵运行时，平衡盘的平衡状态是动态的，泵的转子在某一平衡位置始终（　　）。

A. 轴向移动　B. 轴向相对静止　C. 极少移动　D. 沿轴左右周期变化

6. 关于离心式泵轴向推力的大小，下列说法中不正确的是（　　）。

A. 与叶轮前后盖板的面积有关

B. 与泵的级数无关

C. 与叶轮前后盖板外侧的压力分布有关

D. 与流量大小有关

7. 水泵的叶轮一般采用（　　）叶片。

A. 径向　B. 后弯　C. 前弯　D. 任何形式

8. 填料密封的水封环应放在（　　）位置。

A. 填料盒最里端的　B. 填料盒最外端的

C. 对准水封管口的　D. 任何

9. 离心式泵叶轮内的叶片数一般为（　　）片。

A. 3～4　B. 3～5　C. 3～6　D. 5～7

10. 水泵中浮动环是起（　　）作用的。

A. 调整间隙　B. 密封

C. 防止动静部件摩擦　D. 润滑

11. 多级给水泵拆下推力瓦后，应在（　　）两个方向测量工作窜动。

A. 0°、90°　B. 90°、180°　C. 0°、180°　D. 180°、270°

12. 离心式泵，当叶轮旋转时，流体质点在离心力的作用下，流体从叶轮中心被甩向叶轮外缘，于是叶轮中心形成（　　）。

A. 压力最大　B. 真空　C. 容积损失最大　D. 流动损失最大

13. 下列泵中哪一种是叶片式泵（　　）。

A. 轴流式　B. 活塞式　C. 齿轮式　D. 水环式真空泵

14. 采用冷直轴法直轴时，应锤打轴的（　　），锤打范畴为120°。

A. 弯曲的凸出部分　B. 弯曲的凹下部分

C. 弯曲的两侧　D. 弯曲的一侧

二、判断题

1. 多级离心式泵平衡轴向推力的装置一般采用平衡盘平衡。 （ ）

2. 平衡孔和平衡管都可以平衡泵的轴向推力，但增加了泵与风机的容积损失。 （ ）

3. 离心式泵运行中盘根发热的原因是盘根太多。 （ ）

4. 现代高压给水泵轴向推力的平衡装置，一般包括双向推力轴承、平衡盘和平衡鼓。 （ ）

5. 填料密封的效果可用填料压盖进行调整。 （ ）

6. 凡有平衡盘装置的水泵不一定都要进行瓢偏测量。 （ ）

7. 多级离心式泵的平衡盘水管的作用是为了排出平衡盘的进水。 （ ）

8. 平衡鼓与平衡盘一样，有一个轴向间隙，所以在泵轴发生轴向移动时，能自动地调整和平衡轴向推力。 （ ）

9. 水泵叶轮的叶片型式都是前弯式。 （ ）

10. 加盘根紧格兰后，水封环应对准来水孔。 （ ）

三、问答题

1. 分析离心式泵产生轴向力的原因。轴向推力的平衡方法主要有哪些？

2. 泵的叶轮的形式有哪几种？它们各有什么特点？

3. 离心式泵的轴封装置一般有哪几类？离心式泵防内漏是靠什么起作用的？拆装过程中应注意哪些问题？

4. 分析填料密封和迷宫密封的优缺点，说明它们的适用范围。

5. 简述离心式泵、轴流泵和混流泵有哪些主要部件及各部件的作用。

6. 图 2-114 为离心泵的平衡盘，请说明其工作原理。

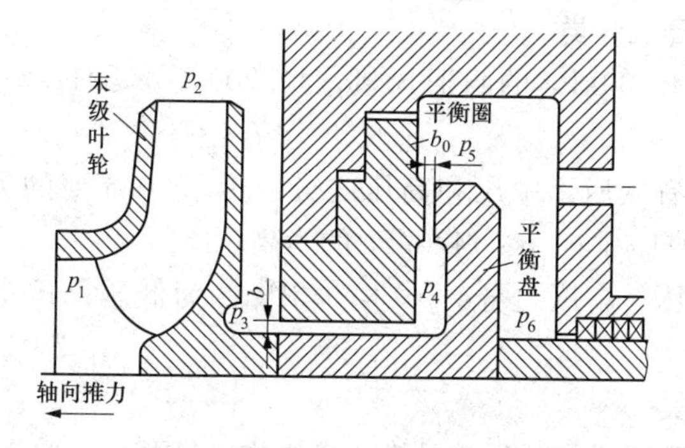

图 2-114 离心泵的平衡盘

7. 盘根的作用是什么？加盘根的质量要求是什么？

8. 什么是机械式密封？

9. 什么是半可调式轴流泵？什么是全可调式轴流泵？

10. 填料压盖对盘根紧力过大或过小的危害是什么？

11. 大容量和叶片可调的轴流泵泵轴做成空心有何好处？

12. 多级泵的转子为何要进行试装？通过试装要解决哪些问题？

13. 如何调整平衡盘的间隙？

项目三 风 机 检 修

项目目标

熟练识读风机结构纵剖图和实物图；熟知泵的构造及主要部件的作用；能识读主要部件图，说明离心式泵的结构、形式、特点、应用；掌握风机各种密封装置的密封原理、优缺点及应用；能对风机检修的各种工具会使用保养；能对风机进行解体、检查、测量、消除缺陷、安装。

任务一 风机的分类及工作原理

任务目标

熟悉风机的分类；掌握风机的工作过程。

知识储备

风机的应用广泛、种类繁多，有着许多不同的分类方法。但是，主要的分类方法有以下三种。

一、按产生的全压高低分类

风机的分类：$p<14.709$kPa 的叫通风机；$14.709\leqslant p\leqslant 241.61$kPa 的叫鼓风机；$p\geqslant 241.61$kPa 的叫压气机。

其中离心式通风机有低压、中压和高压之分：$p\leqslant 980.6$Pa 的为低压；$980.6\text{Pa}<p\leqslant 2941.8$Pa 的为中压；$2941.8\text{Pa}<p\leqslant 14709$Pa 的为高压。

轴流式通风机有低压、高压之分：$p\leqslant 490.3$Pa 的为低压；$490.3\text{Pa}<p\leqslant 4903$Pa 的为高压。

二、按工作原理分类

按风机工作原理的不同，有叶片式风机与容机式风机两种类型。叶片式风机是通过叶轮旋转将能量传递给气体；容积式风机是通过工作室容积周期性改变将能量传递给气体。两种类型风机又分别具有不同型式。

叶片式风机又分为离心式风机和轴流式风机。

容积式风机又分往复式风机和回转式风机。

三、按在生产中的用途分类

火力发电厂常用的风机按用途分为送风机、引风机和排粉机，大容量中间再热机组锅炉还采用了再循环风机等。这些风机在锅炉的送风、制粉和烟气系统中担负不同的工作任务，其工作条件也不同，因此对其工作特性有不同的要求。

目前在火力发电厂中采用的风机有动叶可调式轴流风机、子午加速轴流风机和定速或双速电动机驱动、配合进口导叶调节的离心式风机及双吸双速离心风机。平均运行效率最高的变速电动机驱动的离心式风机在一些火力发电厂中正被采用。

（一）送风机与引风机

从大气中吸取空气，以供给锅炉燃烧使用的风机称为送风机。所输送的空气温度为大气温度，而且不含飞灰。这类风机只要求能保证供给锅炉燃烧所需的空气量及克服送风管道系统的阻力，与一般用途的通风机一样，在结构上无特殊要求，可采用一般的离心式风机。同类型机组锅炉如送风机、引风机均采用离心式风机，其结构型式基本相同。离心式送风机、引风机为提高效率，常采用双速电动机变速配合进口导叶调节方式调节负荷。而目前大型锅炉趋于采用轴流式动叶可调送风机，使风机在更大范围内变化工况时能保持较高效率。

把燃料燃烧后所生成的烟气从锅炉中吸出，送入烟囱并排入大气中去的风机称为引风机。由于烟气是高温（通常在150～200℃）有害气体，所以引风机的各道轴承需保持良好的冷却，一般采用通过冷却器的强制供油方式，小容量风机可采用水冷方式。在寒冷地区为防止冻结，也可采用空冷方式，保证风机和电动机的轴承在正常温度条件下工作。引风机必须具有良好的严密性，以防止烟气外泄污染工作环境。对于燃煤机组，引风机较重要的一个问题是烟气中飞灰对引风机部件的磨损及腐蚀。因此，引风机的叶片和机壳的钢板较厚，而且选用耐磨耐腐蚀材料，并在引风机前加装高效率的除尘设备，并选择较低引风机的转速，以便尽可能地减轻引风机的磨损。为了避免或减轻因磨损、积灰而引起的振动，电厂的引风机采用板式型叶片，对提高使用寿命有一定效果。由于离心式风机的耐磨损性好，因此目前大型机组锅炉也采用离心式引风机。现代大型电站锅炉通常采用平衡通风，即锅炉既用送风机，又用引风机，使空气进入炉膛前的某一点风压为零，而保持锅炉炉膛内部略呈负压下运行。送风机负责克服吸入空气口到燃烧器出口之间的流动阻力。从炉膛、各对流受热面、空气预热器、除尘器一直到烟囱出口的阻力，则由引风机承担。由于输送风量很大，大容量电站锅炉不管采用何种燃料及燃烧方式，必须采用多台风机联合工作。

（二）排粉机

把制粉系统分离出煤粉后尚含有8%～15%煤粉的热空气送入锅炉作为一次风（中间仓储式热风送粉系统作为三次风）的风机叫作排粉机，均采用离心式风机。排粉机输送的气体温度高，因此轴承必须保持良好的冷却。在大多数系统中，排粉机所输送的热空气中含有煤粉，所以排粉机的叶轮和机壳都采用耐磨材料。在结构上还应考虑防止积粉，以免自燃和转动部件不平衡而产生振动。但正压直吹式锅炉制粉系统，排粉风机布置在磨煤机前，输送的是空气预热器出口的纯净热空气，不存在煤粉的磨损问题，但这种系统必须对磨煤机及系统进行密封。

（三）再循环风机

大容量的中间再热机组，采用再循环风机将省煤器出口的低温烟气抽出，再送入炉膛或高温对流受热面进口处，用于调节再热蒸汽的温度的离心式风机称为再循环风机。

由于省煤器出口烟气温度通常在300～400℃左右，而且含有大量飞灰，对再循环风机的耐高温、抗磨损有较高的要求。因此，再循环风机的外壳内都加装了耐磨的锰钢衬板，叶轮也用耐高温、高强度的钢板或不锈钢制成。叶片的型式除了考虑效率高之外，还要考虑防积灰的要求。为保证再循环风机的轴承在烟气高温条件下能够正常工作，再循环风机的轴承箱带有冷却系统装置。为了加强通风散热，在风机外壳与轴承之间的主轴上安装了一个半开式的小叶轮，随主轴一起旋转。这个小叶轮起密封作用，不使烟气向四周环境扩散，还可以促进轴承附近空气的流动，降低轴承温度。

四、叶片式风机工作原理

（一）离心式风机工作原理

离心式风机内的叶轮充满了气体，只要原动机带动它们的叶轮旋转，则叶轮中的叶片就对其中的流体做功，迫使它们旋转。旋转的流体将在惯性离心力作用下，从中心向叶轮边缘流去，叶轮中心处形成真空。外界流体在大气压力作用下连续向叶轮中心处补充，叶轮边压力和流速不断增高，最后以很高的速度流出叶轮进入蜗壳，由动能转化压力能沿管道排出，形成了风机的连续工作。

（二）轴流式风机工作原理

轴流式风机的叶轮是由数个相同的机翼形成一个环型叶栅。当叶轮旋转时，叶栅以一定速度向前运动，气流相对于叶栅产生沿着机翼表面的流动，所以气体对机翼产生升力，而机翼对流体产生一个反作用力。反作用力分解可得轴向力和径向力，轴向力使气体获得沿轴向流动的能量，径向力使气体产生绕轴的旋转运动，所以气流经过叶轮做功后，作绕轴的沿轴向运动，同时将气体导入扩压管，进一步将气体动能转换为压力能，最后引入工作管路。

能力训练

1. 叙述风机按工作原理的分类。
2. 简述离心式风机和轴流式风机的工作过程。
3. 简述送风机、引风机、排粉机及再循环风机的作用。

任务二　离心式风机和轴流式风机的结构

任务目标

练识读离心式风机和轴流式风机结构纵剖图和实物图，熟知风机的构造及主要部件的作用；能识读主要部件图，说明主要部件的结构、形式、特点、作用和基本原理。

知识储备

一、离心式风机的结构

图 3-1 中，气体由进气箱引入，通过导流器调节进风量，然后经过集流器引入叶轮吸入口。流出叶轮的气体由蜗壳汇集起来经扩压器升压后引出。离心式风机的结构包括转子、静子两部分。转子部分是旋转部件，其中叶轮是对气体做功的唯一部件，转子的结构形式决定了风机使用的安全性与经济性，转子由叶轮、轴、联轴器等部件组成。静子部分是风机的辅助部件，起引导气流、支撑和隔离转子件的作用，一般由进气箱、集流器、导流器、蜗壳（螺旋室）、蜗舌、扩压器组成。

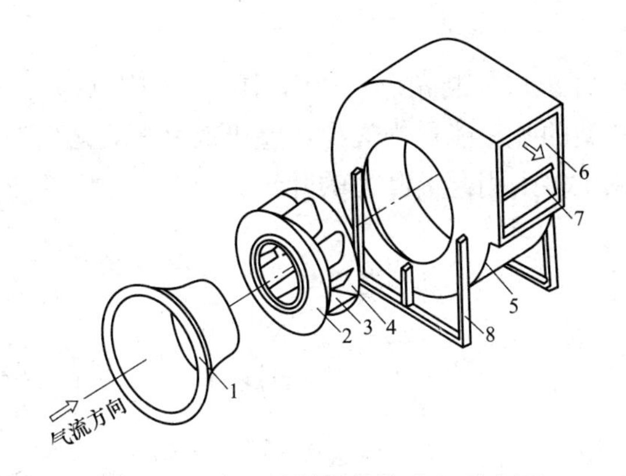

图 3-1 离心式风机结构分解示意图

1—吸入口；2—叶轮前盘；3—叶轮；4—后盘；5—机壳；6—出口；7—截流板（风舌）；8—支架

1. 转子部分

转子部分包括叶轮、轴、联轴器等部件。

(1) 叶轮。叶轮是使气体获得能量的重要部件，其作用是将原动机输入的机械能传递给气体，以提高流体的动能和压力能。离心式风机的单级叶轮，按吸入方式又可分为单吸封闭式、双吸封闭式和开式三种。一般采用封闭式叶轮。封闭式叶轮由叶片、前盘、后盘和轮毂等组成，见图 3-2，其结构有焊接和铆接两种形式。

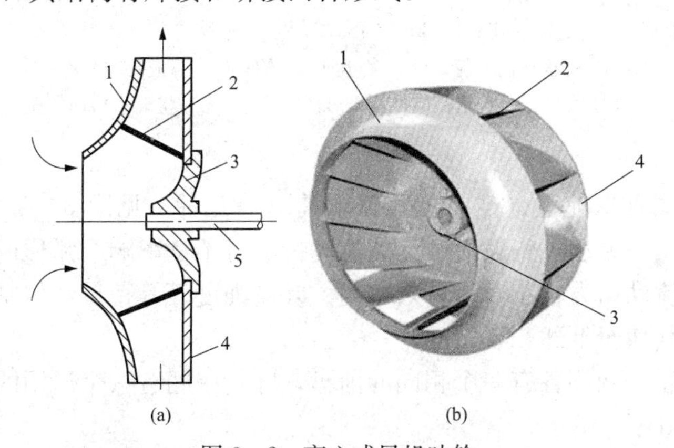

图 3-2 离心式风机叶轮

(a) 叶轮结构图；(b) 叶轮外形图

1—前盘；2—叶片；3—轮毂；4—后盘；5—轴

轮毂一般由铸铁或铸钢浇铸，再经机械加工而成。轮毂的作用是将叶轮固定在主轴上。叶轮的后盘一般用铆钉与轮毂连接成一个整体，叶片两侧分别焊接在前、后盘上。叶轮与轴的连接采用轮毂与轴直接配合、法兰连接或空心轴直接焊接的方式。

根据叶片出口安装角度 β_2 的不同，可将叶轮的形式分为以下三种。

a. 前向叶片的叶轮叶片出口安装角度 $\beta_2>90°$，图 3-3 中（a）为薄板前向叶轮，（b）为多叶前向叶轮。这种类型的叶轮流道短而出口宽度较宽。叶轮能量损失大，整机效率低，运转时噪声大，但产生的风压较高，此类叶型的叶轮多用于中小型离心式风机。

b. 径向叶片的叶轮叶片出口安装角度 $\beta_2=90°$，图 3-3 中（d）为曲线形径向叶轮，（e）为直线形径向叶轮。前者制作复杂，但损失小，后者则相反。其特点介于前向型叶片与后向型叶片之间。

c. 后向叶片的叶轮叶片出口安装角 $\beta_2 < 90°$，图 3－3 中（c）为薄板后向叶轮，（f）为机翼形后向叶轮。这类叶型的叶轮能量损失少，整机效率高，运转时噪声小，但产生的风压较低，一般大型离心式风机多采用此类叶型的叶轮。

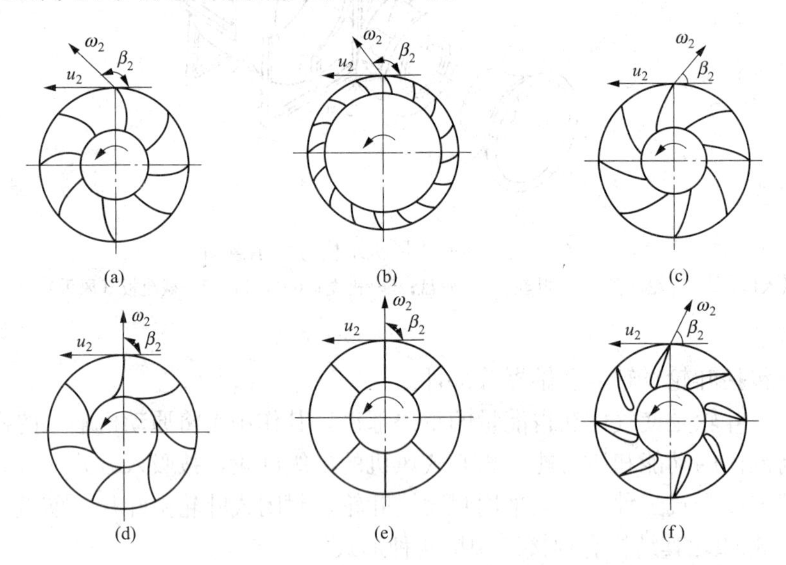

图 3－3 离心式风机叶轮型式

（a）薄板前向叶轮；（b）多叶前向叶轮；（c）薄板后向叶轮；
（d）曲线形径向叶轮；（e）直线形径向叶轮；（f）机翼型后向叶轮

1）叶轮前盘。

叶轮前盘的形式有平前盘、锥前盘和弧形前盘等几种，见图 3－4。平前盘制造简单，但由于和流线形状相差太远，一般对气流的流动情况有不良影响。弧形前盘的叶轮，前盘做成近似双曲线型，流动损失较小，具有效率高、叶轮强度好等特点，但制造比较复杂。锥形前盘的性能与工艺均属于上述二者之间。

双侧进气的叶轮，两侧各有一个相同的前盘，叶轮中间有一个通用的中盘，中盘铆在轮毂上，见图 3－4（d）。

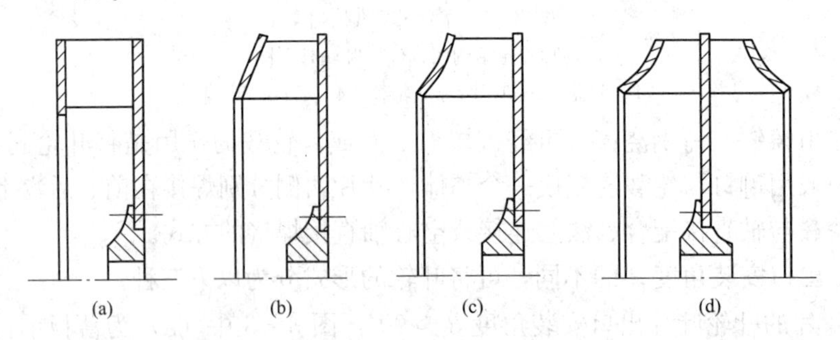

图 3－4 叶轮结构形式示意图

（a）平前盘叶轮；（b）锥形前盘叶轮；（c）弧形前盘叶轮；（d）双吸叶轮

2）叶片。

叶片是叶轮最主要的部分，离心式风机的叶片一般为 6～64 个。叶片的形状、数量及其出口安装角度对通风机的性能有很大影响。

离心式风机的叶片形状有单板型、圆弧型和机翼型等几种，见图 3-5。

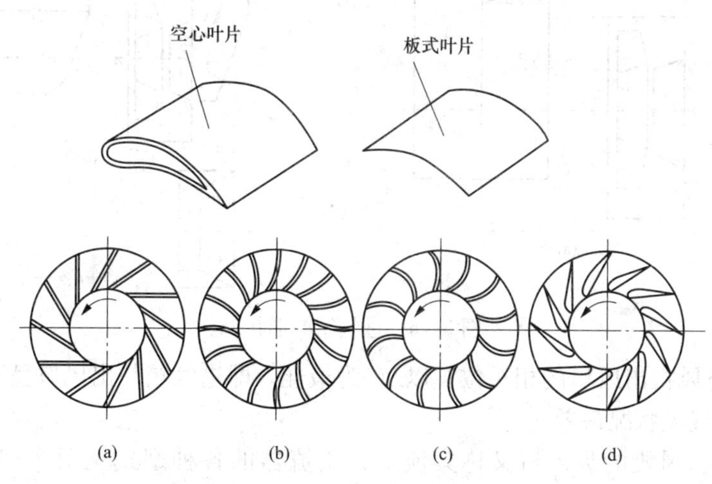

图 3-5 叶片的基本形状

(a) 平板叶片；(b) 圆弧窄叶片；(c) 圆弧叶片；(d) 机翼型叶片

机翼型叶片见图 3-5 (d)，具有良好的空气动力学特性，效率高，强度好，刚度大。输送含尘浓度高的气体时叶片容易磨损，叶片磨穿后，杂质进入叶片内部，使叶轮失去平衡而产生振动。如果将中空机翼形叶片的内部加上补强筋，可以提高叶片的强度和刚度，前后盘与叶片用普通钢板或耐磨锰钢板焊接为整体，或熔焊合金耐磨层，增强耐磨性，但制造工艺复杂，高效风机普遍采用机翼后弯型空心结构。平板型直叶片制造简单，但流动特性较差，效率低。目前，前向叶片一般多采用圆弧形叶片。在后向叶片中，对于大型离心式风机多采用机翼形叶片，而对于中、小型离心式风机，则以采用圆弧形和平板形叶片为宜。

(2) 轴，有实心轴和空心轴两种。叶轮悬臂支承风机采用实心轴，双支承大型引风机趋向于采用空心轴，以减少材料消耗、减轻启动载荷及轴承径向载荷。

2. 静子部分

静子部分由进气箱、集流器、导流器、蜗壳（螺旋室）、蜗舌、扩压器组成。

(1) 进气箱。进气箱一般只用在大型或双吸的离心式通风机上。一方面，当进风口需要转弯时，安装进气箱能改善进口流动状况，减少因气流不均匀进入叶轮而产生的流动损失；另一方面，安装进气箱可使轴承装于通风机的机壳外边，便于安装和维修，对锅炉引风机的轴承工作条件更为有利。在火力发电厂中，锅炉送、引风机及排粉机均装有进气箱。

进气箱的形状和尺寸将影响风机的性能，为了使进气箱给风机提供良好的进气条件，对其形状和尺寸有一定要求。

1) 进气箱的过流断面应是逐渐收缩的，使气流被加速后进入集流器。图 3-6 (a) 中：进气箱性能较差，箱内旋涡区大，进口气流不稳定。图 3-6 (b) 中：进气箱，通流截面是收敛的，进气室底端与进风口对齐，防止出现台阶而产生涡流。

2) 进气箱进口断面面积 A_m 与叶轮进口断面面积 A_0 之比不能太小，太小会使风机压力和效率显著下降，一般 $A_m/A_0 \not< 1.5$；最好应为 $A_m/A_0 = 1.25 \sim 2.0$。

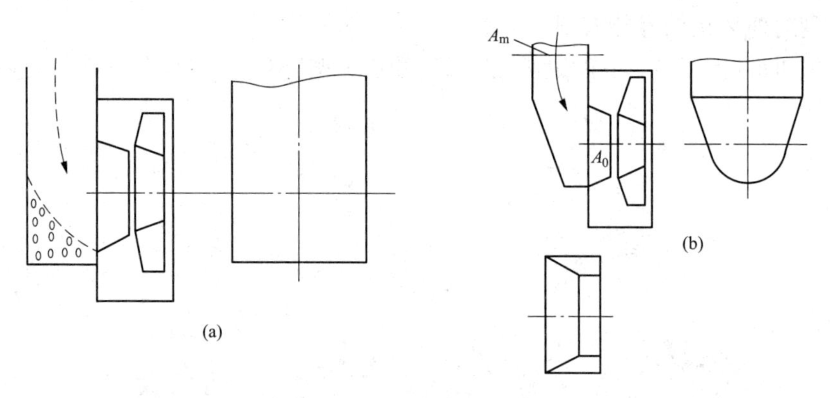

图 3-6　进气箱的形状

3）进风箱与风机出风口的相对位置以90°为最佳，即进气箱与出风口呈正交，而当两者平行呈180°时，气流状况最差。

（2）集流器。风机的吸入口又称集流器，集流器的各种型式见图 3-7。是连接风机与风管的部件。集流器的功能是以最小阻力吸入并汇集气流，引导气流均匀充满叶轮流道的进口。其几何形状不同，吸入阻力也不同，吸入口形状应尽可能符合叶轮进口附近气流的流动状况，以避免漏流及引起的损失。从流动方面比较圆筒形集流器叶轮进口处会形成涡流区，本身损失很大，且引导气流进入叶轮的流动状况也不好。其优点是加工简便。圆锥形集流器，略比圆筒形好些，但它太短，但仍不佳。圆弧形集流器，较前两种型式好些，实际使用较为广泛。双曲线形（或称喷嘴形）集流器，损失较小，引导气流进入叶轮的流动状况也较好，其缺点是加工比较复杂，加工制造要求较高，广泛采用在高效通风机上。

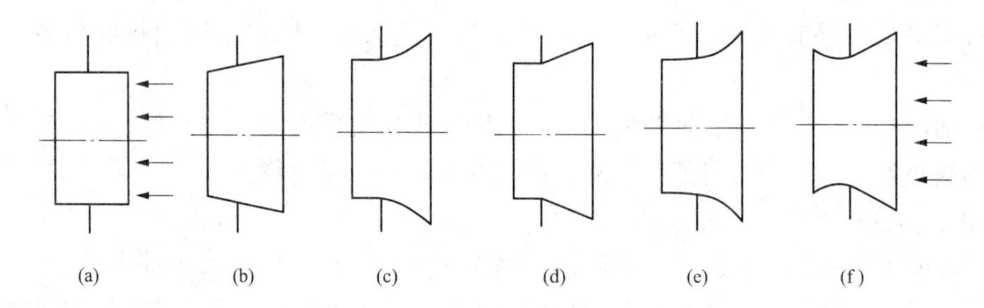

图 3-7　集流器的各种型式

（a）圆柱形；（b）锥形；（c）弧形；（d）锥筒形；（e）弧筒形；（f）缩放体形

高效风机常采用缩放体集流器，与双曲线叶轮前盘进口配合，使气流进入叶轮阻力损失最小，提高风机效率。

（3）导流器。导流器又称风量调节器，一般在通风机的进风口或进风口流道内装设。通过改变导流器叶片的角度（开度）来改变通风机的性能，扩大工作范围和提高调节的经济性。其型式有轴向导叶式、径向式、斜叶式导流器。轴向导流器见图 3-8（a），就是在风机前安装带有可转动导流叶片的固定轮栅，叶片形状如螺旋桨，它由若干辐射的扇形叶片组成，由联动机构带动每个导叶的转轴，使每个导叶同步从90°（全关）～0°（全开）改变角度，控制气流进入叶轮的角度，来改变风机的工作点，减小或增大风机的风量，实现负荷的调节。径向导流器见图 3-8（b）。它装在带有进气箱的风机上，靠调节挡板角度控制流量。

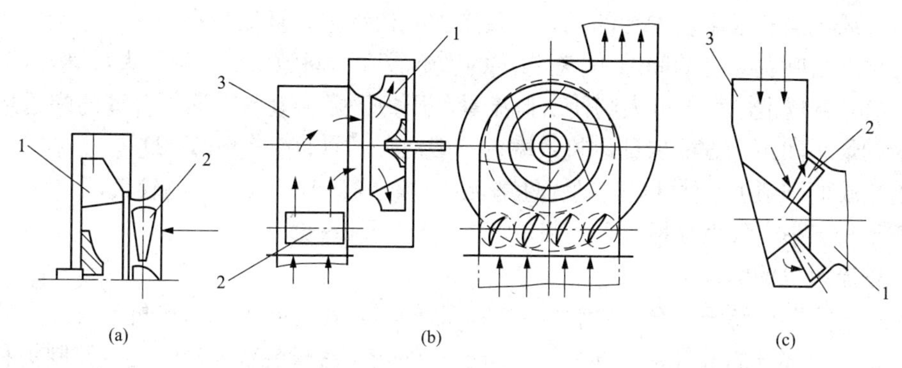

图 3-8 导流器

(a) 轴向导流器；(b) 径向导流器；(c) 斜叶式导流器

1—叶轮；2—导流器；3—进气箱

(4) 蜗壳（螺旋室)、蜗舌及扩压器的结构见图 3-9。

1) 蜗壳。蜗壳的作用是以最小阻力损失汇集叶轮中甩出的气流，然后导入扩压器，将气流的一部分动能转变成压力能。目前最合理的蜗壳轮廓是对数螺旋线。蜗壳内壁加装防磨衬板，可防止飞灰对内壁的磨损。

2) 扩压器。扩压器的作用是将该气流的部分动能转化为压能。由于出口断面流速不均匀，并向叶轮旋转方向偏转，因此扩压器具有朝叶轮旋转方向偏转 6°～8°的扩散角，以利于气流所带走的速度能适应气体的螺旋线运动，减少力动损失。根据出口管路的需要，扩散器有圆形截面和方形截面两种。

3) 蜗舌。离心式通风机蜗壳出口附近有“舌状”结构，一般称作蜗舌。蜗舌可以防止气体在机壳内循环流动。提高风机效率。蜗舌由尖舌、深舌、短舌和平舌组成，见图3-10。

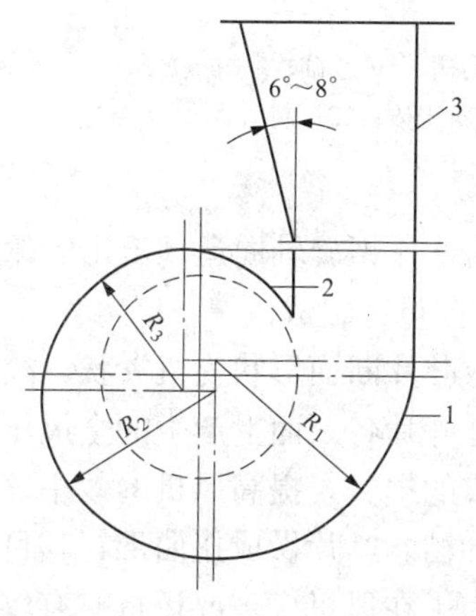

图 3-9 蜗壳、蜗舌及扩散器

1—蜗壳；2—蜗舌；3—扩散器

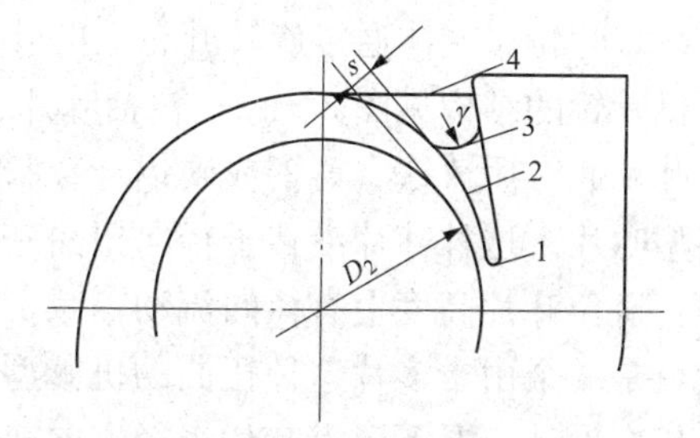

图 3-10 蜗舌

1—尖舌；2—深舌；3—短舌；4—平舌

尖舌：风机虽然最高效率较高，但效率曲线较陡，且噪声大，风机性能恶化，不能使用。

深舌：大多用于低比转速通风机。

短舌：大多用于高比转速通风机。

平舌：风机虽然效率较尖舌的低，但效率曲线较平坦，且噪声小。

蜗舌顶端与叶轮外径的间隙 s，对噪声的影响较大。间隙 s 小，噪声大，甚至产生啸叫；间隙 s 大，噪声减小，间距过大则使出口流量、压力下降、效率降低。合理的蜗舌形状和与叶轮边缘的最小间距，方能保证风机效率。一般取 $s=(0.05\sim0.10)D_2$。

蜗舌顶端的圆弧 r，对风机气动力性能无明显影响，但对噪声影响较大。

圆弧半径 r 小，噪声会增大，一般取 $r=(0.03\sim0.06)D_2$。

二、轴流风机的结构

轴流风机主要由转子部分的叶轮、主轴、联轴器，对动叶可调节风机而言还有动叶调节机构，以及静子部分的进气室、导叶、扩压器、外壳、密封装置、动叶调节控制头和轴承等部件组成，其中进风箱、整流罩、叶轮、导叶、扩压器等部件的通道顺次相连就组成轴流式风机的流道，其结构见图 3-11。

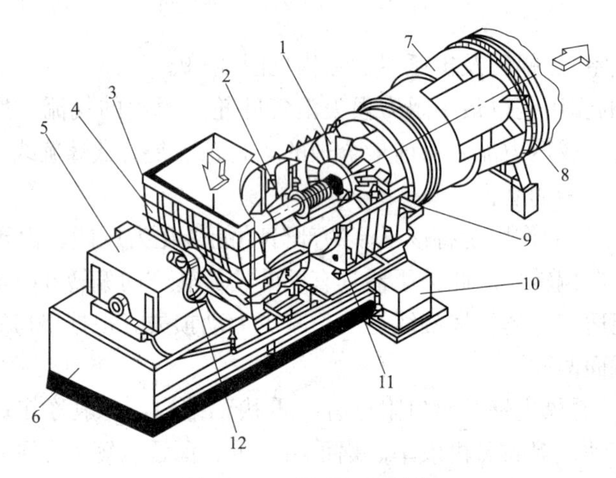

图 3-11　轴流风机结构

1—转子；2—中间轴；3—入口侧伸缩节；4—入口箱；5—主马达；6—基础；7—扩散器；8—出口侧伸缩节；9—执行器；10—供油装置；11—风机壳体；12—制动器

1. 转子部分

(1) 叶轮。气体通过旋转叶轮上的叶片做功提高能量后，作螺旋轴向运动流出叶轮。轴流风机叶轮的结构见图 3-12，包括叶片、轮毂、叶柄、平衡重锤组成。

叶片通常用铸铁、铸钢或硬铝合金制成。轴流风机多数叶片断面形状为机翼状，故又称机翼型叶片。这种叶片沿转子径向扭曲一定的角度，以保证叶片各断面上产生的全风压基本相等，避免叶片高度上有径向流动，减少因流动混乱而造成的损失，提高风机的效率。整个叶轮就是一个由十多片这种扭曲的机翼型叶片组成的环列叶栅。叶片做成扭曲形，其目的是使风机在设计工况下，沿叶片半径方向获得相等的全压。为了在风机变工况运行时有较高的效率，大型轴流式通风机的叶片一般做成可调的，这些叶片在调节机构驱动下，都可在一定范围内绕自身轴线旋转，从而改变叶片的安装角，进行流量调节。平衡重锤的作用是辅助动叶片在运转中能轻松地调节安装角。

轮毂是用来安装叶片和叶片调节机构的，轮毂一般用铸钢或合金钢制成有圆锥形、圆柱形和球形三种。其外缘安装了多个叶片，内部空心处可以安放动叶调节机构的调节杆和液压缸等部件。轴流风机叶轮一般为单级，要求风压较高时可采用两级叶轮。

(a)

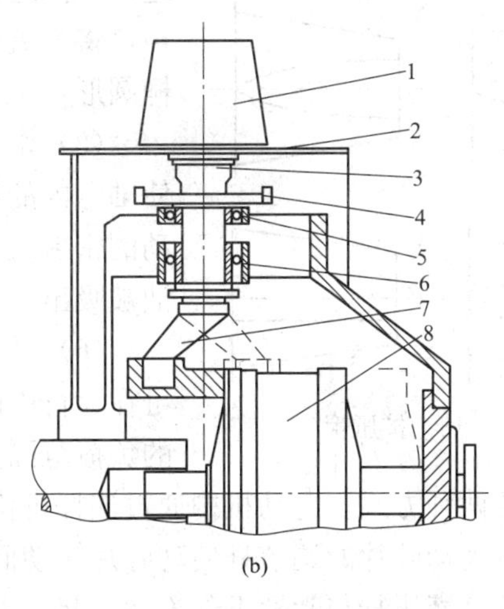

(b)

图 3-12　轴流风机叶轮的结构

(a) 叶轮外形图；(b) 叶轮结构图

1—动叶片；2—轮毂；3—叶柄；4—平衡重锤；5—支持轴承；6—导向轴承；7—调节杆；8—液压缸

(2) 轴。轴是传递扭矩的部件。按有无中间轴可分为两种形式，一是主轴与电动机轴用联轴器直接相连的无中间轴型；二是主轴用两个联轴器和一根中间轴与电动机轴连接的有中间轴型。有中间轴的风机可以在吊开机壳上盖后，不拆卸与电动机相连的联轴器情况下吊出转子，以方便检修。

2. 静子部分

(1) 进气室。进气室的作用是使气流以最小的损失平稳地进入叶轮流道。

(2) 导叶。轴流式通风机的导叶包括进口前导叶和出口导叶。

进口前导叶的作用，是使进入风机前的气流发生偏转，即使气流由轴向运动转为旋转运动，一般情况下是产生负预旋（即与叶轮转向相反），这样可使叶轮出口气流的方向为轴向流出。进口前导叶可采用翼型或圆弧板叶型，是一种收敛形叶栅，气流流过时有些加速。对于变工况运行，为了提高运行经济性，常将进口前导叶做成安装角可调的或带有调节机构的可转动叶片。

出口导叶的作用是将由叶轮出来的旋转气流引向轴向运动，并把部分旋转动能转变为介质压力能。导叶分为固定式和可调导叶两类。其叶片为扭曲式，以便沿径向适应动叶出口气流角度的变化。动叶可调的轴流风机采用后置式固定导叶，在动叶调节后，由于导叶安装角不能改变，气流在进入导叶处将使气流的撞击、旋涡能量损失会增大。为避免气流通过时产生共振，导叶数应比动叶数少些。

(3) 扩压管。扩压管位于导叶后部，将导叶出口具有较大动压的气流的部分动能转变为压力能，以提高风机的静压和流动效率。扩压器的形式一般按外筒的形状分为圆筒形和锥形两种，分别由外筒和芯筒组成。圆筒形扩压器的芯筒（整流体）是流线形或圆台形，锥形扩压器芯筒则为流线形或圆柱形，见图 3-13，子午加速轴流式通风机的全压中，动压的比例高于一般轴流式通风机，所以对扩散筒的要求更高。

(4) 整流罩。装在动叶可调叶轮的前面，并与所对应的外壳共同构成轴流式风机良好的

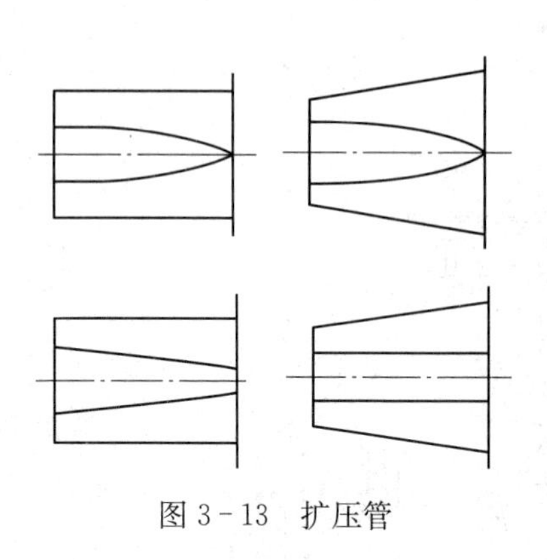

图 3-13 扩压管

进口气流通道。其作用是以尽量小的流动损失和低的噪声，将气流顺利地送入叶轮。整流罩一般为半圆形或半椭圆形，也有与扩压器的内筒一起组成流线形的。

（5）密封装置。为使动叶调节机构不吸入杂质或不使轴承内的润滑油被吸出，在轮毂出风侧装有随轮毂转动的密封盖，动叶进口侧装有静止的密封片，防止润滑油被吸出。

（6）动叶调节机构。轴流风机采用动叶可调装置，可在运行中改变动叶片的安装角，使泵与风机能在较大的负荷范围内保持高效运行。目前采用的调节装置主要有电动和液压两种方式。电动机构通过连杆机构使动叶片转动而改变角度。液压机构是靠液压缸的移动带动动叶片的调节杆使动叶片转动而改变角度。见图 3-14 中，液压调节装置机构中，调节杆将液压缸与叶柄下部连在一起，以便两者同步旋转，且在调节时能把液压缸的左右移动转化为动叶的转动，达到改变动叶安装角的目的。另外，传动盖又将液压缸内的活塞及活塞轴与叶轮相连，使活塞与液压缸均与叶轮同步旋转，以保证工况稳定时，活塞与液压缸间无相对运动。由于活塞被活塞轴的凸肩及轴套固定在轴上，不能产生轴向移动，当缸内充油时，液压缸就会沿活塞轴向充油侧移动。同时带动定位轴移动，产生反馈作用。定位轴装在活塞轴中，但不随叶轮旋转。另外，在调节系统中还有控制头、伺服阀、控制轴等既不随叶轮旋转又不随液压缸左、右移动的调节控制部件。传动盖的另一个作用是将随叶轮同步旋转的调节部件密封在轮毂之中，以免脏物落入调节机构，出现动作不灵活，甚至卡住的情况。当锅炉工况变化需减小风量时，电信号传至伺服马达，驱动控制轴旋转，控制轴的旋转使齿轮向右移动。此时，由于缸内充油情况未变，液压缸仅随叶轮旋转，所以定位轴及与之相连的齿套亦静止不动。于是控制轴的旋转就会使齿轮以定位轴头齿套上的 A 点为支点，推动与之啮合的伺服阀杆齿条往右移动，使压力油口与通往活塞右侧空腔的油道相通后向其充油。而回油口与通往活塞左侧空腔的油道相通，使左腔工作油泄回油箱。在活塞两侧液压作用下，液压缸将不断向右移动、并且通过相连的调节杆使动叶转动，减小动叶片的安装角，见图 3-15（图中活塞轴与纸面垂直，液压缸作面向读者运动），使风量减少。

与此同时，液压缸也带动定位轴一起右移。由于控制轴旋转一个角度后已静止，所以齿轮在定位轴右移运动的作用下，以自身的 B 点为支点，使伺服阀杆齿条往左移动，阀芯重新将压力油口和回油口堵住，完成反馈动作，液压缸也因此在新位置下停止移动。从而保证动叶片能在安装角减小后的新状态下稳定工作。此外，在定位轴右移时，齿套还带动指示轴旋转，显示叶片关小的角度。

锅炉负荷增大，需要增加风量时，加大动叶安装角的调节过程读者可以自己分析。

能力训练

1. 简述离心式风机的结构及主要部件的作用。
2. 简述轴流式风机的结构及主要部件的作用。
3. 简述动叶调节机构增加风量的调节过程。

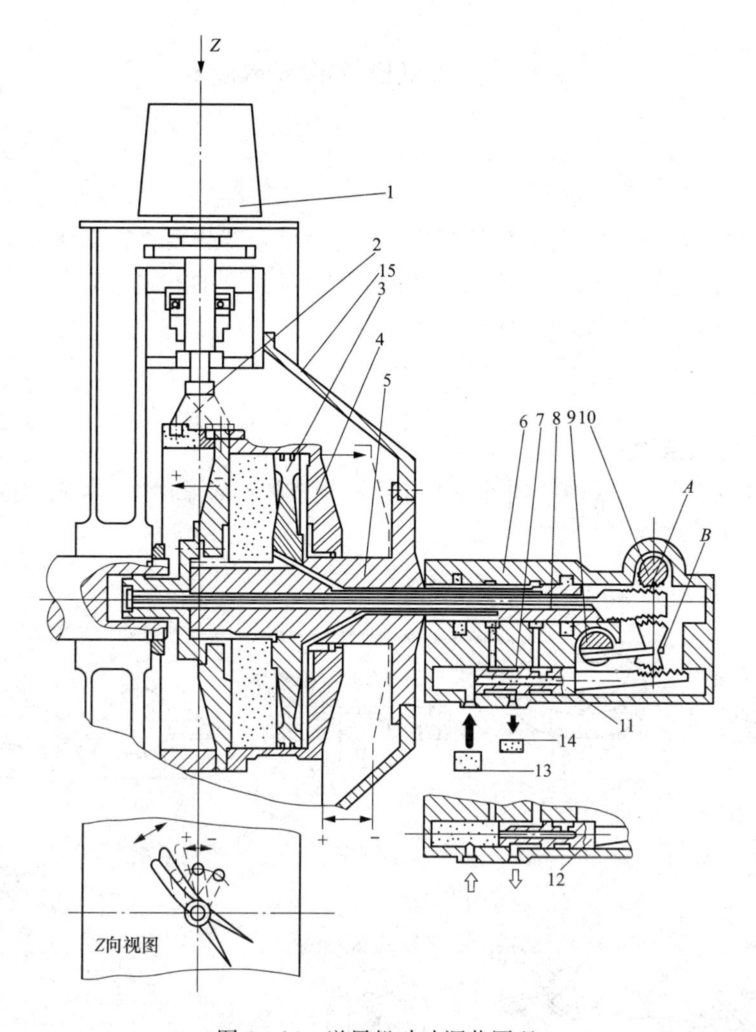

图 3-14 送风机动叶调节原理

1—叶片；2、8—调节杆；3—活塞；4—液压缸；5—活塞轴；6—控制头；7—伺服阀；9—控制轴；10—指示轴；11—叶片调节正终端；12—叶片调节负终端；13—压力油；14—回油；15—传动盖

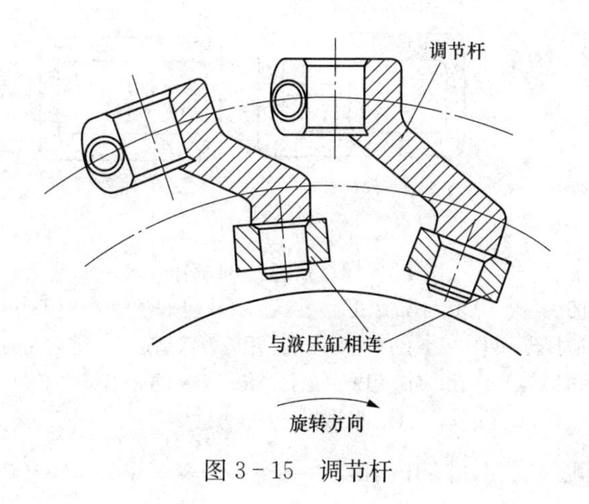

图 3-15 调节杆

任务三 风机检修的基本技术

任务目标

掌握非金属垫常用石棉垫和石棉橡胶垫的制作方法及操作要点；掌握键和销的配制装配方法；掌握螺纹连接拆装的方法及注意事项；了解叶轮热套的方法；掌握转子部件的瓢偏和晃动度的测量方法；了解乌金瓦的浇铸方法。

知识储备

一、垫片的加工制作

密封垫分金属垫和非金属垫。非金属垫常用石棉垫和石棉橡胶垫，其制作方法见图3-16。制作时应遵循以下操作要点：

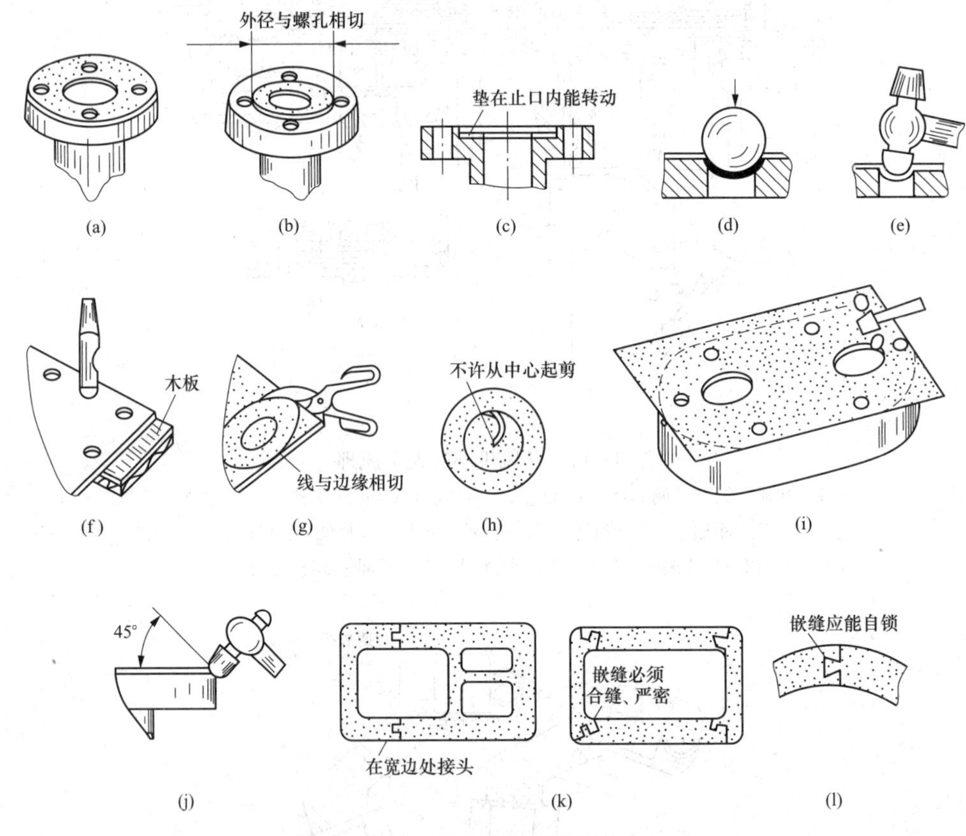

图3-16 密封垫的制作

(a) 带螺孔的法兰垫；(b) 不带螺孔的法兰垫；(c) 止口法兰垫；(d) 用滚珠冲孔；(e) 用榔头敲打孔；(f) 用空心冲冲孔；(g) 用剪刀剪垫；(h) 剪内孔的错误做法；(i) 用榔头敲打内孔；(j) 用铆头敲打外缘；(k) 方框形垫的镶嵌方法；(l) 圆形垫的镶嵌方法

(1) 垫的内孔必须略大于工件的内孔。

（2）带止口的法兰密封垫应能在凹口内转动，不允许卡死，以防产生卷边，影响密封效果。

（3）重要工件用的垫不允许用手锤敲打制作，以防损伤工件。

（4）垫的螺孔不宜做得过大，以防垫在安放时发生过大的位移。

（5）制作垫时应注意节约用料，尽量从垫料的边缘线，并将大垫的内孔、边角料留作小垫用。

二、键和销的装配

（一）相关知识

1. 键和销的作用

通过键连接可实现轴和轴上零件间的周向固定以传递转矩。其中，有些类型还可实现轴向固定和传递轴向力。有些类型还能实现轴向动连接。

销主要用于定位，也可用于连接和锁定，还可作为安全装置中的过载剪断元件。

2. 键和销的材料

键的材料采用抗拉强度σ_b不小于600MPa的精拔钢，通常为45号钢。

销的常用材料为35号和45号钢，其许用剪应力为［τ］＝80MPa。

安全销的材料可用35、45、50号钢或T8A、T10A合金钢，热处理后硬度为HRC30～HRC36。安全销强度按剪切强度极限τ_b计算，一般可取τ_b＝（0.6～0.7）σ_b。

（二）操作步骤

1. 键连接的装配

（1）平键的装配。键在轴上的键槽中必须与槽底接触，与键槽两侧有紧力。装键时用软材料垫在键上，将其轻轻打入键槽中。键与轴孔键槽两侧为滑动配合，并要求受力的一侧靠紧、无间隙，键的顶部与轴孔键槽必须有明显的间隙。

（2）半圆键（月牙键）的装配。半圆键是松键的一种。键在键槽中可以滑动，能自动适应轴孔键槽的斜度。

（3）楔键（斜键）的装配。楔键通常是装在轴端头。当套装件装配在轴上并使键槽对正后，将楔键抹上机油敲人键槽中。在装入前应检查键与孔槽的斜度是否一致，不符合要求时必须修整。

（4）花键与滑键的装配。这两类键多用于套装件可以在轴上滑动的结构上。装配前应将拉毛处磨光，键上的埋头螺钉只起压紧作用，而不能承受剪切应力。装配后，用手晃动套装件，不应有明显的松动。沿轴向滑动的松紧度应一致。

2. 销连接的装配

销有圆柱形和圆锥形两种。销与孔的配合必须有一定的紧力，销的配合段用红丹粉检查时，其接触面不得少于80%。销孔必须用铰刀铰制，孔的表面粗糙度不得大于$\stackrel{1.6}{\surd}$。

销应在零件上的紧固螺栓未拧紧前装上。安装时先将零件上的销孔对准，再把销抹上机油后装入。不能利用销的下装力量使零件达到就位的目的，因为这样会使销与下销孔发生啃伤。锥销的装配紧力不宜过大，一般只需用手锤木把敲几下即可。打得过紧不仅取消困难，而且会使销孔口边胀大，影响零件配合面的精确度。

三、螺纹连接拆装

螺栓连接主要用于被连接件都不太厚并能从连接件两边进行装配的场合，螺纹按用途可分为连接螺纹和传动螺纹。

（一）螺纹连接的拧紧

1. 螺纹的紧固

螺栓的紧固必须适当。拧得过紧会使螺杆拉长、滑牙（滑丝），甚至断裂，还会使连接的零件产生变形。如没有一定的紧力，则起不到应有的紧固作用，还会因受振而自动放松。现场工作时主要根据经验来紧螺栓。

2. 成组螺栓的拧紧

在拧成组螺栓时不能一次拧得过紧，应分三次或多次逐步拧紧，这样才能使各螺栓的紧度一致。同时被连接的零件也不会变形，长方形及圆形布置的成组螺栓的拧紧顺序见图3－17。

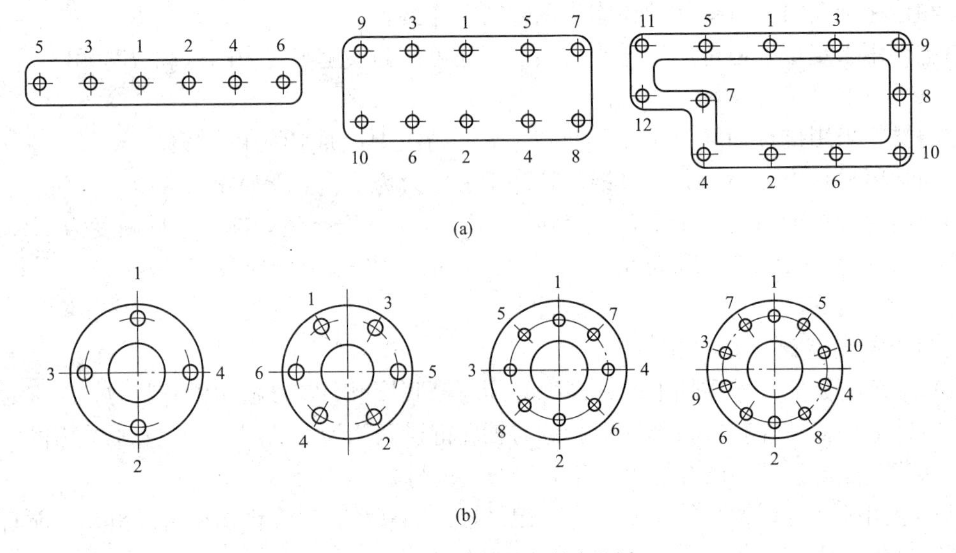

图3－17　成组螺栓的拧紧顺序

（a）方形布置；（b）圆形布置

3. 螺纹连接的防松装置

（1）锁紧螺帽。也称并紧螺帽。其防松原理是靠两个螺帽的并紧作用，先装的主螺帽拧紧后，再将后装的副螺帽相对于主螺帽拧紧。

（2）弹簧垫圈。通常用65Mn钢制成，经淬火后富有弹性，结构简单，使用方便。

（3）开口销。只能使用一次，不能用铁钉或铁丝代替。

（4）串联铁丝。用一根铁丝连续穿过各螺钉上的小孔，并将铁丝两头拧在一起。

（5）止退垫圈。此装置只能防止螺帽转动，不宜重复使用。

（6）圆螺母止退垫圈。垫圈内耳撴入螺杆槽中，外耳扳弯卡入螺帽槽中，可将螺帽与螺杆锁成一体。螺纹连接的防松装置见图3－18。

（二）螺纹连接的拆卸及组装注意事项

1. 螺纹连接的拆卸

在拆卸螺纹连接件时，常遇到螺纹锈蚀、卡死、螺杆断裂及连接段滑牙等情况，因而不能按正常方法进行拆卸。对于一般锈蚀的螺纹连接件，可先用煤油或螺栓松动剂将螺纹部分浸透，待铁锈松软后再拆卸。若锈得过死，可用手锤敲打螺帽的六角面，振动后再拆。当上述方法均无效时，可根据具体情况选用下列方法进行拆卸（见图 3－19）。

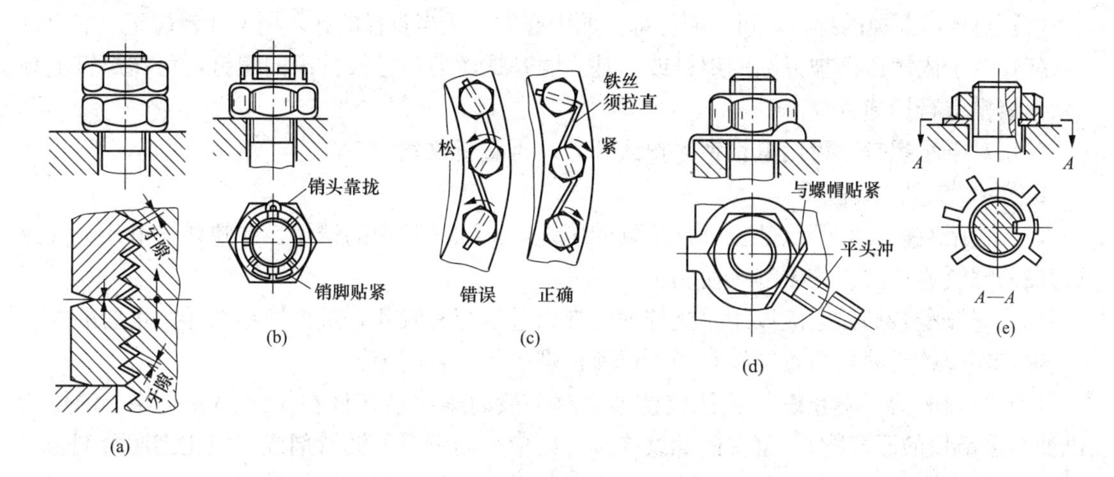

图 3－18　螺纹连接的防松装置

（a）并紧螺帽；（b）开口销；（c）串联铁丝；（d）止退垫圈；（e）圆螺帽止退垫圈

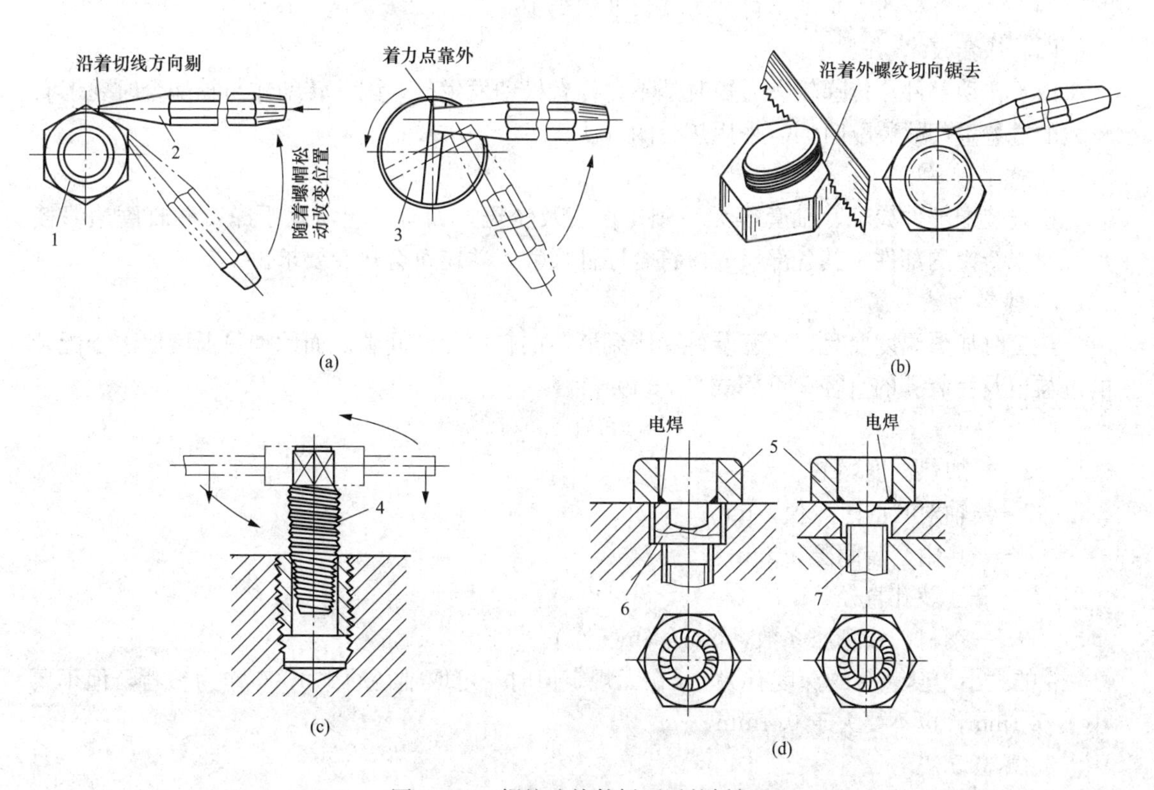

图 3－19　螺纹连接件锈死后的拆卸

（a）用平口錾錾剔；（b）锯后再剔；（c）用反牙丝攻；（d）焊六角螺帽

1—六角螺钉或螺帽；2—平口錾；3—圆基螺钉；4—反牙丝攻；5—六角螺帽；6—内六角螺钉；7—平基螺钉

（1）螺帽用喷灯或乙炔加热，边加热边用手锤敲打螺帽，加热要迅速，并不得烧伤螺杆螺纹。待螺帽热松后，立即拧下。若螺杆已无使用价值，可用气割或电焊将其割掉。

（2）用平口錾子剔螺帽。此法用于扳手已无法拆卸的情况，被剔下螺帽不许再使用。

(3) 用钢锯沿外螺纹切向将螺帽锯开后，再剔除。

(4) 对于已断掉的螺栓，可在断掉部分的中心钻一适当直径的孔，用反牙粗齿丝攻取出。

(5) 对于内六角已被扳圆的螺钉或平基、圆基螺丝刀口已被拧滑的螺钉，可在螺钉上焊一六角螺帽进行拆卸。

(6) 对于小螺钉，可用电钻钻去拧入部分，再重新攻丝。

2. 螺纹组装注意事项

(1) 在组装前应对螺纹部位进行认真的刷洗，清除牙隙中的锈垢，有缺牙、滑牙、裂纹及弯曲的螺纹连接件不许再继续使用。

(2) 螺纹配合的松紧应以用手能拧动为准，过紧容易咬死，过松容易滑牙。重要的螺纹连接件应用螺纹千分尺检查螺纹直径，以保证螺纹的配合间隙。

(3) 组装时为了防止螺纹咬死或锈蚀，对一般的螺纹连接件在螺纹部分应抹上油铅粉（机油与黑铅粉的混合物），重要的螺纹连接件则应采用铜石墨润滑剂或二硫化钼润滑剂。

(4) 设备内部有油部位的螺纹连接件在组装时不要用铅粉之类的防锈剂。

(5) 室外设备或经常与水接触的螺纹连接件最好用镀锌制品。

(6) 地脚螺栓的不垂度不得大于其长度的1/100。

四、热套技术

由于转动部件在传递较大力矩时是不允许有松动发生的，因此转动体与轴配合时要求有较大的过盈量，故装配时均需采用热套的方法。

1. 热套前的检查

检查装配部件如轴、轴套等无毛刺、伤痕及锈斑，如有，应清除干净，并打磨边缘棱角。对于新换的部件，其各部尺寸应符合原件尺寸，并应符合热套要求。

2. 热套加热温度的确定

热套时加热温度要足以使套装件膨胀到所需的自由套装间隙。而此加热温度取决于配合的过盈值及套装孔的直径，可用式（3-1）计算：

$$t = (H + 2\alpha)(D\beta) \tag{3-1}$$

式中 t——加热温度，℃；

H——轴对孔的过盈值，mm；

α——自由套装间隙，mm；

D——套装孔直径，m；

β——钢材的线膨胀系数，mm/（m·℃）。

α的大小与套装孔的深度有关。α在无规定值时，可取轴径的1/1000作为参考，但不要小于0.1mm，也不要大于0.4mm。

3. 热套方法

由于热套件形状、大小及重量不一，套装方法可分为：套装件水平固定，轴竖立套装；轴竖直固定，套装件向轴上套装；轴横放套装，见图3-20。

热套时应注意的几项要求：

(1) 应认真检测轴与轴套的安装垂直度。

(2) 应检测轴孔加热后的孔径，是否适合套装。

(3) 键应按标记安装，并在套装面涂抹油脂。

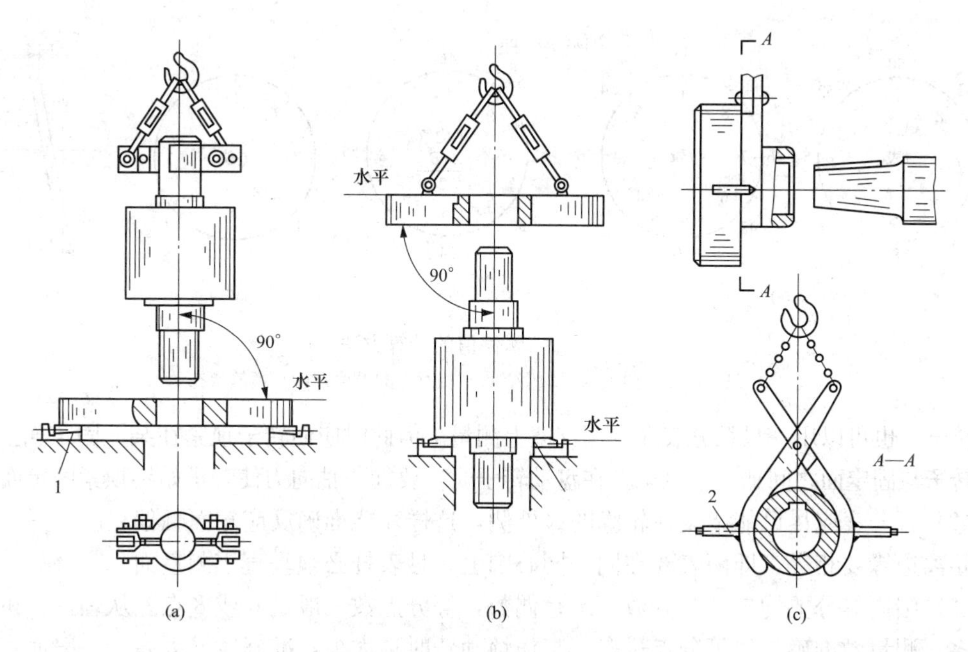

图 3-20 热套方法

(a) 套装件水平固定；(b) 轴竖直固定；(c) 轴横放套装

1—可调垫铁；2—夹具把手

(4) 套装时起吊平稳，尽量做到轴与轴套不发生摩擦。如发生卡涩，应停止套装，立即取下套装件，查明原因后重新加热套装。

(5) 安装部件要准确，应符合设计要求。

(6) 套装结束后，应全面检测各种技术参数，如晃动、瓢偏、松动、错位等，如出现偏差，则应拆下，重新热套。

五、转子部件的瓢偏和晃动度的测量

1. 瓢偏测量

瓢偏是指转子上固定的部件，如推力盘、叶轮、联轴器等部件轮缘所在的平面与中心轴的不垂直度，相隔 180°不垂直度相差的最大值。当瓢偏值超过允许值后将会导致推力瓦块的不均匀磨损，或动静部分碰磨及中心不正等，见图 3-21。

瓢偏测量方法是将圆周等分为 8 等份，并用笔标上序号，然后在直径相对 180°的方向上固定两只百分表 A 表和 B 表，将表测量杆适当压缩一部分。然后盘动转子，依次对准各点进行测量，最后回到初始位置。

瓢偏值的计算方法见图 3-22。先分别算出两表在同一等份点上的读数平均值，然后求出同一直径上的两点读数差值，即为该直径上的瓢偏的绝对值。其中最大值即为最大瓢偏值，最大瓢偏值为 0.54－0.46＝0.08mm。

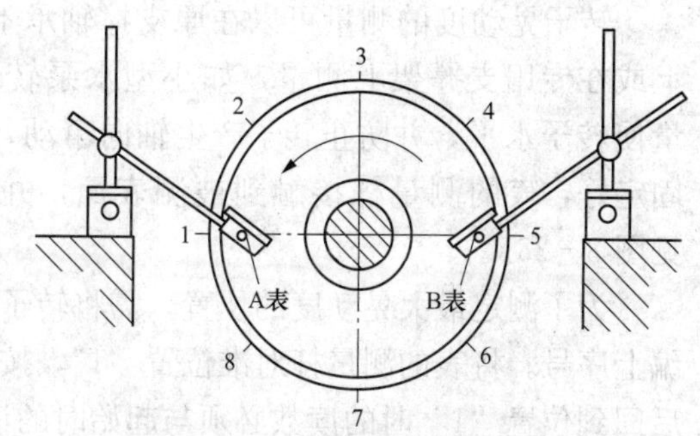

图 3-21 瓢偏测量方法

在瓢偏测量重要注意以下几个问题：

(1) 测量中用两只表是为了消除盘动转子过程中的轴向窜动的影响。对于某些小型转子如

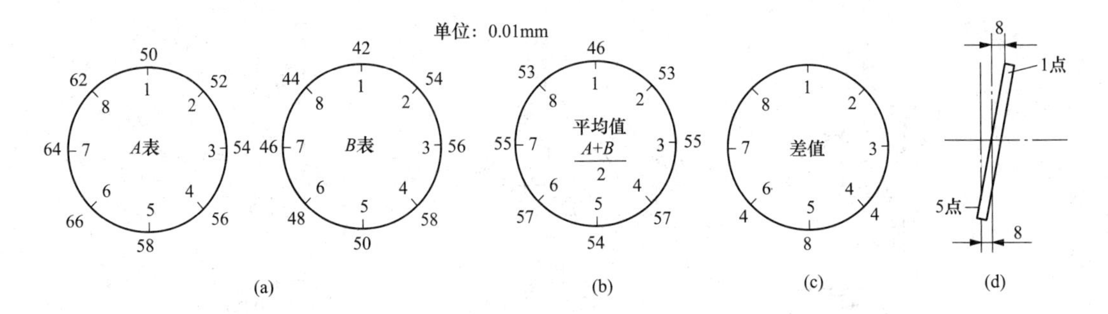

图 3-22 瓢偏值的计算方法

(a) 记录；(b) 两表的平均值；(c) 相对点的差值；(d) 瓢偏状态

水泵转子，也可以用一只百分表在专用支架上测量。但此时应使转子顶紧在某一固定面上，并且在转子与固定面之间加一小钢珠。在盘动转子时，要加一轴向力使转子始终顶紧固定面。

(2) 百分表应尽可能架设在轮缘的最外侧，这样才能准确反应轮面瓢偏程度；另一方面两表距离边缘要相等，即两表要在同一同心圆上，且表杆必须垂直于测量面。

(3) 圆周等分要均匀，等分数一定是偶数，等分点数一般是 6 或 8 点。从理论上讲等份数越多，测量越准确，但等分点过多，工作烦琐费时；太少，准确度又太差。一般而言，直径越大等分数越多，否则可以少些。

(4) 盘动转子时要均匀缓慢，不能有振动，否则有可能使百分表移动甚至损坏。在盘动转子时一般不准反向盘动，否则会使转子在轴承或支架上的左右位置改变，这也会影响测量准确度。

(5) 测量中一般要盘动转子两次，进行两次测量。以两次的瓢偏值为最终测量结果，而且两次的误差要小，一般要求不大于 0.015mm。

(6) 在测量过程中，各点的指示值不是平稳变化时表示百分表不灵或盘面不规则。此时应找出原因，消除后继续测量。

2. 转子及轴的晃动度测量

转子及轴的晃动度又称轴断面跳动度。它的出现有三种可能：

(1) 转子或轴产生弯曲。

(2) 叶轮与轴装配时不同心。

(3) 轴或叶轮有加工偏差。

这三种原因可能单独出现，也可能同时存在。

转子晃动度的测量可以在原支撑轴承上测量，但有些转子则必须将转子取出，在车床上或在专用支撑架上测量，如小型水泵转子、风机转子等。测量方法是将转子支好，尽量使转子水平，并防止转子产生轴向窜动，然后用细砂布将测量部位打磨光滑。将百分表固定好，表的测量杆接触到被测表面，并与被测表面垂直，适当压缩百分表的测量杆，见图 3-23。

为了测定最大晃动度的位置，需将转子或轴的端面沿圆周分成 8 等份，用笔按旋转方向编上序号。将表的测量杆对准位置“1”，按旋转方向盘动转子，顺次对准各点进行测量。最后回到位置“1”时的读数必须与起始时的读数相符，否则应查明原因，并重新测量。

根据测量记录，计算出最大晃动度。图 3－23 所示的测量记录，最大晃动位置为 1～5 方向，最大晃动值为：0.58－0.5＝0.08mm。

从以上的数据可以看出晃动度仅仅是轴或转子某一横断面在绕支撑点旋转一周所产生的最大圆度偏差。一般而言，当旋转机械转子主要横断面的晃动度符合其要求时，则对其动静间隙要求及其他有关要求，一般也都能满足。

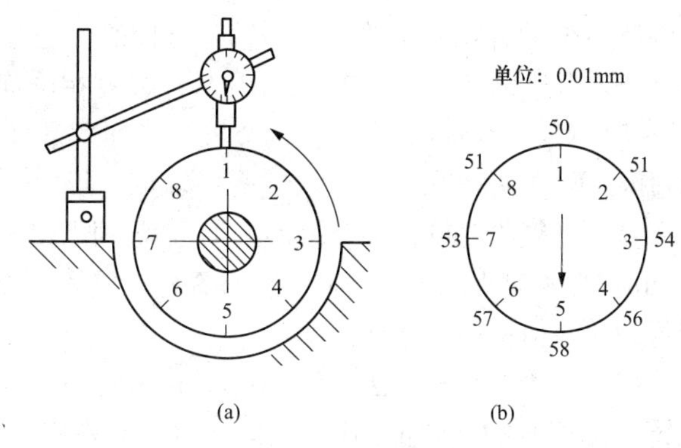

图 3－23 测量晃动的方法

(a) 百分表的安置；(b) 晃动记录

六、乌金瓦的浇铸方法

在项目二任务五中已经介绍了乌金瓦的概念、种类等，下面介绍乌金瓦的浇铸方法。

1. 底瓦的准备

(1) 先用砂布、钢丝刷清理底瓦表面，若油污严重，可把底瓦放到容器内用水加热到 300～350℃，再用麻刷蘸氯化锌溶液擦拭。或把底瓦放到加热温度为 80～90℃、10％～15％氢氧化钠或氢氧化钾的碱溶液之中，煮沸 5～10min，然后把底瓦放到温度为 80～100℃热水中冲洗，最后进行烘干。

(2) 进一步清除底瓦铁锈和污垢，为使其形成细微不平的表面，以增加与巴氏合金的粘合力，还应进行酸洗。方法是采用 10％～15％的稀硫酸或盐酸溶液，浸泡 5～10min，然后用热水冲洗、烘干。必要时将酸洗后的底瓦再放入碳酸钠溶液中进行 5～10min 的碱性处理，使其浸入瓦层内部的酸得到中和。

2. 底瓦镀锡

底瓦镀锡的目的是使底瓦和合金之间形成一层良好的连接层，以保证底瓦和乌金牢固地粘在一起。其要求与准备工作也是很重要的。镀锡要牢固渗入底瓦表面层。表面光滑、洁净，锡层不宜太厚，以防锡表面形成氧化膜，镀锡之后应立即进行瓦的浇铸工作，以保持表面光洁并不被氧化。

准备好焊锡条或锡粉及加热工具，如氧气烤把、火钳、麻刷、汽液喷灯等，同时配制好助溶剂。如在饱和的氧化锌溶液中加入 5％～10％的氯化铵或 50％的氧化锌与 50％的氯化铵所制的饱和溶液等。

镀锡方法：先将底瓦用加热工具加热到 260～300℃，然后在底瓦挂锡表面上涂一层助溶剂，再用锡条往上擦或撒上一层锡粉，用麻刷或木片等擦拭，使锡均布底瓦挂锡表面。

3. 手工浇铸

(1) 浇铸的准备工作。用 70％的黏土、12％的食盐、18％的水调制粘合密封剂。

将底瓦组合在胎具上，为便于取出芯棒，应加工成椎体，并镀铬或涂上石墨粉，芯棒顶端应加工成凹形溢槽，结合缝隙应用石棉密封，并在外部涂上粘合密封剂，以避免溶液漏出。

将组合胎具放在铁板平台上，铁板平台预热到 300～350℃，将底瓦预热到 260～300℃，芯棒预热至 350～400℃。准备好熔化锅和浇铸铁勺，浇铸铁勺要轻便且有浇铸流液嘴，勺的容积要足够铸一个轴瓦所用的合金体积，且有富余才行。

（2）合金的熔化。将轴承的固态合金放在洁净的熔锅内加热熔化，使锅内温度加热至470～510℃，为稳定温度，可调节火焰或加适量合金块来调节控制锅内温度，锅内温度不得超过540℃。

为防止氧化，可在合金锅的液面上盖一层12～20mm厚的木炭块，木炭块的直径为5～10mm，必要时将0.05%～0.1%的氯化铵浸入合金锅内搅拌，以进行脱氧。脱氧20min就能得到纯洁精炼的合金溶液。

（3）浇铸的基本方法。将浇铸勺加热到300℃左右，然后从熔锅中掏取合金溶液进行浇铸。浇铸时的合金液温度在380～400℃左右，将浇铸勺内的合金溶液，通过浇铸勺流嘴轻轻注入芯棒顶端溢流槽内，等槽满后合金溶液应沿着芯棒的外表面均匀地溢流下去，然后徐徐而平稳地升起，这样内部空气都被挤出来。而非金属夹杂物等杂质，因密度小，都浮在合金液的液面上。在浇铸的过程中，要先快后慢，一次浇成，浇流要保持均匀，不可中断或增补。浇铸乌金瓦的合理胎具及浇铸半片乌金瓦用胎具分别见图3-24和图3-25。

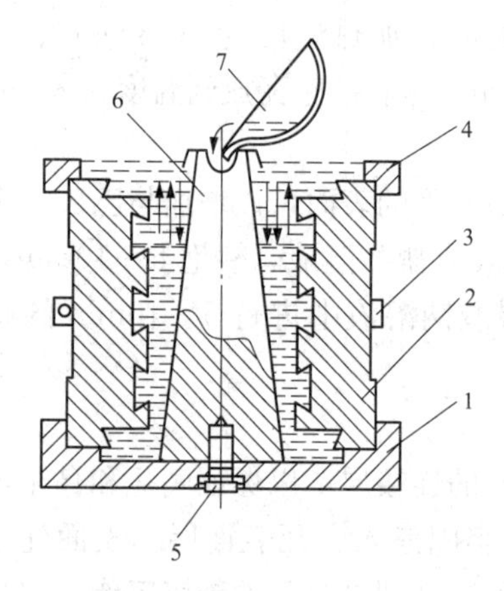

图3-24 浇铸乌金瓦的合理胎具

1—底座；2—底瓦；3—夹具；4—上环；5—螺栓；6—芯棒；7—浇注勺

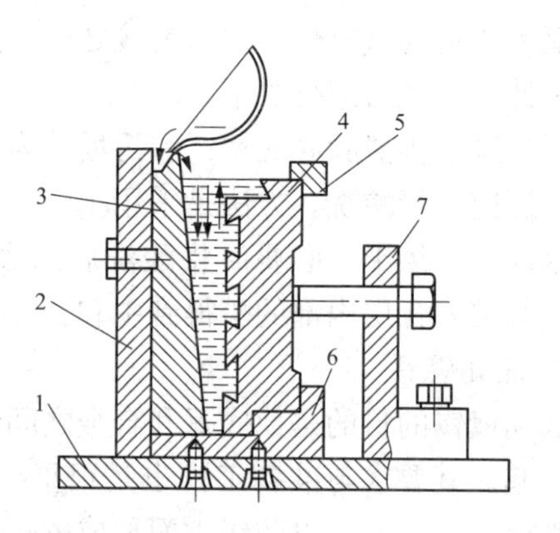

图3-25 浇铸半片乌金瓦用胎具

1—底座；2—立板；3—芯棒；4—底瓦；5—半铁环；6—底座；7—弯板

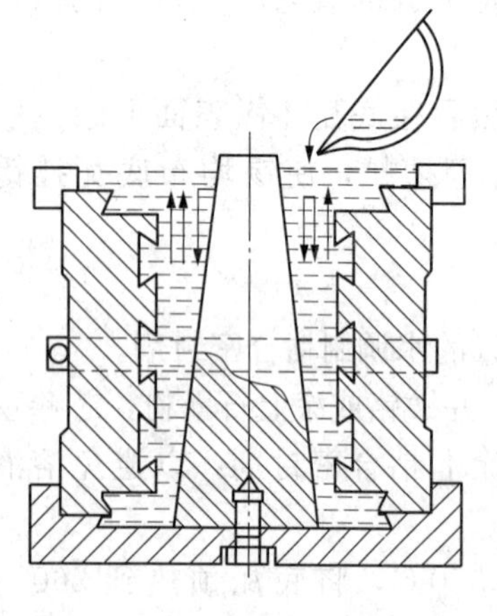

图3-26 不合理的浇铸方法

禁止将合金溶液沿着底瓦表面往下浇铸，见图3-26。因为合金溶液的温度很高380～400℃，容易将底瓦表面研镀的锡衬冲掉，降低合金与底瓦的粘合强度或产生脱胎现象，同时空气和非金属杂物随浇流的冲击而下沉，往往溢不出来而混合在合金内部。

（4）浇铸后的冷却。冷却时要求从底瓦的背面开始冷却，这样浇铸过程中所出现的缩孔现象只能发生在合金的表面处，从而保证合金的质量和粘贴强度。为了使底瓦背面先冷却，在浇铸前，可先使芯棒温度高于瓦底的温度；在浇铸后，也可以用喷雾水或压缩空气等方法进行底瓦冷却。

能力训练

1. 在教师指导下分组制作一法兰结合面石棉垫。
2. 在教师指导下分组练习法兰螺丝的拆装。
3. 在教师指导下分组测量轴的晃动度及联轴器的瓢偏度。
4. 简述风机叶轮的热套方法。
5. 简述乌金瓦的浇铸方法。

任务四 离心式风机的检修

任务目标

掌握离心式风机检修的方法及质量标准；了解离心式风机拆装需准备哪些工具、量具；了解离心式风机拆卸的注意事项。

知识储备

一、离心式风机检修前的检查

风机在检修之前，应先在运行状态下检查以下内容：

（1）测量风机轴承、电动机及基础的振动。

（2）测量各轴承的运行温度并检查润滑系统的工况。

（3）检查风机外壳与风道法兰的严密性及其锈蚀程度。

（4）了解风机运行中有关数据，必要时可做风机的效率试验。

二、离心式风机拆卸的注意事项

风机的种类有很多，由于风机的结构不同，拆卸程序的差异很大，一般在风机说明书中均有说明，现在就以拆卸时需注意的几点来加以说明一下离心式风机的拆卸。

（1）掌握风机的运行情况，备齐必要的图纸资料。办理好工作票，并做好各项具体的安全措施。

（2）备齐检修工具、量具、起重机具、配件及材料。

（3）现场拆卸时，对于输送煤气或其他有害气体的风机，必须将风机进、出口管路中的阀门关闭严密，必要时应堵上盲板，以保证管路中的有害气体不漏入工作场所。

（4）拆卸机壳和转子时，应注意保持水平位置，防止撞坏机件。用于排送高温气体的风机的拆卸，如引风机的拆卸，必须等风机体冷却后方可起吊。

（5）风机进行检修拆解时，应检查所拆卸的机件是否有打印的标志。对某些需要打印而没有打印的机件，必须补打印，便于装配时还原位置。需要打印的包括不许装错位置或方向的机件以及影响风机平衡度的机件等。如键、盖、轴衬及垫片环、联轴器销钉、离心式风机的进气口、轴流风机的可拆叶片等。

（6）拆卸后应将所拆卸的机件进行清洗，除掉尘垢后摆放整齐以便于检修完毕后的组装。

三、叶轮的检修

风机解体后，先清除叶轮上的积灰、污垢，再仔细检查叶轮的磨损程度、铆钉的磨损和紧固情况及焊缝脱焊情况，并注意叶轮进口环与外壳进风圈有无摩擦痕迹，因为此处的间隙最小，若组装时位置不正或风机运行中因振动、热膨胀等，则均会导致该处发生摩擦。

对于叶轮的局部磨穿处，可用铁板焊补。铁板的厚度不要超过叶轮未磨损前的厚度，其大小应能够将穿孔遮住。对于铆钉的铆钉头磨损，可以堆焊。若铆钉已松动，则应进行更换。对于叶轮与叶片的焊缝磨损或脱焊，应进行补焊。若叶片严重磨损，则应将旧叶片全部割掉更新。其方法如下（见图 3－27）：

（1）将备用叶片称重编号，根据叶片重量编排叶片的组合顺序，其目的是使叶轮在更换新叶片后有较好的平衡。

（2）将备用叶片按组合顺序覆在原叶片的背面，并要求叶片之间的距离相等，顶点位于同一圆周上，调整好后即可进行点焊［工步（一）］。

（3）点焊后经复查无误，即可进行叶片的一侧与轮盘的接缝全部满焊［工步（二）］。施焊时应对称进行，再用割炬将旧叶片逐个割掉，并铲净在轮盘上的旧焊疤［工步（三）］。最后将叶片的另一侧与轮盘的接缝全部满焊。

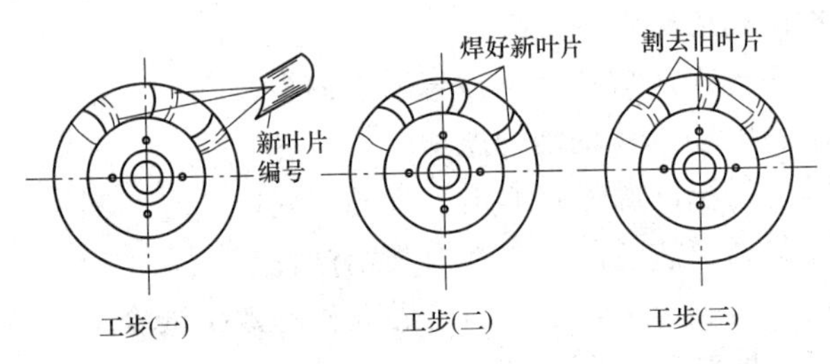

图 3－27　换叶片的方法

若需更换整个叶轮时，则可按下列方法操作：

（1）用割炬割掉叶轮与轮毂连接的铆钉头，再将铆钉冲出。取下叶轮后，用细锉将轮毂结合面修平，并将铆钉孔处毛刺锉去。

（2）新叶轮在装配前，应检查其铆钉孔是否相符。经检查无误后，再将新叶轮套装在轮毂上。叶轮与轮毂一般采用热铆。铆接前应先将铆钉加热到 1000℃左右，再把铆钉插入铆钉孔内，在铆钉的下面用带有圆窝形的铁砧垫住，上面用铆接工具铆接。全部铆接完毕，再用小锤敲打铆钉头，声音清脆为合格。

叶轮检修完毕后，必须进行叶轮的晃动和瓢偏的测量及转子找平衡。

四、叶轮轮毂及轴的检修

（1）轮毂的更换。轮毂破裂或严重磨损时，应进行更换。更换时先将叶轮按上述方法从轮毂上取下，再拆卸轮毂。其方法可先在常温下拉取，如拉取不下来，则再采用加热法进行热取。新轮毂的套装应在轴检修后进行。轮毂与轴采用过盈配合，过盈值应符合原图纸要求。一般风机的配合过盈值可取 0.01～0.03mm。新轮毂装在轴上后，要测量轮毂的瓢偏和晃动，其值不超过 0.1mm。其测量方法见图 3－28。

（2）轴的检修。根据风机的工作条件，风机轴最易磨损的轴段是机壳内与工质接触段及机壳的轴封处。检查时应注意这些轴段的腐蚀及磨损程度。风机解体后，应检查轴的弯曲度，尤其对机组运行振动过大及叶轮的瓢偏、晃动超过允许值的轴，则必须进行仔细的测量。如果轴的弯曲值超过标准，则应进行直轴工作。检查轴上的滚动轴承，倘若可继续使用，就不必将轴承取下，其清洗工作就在轴上进行。清洗后用干净布把轴承包好。对于采用滑动轴承的风机，则应检查轴颈的磨损程度。若滑动轴承是采用油环润滑的，则还应注意油环的滑动造成的轴颈磨。

五、外壳及导向装置的检修

（1）外壳的保护瓦一般用钢板［厚为 10～12mm］或生铁瓦［厚为 30～40mm］制成（也有用辉绿岩铸石板的）。外壳和外壳两侧的保护瓦必须焊牢，如用生铁瓦作的保护瓦（不必加工），则应用角铁将生铁瓦托住并要卡牢不得松动。在壳内焊接保护瓦及角铁托架时，必须注意焊接质量。若保护瓦松动、脱焊，则应进行补焊；若磨薄只剩下 2～3mm 时，则应换新瓦。风机外壳的破损，可用铁板焊补。

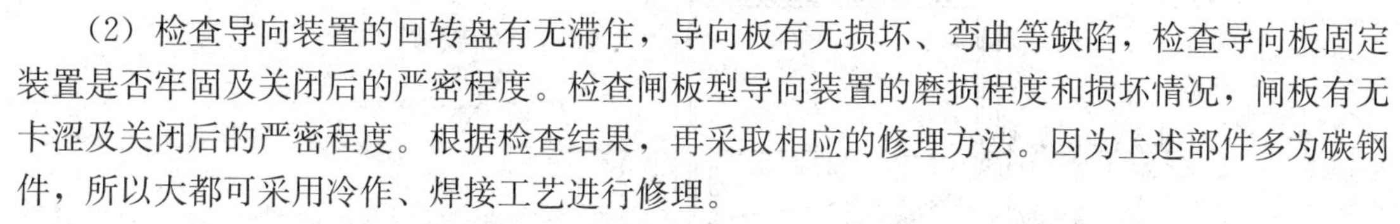

图 3-28 轮毂的测量方法

（2）检查导向装置的回转盘有无滞住，导向板有无损坏、弯曲等缺陷，检查导向板固定装置是否牢固及关闭后的严密程度。检查闸板型导向装置的磨损程度和损坏情况，闸板有无卡涩及关闭后的严密程度。根据检查结果，再采取相应的修理方法。因为上述部件多为碳钢件，所以大都可采用冷作、焊接工艺进行修理。

（3）风机外壳与风道的连接法兰及人孔门等，在组装时一般应更换新垫。

六、对主要部件检修质量的要求与更换原则

（1）叶轮局部磨穿，允许补焊。如叶轮普遍磨薄且磨薄量超过叶片原厚度的 1/2 时，则必须换新叶轮。叶轮上的焊缝如有磨损、裂纹等缺陷时，就必须焊补。当叶轮的轮毂有裂纹，必须换新叶轮。

（2）部分叶片磨损，可以补焊；如大部分磨损，则应全部更新。为了防止叶片磨损，可在叶片上用耐磨合金焊条堆焊。在堆焊时要预防叶轮变形，焊完要用砂轮进行抛光。叶片可采用渗碳或喷涂处理。

（3）当外壳有大部分面积被磨去 1/2 厚度时，则应更换外壳。有保护瓦（防磨瓦）的风机，保护瓦在运行中不允许有振动、脱落及磨穿等现象发生。为此，在检修时必须对保护瓦进行仔细的检查，磨损严重的应估算是否能维持到下一个检修期，如不能则必须更换保护瓦。

（4）在转子找平衡前，必须将叶轮上的灰垢、铁锈及施焊的焊渣清除干净。一般的风机转子只找静平衡，而对于重要的风机转子除找静平衡外还需在机体内找动平衡。

（5）风机的风门能够全关、全开，活动自如，连杆接头牢固，实际开度与指示相符。

（6）试运行时，风机的振动、声音及轴承温度正常，不漏油、不漏风；电动机的启动电流在标准范围内；停机后，风机惰走正常。

七、风机的组装

（1）将风机的下半部吊装在基础上或框架上，并按原装配位置固定。转子就位后，即可进行叶轮在外壳内的找正。找正时可以调整轴承座（因原位装复，其调整量不会很大），也可以移动外壳，但外壳牵连到进出口风道，这点在调整时应特别注意。

(2) 转子定位后，即可进行风机上部构件及进出口风道的安装。在安装风道时，不允许强行组合，以免造成外壳变形，导致外壳与叶轮已调好的间隙发生变化，将影响导向装置的动作。

(3) 联轴器找中心时，以风机的对轮为准找电动机的中心。小风机可采用简易找中心法；重要的风机必须按正规找中心方法进行。

八、离心式风机检修举例

以 4－73 型离心式风机检修为例。

(一) 4－73－11 型离心式风机整体结构

图 3－29 为国产 4－73－11 型离心式风机。该系列风机主要由叶轮、主轴、轴承、轴承座、机壳、集流器、调节风门等组成。在钢板焊接的螺旋形机壳内，装有用铆钉固定在轴盘上的叶轮，叶轮有十二片后弯机翼型叶片焊接于弧形前盘与平板型后盘中间。轴盘与大轴用平键连接并用背冒紧固。在进风口装有集流器和调节风门。集流器能保证在损失最小的情况下，将气体均匀地导入叶轮，调节风门是通过调节开度控制风量，保证锅炉正常燃烧。

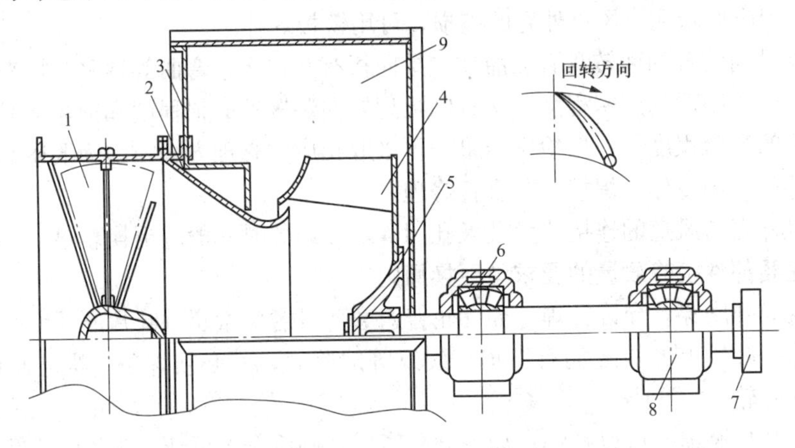

图 3－29 国产 4－73－11 型离心式风机

1—导流器；2—椎弧形集流器；3—机壳；4—叶片；5—轮毂；6—滚动轴承；7—联轴器；8—轴承座；9—出风口

4－73 型离心式风机检修、工艺方法及质量标准，见表 3－1。

表 3－1 4－73 型离心式风机检修、工艺方法及质量标准

检修项目	工艺方法及注意事项	质量标准
(一) 检修前运行工况分析：	检修前记录以下数值： 风机及电动机各轴承处的垂直、径向、水平震动值。 电动机空载电流。 轴承温度。 风机出口风压。 风机外壳的严密性、泄露处用红漆做出记号。 冷却水系统的工作情况。 润滑油系统的工作情况	送风机、引风机振动值≤0.10mm（转速为<1000r/min）排粉机振动值应≤0.08mm（转速为 1000～1500r/min）

续表

检修项目	工艺方法及注意事项	质 量 标 准
（二）转子的拆装、检修： A. 叶轮检修和更换	1. 检查叶轮、叶片的焊缝。 2. 叶片与后盘的焊缝磨损处均应补焊，补焊时应使各叶片焊缝的焊条重量差不大于5g。 3. 用超声波测量厚度仪器测定叶片厚度，叶片磨损严重的，应更换。 4. 检查叶轮前盘的磨损情况。 5. 检查送风机机翼形叶片焊缝及焊缝磨损情况，已进灰的应作处理。 6. 后盘与轮毂连接的铆钉应用榔头锤击或探伤仪检查，松动和磨损的铆钉应更换。 7. 吸风机和排粉机叶轮应采用成熟的防磨措施。 8. 机壳内如衬有防磨材料则装置应牢固，表现应平整。 9. 装复后应测定叶轮的轴向和径向幌度	1. 应无裂痕、砂眼、未焊透及咬边等缺陷。 2. 工作叶片磨损超过原厚度的2/3时，应予更换。当局部磨损小于3mm时，应作补焊处理。 3. 工作叶片有1/2以上面积只有3mm厚度时，应更换全部叶片（包括叶轮）。 4. 新叶轮应符合图纸要求，静平衡应合格。不平衡重量在其工作转速下产生的离心力应小于5%的转子重量。 5. 前盘磨损厚度达8mm时（对引风机）应更换。要求更换材质为16Mn，厚度14mm的钢板。后盘磨损为原厚度的1/2时应更换。叶轮的轴向、径向幌度均不大于2mm
B. 转子检修和组装	1. 检查轴的弯曲度（可在车床上测定），超标的可采用加热顶压法直轴。用千分表精确测量轴的直径、锥度和椭圆度。 2. 轴颈处用00号细砂打磨光洁。 3. 轴承入轴时，必须先放在油盆内，注入机油，待加热油温达90℃～100℃后用铁丝钩出，用石棉布拖住轴承套装在轴的固定位置上，冷却后用手盘动外钢圈。 4. 将叶轮轴孔均匀加热，温度控制在180℃～220℃，平稳地套在轴上。拼紧螺母，止动垫圈应完整、嵌劳，不使螺母松动。 5. 用秒表法做转子静平衡试验。 6. 将轴稳妥的吊装就位。 7. 盖上轴承箱上盖，轴承箱水平结合面螺丝紧固时应对角均匀拧紧，装上轴承箱端盖，并更换毛毡，毛毡和轴的间隙应适宜，使之既不磨轴，又不漏油。 8. 膨胀端轴承应该留有足够的膨胀间隙。 9. 注入合格的润滑油，正常油位应保持在轴承下滚珠（或滚住）的中心	1. 主轴检查无裂痕、腐蚀及磨损。 2. 主轴弯曲值一般应不大于0.05mm/m，全长不大于0.10mm。 3. 主轴轴颈圆度不大于0.02mm。轴颈应该符合图纸要求，轴承在轴颈上的装配进度应符合设备技术文件规定，内套与轴不得生产活动，不得安放垫片轴颈的椭圆度和锥度一般不大于直径的1/1000。机轴安装水平误差一般不大于轴长的0.2/1000。 4. 轴承外钢圈与外壳间轴向及径向的配合应符合设备技术文件的规定，并不得在径向安放垫片。 5. 推力轴承的轴向间隙为：0.30～0.40mm。 轴承的膨胀间隙可按下式计算： $C=[1.2(t+50)L]/100$ 式中 C——热伸长常量，mm； T——轴周围介最高温度，℃； L——轴承之间的轴长度，m
C. 对轮的拆装	1. 对轮上应有装配标记。 2. 测量对轮的轴向、径向幌度和对轮间隙，供修前修后比较分析。 3. 检查对轮有无裂纹等缺陷。可用小锤轻击，根据声音和外观检查判别。 4. 用专用工具拆卸对轮，若过紧则可用火焊或喷灯加热，加热时应注意快速、均匀、对称，加热温度以80℃～100℃为宜，加热后可用检模将其由轴端缓慢拉出，下面应垫从枕木，以防对轮落下。 5. 清洗对轮。	1. 对轮的径向晃度不应大于0.1mm，轴向晃度在距中心200mm处测量应不大于0.1mm。对轮不应有裂纹等损坏情况。 2. 对轮孔径的椭圆度和锥度不应大于0.3mm。轴颈和轴孔的紧配尺寸应符合图纸规定的配合公差。如无规定时，一般应按轻打入座的配合公差来考虑。 3. 两对轮外径误差应不大于0.05mm。 4. 键与键槽的配合，在两侧不应有间隙，其顶部间隙一般应为（0.1～0.4）mm。

续表

检修项目	工艺方法及注意事项	质量标准
C. 对轮的拆装	6. 装配前测量轴颈和轴孔尺寸，视紧配度来决定更换与否。 7. 测量对轮外径，检查键槽并在轴上涂以机油。 8. 均匀加热对轮，随后用垫木和榔头将其平稳地撞击入轴。 9. 检查对轮螺栓和弹性垫圈	5. 对轮孔径和轴的配合应有 0.03～0.05mm 的紧力。 6. 对轮螺栓应无裂纹和弯曲，螺栓与橡皮垫最大间隙超过 0.6mm 时应更换（原间隙应为 0.5mm）
（三）滚动轴承的检查和更换	1. 将滚动轴承清洗干净。 2. 检查夹持器的情况。 3. 检查滚动体表面情况。 4. 检查滚动轴承内套于轴的配合是否紧固。 5. 用塞尺测量滚珠或滚柱与外套的径向间隙	轴承应符合下列标准： 1. 检查滚动轴承的内外套、隔离圈及滚珠，不应有裂纹、麻点、重皮、斑痕、起皮等缺陷，并符合设备技术文件规定。 2. 轴承内套与轴颈的配合为过盈配合，过盈量为 0.01～0.04mm。 应符合设备技术文件规定。 超标应更换
（四）检查滑动轴承	1. 检查油环搭口和锁口是否完整。 2. 检查轴瓦乌金情况。 3. 检查乌金的磨损程度及厚度。 4. 检查轴瓦乌金与轴瓦外壳的严密性。 5. 检查轴瓦与轴颈的接触情况	1. 油环搭扣和锁扣应完整无缺，两半油环合上后应成圆形，如变形应修理或更换。 2. 轴瓦乌金面应光洁，无砂眼、气孔、裂纹、残缺和脱壳分离现象。 3. 接合应严密。 4. 接触角应为 60°～90°，接触点清晰，每平方厘米不少于两点
（五）进风斗、挡板调节装置、机壳的检修： A. 进风斗检修	1. 检查进风斗磨损情况，局部磨损严重的可做挖补处理，喉部磨损严重的宜更换新进风口。 2. 检查进风斗的椭圆程度，超标的应作校正。 3. 吊装进风斗应稳妥的插入叶轮进风口内，可靠就位，并调整好进风口和叶轮轴向间隙和径向间隙（可通过气焊烘校来达到）。吊装时应防止由撞击而引起的变形	1. 更换新进风斗时，喉部应符合图纸要求。 2. 进风斗椭圆度不得大于 3mm
B. 挡板调节装置检修	1. 检查挡板、椎体、挡板内支点轴头、挡板上螺栓及支撑杆磨损情况。 2. 拆卸挡板外端螺栓和挡板。安装时应保持各叶片的开关角度一致，叶片的开启方向应使风流顺着风机转向进入，不得装反。调节挡板轴头上映由于叶片板位置一直的刻痕，挡板应有与实际相符的开关刻度指示，手揉挡板在任何开度时都应能固定。 3. 检查当班导轮轨道，连杆及外圆环椭圆度。 4. 检查开、关终端位置限位器。 5. 吊装挡板调节装置时，结合面应加石棉垫，以保证密封性能，装上调整杆和伺服机并连接妥当，然后调整好开度指示。手揉伺服机，检查调节装置严密性、导向轴转动灵活性及开度指示的正确性	1. 椎体上的挡板插孔磨成椭圆、挡板无法可靠定位时，椎体必须更换，新椎体加工应符合图纸要求，与支撑杆连接螺母装后不得松动。 2. 叶片板固定可靠，与外壳应有适当的膨胀间隙（对介质温度超过室温的风机）。 3. 导轮沿轨道应完好，转动时不得有卡住或脱落现象。外圆环不应有明显的椭圆变形，连杆应完好

续表

检修项目	工艺方法及注意事项	质 量 标 准
C. 机壳检修	1. 磨漏和撕裂处必须补焊。 2. 检查机壳底部放水阀，必须使其畅通。 3. 检查机壳本体位置和出入口方位、角度。 4. 磨损严重的排粉机耐磨衬板应予更换。为提高防磨效果，在排粉机和引风机粉尘冲刷严重的部分可涂以铸石粉防磨涂料。 5. 为确保厂房内清洁，排粉机出口人孔门应严密不漏。 6. 检查机壳内部和出风口支承杆两端磨损程度，按磨损程度决定补焊或更换（薄壁支撑圆管应改为厚壁）。 7. 检查风机出口导流板焊缝，必要时应进行补焊。 8. 伸缩节磨漏或腐蚀的要修补，严重的要更换。 9. 调整机壳进风斗与叶轮进风口间隙，使之均匀。 10. 调整轴与机壳的密封间隙。 11. 机壳应经严密性测试后方可进行保温	限位器应完好。 机壳本体应垂直，出入口方位和角度应正确。 轴向间隙与径向间隙的允许误差范围请见（三）A的表格。 应符合建设技术文件的规定，一般可为2～3mm（应考虑机壳受热后向上膨胀的位移量）。 轴封毛毡轴接触应均匀，紧度适宜，严密不漏
（六）轴承箱及冷却水管检修	1. 退出轴承，清洗后检查其有无裂纹等缺陷，测量轴承滚珠（或滚柱）与内外钢圈的间隙，超标的应予更换。用“皮老虎”吹净清洗好的轴承，然后用白布包好。 拆卸轴承时，应将力均匀地加到轴承内整个圆周上。 2. 检查轴的弯曲度，超标的可采用加热顶压法直轴。 3. 检查齿轮的啮合情况。 4. 用煤油和热碱水清洗轴承箱，并涂上红丹。 5. 拆下并清洗油位计，保证其畅通。更换耐油橡皮垫。 6. 拆卸冷却水管，锤击掉垢物后用10%浓度的稀盐酸清洗和水冲洗，最后用压缩空气吹净。 7. 冷却水管安装时应确保其严密不漏	1. 轴承型号应符合设计要求，外观应无裂纹、重皮和锈蚀等缺陷。轴承的总游动间隙应符合设备技术文件的规定。 2. 轴弯曲值一般应不大于0.10mm。 3. 应符合通用机械质量标准要求。 4. 轴承箱油位计应畅通、清楚。冷却水应畅通，水量合适，冷却水阀门应开关灵活
（七）电动机安装	1. 将由电气车间检查合格马达运至安装现场。 2. 将电动机的底脚螺栓周围清理干净。 3. 在原位置上放上原垫铁。若配置新垫铁，垫块不得用铅板等延伸性大的材料制作，每个底脚下垫铁数不得超过三片。 4. 装上调整马达中心用的校中卡子，校中卡子应具有足够的刚度。 5. 检查底脚螺丝本身和其固定的可靠性。 6. 稳妥的将电动机吊装就位，就位时用刚皮尺初步进行校正。 7. 用千分表精确测量对轮外圆的轴向和径向偏差，并用撬棒和调整螺丝来进行调整。在调整中心时严禁用大锤敲打。 8. 重心调整好后，缓慢对称地旋紧底脚螺丝，复查其中心无变化后装上并帽。 9. 待安装工作全部结束后，最后复查一遍中心，并把此校值作为正式记录。 10. 装上对轮保护罩	1. 底脚螺丝应完好。 2. 两对轮间隙应按图纸规定，如无规定时轴伸长和轴串称量之和。 3. 轴向偏差应≤0.10mm，径向偏差应≤0.05mm

续表

检修项目	工艺方法及注意事项	质量标准
（八）试运转	1. 机壳内和与其相连接的烟、风、煤粉管道清理干净后关闭人孔门，并保持密封。 2. 检查冷却水，应使其保持畅通和具有足够的流量，检查油位，应使其保持在正常的标高上。 3. 检查各部挡板的开度，并使其处于关闭位置。 4. 熟悉就地切断电源按钮的位置和性能。 5. 准备好找动平衡的全套工具、仪器。 6. 班组长和车间技术负责人确认具备启动条件后，联系运行送电。 7. 第一次启动后，应在刚达到全速时用事故按钮停机，利用全停前的转动惯性来观察轴承和转动部分，若无摩擦和其他异常则可正式启动。 8. 启动后即测量轴承振动情况，若振动值超标，则应进行平衡测试。 9. 在整个试转过程中，除测量振动值外，尚需记录轴承温度和风门在各挡开度上的电流值并检查有无摩擦、漏油、漏水、漏风等异常情况	1. 风机试运行时间为：4h～8h。 2. 试运行中轴承垂直振动在 0.03mm 以内，最大不超过 0.085mm；轴承水平振动一般应在 0.05mm 以内，最大不超过 0.085mm。 3. 风机运行正常，无噪声。 4. 挡板开关灵活，指示正确。 5. 各处密封严密，无漏油、漏风、漏水。 6. 滚动轴承温度应不高于 80℃。滑动轴承温度应不高于 50℃

能力训练

1. 简述风机拆装的注意事项和检修质量标准。

2. 在教师指导下拆装一台离心式风机。在拆装任务实施前，制定出风机拆装实施方案，拆装程序卡，整个任务要做好拆装前准备工作、拆卸、清洗检查、组装、试运行工作。拆装任务完成后写出离心式风机拆装实训报告。

任务五 轴流式风机检修

任务目标

了解轴流式风机叶轮检修工艺方法；了解轴流式风机液压缸的检修工艺方法；了解调节驱动装置的检修工艺方法；了解液压系统的检修工艺方法。

知识储备

一、轴流式风机检修工艺

（一）叶片的检修工艺

1. 叶片的检修

利用锅炉停运或检修时机对叶片的磨损及其他情况进行检查。检修检查的项目及要求有以下几点：

(1) 叶片磨损检查主要是针对吸风机，检查铝合金叶片型部分的磨损及叶片表面镀各层磨损和龟裂、剥落等情况。

叶片的磨损检查可以通过肉眼检查，测量和称重相结合进行。

(2) 利用每次大小修时机一般都要对叶片进行着色探伤检查，主要检查叶片工作面及叶片根部，以确定是否有裂纹及气孔、夹砂等缺陷。

(3) 叶片的固定螺钉必须进行力矩复测，根据不同的机型及螺栓的规格不同，力矩值也不相同。如某厂 AST－2100/1500N 型轴流送风机要求叶片专用螺栓的拧紧力矩为 93N·m。

(4) 叶片间隙的测量是指叶片顶端与机壳之间的间隙。

在风箱壳体上用记号笔标记出 8 个等分点，一般将风箱壳体正下方标记为第“5”点。用硬质木块按叶片顺序号固定叶片，使每片叶片尽量达到风机在冷态下运转时拉伸的最长量，盘动转子测量出每片叶片在第“5”点时与风箱壳体间隙，以确定各叶片中与风箱壳体间隙最小和最大的两个叶片。

然后以最小间隙的叶片为依据，分别按 8 点进行测量，计算出各叶片分别在 8 个测量点时与风箱壳体的间隙，并记录准确。

通过以上测量计算出叶片与风箱壳体之间最小间隙，以验证是否符合如下规定：对冷态风机而言，最小间隙为 2.5mm，最大间隙为 4.0mm；当最大间隙的叶片转至其他位置时，间隙的变化量不得大于 1.2mm；在 8 个测量点上，对于最短叶片和最长叶片测得间隙的总平均值应小于或等于 3.3mm。

2. 叶片的更换

(1) 解列液压油系统，拆除所有影响扩压器拉出的部件，并标记好。

(2) 拉开扩压器，依次拆卸叶轮上各动叶调节机构部件，做上标记并放好。

(3) 如在更换叶片的同时对其承力轴承也进行检查或更换，则应将叶片与枢轴一起从人孔门取出，随后还要将轮毂拆下。

(4) 拆卸旧叶片时要对角进行，以免叶轮不平衡过大，影响拆卸叶片的工作和安全。叶片螺栓如果过紧松不开，可通过加热法将其松开。

(5) 新叶片是在厂家进行完整机动平衡工作的，并编制了编号，所以安装时应对号入座，以免因不平衡引起振动。

(6) 新叶片应按编号对称安装，叶片螺栓全部换新，叶柄轴螺纹装复前应清理干净，无毛刺，所有螺栓和螺母均能用手旋进。螺栓螺纹应涂二硫化钼油，同一片叶片的螺纹安装要对角均匀预紧，最后用力矩扳手对角紧固，力矩应符合规定。

(7) 全部叶片安装好后，锁紧螺母应先全部旋紧，然后逐个旋松 270°，再测量叶片与外壳的间隙，并做好记录，已确认间隙是否符合规定要求，如不符合要求应查明原因。注意安装叶片旋紧锁紧螺母时只能由一人完成，中间不能换人。由于机型不同，其规定的叶片间隙也不相同，因此间隙测量应符合厂家设计规定。

(二) 轮毂的检修工艺

1. 轮毂的拆卸

动叶可调轴流式风机动叶结构见图 3－30。

拆卸方法如下：

(1) 拆除叶轮外壳与扩压器法兰连接螺栓及扩压器与风道的软连接。

(2) 拆除旋转油密封的进、出油管及漏油管，并拆下拉叉。

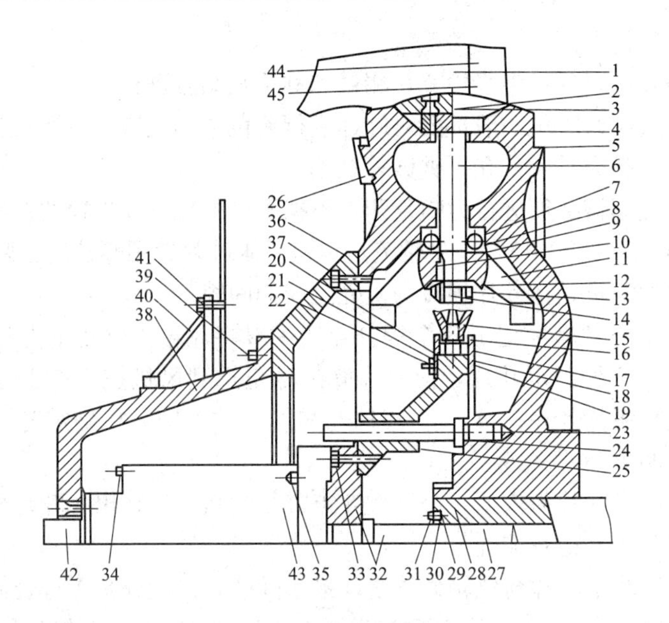

图 3-30　动叶可调轴流式风机动叶结构

1—叶片；2—叶片螺钉；3—密封环；4、27—衬套；5—轮毂；6—叶柄；7—推力轴承；8—紧圈；9—衬圈；10—键；11—调节臂；12—垫圈；13、15、28—锁帽；14—锁紧垫圈；16—滑块梢钉；17—滑块；18—锁片；19、20—导环；21—螺帽；22—双头螺钉；23—衬套；24—导向销；25—调节盘；26—平衡重块；29—密封环；30—毡圈；31、33、35、37、39、41、42、45—螺钉；32—支持轴颈；34—主轴；36—轮毂罩壳；38—支承罩壳；40—加固圆盘；43—液压缸；44—叶片防磨层

(3) 在扩压器两边各装一只 1～2t 的手拉链条葫芦，将扩压器轴向拉入风道中，留出扩压器和叶轮外壳的间距。该间距一般为 0.8～1m，以便拆卸并吊出轮毂。

(4) 按轮毂组装图依次拆下旋转油密封、支撑罩、轮毂罩、液压缸、支撑轴、调节盘、叶片等；其各部位都有钢印标记，如没有，应在第一次解体时打上编号并将所有部件存放在指定地点，以免错乱。

2. 轮毂及各部件检查与安装

(1) 检查轮毂、轮毂盖、支撑盖等表面，无裂纹、气孔等铸造缺陷。表面无磨损，无腐蚀，如有，应做好记录。各结合面平整，无毛刺，拆下的螺栓可用手直接旋入。

(2) 检查各衬套、叶片、推力轴承、滑块、导环、密封环等部件是否完好，否则应尽量全部更换新部件。

(3) 在装设内导环前应将叶片安装好，并调整叶片间隙正确。

(4) 滑块、导环无磨损，滑块安装前应放入 100℃二硫化钼油剂溶液中浸泡两个小时。安装后导环与滑块的正确间隙应为 0.1～0.4mm，如果间隙过大时，应查明原因。必要时应更换导环，导环要求平整无弯曲，导环平面应涂二硫化钼粉。

(5) 安装支撑轴，检查支撑轴颈表面无划痕，不弯曲，要求弯曲度小于 0.02mm。其紧固螺栓应用力矩扳手按规定力矩值紧固。

(6) 安装液压缸和轮毂盖时，应按设计厂家规定的力矩紧固液压缸与支撑轴的连接螺栓及轮毂盖与轮毂的连接螺栓，同时所有螺栓的螺纹应涂二硫化钼油剂。

（7）安装支撑罩时，首先紧固支撑罩与液压缸之间的连接螺栓，再选择四个对称的螺栓对角拧紧支撑罩和轮毂罩。

（8）用千分表测量液压缸与风机轴的同心度，要求在0.05mm之内。调整好后，将剩下的螺栓紧固，并复查同心度是否变化，否则应重新调整。

（三）液压缸的检修

轴流式风机液压缸一般是随风机整机组装后供货的，其检修都是返厂维修。不过，作为检修人员也应该了解液压缸的解体、检修方法。液压缸剖面图见图3-31。

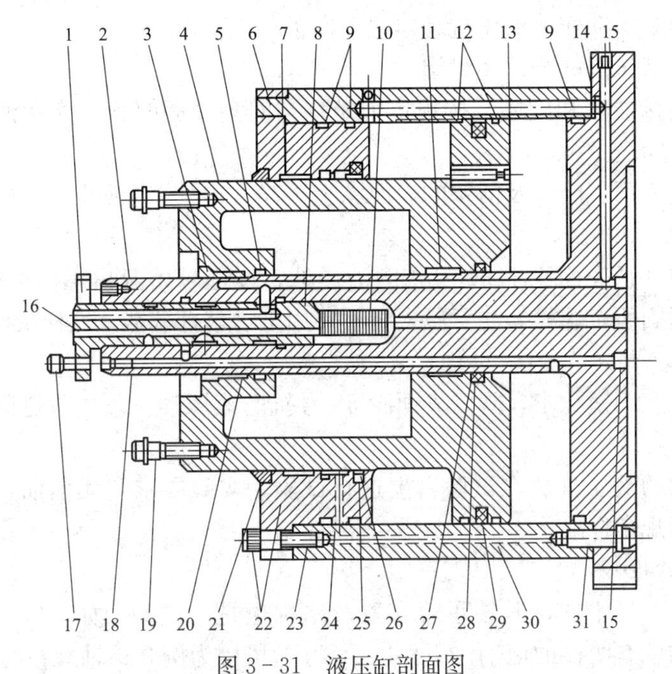

图3-31　液压缸剖面图

1—衬套（G/a）；2—阀室；3—活塞胀圈；4—活塞；5、9、14、18、24、25、28、30—O形圈；6、17、19、31—螺栓；7—活塞套；8—阀门；10—弹簧；11—活塞套；12—活塞导环；13—节流装置；15—旋塞；16—阀门密封；20—阀室衬套；21—活塞胀圈；22—端盖；23—油缸；26、27、29—G_{lyd}圈

1. 解体

解体液压缸时，首先应小心地将阀芯从阀体中拉出来。拆下端盖螺栓，利用顶丝孔将其拆下。分别在活塞端面对称的螺孔上安装两只吊环，将活塞吊出。拆下油缸与阀座的螺栓，利用吊环将油缸与阀座分离。

2. 密封件及液压缸体的检查

（1）液压缸内密封件有O形橡胶圈、滑环式组合密封（由聚四氟乙烯环和O形圈组成）以及防尘密封圈。

所有密封圈不应有磨损、拧扭或间隙咬伤等现象，否则会引起泄漏。一般要求全套密封件一起换新。

（2）拆卸液压缸密封圈时，注意不要碰伤缸体表面；不要错用或混用密封圈，应按规定使用。安装时，最好使用专用工具将密封圈压入。

（3）液压缸各部件滑动面应光滑洁净，无磨损或损坏，镀层完整，不剥离。

（4）清洗干净各部件，并用压缩空气多次吹扫喷嘴及各油孔，保证油孔内无杂质并畅通。

（5）清洗后，及时在缸体表面涂以30号抗磨液压油，以防锈蚀。

（6）弹簧应无磨损，无变形，否则应更换新弹簧。

3. 液压缸的组装

液压缸的组装应在液压缸组成部件清理好后立即进行。其所用螺栓均为高强度的螺栓，不能与普通螺栓相混淆，因普通螺栓的强度不够，液压缸动作时油压升高，将造成液压缸油路不通，引起液压缸不动作或油压过高，损坏设备。

（1）首先装好液压缸的全部密封圈。

（2）按记号连接油缸和阀座，按规定力矩均匀对角紧固螺栓。注意油缸的方向不能反向，以及O形圈的状态。

（3）在油缸内表面、阀座及活塞的表面涂上干净30号抗磨液压油，然后将活塞缓慢地放入。

（4）在端盖内外径表面涂上30号抗磨液压油，按记号用两只螺栓将端盖压入油缸内。然后按规定力矩紧固所有螺栓。注意压入时不要用重物敲打端盖，这样反而不易压入且容易损坏密封圈。

（5）将弹簧放入阀室孔中，阀门表面涂30号抗磨液压油，缓慢放进阀塞孔中，用螺栓旋紧定位。

（6）将组装后的液压缸放在试验台上进行试验。实验要求：无漏油，无渗油，动作正确，油压符合设计规定标准。

（四）轴承箱的检修

轴流式风机的型号不同，其轴承箱布置及结构也是不同的，如ASN型、TLT型等风机，其轴承箱结构就有明显的区别。下面以ASN型风机为例介绍轴承箱的检修。

1. ASN型轴承箱的结构

轴承箱结构剖面图见图3－32。

2. 轴承箱的解体

（1）首先准备好拆卸叶轮及联轴器的专用工具，将电动机吊离其基座，用加热法将叶轮、轮毂及联轴器卸下，同时将箱体内润滑油放净。

（2）轴承箱推力、承力侧等，架设好两只手拉链条葫芦，利用专用滑道及小车将轴承箱从电动机侧拉出，并运送到专用检修车间。

（3）拆卸两端与轴承箱体的紧固螺栓，将轴连同轴承壳从轴承箱中抽出，放在专用的支架上。抽出时要在两点固定，切勿碰撞，如抽出时感到较紧，可稍加热连接处，以便于拆卸。

（4）吊好轴承壳，松开轴承外端盖，将轴承壳连同轴承外钢圈一起从主轴上拆下，放置干净地方。

（5）松开轴承外、内端盖与轴承壳的连接螺栓。吊好轴承壳，安装好专用工具，将轴承壳拉下放好。

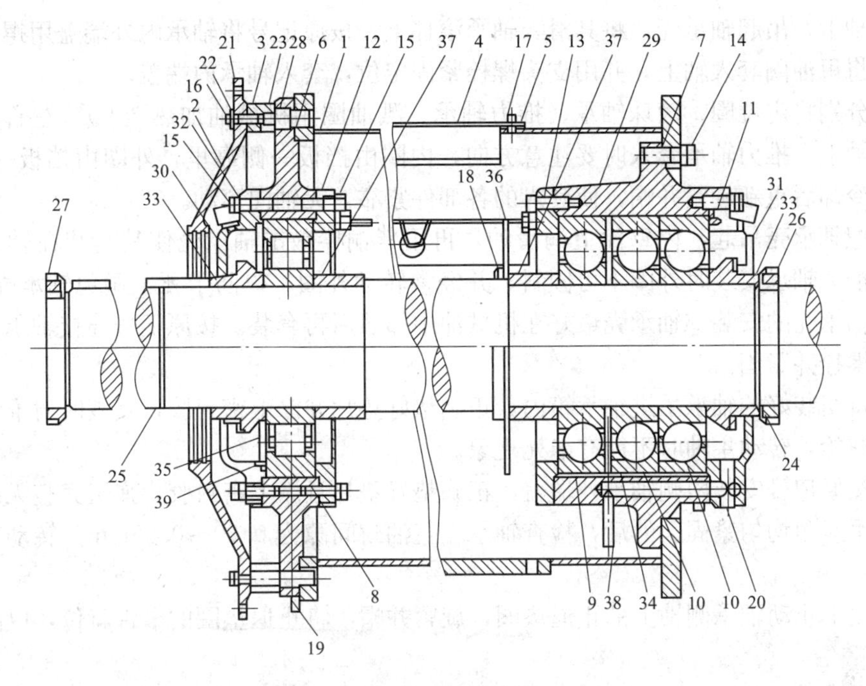

图 3-32 轴承箱结构剖面图

1—轴承套管；2—迷宫式轴封；3—迷宫式轴封螺栓的支撑；4—检查盖；5—圆盖板；6、7—密封垫；
8—液柱轴承；9—滚珠轴承；10—单列止推滚珠轴承；11—压力弹簧；12、13—侧盖；
14～17—六角螺栓；18—六角形旋塞、锤行销；19—接头；20—1/2in 油管；
21—密封盘；22—垫圈；23—隔套；24—止退垫圈；25—主轴；
26、27—并帽；28—松动侧轴承外壳；29—导向侧轴承外壳；
30—松动侧内端盖；31—外端盖；32—垫圈；33—溅油盘；
34—导向轴承定距环；35—档油板；36—甩油板；
37—定位圈；38—轴承外壳的油管；
39—六角螺栓

(6) 用专用工具将滚动轴承、定位圈、挡油圈一起从轴上拉下，注意拉轴承时，要用加热至 90℃的机油浸浇在部件上，再将其拉下，以免引起主轴的磨损。轴承外钢圈可用紫铜棒从轴承壳中轻轻敲击，慢慢地拆下。

(7) 放松挡油圈上的支头螺栓，松开轴上并帽，取下止退垫圈。安装好专用工具，用加热至 90℃的机械油浸浇在部件上，将推力轴承、球轴承、甩油圈、溅油圈一起从轴上拉下。

3. 轴承箱的组装

(1) 首先应检查箱体内各部件，需要更换新部件要更换，同时应测量好各种配合间隙。如轴承内圈与轴配合紧力为 0～0.02mm，轴与轮毂孔配合紧力为 0～0.015mm，轴承外圈与轴承壳配合间隙为 0.03～0.05mm，新轴承游隙不小于 0.06mm，最大间隙不大于 0.18mm，旧轴承游隙最大间隙不超过 0.30mm。

(2) 将定位圈、轴承内圈、溅油圈放在干净的机械油中加热至 90℃左右，依次快递套装在轴上，定位圈与轴肩靠严密。定位圈、轴承内圈及溅油圈应相互紧靠，其紧靠部位应用 0.02mm 塞尺塞不进为宜。

(3) 轴承外圈涂上润滑油，用铜棒将其敲入轴承壳内，注意位置要放正确。将轴承内端盖套放在轴上，吊起轴承壳，将其滑入轴承滚柱上；按原记号将轴承内外端盖用螺栓紧固。

（4）将甩油圈套入轴上，并用支头螺栓紧固定位，套入轴承内端盖。

（5）分别将定位圈、滚珠轴承、推力轴承、溅油圈用机械油加热至 90℃左右，将他们依次套入轴上，推力轴承套入时要注意方向，内圈由挡板一侧靠里，外圈由挡板一侧向外。待各部件冷却后重新旋紧并帽，使套入的各部件紧靠，无轴向窜动。

（6）把轴承壳吊起，内壁涂上润滑油，再用紫铜棒敲击轴承壳使其套装在轴承的外圈上。注意推力轴承安装时外圈不可倾斜，并经常转动外圈，以防卡死，避免轴承壳装不进。为了便于轴承壳的安装，轴承壳最好在机械油中加热后再套装。按原记号连接轴承内端盖与轴承壳的螺栓并紧固。

（7）将组装好的轴承吊进轴承箱内，正确垫好垫片并涂上密封胶，安装时对准记号并紧固好端盖螺栓，转动主轴时不能有卡死现象。

（8）按原记号安装两侧轴承外端盖，正确垫好垫片且涂上密封胶，弹簧完整无缺，螺栓用力矩扳手对角均匀紧固。然后，检查轴承端盖油封间隙为 0.20～0.35mm，转动主轴，无卡涩现象。

（9）放上止动轴承侧轴上的止退垫圈，旋紧并帽，将止退垫圈的卡舌就位，以防止并帽松动。

（10）轴承箱就位时，应仔细检查各部件及底板等无影响就位工作的因素。

（11）通过起重吊具和小滑车将轴承从电动机侧吊入轴承箱基础，并用定位销钉定位。

（12）在叶轮侧轴端面上，用螺钉安装一根专用直尺，骑上装一只百分表，表针指在叶轮壳的内圆上，用于测量轴承箱与叶轮外壳的同心度。

（13）缓慢转动主轴，记录叶轮外壳上 8 个等分点处的数值，检查直径方向上数值的变化，其误差规定为：吸风机小于 1.4mm，送风机小于 1.0mm。如果超标，应通过调整地脚垫片使误差在规定的范围内。

（14）用力矩扳手锁紧地脚螺栓，并同时注意直尺上百分表数值的变化。

（15）按拆卸时反向装设其他部件，如叶轮侧密封、叶轮、联轴器、各测温元件、油位计等。其中油位计中心油位为轴中心下 138mm 并固定好油位计，加 45 号或 68 号透平油至最高油位线。修后试运 7h 后需要更换新油，以保证润滑油的纯度。

（五）调节驱动装置的检修

调节驱动装置的检修是指调节轴的轴承检修及驱动装置开度指示的校正。调节驱动装置图见图 3-33。

1. 调节轴轴承检修

（1）拧下拉叉与摇把连接螺栓、杠杆、摇摆连接螺栓，取下杠杆及重锤，旋松摇把支头螺栓，将摇把从调节轴上取下。

（2）旋松轴承外壳螺栓，并拆下轴承外壳。旋松轴承并帽，通过敲击并帽，使轴承内圈与退拔套筒分离，将轴承连同退把套筒及并帽一起从调节轴上拆下。

（3）检查轴承磨损及配合情况，确定是否更换。装轴承时，依次将轴承退拔套筒、只退垫圈及并帽一起套入调节轴中，旋进并帽，将只退垫圈的卡舌就位，使轴承装在原来位置，轴承应加二硫化钼油脂。

（4）用深度游标卡尺测量轴承外端面到调节轴套管内端面的距离，选择合适厚度的止动

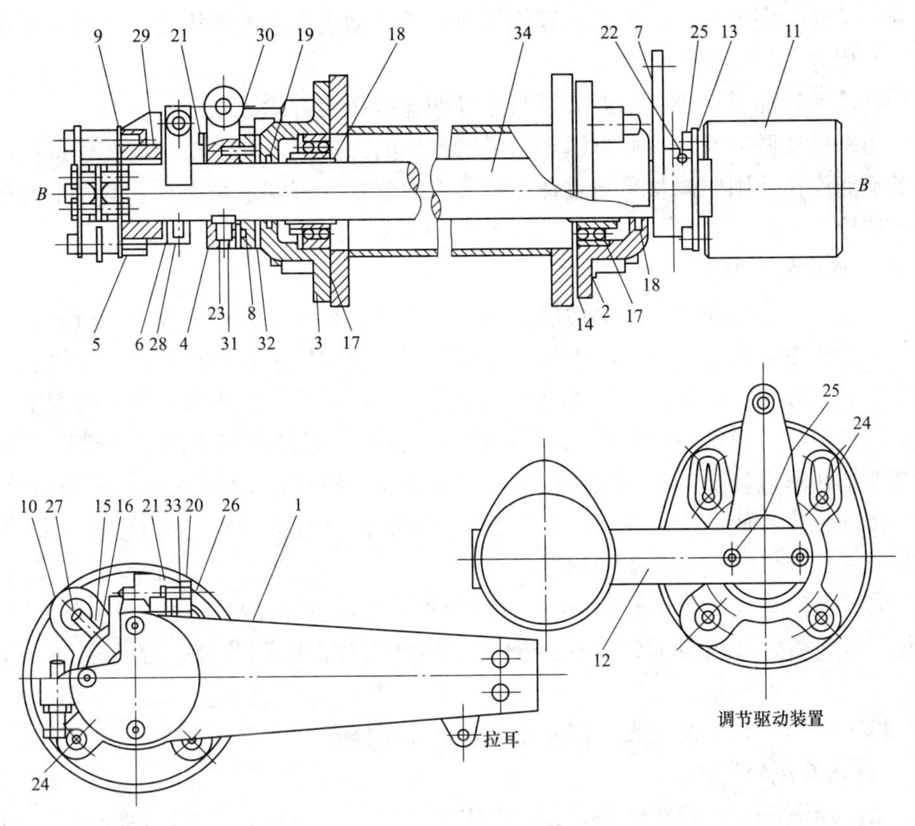

图 3-33 调节驱动装置图

1—调节臂；2、3—轴承外壳；4—制动叉；5—驱动环；6—叉；7—摇把；8—制动盘；9—钢制圆盘；10—制动销；11—平衡重锤；12—杠杆；13—夹紧铁；14—导向轴承制动板；15—指示器；16—刻度盘；17—滚珠轴承；18—楔形衬套；19—羊毛毡条；20—调整螺栓；21—并帽；22、23—旋塞；24、25、26、27、28—螺栓；29—衬套；30—圆柱销；31—螺旋形弹簧；32—摩擦片；33—并紧螺母

片，以保证调节轴无轴向窜动。放上止动片，按原记号安装轴承外壳，羊毛毡油封检查或调换，紧固螺栓。

(5) 将摇把装入调节轴上，旋紧支头螺栓。将杠杆连同重锤一起与摇把装复，并紧固其螺栓，再安装拉叉与摇把。

(6) 调节轴外轴承的拆卸：首先应拆下调节臂与连杆的连接螺栓，调节臂与驱动环的连接螺栓，取下调节臂。同时放松叉上支头螺栓，将驱动环连同叉一起从调节轴上拆下。放松制动叉上支头螺栓，拆下制动叉及键，取下弹簧、圆柱销、制动盘及摩擦片。轴承的拆卸、检查、组装均与内轴承的方法相同。

(7) 轴承等组装后，依次按原标记装摩擦片、制动盘、弹簧、圆柱销，在轴上装制动叉、平键，套入制动叉，并使制动叉保持原来位置，旋紧支头螺栓。

(8) 将叉连同驱动环一起装入轴中，旋紧支头螺栓。将调节臂通过旋紧螺栓与驱动环连接，连接调节臂与连杆。

2. 平衡重锤的调整

(1) 由于采用弹簧来消除外部调节臂和调节阀之间的间隙，弹簧对伺服电动机的传递力矩而报警，及动叶调节不动。为了减轻弹簧对伺服电动机产生的作用力，采用平衡重锤的办法克服其作用力。

（2）启动动叶油泵，将外部调节臂与连杆的连接螺栓拆除。

（3）用手扳动调节臂，平衡重锤如与弹簧产生的力抵消，调节轴应该在任意角度都能停住。如果不能停住，则要调整平衡重锤在杠杆上的位置，直到平衡为止，紧固平衡重锤与杠杆的连接螺栓。

3. 动叶角度的调整

动叶角度的调整是在风机全部检修完毕后，动叶油泵正常运行情况下进行的。

（1）通过叶轮外壳上的小门，拆除一片叶片，将叶片校正表装在叶柄上，使表的尖头部分对正叶片进气方向，表上两个螺孔与叶柄螺孔对齐，用两只平头内六角螺栓固定。

（2）转动叶片，使仪表指示在32.5°，将调节轴限位螺栓调节到离指标销两边相等的位置，调整摇把在垂直位置，再调整制动叉上的刻度盘，使其在32.5°对准指示销指针。

（3）转动叶片，使表指示在10°，此时指示销指针应对准10°。如有偏差，需移动刻度盘的位置，并把限位螺栓与止动销相接触。

（4）同样方法将动叶指示开到55°，进行调整，使限位螺栓与止动销相接触。反复几次，如无变化，则可将叶片位置固定。在摇把支头螺栓孔对正的调节轴上打孔定位，拧紧支头螺栓。

（5）拆下叶柄上叶片校正表，恢复原叶片，关闭外壳上小门。

（六）液压系统的检修

液压系统由液压缸、旋转油密封、一个组合液压油站及油管组成。对于液压缸的检修，前面已经叙述，本部分主要介绍旋转油密封与液压油泵的检修情况。

1. 旋转油密封的检修

旋转油密封的结构示意见图3-34。

检修方法如下：

（1）松开旋转油密封上3根油管接头，并用布包好；松开操作环上4只螺栓，将拉叉与操作环、操作环与旋转油密封分离。

（2）松开旋转油密封与液压缸调节阀的法兰螺栓以及定位螺栓，将旋转油密封与调节阀分离，并取下旋转油密封，铜垫片应换新。

（3）松开前后端盖上螺栓，做好记号，用紫铜棒轻轻敲击轴的后端盖面，将轴从前端盖方向连同前轴承端盖及垫圈等一起拆出。

（4）拆下轴用挡圈，拆下的当圈不可再用，然后用紫铜棒轻敲后端盖及后轴承，即可拆除。

（5）检查单向推力向心球轴承是否完好，有无缺损，检查橡胶油封是否破损、老化等，否则应更换新件。

（6）旋转油密封各部件检查，更换完毕应进行组装。将旋转油密封的两只定位螺栓穿入法兰孔中，在轴上涂润滑油，把装有油封的全端盖套入轴内，盘动轴或端盖，检查油封与轴配合应不松有紧力。分别装入S形环合垫圈。将前轴承用套管轻轻敲入轴中，安装时注意轴承的方向，外圈挡边应朝前端盖方向。

（7）先将前轴承的轴用挡圈装好，后把轴从前端盖方向穿入腔室，然后将后轴承的轴用

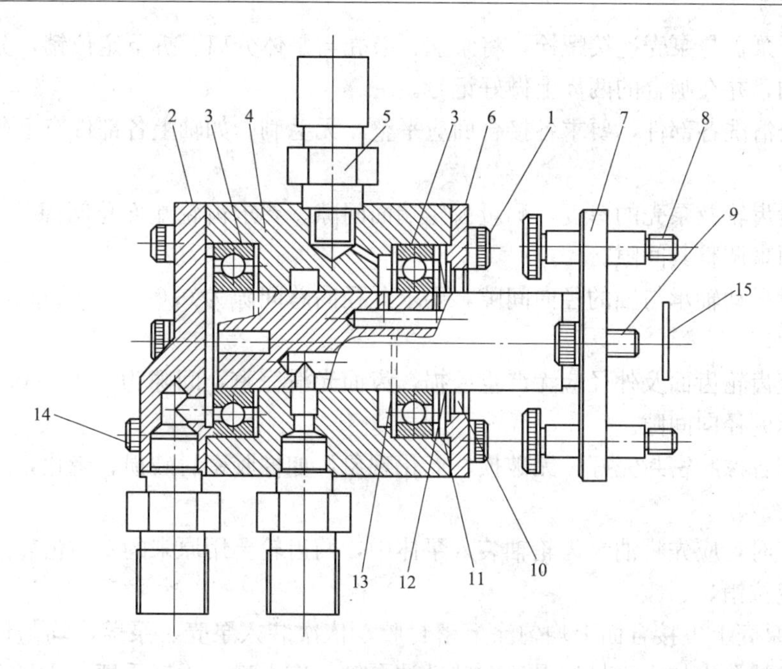

图 3－34　旋转油密封的结构示意

1—螺栓；2、6—端盖；3—推力向心球轴承；4—腔室；5—接管；7—轴；
8—定位螺栓；9、14—螺栓；10—垫片；11—垫圈；12—压圈；
13—S形环；15—阀门垫片

挡圈装复，用套管将后轴承轻轻敲入轴内。

(8) 在前后端盖平面上涂密封胶，按原记号分别装复且旋转前后端盖螺栓，盘动轴应无重感，轴向窜动不大于 0.05mm，最后装复操作环并紧固其螺栓。

(9) 将退过火的新紫铜垫放入液压缸调节阀密封凸台中，注意铜垫的方向是非加工面朝里，连接与旋转密封轴的法兰螺栓，注意按法兰上记号连接，旋紧定位螺栓。

(10) 分别连接并旋紧旋转密封的三根油管。连接好的油管要求自然不弯，安装拉叉与操作环并紧固其螺栓。

(11) 在旋转油密封腔室外圈上，尽量靠后端盖处安装一只千分表，盘动转子，不断用塞尺测量旋转油密封法兰与液压缸调节阀法兰之间的间隙为 0.20～0.30mm，且间隙均匀，螺栓不松。紧固法兰螺栓时，不要强力紧固，以免法兰断裂。旋转油密封中心找正过程中，法兰螺栓需逐渐拧紧来调整中心误差，但不可松动螺栓来重新调整，以免紫铜垫失效而漏油。如旋转油密封中心找正后，两法兰之间无间隙，说明紫铜垫太薄，应重新加紫铜垫再找正，以保证两法兰之间 0.20～0.30mm 的间隙。

2. 液压油泵的检修

液压油泵为齿轮油泵，由主动齿轮轴和从动齿轮组成，轴承为衬套式滑动轴承，联轴器为齿套式联轴器。

(1) 首先应松开泵座与电动机的连接螺栓，并做好记号，拆除油泵进出口油管接头，封口并取下油泵，运至检修车间进行解体。

(2) 松开泵体与泵座的连接螺栓，做好记号，取下泵座，拆联轴器前，测量联轴器间隙，并做好记录。然后用专用工具拉下联轴器，取下轴上平键。

（3）松开泵盖与泵壳连接螺栓，将泵盖、泵壳与泵体分离，拆下定位销，分别拆下主动和从动齿轮轴，并在啮合的两齿上做好记号。

（4）检查清洗各部件，要求各接合面应平整，无毛刺。如轴上各部件有毛刺，应用金相砂纸打光。

（5）测量齿轮及泵壳的厚度，测量齿轮端面间隙。要求齿轮端面总间隙为0.20mm，用修复泵壳平面来调整其间隙。

（6）测量滑动轴承与轴的径向间隙，要求此径向总间隙为0.06～0.12mm，如超标，应调换滑动轴承。

（7）检查齿轮齿面及外径应无严重磨损，齿面光滑完整，间隙为0.10～0.15mm，此间隙应大于轴承的径向间隙。

（8）检查各橡胶密封完好，无破损、老化现象，如橡胶密封破损、老化，建议解体更换新件。

（9）组装时，应先将油泵齿轮轴装入泵体中，两齿轮要用原来的一对齿轮进行啮合。在泵体上放入定位销。

（10）在泵壳上下接合面上均匀涂上密封胶，依次装入泵壳、泵盖，均匀地对角紧固泵盖螺栓。在进油孔中加入少量润滑油，转动油泵轴，应平稳，无轻重感，无异音。

（11）按原标记装上联轴器，旋紧支头螺栓，连接好泵体和泵座。

（12）按原记号连接泵座和电动机，按上进出口油管。

3. 液压油站附件检修

（1）大修周期应更换新滤油器。

（2）液压油箱内润滑油要求一个大修周期换新，每次小修均应化验，不合格时应换新。

（3）减压阀安全可靠，动作正确。减压阀、止回阀、针形阀不漏油。

（4）各种管路，接头应完好，无漏油无渗油现象。

（5）液压系统的冷油器采用空气冷却。空气过滤器为粗孔海绵，海绵应完整、不破损、不阻塞，否则应清理或更新。

二、轴流式风机常见故障和处理

轴流式风机运行后经常会发生各种故障。对机组的安全稳定运行及经济效益等各方面起着重要的作用，因此对轴流式风机发生的故障必须仔细查明原因，以确定合理的解决方案。下面分几个方面介绍轴流式风机的常见故障。

1. 故障一

（1）轴流式风机主电动机不能启动。

（2）原因：①电源不符合设计要求；②电缆发生断裂；③电动机本身损坏如短路、严重扫膛等。

（3）采取的措施：①检查主电源电压、频率是否符合设计规定值；②检查电缆及接线等应完好；③协助电气专业人员进行电动机的检修或更换。

2. 故障二

（1）主轴承箱体振动过大。

（2）原因：①叶轮叶片及轮毂等沉积有污物；②联轴器损坏，中心不正；③轴承箱内珠轴承存在缺陷；④轴承箱地脚螺栓松动；⑤叶片磨损；⑥失速运转。

（3）采用的措施：①清理污物，不要存在异物以影响叶轮平衡；②联轴器修复或更换，并重新找正中心；③轴承箱内轴承解体检查，超过标准更换新轴承；④检查所有地脚螺栓并紧固；⑤对于有部分叶片磨损或损坏的应整机更换新叶片；⑥断开主电动机或控制风机，以便离开失速范围，检查导管应不堵塞，如设有缓冲器，应打开。

3. 故障三

（1）风机运行中噪声过大。

（2）原因：①基础地脚螺栓可能松动；②主电动机单向运行；③旋转部分与静止部分相互接触；④失速运行。

（3）采取的措施：①检查并紧固地脚螺栓；②查明电源及接线方式等并修复；③检查叶片端部裕度；④停止风机或控制风机脱离失速区，检查风道是否阻塞和挡板是否开启。

4. 故障四

（1）叶轮叶片控制失灵。

（2）原因：①伺服机构存在故障；②液压系统无压力；③调节执行结构失灵。

（3）采取的措施：①检查控制系统和伺服机构，配合热工人员校对伺服机构；②检查液压油泵站，必要时解体检修；③检查调节执行机构的调节和调整装置。

5. 故障五

（1）液压油站油压低或流量低。

（2）原因：①液压油泵入口处漏气；②安全阀设定值太低；③油温过高；④隔绝阀部分开启；⑤滤网污染；⑥入口滤网局部阻塞。

（3）采取的措施：①解体检查液压油泵，重新连接入口管接头；②重新调整安全阀设定值；③清洗冷油器；④检查隔绝阀的开启状态；⑤更换滤网；⑥清洗疏通入口滤网或更换。

6. 故障六

（1）液压油泵轴封漏油。

（2）原因：①油泵轴瓦回油孔阻塞；②入口压力过高；③油封环损坏。

（3）采取的措施：①油泵解体，清洗轴瓦回油孔；②解体检查，调整间隙；③更换新油封。

7. 故障七

（1）液压油站安全阀动作不准确。

（2）原因：①安全阀污染；②安全阀设定值过高。

（3）采取的措施：①拆下安全阀清洗；②重新调整或更换安全阀。

8. 故障八

（1）液压油泵运行有噪声。

（2）原因：①油泵组装不对中；②空气进入泵内；③隔绝阀部分关闭。

（3）采取的措施：①检查维修；②排除空气；③重新开启隔绝阀。

9. 故障九

（1）液压油温过高。

（2）原因：①油泵压力过高；②安全阀设定值过低导致泵内积油；③液压油被污染。

（3）采取的措施：①解体检修油泵；②重新调整安全阀设定值；③更换新液压油。

三、轴流式风机检修举例

以 FAF19-9-1 检修为例

（一）FAF 型动叶可调轴流式送风机整体结构

如图 3-35 为 FAF 型动叶可调轴流式送风机的结构简图，该风机一般用于锅炉送风机，主要由进气箱、机壳、转子、导叶、主轴承箱、中间轴、联轴器及罩壳、与进出口管路相连的膨胀节、液压及润滑联合油站、扩压器及液压调节装置等部分组成。进气箱、机壳、扩压器及导叶等定子部件采用钢板焊接，重量轻，刚度好，强度高。转子是焊接结构，由一个润滑的整体轴承支撑。其上有一级可调动叶片，动叶的材料为铝质合金，坚固而质轻。叶片装在叶柄的外端，每个叶片用 6 个螺栓固定在叶柄上，叶柄由叶柄轴承支撑。这些叶片可在静止状态或运行状态下采用一套液压调节装置改变安装角，调节范围为−20°～+25°。为了使叶片转动灵活，叶片根部装有平衡块，以抵消运行时离心力产生的扭矩，同时也减轻了叶柄轴承的负担。送风机出口装有导叶片，出口导叶的一端焊在风机的外壳上，另一端焊在中心筒上，避免由于介质旋转而产生冲击损失和旋流损失。为了确保风机安全运行，每台风机均设有喘振报警装置，以防止风机发生喘振。喘振报警装置是一皮托管，正常情况下测得的值为负压，当风机进入失速区工作时，风机的入口处压力将波动成正值，发出报警信号。电动机与叶轮之间通过两个联轴器和一根中间空心轴相连接，联轴器为弹簧夹片式联轴，在风机的出、入口处均采用了软连接膨胀节，使风机与出、入口风道互不干扰，减少了振动的传递。

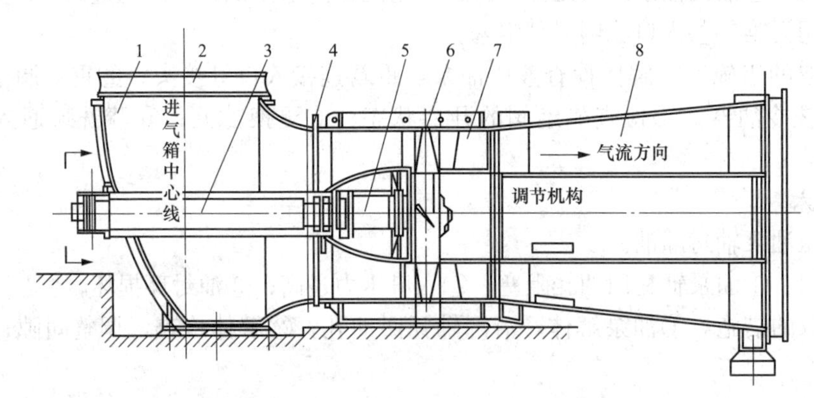

图 3-35　FAF 型动叶可调轴流式送风机的结构简图

1—进气箱；2—膨胀节；3—中间轴；4—软性接口；5—主轴承；6—动叶；7—导叶；8—扩压筒

（二）FAF19-9-1 动叶可调轴流式送风机检修工艺方法和质量标准（见表 3-2）

表 3-2　　FAF19-9-1 动叶可调轴流式送风机检修工艺方法和质量标准

项　目	检修工艺方法和注意事项	质　量　标　准
一、检修前的准备工作	1. 检修前设备台账查览及运行工况分析。 2. 检修用工具、量具、器具及备品、材料准备。 3. 现场清理，搭设架子，照明准备。 4. 各安全措施办理、落实。 5. 工作人员安排调配	

续表

项　目	检修工艺方法和注意事项	质　量　标　准
二、风机大盖拆卸	1. 松围带连接螺栓，把围带移离大盖。 2. 拆机壳水平中分面连接螺栓和定位销。 3. 用起重设备把大盖垂直吊起，直至机壳移动时不会碰伤到叶片为止，然后横向移出并放在垫木上。 4. 机壳积灰、污物清理，各部件损坏情况检查	1. 围带破损或老化必须更换。 2. 机壳内积灰、锈渣必须清理干净，磨缺损的必须补焊。 3. 螺栓、定位销除锈，检查发生变扭弯、变形应换新，螺纹完好
三、消声器检修	1. 从地面搭架子至消声器入口。 2. 拆去消声器入口铁丝网。 3. 用压缩空气，从外至内及内至外对岩面层反复吹扫，如积灰严重不能吹扫时应更换。 4. 检查消声器焊接、锈蚀情况	1. 各焊缝应完整无裂纹，脱焊等现象。 2. 内部不得有积灰、杂物，锈蚀严重整体更换。 3. 岩棉层不得有破损、残缺
四、联轴器解列	1. 拆下联轴器保护罩，做好联轴器回装标记。 2. 测记两半联轴器开口尺寸及轴、径向的中心偏移。 3. 焊托架把中间轴托稳（电动机端）。 4. 将中间轴防护筒（中间轴联轴器处）割去一块，把中间轴吊稳。 5. 拆去联轴器连接螺栓，并检查螺栓及螺孔的磨损程度。 6. 联轴器及其弹簧片、中间轴的损坏检查。 7. 倒装两根螺栓压缩联轴器，使电机及轴承箱有间隙吊出	1. 对轮保护罩完好牢固，无变形，油漆均匀，旋向标志清晰。 2. 螺栓无弯曲、裂纹、变形现象，丝扣完好，锈蚀、磨损严重的更换。 3. 弹簧片无裂纹，变形，对轮找正后，弹簧片不能弯曲，只能按正常位置沿着法兰平衡伸长。 4. 对轮完好，无锈蚀、崩缺现象。 5. 键与键槽滑动配合，不允有松动，顶部应有（0.2～0.5）mm 间隙。 6. 中间轴及防护筒无裂纹、变形现象。中间轴全长不垂直度不超过 0.3mm。 7. 联轴器端面跳动偏差不大于 0.5mm，对轮更换时必须成套更换，不允许窜用
五、叶片拆卸检查	1. 标记叶片与叶轮的相对位置。 2. 松拆叶片紧固螺钉，把叶片吊至指定位置。 3. 叶片清洗及检查，叶片螺钉定位套检查，损坏则更换	1. 拆下的叶片螺钉一般不可再用，原则上必须换新，且新螺钉经过使用前探伤检查合格，螺纹正常，长短一致。如经检查拆下螺钉确完好，没有损坏现象也可再用。 2. 叶片磨损小，表面光滑，各片重量一致，工作面和根部无裂纹、铸造气孔、夹渣等缺陷。 3. 叶片密封片磨损或失去密封性须更换
六、液压调节装置检修	1. 液压调节装置从叶轮上拆卸吊至指定位置。 2. 液压调节装置外表清洗和检查。 3. 拆输入、输出杆小靠背轮。 4. 调节装置导向部件拆卸，检查更换损坏构件。 5. 液压调节装置伺服部件拆卸，检修更换损坏构件。 6. 液压缸拆卸检查，更换构件。 7. 整体回装，试验	1. 调节装置壳体无裂纹、崩缺等现象，防锈层良好。 2. 导向齿套、齿轮及销杆啮合、配合良好，齿牙无磨损和崩缺。 3. 伺服阀配合良好，密封圈无磨损，密封良好，否则更换。 4. 伺服壳体内铜套、密封圈、骨架油封磨损则更新。 5. 液压缸槽形密封、O 形密封、骨架油封磨损则更新、密封良好。 6. 试验：各接面无渗漏油，调节灵活、平稳、无异常现象，液压缸行程在规定范围

续表

项　目	检修工艺方法和注意事项	质　量　标　准
七、转子组拆吊	1. 轴承箱放油。 2. 联系热控人员拆卸热控测头。 3. 拆轴承箱连接管路并用布包扎防尘，标上标记。 4. 拆轴承箱和机座的连接螺栓。 5. 用起吊设备吊起转子组并放至指定地点	
八、叶轮检修	1. 叶轮内部构件作标记。 2. 拆下与液压调节装置相连的调节杆上的调节盘。 3. 拆下叶柄调节杆和滑块。 4. 用绳吊出叶柄放至指定地点。 5. 用专用工具逐步退出叶柄上三个向心推力轴承及叶柄组件，清洗并检查其安全环、各密封构件、轴承、滑块和平衡块，对损坏的进行更换。 6. 松轴圆螺母及保险，用专用工具把叶轮拆下清洗并检查： （1）检查叶轮是否有疲劳裂纹，有裂纹的地方应打磨好坡口进行焊接，坡口的深度要保证工件被焊透。 （2）轮毂上的轴孔、键槽因拆卸拉伤的毛刺，用油光锉修平。 （3）更新叶轮时几何尺寸应详细核对，焊缝应检查合格，孔径、键和键槽的装配尺寸应符合标准。 （4）检查并清理轮毂内腔有无杂质及碎铁屑	1. 滑块、销子清洗，检查不得有磨损裂痕，否则更换。 2. 氟胶环完整，无破损、老化、龟裂现象，环的开口在叶片的出口侧和凹槽配合不松（一般每拆一次则全部更换新环）。 3. 推力轴承应无磨损、裂纹及严重锈蚀、麻点等缺陷；轮动灵活，完整无卡涩，否则更换。 4. 叶柄轴内的衬套应完整，不剥落和磨损，轴衬和孔的配合适度。 5. 轴衬和毯垫环无磨损，轴颈表面光滑无拉毛，弯曲度小于0.02mm。 6. 叶柄螺纹和锁帽配合完好，叶柄应无裂纹，和轴衬配合时转动灵活，无弯曲。 7. 叶柄应经探伤检查完好，表面无尖角和裂纹，不弯曲，端面的垂直度及同心度偏差不大于0.02mm，键槽要完整。 8. 平衡块表面无裂纹，轴孔光滑无毛刺，和叶柄配合不松动，止动垫片无损坏。 9. 导向销无磨损，弯曲值小于0.1mm，导向销螺纹应完整无烂牙，和轮毂上的螺纹配合正确。 10. 调节盘表面无裂纹，各配合面应光滑无毛刺，螺纹应完整无烂牙。 11. 轮毂、盖、支承罩表面无裂缝、气孔、积灰等各接面应平整，无毛刺，螺纹应完好。 12. 叶轮体外径椭圆度不超过±2mm
九、轴承箱解体检修	1. 拆联轴器、圆螺母及轴承端盖。 2. 取出骨架油封，拆下轴上的密封胶圈、甩油环、导油环。 3. 用专用工具从联轴器端抽出主轴，拆下滚动轴承。 4. 轴承检查。 5. 主轴检查。 （1）键和槽有无剪切、变形，轴肩有无疲劳裂纹，轴承装配处有否磨损，丝口是否完好，必要时采取探伤检查。 （2）轴上的伤痕、锈蚀变形丝口须锉磨修正。 （3）装配轴颈处公差如不符合标准，视情况选轴颈喷镀、镀铬等方法处理。 （4）大轴需补焊时，须经总工或设备部门批准并订好必要的补焊措施。 （5）主轴同心度检查，弯曲度超标应进行校正或更换	1. 壳体内处无砂眼、裂纹，焊缝不渗油，结合面平整，各固定螺丝孔完整无缺，底板平整无毛刺。 2. 箱内油路畅通，压力油喷嘴无堵塞 3. 轴承端盖上的密封应完整无缺损，止推轴承端盖上的压力弹簧完整无缺损和无变形现象。 4. 轴承内外套、珠架、珠子无裂纹、麻坑、重皮、锈蚀、变色等缺陷；非滚道上的麻坑、锈痕面积不大于1mm时可用。 5. 轴承珠架磨损不超过1/4。 6. 轴承间隙不超过标准。 7. 大轴所有装配轴颈应光滑完整无裂痕，不许有碰撞伤痕，丝扣完好，各配合段同心度不大于0.02mm；椭圆度不大于0.03mm；弯曲度不超0.1mm

续表

项　目	检修工艺方法和注意事项	质　量　标　准
十、轴承箱组装	1. 主轴上油润滑。 2. 轴承加热装配。 3. 各密封件、甩油环、导油环端盖装复。 4. 联轴器装复。 5. 手盘检查是否卡涩	1. 轴承加热装配时，加热温度不超过120℃，加热时轴承不得和加热器底部接触。 2. 轴和轴承内钢圈不许产生滑动，允许最大过盈量0.061mm，最小过盈量0.018mm。 3. 轴承外钢圈和轴承壳的配合间隙为－0.03～－0.05mm。 4. 油位计完好，各油管路接头不渗油，油位正确且指示清晰。 5. 密封圈及高低垫应更换。 6. 所有螺栓、定位销完好无缺，安装正确，紧力均匀。 7. 轴承箱各连接面、油管口不得有渗漏。 8. 推力轴承和箱体凸肩的安装间隙：0.75mm。 9. 两轴承之间的弹簧紧力：29400N。 10. 轴承和轴配合符合图纸技术要求
十一、叶轮组装	1. 将起吊环装在叶轮起吊孔，然后将轮毂吊至轴承箱主轴水平高度上，并对好装配位置。 2. 检查轴、孔装配合尺寸，并作记录。 3. 装上轴键，涂油，准备好装配工具。 4. 加热叶轮轴盘，达到装配间隙后快速将叶轮压入，直至轴肩位置。 5. 用止退垫圈及锁帽将叶轮压紧，待叶轮冷却后再压紧一次锁母，然后锁上止退垫圈。 6. 叶轮内部构件装配：顺序和其拆卸次序相反	1. 键和轴配合应严密，不许有松动现象，不许用加热或捻缝的方法来增加键的紧力，键的顶部应留校0.2～0.4mm间隙。 2. 轮毂和轴的配合应符合图纸技术要求（ϕ125P6/M6）至少应有0.015mm间隙，热装时加热轮毂温度不超过220℃；油压装配所需膨胀力816kgf/cm。 3. 滑块清洗后，先要放在100℃的二硫化钼油剂中浸泡2h，待干后再安装使用。 4. 推力轴承加油脂时，每只加油量要相等，大约10g。 5. 导环和滑块之间的正常间隙为0.1～0.4mm导环要求平整无弯曲，安装时表面涂上二硫化钼粉。 6. 叶柄孔内的密封环要全部更新。 7. 各点的紧固螺钉都要根据要求的级别用扭力扳手紧固。 8. 装配好的转子轴向、径向晃度均不大于2mm（测点：轴向在轮毂外径处，径向在叶片外侧）
十二、转子吊装	1. 检查转子上应装的部件是否齐全，然后用起重设备把转子吊就位，轴承箱和机座螺杆紧固。 2. 轴承箱各油管回装。 3. 热控探测头回装	轴承箱和机座螺杆要用扭力扳手紧固
十三、叶片装复	1. 将检修好的叶片根部及叶柄盘上宽温油脂（7014），按标记回装，用叶片螺钉暂时紧定。 2. 叶片回装时要对称装配紧固。 3. 检查每块叶片角度是否一致（均在全关30°位置），否则要松叶片夹紧螺栓螺母进行调正	1. 叶片组装后，应保持1mm的窜动间隙（由锁帽调整），各片要相同。 2. 叶片的轴向窜动量必须小于0.8mm。 3. 叶片紧固螺钉按要求用扭力扳手紧固。 4. 全套叶片更新安装时，必须按叶片根部号码顺序进行对称装配，且装时先将旧叶片组的平衡重除去，按换装新叶片组重新平衡，并在新加的平衡重上刻划上叶片标记和用醒目的色彩表示出平衡重位置

续表

项　目	检修工艺方法和注意事项	质　量　标　准
十四、叶片调节装置回装	1. 将试验好的调节装置就位，螺栓紧固。 2. 支承罩，盖板回装。 3. 油管回装，防扭转扁钢回装；调节轴、指示轴螺钉、弹簧片检查后回装。 4. 调节装置中心找正。 5. 防扭转扁钢紧定	1. 各油管吹扫干净，接头、垫片每拆一次必须换新。 2. 调节轴、指示轴螺钉无剪切、磨损伤痕，螺纹完整，弹簧片完好、无锈蚀等缺陷。 3. 调节装置中心偏差：不大于0.08mm
十五、消音器、进气箱、扩压器及出口门检修	1. 进气箱、扩压器支撑拉筋出现裂纹须打坡口进行补焊。 2. 前后导叶组发生变形时，可加热进行校正。 3. 检查挡板轴和孔眼的磨损情况，应开、关动作灵活。 4. 检查挡板开关情况，开关指示和实际开度相符，弯曲变形的挡板应进行平整或更换。 5. 检查出口挡板连接部件紧固性和可靠性，防止螺栓松动或脱焊。 6. 检查进气箱上、下部分法兰面的螺栓是否松动，软性连接是否破损	1. 机壳风道、进气箱支撑及筋板之间的焊接无裂缝，磨损超过原厚度三分之二应挖补，新补钢板应与原线型一致，连接螺栓点焊止动。 2. 整流导叶、扩压器的叶片应光滑无变形。 3. 出口调节挡板无锈蚀、变形、裂纹等缺陷，从0～90°开关灵活，开关同步，每块挡板开关角度、方向一致；开启方向正确，应使风流顺着开启方向出去。 4. 挡板传动臂连接紧固，移动灵活，无锈蚀、磨损，轴承转动灵活，润滑正常。 5. 软性连接完好，无破损、穿孔，密封良好
十六、电机中心找正	1. 电动机台板清理，垫片按原标记放好，电动机就位，用钢板尺初步找正后连接两联轴器。 2. 割去中间轴支撑。 3. 用百分表调整半联轴器弹簧处端面距离为：23.5±3mm，上、下张口不超过±0.05mm。 4. 中心找正后，缓慢对称紧固地脚螺栓，复查其中心在标准范围内后，装上拼帽；松电动机侧联轴器（必须用支撑托稳中间轴），通知电检人员进行电动机空载试转。 5. 确定电动机试转正常，方向正确后联轴器按标记装回螺标并紧固。 6. 装复联轴器防护罩	1. 半联轴器和中间轴法兰端面间隙：23.5±3mm；上、下张口不超过±0.05mm。 2. 两半联轴器径、轴向偏差：不大于0.08mm。 3. 联轴器防护罩完好牢固。 4. 电动机调整垫片数不超过3块，垫片面积不小于电动机支承面的2/3。 5. 电动机试验合格
十七、动叶角度调试	1. 检查各油路连接是否完好。 2. 把油压调至最低，起动油泵，检查各油路密封情况是否良好。 3. 慢慢调大油压，使轮毂叶片稳定在全开或全关处，电动执行机构也手动到相应角度后紧固调节轴、指示轴包头螺钉，定好全开全关位置；然后把油压调至标准压力下进行叶片角度调节检查。 4. 联系热控人员进行远程调试	1. 各油路连接头无渗漏油现象，压力油管路9kgf/cm试压不漏，其余管路1kgf/cm试压不漏。 2. 动叶开关同步无卡涩，各叶片角度一致。 3. 动叶全开为：+20°；全关为：−30°。就地刻度板指示和叶轮所标记刻度一致。 4. 电动执行机构调节开关灵活平稳，限位正常，集控显示角度和就地刻度一致

续表

项 目	检修工艺方法和注意事项	质 量 标 准
十八、上盖回装	1. 清理内部遗留杂物及大盖接合面积。 2. 用起重设备把大盖回装。 3. 打开出口人孔门，进入机壳内测量叶片和机壳上下左右间隙（测量时叶片必须关闭），如间隙过大或过小，则进行打磨或更换处理。 4. 关闭孔门，围带回装	1. 叶片和机壳内壁间隙 1.9～2.4mm。 2. 孔门、围带密封良好
十九、风机试运	1. 检查机壳、人孔已关闭密封。 2. 检查各连接、紧固螺栓应紧定。 3. 油站油位达到正常标高，初次加油启动油站试调动叶角度时因轴承箱要储一部分油，必须补充。 4. 检查各挡板门开、关正常、同步，并使其处于关闭位置。 5. 熟识就地切断电源，按钮的位置和性能。 6. 手盘转动无卡涩异响。 7. 确认具备启动条件后，联系试动。 8. 第一次启动，应在刚达到全速时，即用事故按钮停机，利用全停的转动惯性来观察轴承和转动部分，若无摩擦和其他异常，则可正式启动。 9. 启动后，记录电动机启动和正常运转电流，轴承箱轴承温度，测轴承振动情况。若振动值超标，则应据检修记录和振动值分析，确定处理方案，若各部间隙过大，则调整间隙，若转子不平衡，则进行静、动平衡试验。 10. 试运完毕后，现场清理，数据记录整理	1. 检修记录齐全，准确。 2. 现场整洁，设备干净，标志齐全。 3. 不漏风、油、水。 4. 各种表计指示正确。 5. 挡板门开关灵活、准确。 6. 叶片调节灵活、准确。 7. 油站油压、油位、冷却水正常。 8. 启动和正常运转后，电流数值应在规定范围内，轴承最高表温超过 80℃。 9. 空载试运时，连续运行时间在轴承升温稳定后不小于 2h，风机运转时不应有摩擦碰撞等不正常的声音，振动值≤0.08mm。 10. 试运各部位无漏油、水、风现象，设备无异常响声

能力训练

在教师指导下分组拆装一台轴流式风机。在拆装任务实施前，制定出风机拆装实施方案，拆装程序卡，整个任务要做好拆装前准备工作、拆卸、清洗检查、组装、试运行工作。拆装任务完成后写出轴流式风机拆装实训报告。

综合测试三

一、选择题

1. 新风机叶轮和轮毂组装后，轮毂的轴向、径向晃动不应超过（　　）mm。

A. 0.1　　B. 0.15　　C. 0.20　　D. 0.25

2. 在离心式风机的（　　）安装调节门经济性和效果较好。

A. 进风口前面　　B. 出风口后面　　C. 在进风口前面和出风口后面都有

3. 大型轴流式风机轴承箱检修时，要用百分表测试调整轴承外圈的倾斜度，其值不能大于（　　）mm。

A. 0.01～0.03　　B. 0.02～0.04　　C. 0.03～0.05

4. 轴流风机液压系统的润滑油通常用（　　）。

A. 30号抗磨液压油　　B. 30号透平油　　C. N30机械油

5. 风机蜗壳的作用是（　　）。

A. 导向流体

B. 使流体加速

C. 使流体的能量增加

D. 收集流体，并使流体的部分动能转变为压能

6. 下面哪一种风机的叶片形状符合如下描述？

该类型叶片具有良好的空气动力学特性，叶片强度高，效率也较高，但制造工艺复杂。当输送含尘浓度高的气体时，叶片容易磨损，且叶片磨损后，杂质易进入叶片内部，使叶轮失去平衡而引起振动。后弯叶轮的大型风机大都采用此类型叶片。（　　）

A. 机翼形　　B. 圆弧形　　C. 平板形　　D. 都不是

7. 下述哪一种蜗舌多用于低压、低噪声风机，但效率有所下降？（　　）

A. 平舌　　B. 短舌　　C. 深舌　　D. 尖舌

二、判断题

1. 引风机叶片磨损超过其原厚度的1/2时，应更换。（　　）
2. 排粉风机通常采用前弯式叶片。（　　）
3. 风机叶片做成空心机翼型，主要是为了减轻叶片质量，减少叶片磨损。（　　）
4. 引风机叶轮需补焊时，选择的焊条材料应根据叶轮材料而定。（　　）
5. 离心式风机的集流器装配的正确与否，对风机的效率和性能的影响很大。（　　）
6. 轴流式风机轮毂与轴的装配是静配合。（　　）
7. 叶轮与轴的配合都应有间隙。（　　）

三、简答题

1. 何谓轴流式风机的动叶可调？有什么优点？
2. 集流器有哪些形状？它的作用是什么？哪种形式最好？
3. 指出轴流式风机主要部件名称，它们各有什么作用？
4. 简述轴流式风机的工作原理。
5. 轴流式风机的叶轮有什么特点？

6. 为什么大型电厂趋向于选用轴流式风机？
7. 简述离心式风机的工作原理。
8. 离心式风机常用哪些型式的叶轮，各有什么特点？
9. 述离心式风机叶轮的检修工艺。
10. 简述轴流式风机叶轮的检修工艺。
11. 在离心式风机的转子回装时应注意什么问题。
12. 叙述风机叶片检修的内容。
13. 简述轴流式风机动叶片与机壳间隙的调整方法及其达到的标准。

项目四　给煤机、给粉机检修

项目目标

掌握给煤机、给粉机的作用；掌握刮板式给煤机、皮带式给煤机以及叶轮给粉机的工作原理；熟悉刮板式给煤机、皮带式给煤机以及叶轮给粉机的结构；掌握各类型给煤机调节给煤量的方法；掌握刮板式给煤机、皮带式给煤机以及叶轮给粉机的检修工艺；熟悉给煤机及给粉机的检修质量标准。

任务一　给煤机检修

任务目标

掌握常见给煤机的工作原理；熟悉不同类型给煤机的结构；掌握埋刮板式给煤机和电子称重式皮带给煤机的检修工艺；熟悉给煤机常见故障及处理方法，理解故障的产生原因。

知识储备

一、给煤机的作用

给煤机的任务是根据磨煤机或锅炉负荷的需要调节给煤量，将原煤按要求数量均匀、连续地送入磨煤机。对于大型锅炉，不仅要保证其出力，而且要有良好的调节性能，以及供煤的连续性、均匀性，以保证锅炉稳定燃烧。尤其是直吹式制粉系统，对给煤量的精确性有更高的要求，要保证锅炉良好燃烧。国内应用较多的给煤机有圆盘式、振动式、刮板式、皮带式等几种，其中刮板式和皮带式在大型锅炉机组中应用较多。

二、常见给煤机的结构及工作原理

（一）圆盘式给煤机

圆盘式给煤机属于容积式给煤机，其结构见图4-1。

圆盘式给煤机工作原理为：原煤从落煤管落到旋转圆盘中央，以自然倾斜角向四周散开。电动机驱动圆盘带动原煤一起转动。煤被刮板从圆盘上刮下，落入下煤管。

圆盘式给煤机可用三种方法调节给煤量：

(1) 改变调节套筒的上下位置调节给煤量。刮板位置不变时，可调套筒位置升高，圆盘上煤的自然堆积厚度增大，给煤量增加；反之给煤量减少。

(2) 改变调节刮板位置调节给煤量。当刮板向圆盘中心移动时，给煤量增加；刮板向圆盘边缘移动时，给煤量减少。

(3) 改变圆盘转速调节给煤量。转速增大，给煤量增加；转速减小，给煤量减少。

圆盘式给煤机的特点是体积小、结构紧凑、密封性好，但煤种适应性差，如遇到高水分或杂物较多的煤时，易发生堵塞，主要用于松散状不黏结的煤。

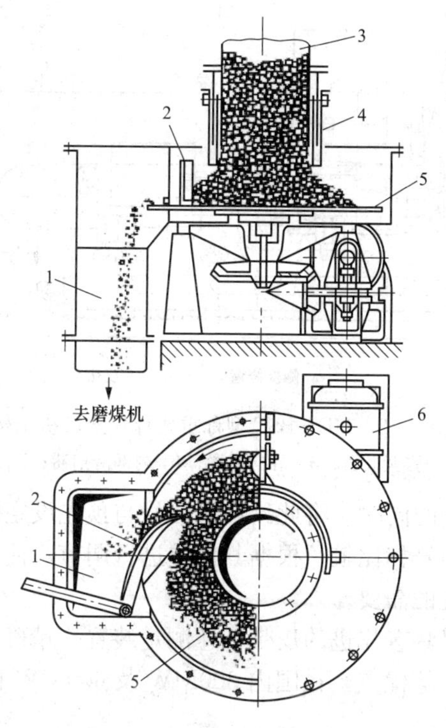

图 4-1　圆盘式给煤机结构

1—出口管；2—调节刮板；3—进口管；4—调节套筒；5—圆盘；6—链轮

（二）皮带式给煤机

皮带式给煤机是一种带有电子称量及自动调速装置的带式给煤机，可以将原煤精确地定量输送到磨煤机。皮带式给煤机也属于容积式给煤机。现以 HD-BSC 型称重式计量给煤机为例介绍皮带式给煤机的机构及工作原理。

1. 结构

HD-BSC 型称重式计量给煤机是用于燃煤火力发电厂锅炉制粉系统的主要给煤设备。能够实现连续、均匀给煤，并在给煤过程中进行准确的称重计算，而且能够根据锅炉燃烧控制系统的需要，自动调节给煤量，使实际给煤量和锅炉负荷相匹配。

给煤机是由壳体、托辊、滚筒、胶带、清扫链装置等，驱动电动机及减速机、清扫链电机及减速机、称重传感器、测速传感器、轴承、进出口煤闸门、堵煤监测装置、跑偏监测装置等主要部件组成。HD-BSC 型称重式计量给煤机结构见图 4-2。

2. 工作原理

HD-BSC 型称重式计量给煤机工作时，煤从储煤仓通过进煤口煤闸门进入给煤机，由计量输送胶带送到给煤机出煤口，经出煤口闸门进入磨煤机或直接进入锅炉炉膛。在计量输送胶带的下面装有间距精确的称重托辊，构成称重计量跨距，在称重计量跨距中间安装有一个与一对高精度的防粉尘、防爆称重传感器连接的计量托辊。当被输送的煤通过称重计量跨距时，称重传感器便产生与胶带上的煤重量成正比的电压信号，此信号经处理后送至调节器，同时在主驱动电动机的轴端安装有速度传感器，将胶带的速度送至调节器。这两个信号经过演算调节器运算，即可显示出称重式计量给煤机的瞬时给煤量和累计给煤量。

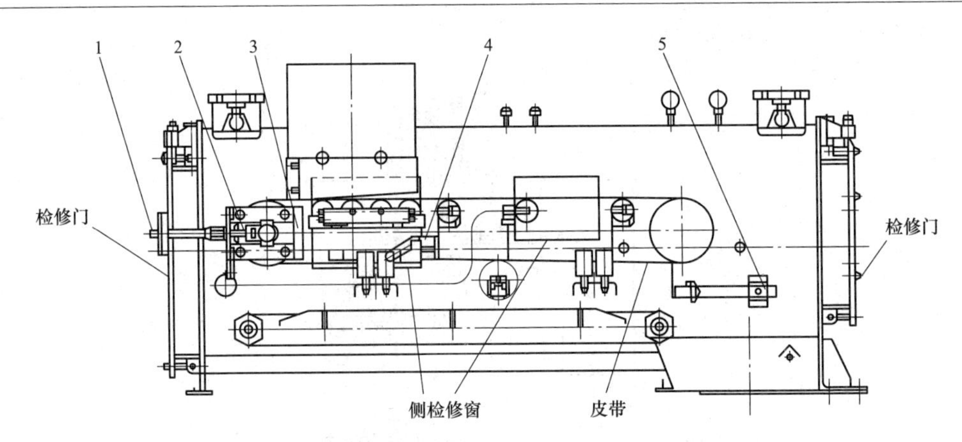

图 4-2　HD-BSC 型称重式计量给煤机结构

1—丝杠；2—张紧装置；3—导向装置；4—内部清扫器；5—外部清扫器

调节器在计算出给煤量的同时，将此给煤量信号与预先设定的给煤量信号或来自锅炉燃烧控制系统要求的给煤量信号相比较；根据其偏差进行调节，使实际给煤量与要求的给煤量相同，以满足锅炉燃烧系统的需要。

由于电子称重式给煤机具有先进的皮带转速测定装置、精确度高的称重机构、良好的过载保护以及完善的检测装置等优点，在国内 300MW 及 600MW 机组中得到了广泛应用。

（三）刮板式给煤机

刮板式给煤机的结构见图 4-3。其工作过程为：煤从原煤进口管进入后落到平板上，由于刮板的移动，将煤带到左边，经过落煤通道落在下面的平板上，刮板又将下平板上的煤移动到右边，经出口管送往磨煤机。刮板式给煤机是利用装在链条上的刮板来刮移燃料的。

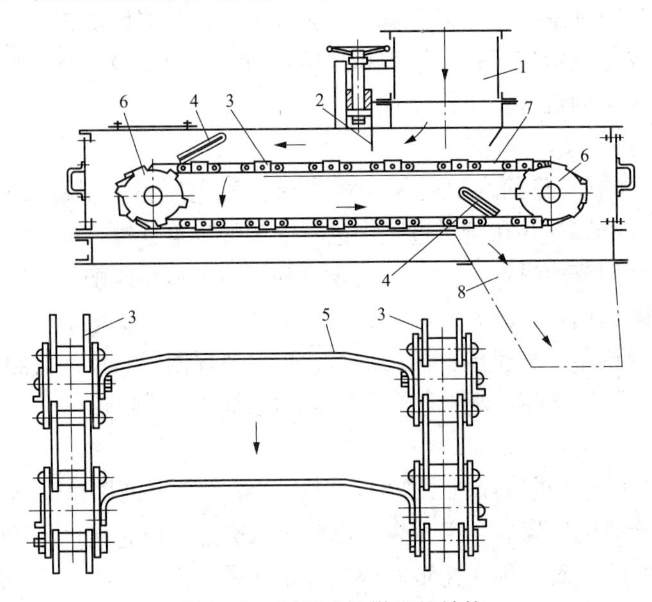

图 4-3　刮板式给煤机的结构

1—原煤进口管；2—煤闸；3—链条；4—挡板；5—刮板；6—链轮；7—平板；8—出口管

刮板式给煤机可以用煤层厚度调节板来调节给煤量，调节板越高，煤层越厚，给煤量越大；调节板越低，给煤量越小。还可以通过改变链条转动速度来调节给煤量。

刮板式给煤机因调节范围大、不易堵煤、煤种适应性广、密封性好和漏风小等优点，得到广泛应用。

（四）电磁振动式给煤机

电磁振动式给煤机主要由给煤槽、给煤管、电磁激振器以及消振器等部分组成。电磁激振器是给煤机的主体。图 4-4 为常用的电磁振动式给煤机结构。

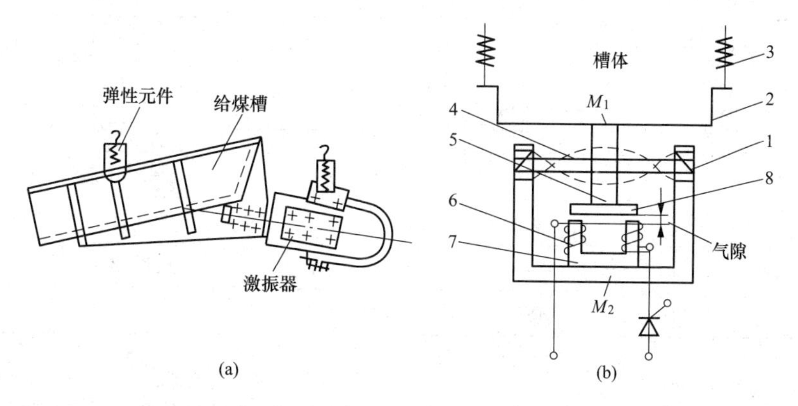

图 4-4　电磁振动式给煤机结构

（a）振动给煤机；（b）电磁激振器

1—激振器壳体；2—给煤槽；3—消振器；4—板弹簧组；5—连接叉（振动叉）；6—线圈；7—定电磁铁；8—衔铁

其工作原理是：煤从煤斗落入给煤槽 2，在振动器的作用下，给煤槽以每秒 50 次频率振动，振动器与给煤槽平面之间存在一个夹角，给煤槽上的煤向上抛起并向前跳动，均匀地落入落煤管中。

改变振动器的振动力可以调节振幅从而调节给煤量。增大电流或电压，振动力增大，振幅增大，给煤量增加。

电磁振动式给煤机的特点是没有转动部件，无机械摩擦，结构简单，造价低，占地面积小，运行维护方便，安全可靠；但是要求电源电压稳定，原煤粒度均匀，水分适中，否则，容易发生堵煤或原煤自流现象。

三、给煤机检修

（一）埋刮板式给煤机检修

1. MSD63 埋刮板给煤机设备规范

MSD63 埋刮板给煤机设备规范见表 4-1。

表 4-1　MSD63 埋刮板给煤机设备规范

名　　称	数　　值
公称出力（t/h）	15～60
公称范围（t/h）	23～110
主轴转速（r/min）	1.875～7.1875
刮板链条速度（m/s）	0.044～0.175
煤层厚度范围（mm）	200～300
刮板节距（mm）	400

续表

名　称		数　值
链条节距（mm）		200
箱体宽度（mm）		700～650
给煤距离（m）		5.8
煤堆积密度（t/m^3）		≤0.8～1
原煤粒度（mm）		≤60
原煤水分（%）		≤15%
减速机	型号	ZS82.5-11
	传动比	160
电动机	型号	J2Ty52-4
	功率	7.5

2. 给煤机本体检修

（1）检修给煤机链条。

1）煤仓全部走空，给煤机中无积煤。

2）拆去前后端盖板，妥善放置。

3）盘车检查链条、刮板有无弯曲、断裂。

4）用火焊加热，调正刮板或重新焊接刮板。

5）若链条磨损严重时，割开链条，拉出，更换新链条。

（2）箱体检查。

1）检查箱体磨损情况。

2）检查托板及圆孔门磨损情况。

3）各磨损部位测厚并记录。

（3）检查前后轴承。

1）拆除轴承端盖，用汽油清洗前后轴承、轴承座，检查轴承有无裂纹、麻点、锈斑，按轴承检查规范进行检查。

2）测量轴承游隙，并记录。

3）检查链轮磨损情况，并测量记录。

（4）链轮轴承的更换。

1）拆除联轴器，解开链条，抽至壳体外。

2）拆除轴承座，拉出轴承。

3）拆除链轮密封环。

4）对轴进行表面检查，测量各部配合尺寸，测量新轴承的游隙。

5）链轮检查、测量，并组装。

6）将轴承装入轴承座内，然后装密封环。

7）将轴承用机油加热至小于或等于120℃，然后装在轴颈上。

8）上紧轴承座的连接螺栓。

9）加油脂，装轴承端盖、联轴器。

（5）组装。

1）装复链条。

2）装前后盖板。

（6）试车。

1）变速箱加新机油至正常油位（30号机油）。

2）启动试车。

3）试转2h，检查各处是否正常。

3. 给煤机减速箱检修

（1）拆去减速箱上盖螺丝及轴承端盖螺丝，吊起上盖。

（2）测量原始间隙。

（3）吊出齿轮、轴，清洗齿轮、轴承，并进行检查。

（4）放出箱体存油，并化验，清理箱体。

（5）研磨轴承外套与轴承座，检查有无卡口现象。

（6）吊装齿轮、轴，调整轴向间隙，并记录。

（7）测量齿轮的齿侧间隙，并记录。

（8）吊装上盖，结合面涂密封胶，拧紧法兰螺栓，调好轴端垫子，拧紧螺丝。

（9）电动机找正，装防护罩。

4. 给煤机检修质量标准及评价

（1）本体检修质量标准。

1）刮板、链条、无弯曲、断裂。

2）刮板节距为400mm，每隔两件矩形刮板焊一件防漂刮板，链条应留有足够的调整度，松紧调整适当。

3）两侧刮板工作面应平直，误差1～2mm，刮板允许上翘$0°\sim0.5°$，刮板与箱体侧间隙为10mm。

4）耐磨衬板磨损到原厚度的2/3以上或局部磨损处应调换处理。

5）轴承表面应光滑，不得有裂纹、麻点、锈斑等缺陷。

6）新轴承径向游隙为0.05～0.12mm，大于0.5mm，应予以更换。

7）链轮磨损不大于5mm。

8）前后轴的各部分尺寸符合检修工艺要求：与链轮配合处为$\phi140\pm0.0125$，与轴承配合处为$\phi120^{+0.025}_{+0.003}$。

9）链轮内孔$\phi140^{+0.04}_{+0.00}$。

10）轴承内圈紧靠轴肩，轴承型号标记朝外，轴承转动灵活。

11）无漏油、渗油现象。

12）链条接头处销柱插到底，点焊牢固，链条松紧调整适当。

13）各本体结合面应加垫石棉绳，不漏风。

14）从动轴与箱体垂直，不偏斜。

15）试转时，刮板、链条与机壳两侧无摩擦；减速箱无漏油，运转平稳，无冲击、振动；滚珠轴承温度小于或等于60℃。

（2）减速箱检修质量标准。

1）齿面无麻点、锈蚀、断齿。

2）轴承保持架应完好，滚子无破损，按轴承检修质量标准执行。

3）轴承内圈必须紧贴轴肩，缝隙应小于 0.05mm。

4）轴承外圈与轴承座的侧间隙为 0.02～0.03mm，深度为 5～10mm。

5）从低速轴到高速轴逐级组装。

6）圆锥滚子轴承的轴向间隙，7608、7311 轴承一般为 0.05～0.10mm；7315、7524 轴承一般为 0.08～0.20mm。轴承的顶部间隙为 0.03～0.05mm。

7）齿轮传动的最小间隙：A＝175mm 时，为 0.14mm；A＝250mm 时，为 0.18mm；A＝400mm 时，为 0.22mm。

8）齿轮表面接触高度不小于 45%，长度方向不小于 70%。

9）结合面严密不漏油，紧固螺丝齐全无松动。

10）轴向、径向误差小于或等于 0.05mm。

（二）HD-BSC 型称重式计量给煤机检修

1. 给煤机检修解体步骤

（1）确认磨煤机、给煤机电源、密封风源、消防蒸汽汽源全部切断后，待给煤机内温度降到与环境温度差小于或等于 40℃的方可进行工作。

（2）拆除给煤机的各相关管路，做好位置记号，以便回装。

（3）打开给煤机的前后及侧面检修门。

（4）拆除称重装置后进行检查。

（5）抽出传动皮带和清扫链，取下各传动及从动辊、称重辊进行检查，必要时进行更换。

（6）进入给煤机内部，检查防磨衬板的磨损情况，必要时进行更换。

（7）解体皮带驱动装置和清扫链驱动装置，检查其内部传动部件磨损情况，决定更换与否。

（8）检查给煤机出入口闸门和密封风、消防蒸汽门的严密性及灵活性。

2. 给煤机检修质量标准

（1）给煤机皮带表面磨损严重时或出现严重划伤、烧伤等严重缺陷时，予以更换。

（2）给煤机内部防磨衬板磨损量超过原厚度 1/2 时进行更换。

（3）驱动链出现裂纹、磨损量超过原尺寸的 1/2 时予以更换。

（4）驱动装置内部齿轮啮合出现不当时需进行调整，各级齿轮无掉齿、裂纹等情况，齿轮的磨损应不超过原齿厚的 30%，齿轮的啮合区在中间部位，不偏斜，齿合线沿齿长不得小于 75%，沿齿高接触不少于 60%。

（5）轴承无麻点、裂纹、无严重磨损等缺陷。

（6）传动轴和拉紧轴，如只是轻微磨损时可进行补焊，但注意不能产生弯曲。

（7）称重辊与两侧称重跨距辊应在同一平面内，其平面度误差不大于±0.05mm，以保证精确的测量精度。调整称重辊时需在水平尺与称重辊及两个称重跨锯辊的三个接触面之间各插入一个 0.127mm 的垫片。

（8）适当的张紧力标志是，从驱动链轮到第一链条支撑板之间链的下垂度为 5cm。

(9) 在更换驱动滚筒时，使滚筒链轴器端与驱动轴上的半链轴器间保留 3.175mm 间隙。

(10) 在张紧皮带之前使皮带对准中心线，使皮带背面的 V 形导轨嵌入所有滚筒和辊的凹槽中。

(11) 更换皮带的花线钢丝缆时切断引线，使其在咬接两逢端突出约 5cm。

(12) 给煤机的密封空气压力比磨煤机内压力要高 6mmHg，单压差不要大于 25mmHg。

3. 设备常见故障及处理方法

设备常见故障及处理方法见表 4-2。

表 4-2　设备常见故障及处理方法

序号	故障现象	原因分析	处理方法
1	给煤机不能启动	1. 电源没有接通 2. 电气接线断路或接触不良 3. 电动机有故障 4. 控制器有故障 5. 主动滚筒与胶带间打滑	1. 检查并接通电源 2. 检修电气接线 3. 检修电动机 4. 检修控制器 5. 增加胶带的张力
2	负荷率上限异常	1. 称重传感器部位异常 2. 演算器异常 3. 煤的密度变大	1. 检修称重传感器的连接情况或换传感器 2. 检修演算器 3. 调整胶带速度
3	负荷率下限异常	1. 称重传感异常 2. 煤闸门没有打开或没有完全打开 3. 进煤口堵煤 4. 煤的密度变小 5. 演算器异常	1. 检查称重传感器的连接情况或更换传感器 2. 打开煤闸门 3. 敲打进煤口 4. 调整胶带速度 5. 检修演算器
4	给煤机转动部位有异常声响和振动	1. 安装不良 2. 安装螺栓松动 3. 润滑不良 4. 轴承损坏	1. 重新调整安装位置 2. 紧固安装螺栓 3. 加注润剂并润滑 4. 更换轴承
5	转速相同时两台给煤机的计量值不同	1. 零点和间距调整不佳 2. 称重传感器异常故障 3. 速度检测器故障 4. 胶带张力调整不当 5. 演算器发生故障	1. 重新调整零点的间距 2. 检修称重传感器 3. 检修速度检测器 4. 调整胶带张力 5. 检修演算器
6	输送胶带跑偏	1. 胶带张力调整不当 2. 主动、被动滚筒外面有物料附着黏结 3. 胶带内侧有物料黏结	1. 调整胶带跑偏 2. 清理滚筒表面附着的物料 3. 清理胶带内侧黏结的物料
7	胶带运转无法停机	1. 电动机起动装置短路 2. 控制器异常	1. 检查、修理、更换电动机 2. 按控制器说明书检查控制器
8	驱动电动机异常	1. 安装不好 2. 安装螺栓松动 3. 轴承异常	1. 安装调整 2. 拧紧安装螺栓 3. 更换轴承

续表

序号	故障现象	原因分析	处理方法
9	减速机异常	1. 安装不好 2. 安装螺栓松动 3. 润滑不良 4. 轴承异常	1. 安装门孔 2. 拧紧安装螺栓 3. 检查油标加润滑油 4. 更换轴承
10	清扫链运行异常	1. 刮板变形 2. 链条断链 3. 电动机异常	1. 更换刮板 2. 修复链条 3. 检查电动机
11	耐压机体温度过高报警	1. 落煤管欠煤 2. 密封风压不足	1. 检查落煤管落煤量确定是断煤还是堵煤 2. 检查密封风压是否大于耐压机体风压 500Pa

能力训练

1. 简述刮板式给煤机的结构，搜集相关动画、视频。
2. 简述电子称重式皮带给煤机的结构，搜集相关动画、视频。
3. 简述电子称重式皮带给煤机的工作过程。
4. 制作 ppt 详细说明刮板式给煤机的检修工序。
5. 制作 ppt 详细说明电子称重式皮带给煤机的检修解体步骤。

任务二　给粉机检修

任务目标

掌握叶轮式给粉机的工作原理；熟悉叶轮式给粉机的结构；掌握叶轮式给粉机的检修工艺。

知识储备

一、给粉机的结构

给粉机的作用是将煤粉仓中的煤粉按锅炉负荷的需要均匀地送入一次风管中。目前，电厂应用较为普遍的给粉机是叶轮式给粉机。其中，GF 型叶轮给粉机是储仓式制粉系统供给锅炉燃料的主要设备。

GF 型叶轮给粉机是一种定量给粉设备，主要由上下两个基础部件和蜗轮减速箱组成本体，结构紧凑。在下部体上装有电动机座，电动机就安装在机座上，电动机通过对轮与蜗杆连接在一起。图 4-5 为应用广泛的 GF 型给粉机主要结构。

上部体是一个上方下圆的铸铁件，在它的中部，水平装一根两端有正反螺纹的丝杆，通过它带动两块插板，为停机检修或投入运行时启闭粉路之用。

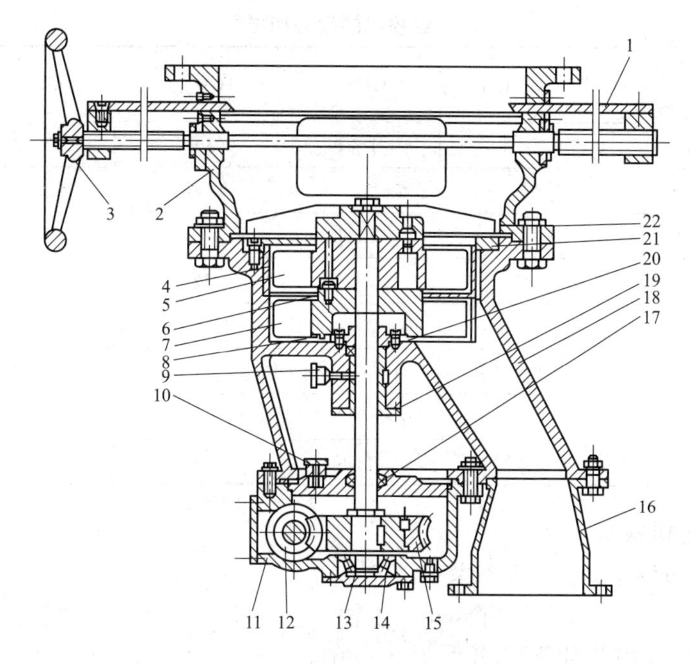

图 4-5　GF 型给粉机主要结构

1—闸板；2—上部体；3—手轮；4—供给叶轮壳；5—供给叶轮；6—传动销；7—测量叶轮；8—圆座；9—黄干油杯；10—放气塞；11—蜗轮壳；12—蜗杆；13—主轴；14—圆锥滚子轴承；15—蜗轮；16—出粉管；17—蜗轮减速箱上盖；18—下部体；19—压紧帽；20—油封；21—衬板；22—刮板

下部体是给粉机的主要基础部件，通过法兰盘与上部体用螺栓紧紧连接在一起，其刮板、叶轮、衬板、叶轮壳都装在下部体内。两级叶轮、刮板同主轴用传动销和四方轴、孔连接起来，通过立式主轴同步转动，当转动力矩过大时，会立即切断联轴器销，从而保证电动机和给粉机零件不被破坏。衬板和叶轮壳在相反方向开有缺口，是控制煤粉流路和防止自流的机件。下部体的中间铸有凸台，内孔嵌有主轴衬套，并装黄干油杯注入油脂润滑主轴。内孔上部放入 J 形无骨架橡胶油封，其上装有带密封槽的圆座，防止煤粉流入主轴衬套。

蜗轮减速箱倒装在下部体的下法兰盘上，通过主轴和所有输送煤粉零件联系。

二、给粉机的工作原理

在储仓式制粉系统中，煤粉仓里的煤粉是通过给粉机按需要量送入一次风管再吹入炉膛的。炉膛内稳定的燃烧在很大程度上取决于给粉量的均匀性及给粉机适应负荷变化的调节性能。

给粉量的调节可以通过改变给粉机的转速来实现。从煤粉仓落下的煤粉在给粉机上部不断受到转板的推拨和松动，自上落粉口落下，由上叶轮旋转 180°，将煤粉拨至中层落粉口（与上落粉口布置于给粉机轴线的两侧），再由下叶轮旋转 180°，将煤粉拨至煤粉出口，落到一次风管中。按此过程就达到连续、均匀给粉和防止停机时煤粉自流的目的。

运行中，煤粉仓内应保持粉位不低于一定高度，否则由于一次风管内压力较高，空气有可能穿过给粉机吹入粉仓，破坏正常供粉。

三、给粉机的型号和及参数

常见给粉机的型号和参数见表 4-3。

表 4-3 常见给粉机的型号和参数

技术性能 \ 型号	GF-1.5	GF-3	GF-6	GF-9	GF-12
额定出力（t/h）	0.5～1.5	1～3	2～6	3～9	4～12
设计煤粉密度（t/m^3）	0.65				
叶轮直径（mm）	ϕ313			ϕ386	
叶轮齿数（齿）	12				
额定主轴转速（r/min）	9 40	21 81		21 81	
传动比 i	1∶27	1∶13.5		1∶13.5	
外形尺寸（mm）	807×984×1158			989×1213×1340	
总重（kg）不计电动机	354			480	

四、叶轮给粉机检修

（一）给粉机的解体、检修和组装

GF-9型给粉机的主要部件有外壳、主轴、上叶轮、下叶轮、刮板、上隔板、中间隔板、蜗轮箱等。设备规范如下：出力为3～9t/h，转速为120～1200r/min，叶轮直径为ϕ386，叶轮级数为2级。额定主轴转速及传动比可参见知识储备中的相关内容。

1. 拆卸给粉机

（1）关闭下粉挡板。

（2）拆下下粉管短节连接螺栓，取下短节，并在拆出短节的下端，用铁板封住，以防杂物落下。

（3）用手转动给粉机联轴器，清除余粉。

（4）拆下联轴器连接销及电动机固定螺栓，吊下电动机。

（5）旋下涡轮箱底部放油孔螺栓，将油放尽。

（6）拆卸给粉机与粉闸门方法兰的连接螺栓，吊下给粉机并进行检修。

2. 给粉机解体

（1）拆下主轴顶部螺栓，取下刮板，进行检查。

（2）拆掉上隔板埋头螺钉，取下上隔板和上叶轮，并进行检查。

（3）拆下中间隔板，取出下叶轮，并进行检查。

（4）取出轴套及元宝座。

（5）用链条葫芦吊起给粉机外壳，从下部取出主轴和蜗轮箱。

（6）以上各项拆卸工作开始前，应做好记号，以方便安装。

3. 涡轮箱解体

（1）拆卸涡轮箱上盖固定螺钉，依次取出上盖、主轴和蜗轮。

（2）清洗蜗轮主轴，并进行检查。

（3）清洗并检查涡轮箱、蜗杆及轴承。

4. 涡轮箱装复

（1）装复蜗杆、蜗轮，并调整好各部分的间隙。

（2）主轴密封圈、蜗杆密封圈应更换。

（3）蜗轮箱上盖结合面应涂一层密封胶，再进行安装。

（4）油位镜清洗，装复时，结合面同样应涂一层密封胶，防止出现渗油、漏油现象。

（5）加入润滑油至油位线范围内。

5. 给粉机组装

（1）主轴从下部穿入给粉机外壳内，紧固蜗轮箱与给粉机下部结合面的螺栓，使给粉机与蜗轮箱连为一体。

（2）装复元宝座及轴套。

（3）装复下叶轮及中间隔板。

（4）装复上叶轮与上隔板。

（5）装复刮板。

（6）给粉机组装后，用手转动联轴器，并进行检查。

6. 给粉机就位

（1）用链条葫芦吊起给粉机并使其就位，放好密封垫，并对称拧紧法兰螺栓。

（2）安装下粉管短节，放好密封垫，涂抹白厚漆，拧紧连接螺栓。

7. 电动机找正

（1）安装联轴器。

（2）吊起电动机就位，并以给粉机侧的联轴器为中心，移动电动机进行找正。

（3）装上联轴器连接销及制动螺钉。

8. 粉闸门检修

（1）拆除丝杆，并进行清洗、校正。

（2）检修挡板。

（二）给粉机检修质量标准

1. 给粉机解体

（1）给粉机的刮板无裂纹、损伤，底部平整。

（2）上隔板及中间隔板无裂纹，表面平整无毛刺。

（3）叶轮无裂纹，叶片无缺少、断齿现象。

2. 蜗轮箱解体

（1）蜗轮箱主轴弯曲度小于或等于0.05mm，蜗轮的磨损不大于原厚度的1/2。

（2）蜗轮箱无裂纹。

（3）蜗杆弯曲度小于或等于0.15mm，齿面磨损面积不大于原面积的1/2。

（4）轴承型号为7306，按轴承检查方法进行检查。

3. 蜗轮箱装复

（1）蜗轮、蜗杆结合面大于或等于60%。

（2）蜗轮、蜗杆啮合间隙为1.25～1.5mm。

（3）蜗杆的窜动间隙小于或等于0.3mm。

（4）轴承游隙小于或等于0.1mm。

（5）加46号机械润滑油，油位指示正确、清楚。

4. 给粉机组装

（1）轴套、元宝座与轴的间隙为0.05～0.1mm。

(2) 下叶轮的径向间隙为 0.5～0.75mm；轴向间隙为上 1.2～2mm，下 1～1.5mm。

(3) 上叶轮的径向间隙为 0.5～0.75mm；轴向间隙为上 1.2～2mm，下 1～1.5mm。

(4) 刮板与上隔板的间隙为 1～1.5mm。

(5) 用手转动联轴器时，给粉机转动部件转动应灵活，无异常声音。

(6) 主轴粉封填实，严密不漏。

5. 给粉机就位

各安装部件连接处应严密，无漏粉现象。

6. 电动机找正

(1) 轴向与径向误差小于或等于 0.05mm。

(2) 粉闸门检修。

1) 丝杆的弯曲度小于或等于 1mm，窜动小于或等于 0.05mm。安装时进退灵活。

2) 挡板严密不漏，开度指示正确。

能力训练

1. 简述叶轮式给粉机的工作原理，通过网络等方法搜集相关演示视频。
2. 叶轮式给粉机主要包括哪些部件?
3. 制作 ppt 详细说明叶轮式给粉机的检修工序。

综合测试四

一、单选题

1. 启动给煤机时，应（　　）确认无问题后，方可正常运转。
   A. 先点动开机 2～3 次　　B. 注意观察　　C. 试运转
2. “三无”班组指无工伤、无事故、（　　）的班组。
   A. 无违章　　B. 无工程质量不合格品　　C. 无隐患
3. 大块杂物（煤、矸）堵卡给煤机出口时，应（　　）。
   A. 立即停机　　B. 立即处理　　C. 继续开机
4. 对胶带输送机托辊的完好要求是每百米长度坏托辊不少于（　　）。
   A. 3 个　　B. 5 个　　C. 2 个
5. （　　）在皮带运行中打扫隔板。
   A. 可以　　B. 不可以
6. 作业地点噪声不大于（　　）分贝。
   A. 85　　B. 90　　C. 65
7. 安全栏杆的高度不低于（　　）m。
   A. 1.2　　B. 1.05　　C. 1
8. 检查电机温度时，应用（　　）部位触摸。
   A. 手心　　B. 手背
9. 皮带机中滚筒完好标准是（　　）。
   A. 滚筒无破裂　　B. 滚筒有破裂　　C. 滚筒不圆
10. 处理卡堵时，人员应站在溜槽出口（　　）。
   A. 正面　　B. 上面　　C. 侧面

二、判断题

1. 给煤机的作用是将原煤按要求均匀的送入锅炉。（　　）
2. 煤中的水分可以靠自然干燥除去。（　　）
3. 给煤机运行中发生堵卡时，应将给煤机停止，并做好防止误启动措施后方可处理。（　　）
4. 给煤机常见的故障有皮带跑偏、出力不足、整机振动等。（　　）
5. 煤中的挥发分越多，则其发热量越高。（　　）
6. 给粉机多用在中间储仓式制粉系统。（　　）
7. 全部磨煤机和一次风机停运后，可停止给煤机运行。（　　）
8. 安装锅炉辅机时，可以单个使用斜垫铁。（　　）
9. 转动机械大修开始时的第一项工作一般是先停电然后拆下对轮螺丝。（　　）
10. 煤粉细度越小，越不易自燃和爆炸。（　　）

三、填空

1. 给煤机的任务是根据（　　）或（　　）的需要调节给煤量，将原煤按要求数量均匀、连续地送入（　　）。

2. 国内应用较多的给煤机有（　　）、（　　）、（　　）、（　　）等几种，其中（　　）和（　　）在大型锅炉机组中应用较多。

3. 给粉机的作用是将煤粉仓中的煤粉按（　　）的需要均匀地送入（　　）中。

4. 皮带给煤机主要特点是（　　）、（　　）、（　　）等。

四、简答题

1. 刮板式给煤机调节给煤量的方法有哪些？有什么特点？

2. 电磁振动式给煤机调节给煤量的方法有哪些？有什么特点？

3. 刮板式给煤机本体检修项目有哪些？

4. 简述刮板式给煤机本体检修质量标准。

5. 简述电子称重式皮带给煤机大修时给煤机检修的标准项目。

6. 简述电子称重式皮带给煤机检修解体步骤。

7. 电子称重式皮带给煤机转动部位有异常声响和振动的可能原因是什么？如何解决？

8. 导致输送胶带跑偏的原因可能是？如何处理？

9. 简述叶轮给粉机解体步骤。

10. 简述叶轮给粉机蜗轮箱解体的检修质量标准。

项目五　汽轮机辅机检修

项目目标

掌握汽轮机各辅助设备的作用、工作原理；熟悉汽轮机各主要辅助设备的结构；能够识读设备结构图；熟练掌握汽轮机辅机的检修工艺；熟悉汽轮机各辅助设备检修质量标准。

知识储备

汽轮机辅机设备作为汽轮机正常运转必不可少的重要部分，主要包括除氧器、回热加热器、凝汽器、轴封加热器等设备。除氧器用于除去给水中氧气及其他不溶气体，保障机组安全、稳定、经济地运行。回热加热器利用汽轮机抽汽加热锅炉给水，提高工质的平均吸热温度，以提高热力系统的循环热效率。回热加热器包括高压加热器和低压加热器。凝汽器冷凝汽轮机排汽，增加蒸汽做功能力，提高电厂循环热效率。轴封加热器利用汽轮机轴封漏气加热凝结水，减少能源损失，提高机组热效率。虽然各个设备在热力系统中的作用不同，但它们有一个共同特点就是承担热量的交换，本质上都是热交换器。

热交换器按照换热原理不同可分为混合式、表面式和蓄热式三种。汽轮机辅机设备均为表面式换热器或混合式换热器。如果加热工质和被加热工质的传热是通过管道表面进行的，则为表面式加热器；反之，为混合式加热器。除氧器是典型的混合式换热器，凝汽器是典型的表面式热交换器，电厂中典型的蓄热式热交换设备是回转式空气预热器，在本项目中不做讨论。

检修前，必须了解清楚各热交换设备的构造、工作原理、工作流程及工作时承受的压力和温度等。设备所使用的材质、连接结合面所用的垫片、螺栓等材料的规格、尺寸等应按图检查清楚。热交换设备传热效果的好坏直接影响热力系统运行的安全性和经济性，所以投入使用前要对这些设备的管道进行严格地检查清理，确保换热面清洁无垢、无堵塞，管子不泄漏，加热器组装后，法兰、管阀等连接件不漏。

任务一　凝汽器检修

任务目标

掌握凝汽设备的作用及组成设备；熟悉典型凝汽器的结构；熟练掌握凝汽器的检修工艺；熟悉凝汽器检修质量标准。

知识储备

一、凝汽设备组成及作用

（一）凝汽设备的组成

凝汽设备主要由凝汽器、循环水泵、凝结水泵、抽气器等组成，凝汽设备系统图见

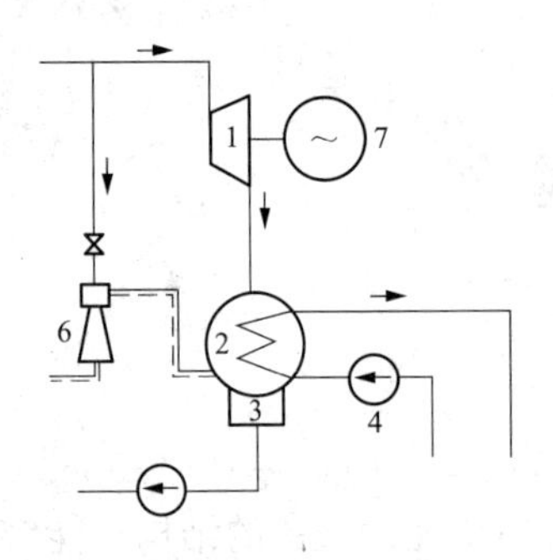

图 5-1 凝汽设备系统图

1—汽轮机；2—凝汽器；3—热水井；4—循环水泵；5—凝结水泵；6—射汽抽气器；7—发电机

图 5-1。

汽轮机的排汽进入凝汽器，循环水泵将循环冷却水打入凝汽器中，在凝汽器中冷却水将汽轮机排汽冷凝成凝结水，凝结水泵将凝汽器热水井中的凝结水抽出，送往锅炉作为锅炉给水。为了防止凝结水泵发生汽蚀，在凝汽器底部设有热水井。抽气器用于维持凝汽器内真空。在凝汽器中，蒸汽和凝结水是相互共存的，理想情况下处于饱和状态，温度与压力一一对应，温度为对应压力下的饱和温度。

（二）凝汽设备的作用

1. 凝汽器的作用

（1）在汽轮机排汽口建立并维持一定的真空，以增大蒸汽的做功能力。

（2）冷却汽轮机排汽成为凝结水，回收工质。

（3）在机组启、停过程中回收疏水。

凝汽器内真空的形成有两种情况，在正常运行时，凝汽器的真空靠排汽骤然冷凝成水形成。只要冷却水温不高，在正常条件下，蒸汽凝结温度也不高，对应的饱和压力也很低，如30℃左右的蒸汽凝结温度所对应的饱和压力只有4～5Pa，远远低于大气压力，故形成高度真空。此时，处于负压的凝汽设备及管道接口并非绝对严密，外界空气会漏入。为了避免这些在常温条件下不凝结的空气在凝汽器中逐渐积累造成凝汽器中的压力升高，一般采用抽气器不断地将空气从凝汽器中抽出以维持凝汽器内真空。在机组启、停中，由于此时汽轮机中没有蒸汽或进汽量较小，凝汽器的真空是靠抽气器（真空泵）将凝汽器中的空气抽出而形成的。

2. 抽气器的作用

抽气器在凝汽设备中的作用：一是在机组启、停过程中，抽出凝汽器内的空气，建立启动真空；一是在机组运行中，连续不断地抽出凝汽器内漏入的空气等不凝结气体和蒸汽，维持凝汽器内的真空，以保证凝汽器的工作效率和提高机组经济性。

二、表面式凝汽器的分类

现代凝汽式电厂的凝汽器广泛采用表面式凝汽器。

电厂中常用的表面式凝汽器可根据汽流流动方向、汽测压力以及流程等进行分类。

（一）按汽流流动方向分

因抽气口处的压力最低，汽轮机排汽进入凝汽器后，汽流会向抽气口处流动。凝汽器的抽气口安装在不同的部位，就构成了凝汽器中的不同汽流方向。按汽流的流动方向分为四种形式：汽流向下、汽流向上、汽流向心和汽流向侧式，见图 5-2。目前应用最多的是后两种形式，这两种形式凝汽器中的蒸汽能直接流到底部加热凝结水，从而提高了凝结水的温度，热经济性较好。而且，汽流到抽气口的流程较短，流动阻力较小。

（二）按汽侧压力分

按凝汽器的汽侧压力可分为单压式和多压式凝汽器。

单压式凝汽器是指凝汽器的排汽口都在一个相同的凝汽器压力下运行，见图 5-3（a）。随着机组容量的增大和多排汽口的采用，把凝汽器的汽侧分隔成与汽轮机排汽口相对应的、具有两个或两个以上互不相通的汽室，冷却水串行通过各汽室的管束，由于各汽室的冷却水温度不同，凝汽器的压力也不相同，这种具有两个或两个以上压力的凝汽器，称为双压或多压式凝汽器，见图 5-3（b）。

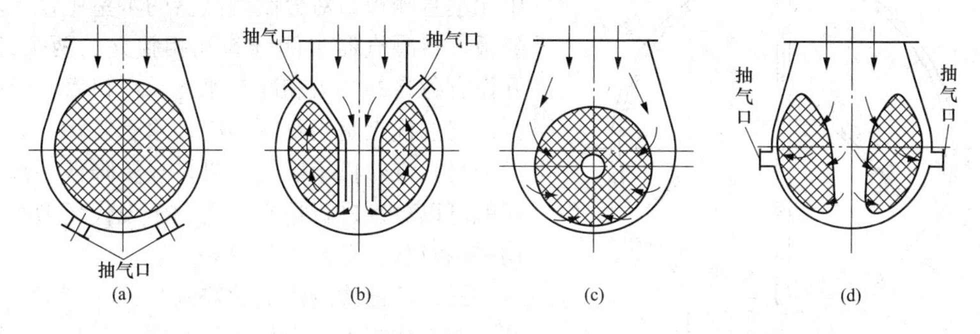

图 5-2　不同汽流方向的各类凝汽器示意图

（a）汽流向下式；（b）汽流向上式；

（c）汽流向心式；（d）汽流向侧式

多压式凝汽器与单压式比较，由于每个汽室的吸、放热平均温度较为接近，热负荷均匀，因此，在同样的传热面积和冷却水量的条件下，多压式凝汽器的平均压力较低，真空较高，热经济性好。国产 600MW 及以上容量的机组广泛采用双压式凝汽器。

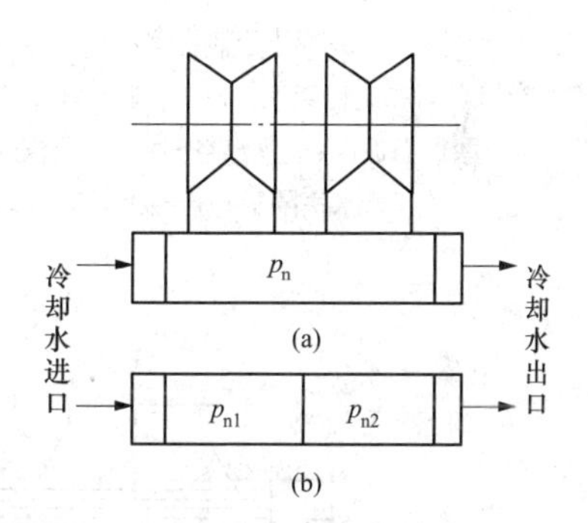

图 5-3　单压、多压式凝汽器示意图

（a）单压式；（b）多压式

（三）按冷却水的流程分

按冷却水在冷却水管中的流程，可将凝汽器分为单流程、双流程等。单流程凝汽器就是冷却水在冷却水管内，只流过一个单程，不在凝汽器内转向就排出凝汽器，见图 5-4（a）；双流程凝汽器是冷却水在冷却水管内经过一个往返再排出凝汽器，见图 5-4（b）。

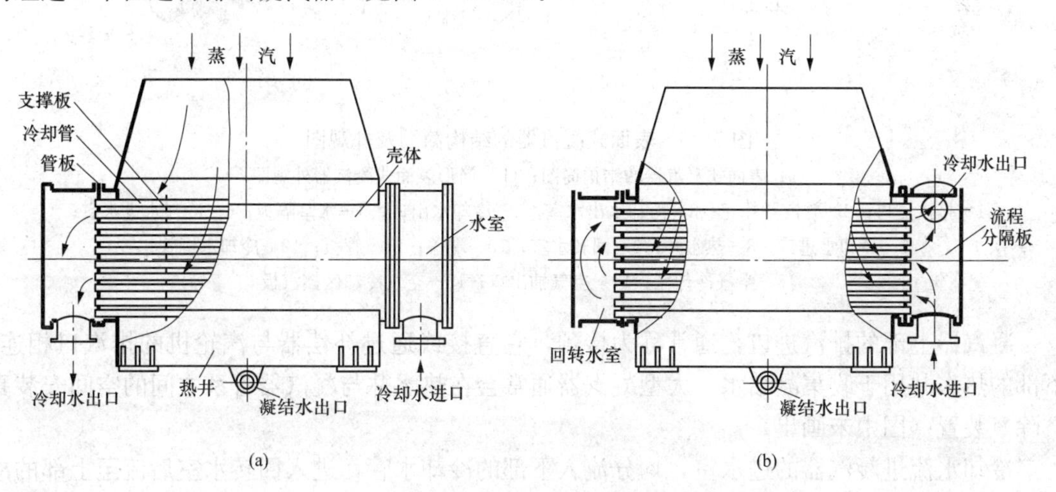

图 5-4　单流程与双流程凝汽器

（a）单流程；（b）双流程

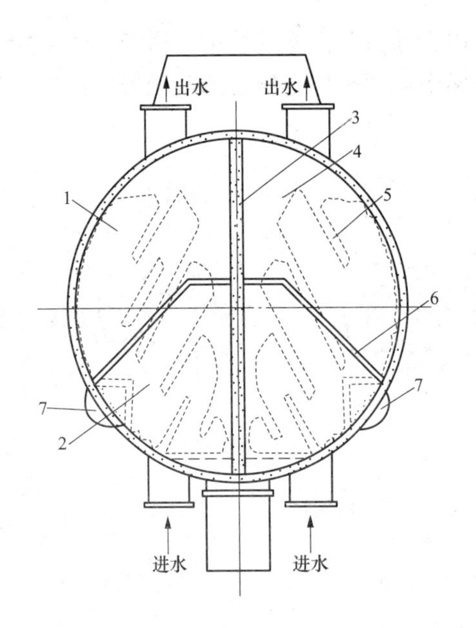

图5-5 对分制凝汽器简图

1—冷却水第二流程管束；2—冷却水第一流程管束；3—垂直隔板；4—蒸汽空间；5—蒸汽通道；6—水室隔板；7—抽气口

（四）按冷却水室的垂直隔板分

表面式凝汽器按水室中是否设有垂直隔板可分为单一制和对分制两种。单一制凝汽器的水室中无垂直隔板。对分制凝汽器的水室中设有垂直隔板，将凝汽器水侧分为互相独立的两个部分，并设有各自的端盖和冷却水入、出口管。对分制凝汽器的优点是当凝汽器冷却水管脏污、堵塞或泄漏时，汽轮机不需要停机，只要降低一部分负荷就可以分别进行检修或清扫。现代新型凝汽器均采用对分制形式，见图5-5。

三、表面式凝汽器的结构

表面式凝汽器由外壳、水室、管板、冷却水管管系、补偿装置和支架等部件组成。

图5-6为表面式凝汽器的结构简图及外观图。其圆筒形外壳两端连接着端盖，端盖与外壳间装有用来安装冷却水管的管板，外壳、端盖和管板组成水室。为防止管束振动，减小管子的挠度，在两管板之间设有若干块中间隔板，将管子固定在中间隔板上（图中未画出中间隔板）。

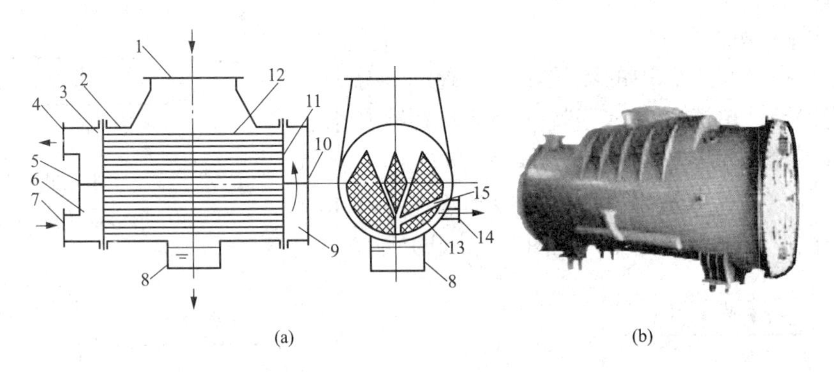

图5-6 表面式凝汽器的结构简图及外观图

(a) 表面式凝汽器的结构简图；(b) 筒形表面式凝汽器外观图

1—排汽进口；2—凝汽器外壳；3—冷却水出水室；4—冷却水出口；5—水室隔板；6—冷却水进水室；7—冷却水进口；8—热水井；9—回转水室；10—端盖；11—管板；12—冷却水铜管；13—空气冷却区；14—空气抽出口；15—空气冷却区挡汽板

凝汽器上部的排汽进口，通常称为接颈，它直接或通过补偿器与汽轮机的排汽口相连。下部的热水井用于收集凝结水，大型凝汽器通常会在热水井与凝汽器管系之间的空间安装真空除氧装置（图中未画出）。

冷却水流进凝汽器的进水室，均分流入下部的冷却水管，进入回转水室后流至上部的冷却水管，在出口水室汇集后经出口流出。汽轮机的排汽进入凝汽器，蒸汽在管壁外放出热量，凝结成水，所有的凝结水最后集聚在下部的热水井中，最后由凝结水泵抽出。通常把管内冷却水流动的空间称为水侧，管外蒸汽流动的空间称为汽测。

在凝汽器壳体右下侧设有空气冷却区和空气抽出口，漏入凝汽器汽侧空间的空气在抽出之前，先经空气冷却区冷却，使得空气中夹带的蒸汽进一步冷却成水，减少了空气容积，降低了抽气设备的负荷。图 5-7 为空气冷却区示意，空气冷却区上部设有集气管，集气管下部钻有许多小孔，不凝结气体和少量蒸汽经小孔进入集气管经气体引出管抽出。挡汽板的作用是防止蒸汽直接进入空气冷却区被抽出。

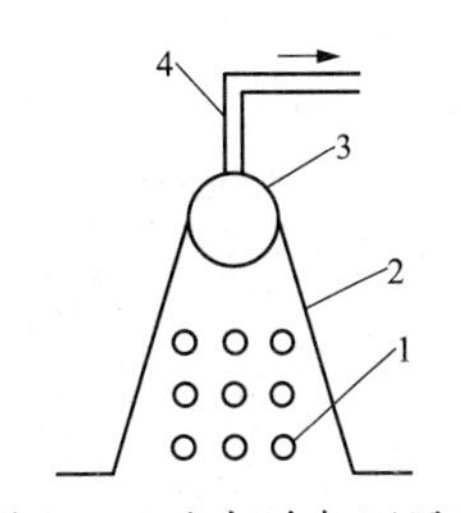

图 5-7　空气冷却区示意
1—冷却水管；2—挡汽板；3—空气集管；4—空气引出管

空气抽出口处的压力需低于凝汽器进汽口处压力，才能使蒸汽和空气的混合物向抽气口流动，被顺利排出，两者之间的压力差称为凝汽器的汽阻。

表面式凝汽器是一个表面式换热器，汽侧空间蒸汽凝结成水，释放的汽化潜热传递给水侧空间的冷却水。理想情况下，汽轮机的排汽压力对应的饱和水温度即为凝结水温度。实际上凝汽器内的工作压力是蒸汽和空气分压力之和，根据道尔顿分压力定律，漏入的空气越多，凝汽器内蒸汽的分压力就越低。因此，凝汽器水蒸气分压力对应的凝结水温度将会低于汽轮机排汽压力对应的饱和温度，两者之差称为凝结水的过冷度。当汽轮机排汽压力一定时，过冷度越大，凝汽器出口的凝结水温越低，为达到锅炉给水温度，需要更多的抽汽将之加热，从而会降低系统的热经济性。过冷度增加还意味着凝汽器内空气分压力增加，凝结水中溶氧量增加，低压设备和管道更容易受到氧腐蚀。

1. 凝汽器外壳

凝汽器的外壳有生铁铸成和钢板焊接制成两种。用生铁铸成的凝汽器具有结合面少、不容易漏气、不易被氧化等特点。由于大型凝汽器铸造起来比较困难，现在的大型凝汽器外壳一般均采用 10～15mm 的钢板焊接而成。外壳上开有许多接口，用于连接与凝汽器相连的汽水管道。

凝汽器的外壳有圆筒形和方形两种。中小型机组多采用圆筒形外壳，见图 5-6（b），大型机组多采用方形外壳。

2. 凝汽器水室和端盖

凝汽器的水室与端盖有用生铁铸成，也有用钢板制成的。上面设有观察孔和人孔门，用于检查、清洗和检修冷却水管。

3. 管板和隔板

管板的作用是固定管子并将凝汽器的汽侧与水侧隔开。如果冷却水为海水，则管板用含锡黄铜（HSn-70-1 号）或不锈钢制成；如果冷却水为淡水，则管板可用普通钢板制成。

为了减轻冷却水管弯曲和运行中的振动，在凝汽器壳体中设有若干块中间隔板。中间隔板上的管孔布置与管板上的管孔布置完全一致，但隔板孔径比管板孔径大 1mm。安装时，中小型机组将中间隔板中心较管板中心高 $\delta=2\sim5$mm，大型机组高 $\delta=5\sim10$mm，其他隔板中心也相应提高，见图 5-8。管子中心抬高后，能确保管子与隔板紧密接触，改善管子的振动特性。另外，管子的预先弯曲能减小热应力，还能使凝结水沿弯曲的管子由中央向两端流下，减少下一排管子上积聚的水膜，提高传热效果。

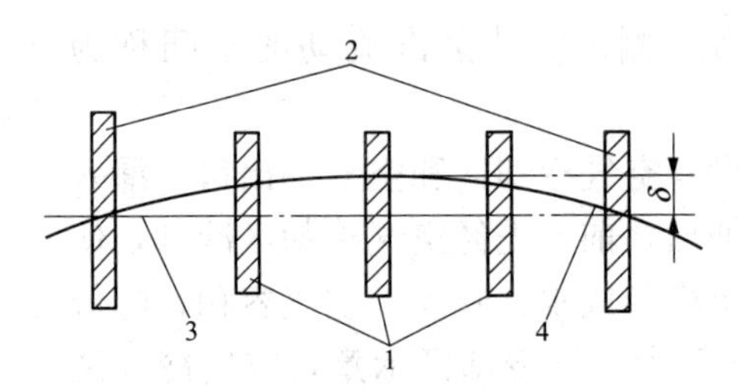

图 5-8 中间隔板布置示意

1—中间隔板；2—两端管板；3—两端管板管孔中心线；4—冷却水管子中心线

4. 冷却水管的排列及管束布置

为保证冷却效果，凝汽器的冷却水管很多，这些管子统称为管束。冷却水管在管板上的排列方式及管束的布置形式直接影响凝汽器的真空和换热效果。

凝汽器冷却水管在管板上的排列方式主要有正方形排列、三角形排列和辐向排列三种。见图 5-9。

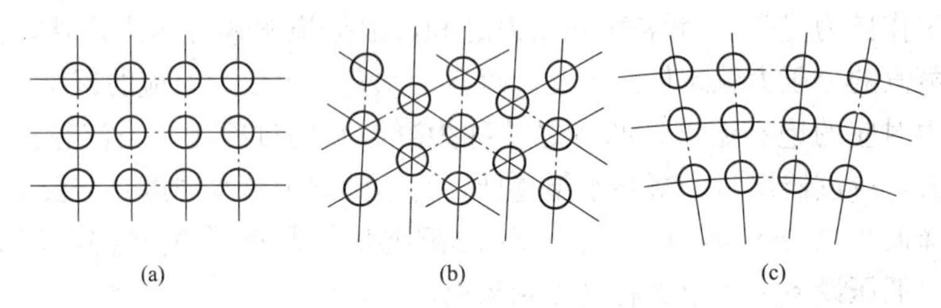

图 5-9 凝汽器管子的排列方式

(a) 正方形排列；(b) 三角形排列；(c) 辐向排列

正方形排列又称为顺序排列，见图 5-9 (a)。这种排列方式管子布置稀疏，汽流流动阻力较小，但需要较大的管板面积，且上排管子的凝结水逐排下流时会进一步被冷却，增大过冷度，目前应用较少。

三角形排列又称错列排列，管子位于等边三角形的各顶点上，见图 5-9 (b)。这种排列方式布置紧凑，单位管板面积上能排列较多的管子，增强传热效果，减小过冷度，因而应用广泛。但是由于管子排列密集，汽阻较大。

图 5-9 (c) 为辐向排列，蒸汽由外圆向中心流动时，随着蒸汽的凝结，蒸汽通道逐渐减小，传热效果好。这种排列方式占用管板的面积较大，多用在大型凝汽器中。

同一台凝汽器中，管子的排列往往不只是采用以上的单一排列方法。凝汽器进口处蒸汽流速最高，为降低汽流速度，减小汽阻，通常采用管距较大的辐向排列或正方形排列。

蒸汽在凝汽器内的凝结是在高真空下进行的，空气极易从不严密处漏入，使得蒸汽中含有不凝结的空气。随着蒸汽不断凝结，汽-气混合物中的空气相对含量急剧增加，必将导致局部传热系数显著降低，汽阻增加，过冷度增大。为保证凝汽器内最高的传热系数和最小的汽阻及过冷度，管束布置应遵循以下基本原则：为减小蒸汽进入管束的阻力，应使进汽侧开始几排管子有较大的通道面积；为减小凝结水过冷度，应在管束中及管束四周留有足够的蒸汽通道；为减小汽阻，应减少顺着汽流的管子排数，尽量使进汽口至抽气口的途径短而直，可在管束中间收集凝结水；为增强冷却效果，应用专门挡板划出部分管子为空气冷却区，其位置与热水井不宜太近；为防止蒸汽绕过主管束直接进入空气冷却区以及防止汽-气混合物绕过空气冷却区直接进入抽气口，应在管束与壳体间加装挡汽板等。

根据上述原则，通常所采用的管束布置形式有以下几种：

(1) 管束的带状布置图见图 5－10。它的整个管束布置成连续的条带状，形成了明显的进汽和排汽通道。每一股蒸汽从进汽通道穿过管束条带便可基本完成凝结任务，剩余的汽-气混合物沿排气通道流向空气冷却区。这种布置方式可以按照需要来安排流动方向，且热负荷分布比较均匀，在我国多用于小功率机组。

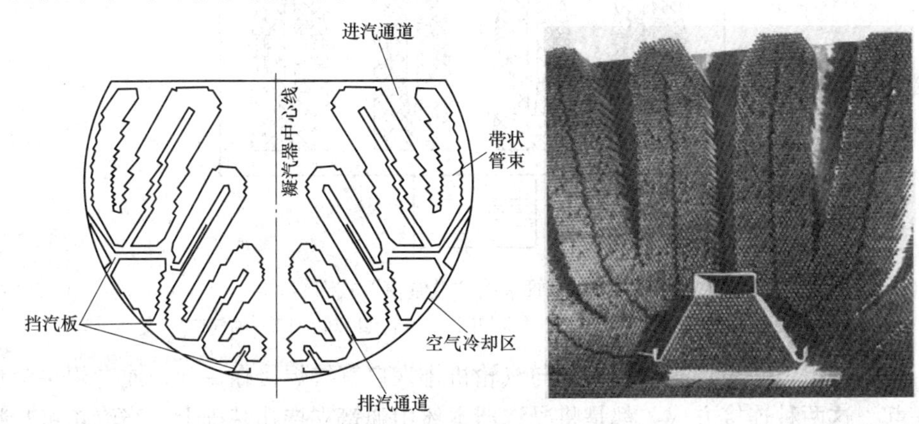

图 5－10　管束的带状布置图

(2) 外围带状布置见图 5－11。对于大功率机组，管子数很多，带状布置会使带条很宽很长，容易引起空气在管束内积聚，增大汽阻，蒸汽也不容易流到较长带条中蒸汽通道的底部。此时，可在带状管束的外面布置外围条带管束。蒸汽从管束外围沿着数量众多的进汽通道进入管束，一部分在管束外围条带内先行凝结，另一部分进入密集的管排区后凝结，剩下的汽-气混合物在管束中部汇集流入抽气集管。

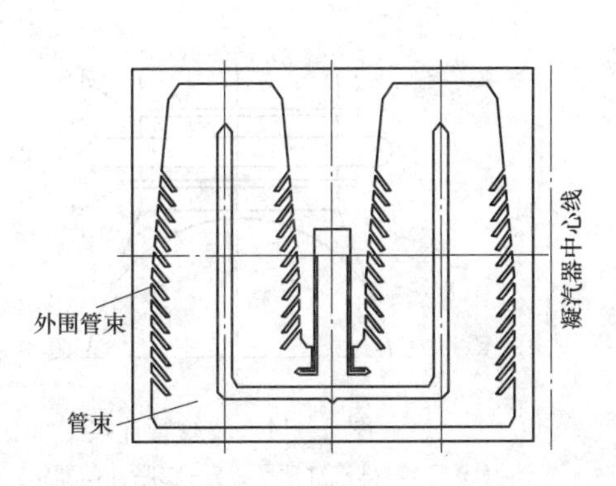

图 5－11　外围带状布置图

(3) 管束的“教堂窗”式布置见图 5－12。这种管束没有上述两种管束布置围成的进汽通道或排汽通道，蒸汽从管束外围流入管束凝结，最终汇集于空气冷却区。这种布置方式蒸汽到抽气口的流程较均匀、短直，蒸汽通道宽流速低，因而汽阻小，热负荷分配较均匀，传热性能好。

5. 凝汽器与汽轮机排汽口的连接

凝汽器喉部与汽轮机排汽口的连接必须保证严密不漏气，同时在汽轮机受热时能自由膨胀，否则将会引起汽缸发生位移和变形。

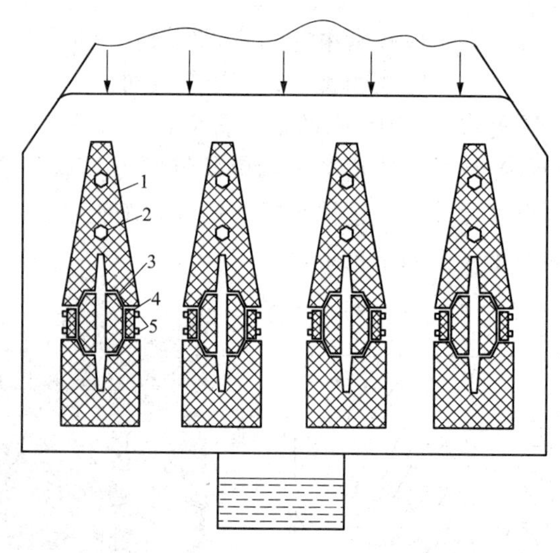

图 5－12　管束的“教堂窗”式布置

1—管束；2—拉杆；3—预冷却区；4—空气冷却区；5—抽气口

大、中型机组，一般将凝汽器喉部与汽轮机排汽口直接焊接在一起，或者用法兰盘固定连接在一起。这两种连接方式，都是将凝汽器本体用弹簧支持在基础上，当汽轮机和凝汽器受热膨胀时，可借助弹簧的伸缩来补偿，同时它的重量又不作用在汽轮机的排汽管上。凝汽器的弹簧支撑座见图 5－13。

有的机组将凝汽器和汽轮机排汽缸分别安装在各自的基础上，在凝汽器的喉部和汽轮机的排汽缸之间设橡胶膨胀补偿器，称波纹管连接，见图 5－14。

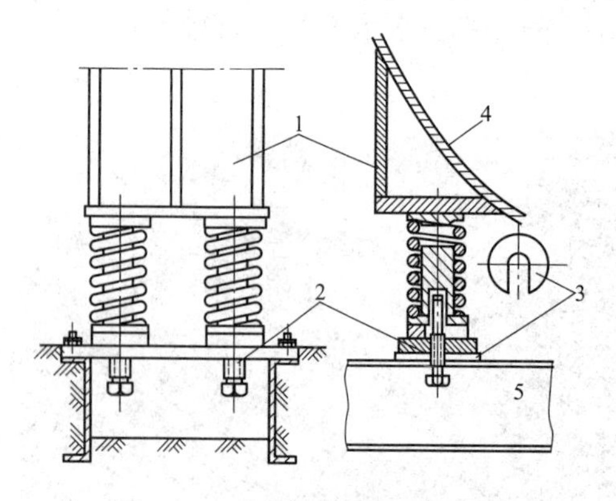

图 5－13　凝汽器的弹簧支撑座

1—凝汽器外壳支脚；2—调整螺丝；3—金属垫圈；4—凝汽器外壳；5—基座

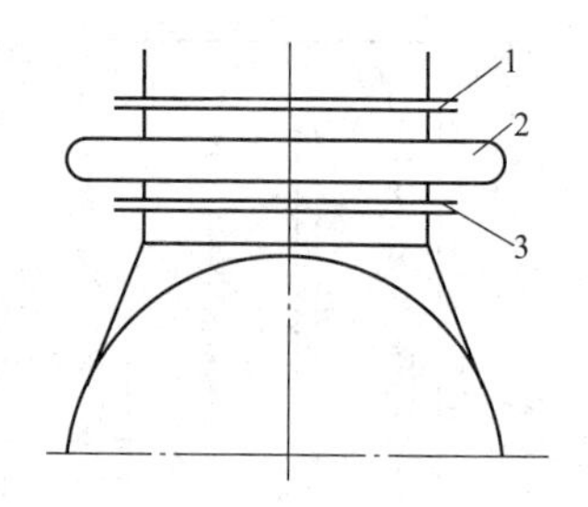

图 5－14　波纹管连接

1—排汽缸法兰；2—膨胀补偿器；3—凝汽器法兰

四、典型机组表面式凝汽器结构形式

1. 国产 300MW 机组

图 5－15 中，采用的是两个区域的汽流向心式布置，每个区域中心都有空气冷却区及抽气口，它的外形采用矩形结构。

2. 法国产 600MW 机组

图 5－16 中，采用的是汽流向心式的带状管束，又称“将军帽”式布置。类似的带状管

束可以适应更大功率的汽轮机组。

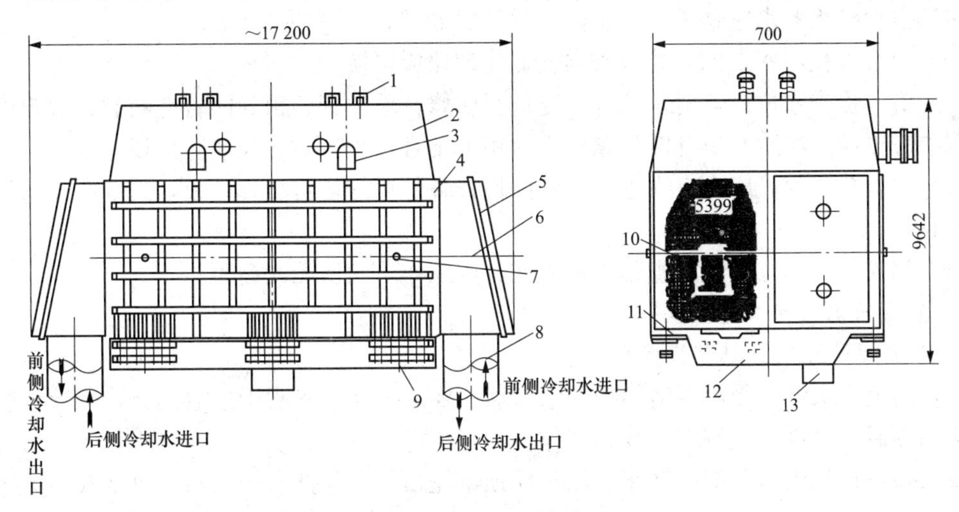

图 5-15　N-15000-1 型凝汽器结构

1—抽汽管道；2—喉部；3—加热器；4—壳体；5—水室盖；6—水室；7—抽气口；
8—进出水管；9—弹簧座；10—空气冷却区；11—热井；
12—除氧装置；13—出水箱

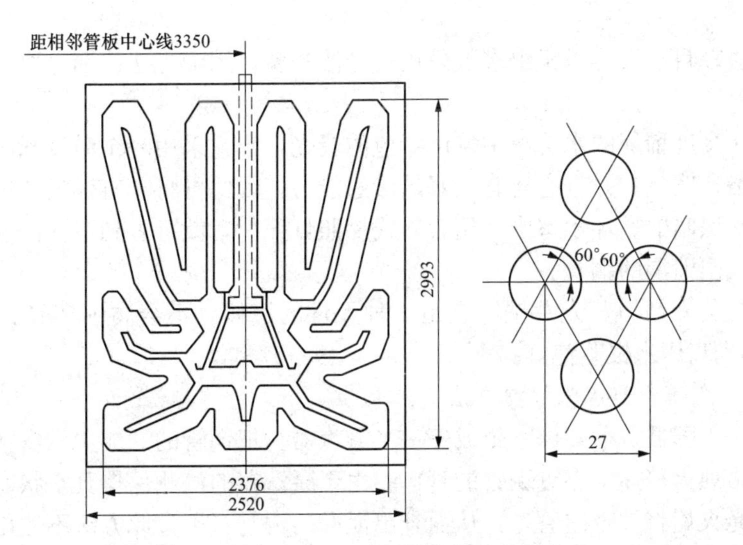

图 5-16　法国 600MW 凝汽器的带状管束

五、凝汽器检修

（一）凝汽器解体

（1）打开凝汽器两侧端盖人孔门，用专用工具清扫冷却管管头堵塞的杂物（清扫时注意不要损伤管头）。

（2）清扫冷却水管的方法有打胶球法和高压水冲洗法。打胶球法：从凝汽器冷却水管一端塞入胶塞（胶球），用 0.39～0.59MPa 的压缩空气吹扫。吹扫时应将对侧人孔门关闭，免得胶塞飞出伤人，如果遇有胶塞在管内卡住应设法由对侧吹出去，不要由一侧硬吹，以免返回伤人。打完胶塞应及时用清水冲洗冷却水管内壁。

(3) 打开入口循环水管下部人孔门，清扫入口管内积存的泥沙等杂物。

(4) 清扫管板及水室锈垢，水室内壁做防腐处理。

(5) 检查人孔门密封圈，若有破损、老化现象应更换。

(6) 解体检查水位计，对水位计考克进行研修，玻璃管、密封圈若有断裂、破损、表面老化现象应更换。组装水位计时，紧压帽时用力不宜过大，防止玻璃管损坏。

(7) 扣人孔门前，应由专人进入容器内检查各部检修是否全部结束，内部有无遗留杂物和工器具。

(8) 扣人孔门前应再次检查是否有人在其内工作，确认无人后再扣。

(二) 凝汽器检修工艺

1. 停机时凝汽器冷却水管找漏方法

(1) 高位上水法。凝汽器清扫冷却水管后，要用压缩空气吹干停放几天，待管板管头没有水滴滴下后方可进行汽侧灌水找漏工作。

灌水前应在凝汽器下部弹簧座上用千斤顶事先顶住，并把汽侧放水、放空气门关闭。

水位加到末级叶片下100～150mm保持24h，认真检查凝汽器汽缸连接排汽管焊口以及低压加热器真空系统管道阀门、法兰是否泄漏，检查冷却水管是否泄漏。用高位上水法对凝汽器冷却水管找漏应对其进行详细记录，如有冷却水管发生泄漏时，应在其两端管头处用特制堵头堵死。冷却水管堵塞量不能超过冷却水管总数的10%，否则应更换新管。

(2) 荧光法。目前大容量机组多数采用荧光法找漏，用荧光法找漏也要支撑凝汽器的四角弹簧。

荧光剂能在高度稀释的水溶液中发出绿色的荧光，当它采用一个激发光源照射时，其绿色的荧光显得格外明亮。并且它还有很好的渗透能力，因此可将含有荧光黄钠的水溶液注入凝汽器汽侧，在黑暗的循环水室中，用紫外线探照灯照射，就可看到泄漏部位有黄绿色的光亮出现，由此找出泄漏的铜管。

目前常用的荧光剂为荧光黄钠，它是一种无毒的液体，不会腐蚀铜管。激发光源可用GTX发射型黑光高压水银蒸汽灯。

2. 运行时凝汽器冷却水管找漏方法

(1) 烛光法。降低负荷，停一个或停一半凝汽器。把铜管的一端用橡皮塞堵严，另一端不封。然后用蜡烛火焰逐个靠近铜管的管口。由于凝汽器的汽侧保持真空状态，所以如果管内有泄漏，蜡光火焰将被吸向管口，从而查出泄漏的铜管。不过此方法不适用于氢气冷却的发电机系统。

(2) 薄膜法。和烛光法原理相同，停下凝汽器后，在两侧管板上贴上沾水的尼龙薄膜或纸片。由于凝汽器的汽侧保持真空，因此，泄漏铜管将把薄膜吸成凹状，据此可查出泄漏的铜管。

现在电厂有一种氦气检漏仪法，见图5-17，“→”为泄漏检测点。使用时将氦气释放于真空系统的焊缝、管接头、法兰和阀门等可能泄漏的地方，然后经真空泵取样，由检漏仪分析出试样中含氦气的浓度，从而分析确定泄漏的位置和泄漏的严重程度。氦气检漏仪法查找漏点时，不影响机组的运行，并且经多个电厂使用验证，效果非常好。

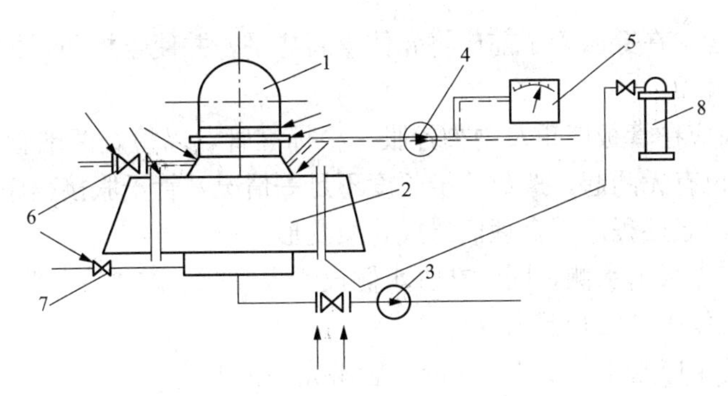

图 5－17　氦气检漏仪

1—汽轮机低压缸；2—凝汽器；3—凝结水泵；4—真空泵；5—检漏仪；6—排气管；7—疏水接管；8—氦气瓶

3. 凝汽器更换局部铜管工艺方法

凝汽器铜管损坏 10%以上时要更换铜管，但新铜管需要经有关人员进行检查化验合格后，方可使用。

(1) 抽管方法。先用不淬火的鸭嘴扁錾［见图 5－18 (a)］在铜管两端胀口处沿管径圆周三个方向施力［见图 5－18 (c)］把铜管挤在一起，然后用大样冲［图 5－18 (b)］向一头冲击，冲出一段后，就可用手直接拉出来。如果用手拉不出来，可把挤扁的管头锯掉，塞进一节钢棍，用夹子夹好后再用力把管子拉出来。

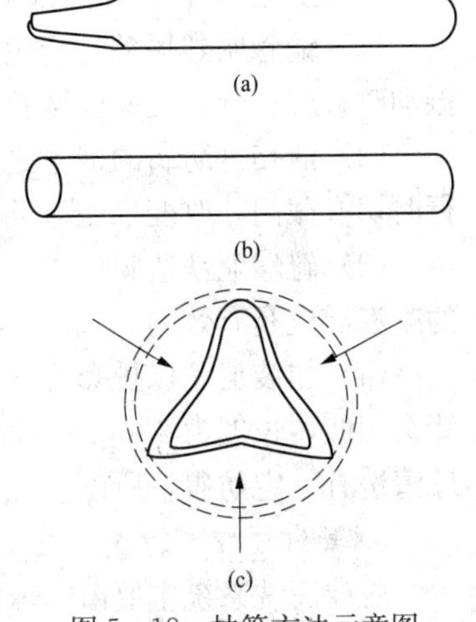

图 5－18　抽管方法示意图

(2) 换管方法。先用细砂布把管板孔和已经试验退火合格的铜管两端各 100mm 长管头打磨光滑干净，不要有油污和纵向 0.10mm 以上的沟槽。将铜管装入管板孔内，准备胀管。

(3) 胀管方法。先将铜管穿上摆好，管子应露出管板 (1～3) mm，胀管端管内涂少量黄油，另一端有人将管子夹住，防止窜动。放入胀管器，用胀管器胀管。首先进行试胀工作，并应符合下列要求。

1) 胀口应无欠胀或过胀现象，胀口处管壁胀薄约 4%～6%，胀管后内径的合适数值 D_a 可按式 (5－1) 计算：

$$D_a = D_1 - 2t(1-a) \tag{5-1}$$

式中　D_1——管板孔直径，mm；

t——铜管壁厚，mm；

a——扩胀系数，4%～6%。

2) 胀口及翻边处应平滑光洁，无裂纹和显著的切痕。翻边角度一般为 15°左右。翻边工具见图 5－19。

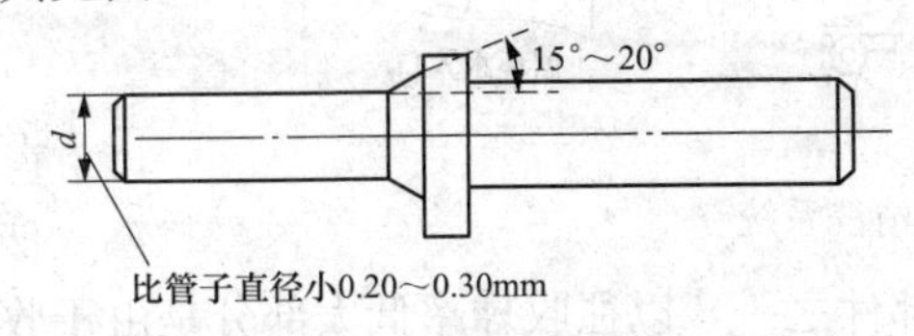

图 5－19　翻边工具

3) 胀口的胀接深度一般为管板厚度的 75%～90%，但扩胀部分应在管板壁内不少于 2～3mm，不允许扩胀部分超过管板内壁。

(4) 胀管的质量标准及工艺要求。

1) 凝汽器壳体应垫平垫稳，无歪扭现象，若壳体组合后经过搬运，在穿胀管子前应将壳体重新垫平，并使管板和隔板的管孔中心达到原始组合的状态。

2）管子胀接前应在管板四角及中央各胀一根标准管，以检查两端管板距离有无不一致和管板中央个别部位有无凸起，造成管子长度不足等情况，管子胀接程序应根据管束分组情况妥善安排，不得因胀接程序不合理而造成管板变形。

3）正式胀管应先胀出水侧，同时在进水侧设专人监视，防止冷却管从该端旋出损伤。

4）正式胀接工作按试胀管要求进行。

5）胀接好的管子应露出管板 1～3mm，管端光平无毛刺。

6）管子翻边如无厂家规定时，一般在循环水入口端进行 15°翻边。

7）冷却管尺寸不够长时，应更换足够尺寸的管子，禁止用加热或其他强力方法伸长管子。

8）管子胀好后，应进行水压试验，合格后方可结束工作。

4. 凝汽器铜管防腐及保护方法

(1) 铜管剧烈振动，产生交变应力，会造成铜管的疲劳损伤。在运行中发现凝汽器铜管振动时，应在管束之间嵌塞竹片或木板条，以减少和消除振动。

(2) 清扫是防腐的措施之一。凝汽器清扫有两种，一是胶球清洗，二是反冲洗，即在运行时切换截门，改变水流流动方向，排除杂物。

(3) 硫酸亚铁造膜保护，主要用于以海水作循环水的凝汽器。这种方法对淡水做循环水的凝汽器也是有效的。

(4) 加装尼龙保护套管。采用尼龙 1010 制成的套管，其外径跟铜管内径相同，形状同管头相似，长度为 120mm，厚度为 0.7～1mm，装在凝汽器铜管入口端。因加尼龙套对胶球清洗有一定妨碍，所以，也有在铜管入口端涂敷环氧树脂，作为保护层。

5. 凝汽器胶球清洗（见图 5-20）

胶球清洗系统主要由收球网装置、胶球收球器、胶球再循环泵、胶球注球管计数器、控制单元、差压系统和相应的管道阀门等组成。

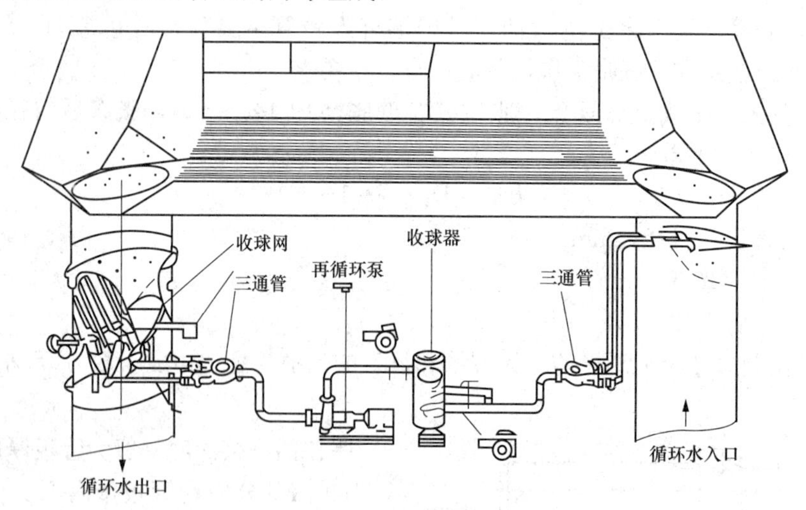

图 5-20 凝汽器胶球清洗系统

收球网装置。收球网是胶球清洗系统中的关键部件之一，以往收球率低大部分是由于收球网结构不合理，传动机构失灵或者关闭不严等造成胶球大量流失。图 5-21 (a) 和图

5-21（b）是国内常用的两种收球网结构形式。图5-21（a）是平面收球网（活动收球网），图5-21（b）是锥形收球网（固定收球网）。前者驱动和严密性比较复杂，后者滤网清洗十分麻烦，可对其进行改进。

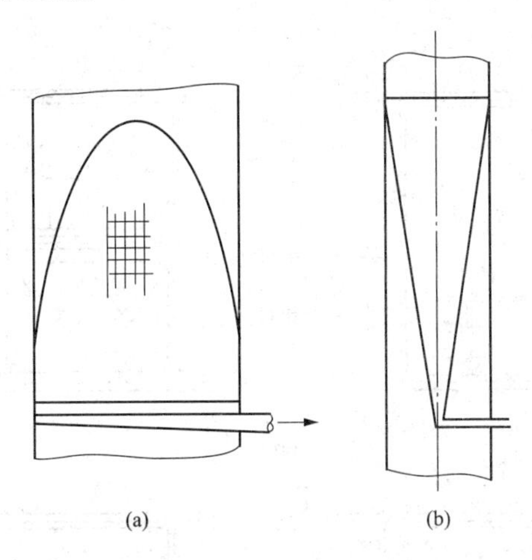

图5-21 收球网示意
（a）平面收球网；（b）锥形收球网

从图5-22可以看出，胶球收球网由两块能灵活开闭的大网板组成，每块网板分别由一个电动机带动，收球网装置全部采用不锈钢材料制造。改进后，收球网从原有9个活动部分[见图5-22（a）和图5-22（a′）]减少到2个部分[见图5-22（b）和图5-22（b′）]，传动机构简单且灵活可靠，同时用两个电动机分别带动，其严密性问题得到改善。活动收球网和固定式漏斗结合在一起，这样就很好地解决了国内胶球清洗系统中所存在的问题。

在凝汽器正常运行时或者逆洗时，两块大网板是处在开启的位置，不会影响到循环水的正常停放。当凝汽器有胶球时，两块大网板见图5-22，是处在关闭位置，可以达到收胶球的目的。

（1）大网板所允许的压差为4.9kPa，在凝汽器逆洗时，若大网板的压差达到2.94kPa，控制盘报警，若压差达到4.9kPa，应立即切为手动控制，将大网板打开。

（2）胶球收球器。凝汽器每侧都设有一个胶球收球器（又称为投球器），它有一个电动进口阀，一个电动出口阀和一个手动出口阀，见图5-23。在手动出口阀上装有滤网，在收球时使用。收球器分为投球口和收球口两大部分。

（3）胶球再循环泵。胶球再循环泵是一个离心式泵，将收球网装置分离出来的胶球经过收球管道、胶球收球器，又重新实现了胶球对凝汽器的再循环。

（4）胶球。胶球质量不但影响到凝汽器清洗的效果，而且直接关系到胶球的回收率。胶球通常有两种：一种是半硬质球，另一种是微孔胶球（海绵球）。前者的直径比凝汽器冷却水管内径小1～2mm，它是靠半硬质球与管壁碰撞及循环水沿球体周围流过所到表面的湍流扰动而达到清洗的目的；后者的直径比凝汽器冷却水管的内径大1～2mm，胶球随着循环水被压入管内后管壁接触环带所提供的擦拭作用进行清洗。因此，胶球的直径相当重要，过大与过小都直接影响到胶球的清洗效果和胶球的回收率。

要特别指出的是胶球的密度，如果胶球的密度小于水的密度，胶球会停留在凝汽器水室的死角或回流的区域，以及管道的顶部影响到胶球的循环。所以在投球之前，应将胶球泡湿，人工办法排除胶球中的气体，使它沉入投球的容器中，这样胶球的回收率会有明显的提高。

（5）胶球注球器。在凝汽器进水管内部设有胶球注球管，注球方向与循环水流动方向相反。这样会增加胶球的均匀分散度，提高胶球的清洗效果。

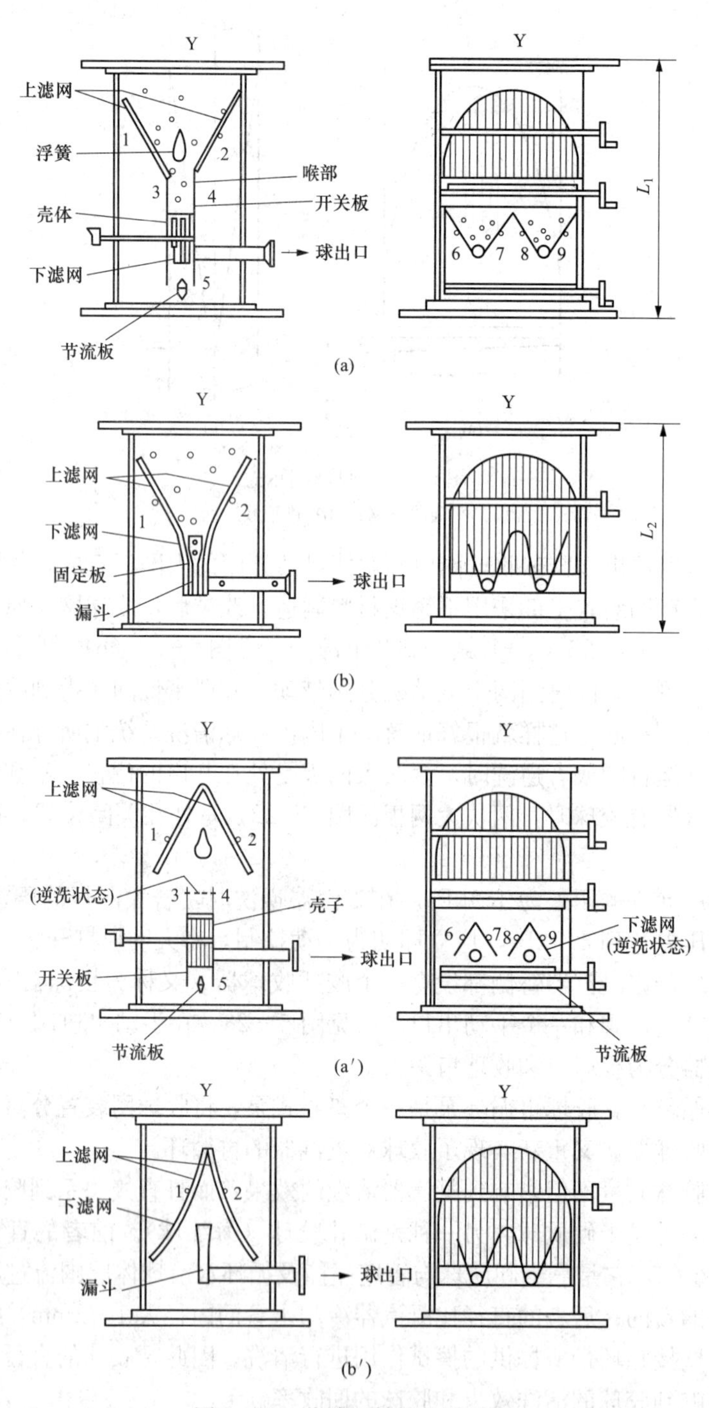

图5-22 收球网结构改进示意

(a) A-收球状态；(b) B-收球状态；(a′) A-逆洗状态；(b′) B-逆洗状态

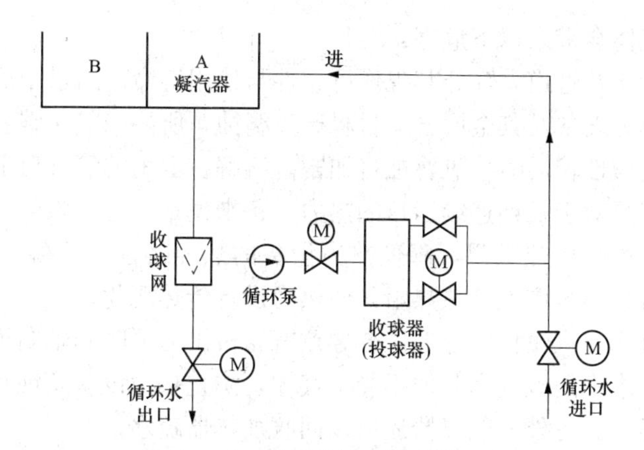

图 5-23　胶球清洗系统流程示意

（6）凝汽器胶球系统特点。

1）设备安全可靠性强，考虑到循环水腐蚀性因素，主要零部件均采用不锈钢材料制造。胶球清洗系统设置了“自动运转”和“手动运转”两种方式，可以自动控制，也可以就地操作，十分安全可靠。

2）胶球回收率高，清洗 30min，胶球收集 30min，胶球回收率大于 95%，或者当每次投球 2400 个时，经过 24h 清洗，胶球消耗量小于 30 个。

3）清洗效果好，胶球不是设计成光滑的球面而是带有凸凹多孔的形式，增加了接触面，凝汽器半边清洗 30min 即可达到良好效果，钛管的传热系数接近设计值 0.85。

能力训练

1. 凝汽设备的任务是什么？绘制凝汽设备系统图，说明主要组成设备各有什么作用。
2. 凝汽器的分类。
3. 简述凝汽器冷却水管找漏方法。
4. 凝汽器如何胀管？
5. 胶球清洗系统主要由哪些部件组成？简述胶球清洗系统的工作流程。

任务二　除氧器检修工艺

任务目标

掌握除氧器的工作原理；熟悉不同类型除氧器的结构及工作过程；熟练掌握除氧器的检修工艺；熟悉除氧器检修质量标准。

知识储备

一、给水除氧的任务和方法

当水与空气接触时，就会有一部分气体溶解到水中去。溶解于给水中的气体主要有两个来源：一是补充水带进；二是处于真空状态下的热力设备及管道附件的不严密处漏进了空气。

给水中的溶解气体会带来以下危害：

（1）腐蚀热力设备及管道，降低其工作可靠性与使用寿命。给水中溶解的气体危害最大的是氧气，它会对热力设备及其金属管道材料产生腐蚀，所溶二氧化碳会加快氧的腐蚀。而在高温条件下及水的碱性较弱时，氧腐蚀将加剧。溶解在水里的氧气对钢铁的氧化腐蚀作用虽进行得很缓慢，但是对于长期连续运行的热力设备来说是十分危险的。

（2）阻碍传热，影响传热效果，降低热力设备的热经济性。不凝结气体附着在传热面上，以及氧化物的沉积，会增大传热热阻，使热力设备传热恶化。

另外，氧化物沉积在汽轮机叶片上，会导致汽轮机出力下降和轴向推力增加。因此，给水除氧的任务是除去水中的氧气和其他不凝结气体，防止热力设备腐蚀和传热恶化，保证热力设备的安全经济运行。另外，除氧器还可以回收加热器疏水。

锅炉给水除气方法广泛采用以热力除氧为主，化学除氧为辅的两种方法。热力除氧法成本低，不但可以除去水中溶解的氧气，同时也可以除去水中溶解的其他气体，并且不会形成残留物，故在火电厂中广泛应用。化学除氧是利用与氧气发生化学反应的化学药剂联氨（N_2H_4）和氨（NH_3），使其和水中的氧迅速发生化学反应，生成不腐蚀金属的物质而达到除氧的目的。

我国《火力发电厂水汽质量标准》规定，控制给水溶氧量的指标为：对工作压力5.78MPa以下的锅炉，给水溶氧量应小于15μg/L；对工作压力为5.88MPa以上的锅炉，给水溶氧量应小于7μg/L；对于亚临界和超临界参数的锅炉，给水应彻底除氧。

二、热力除氧原理

热力除氧原理是以亨利定律和道尔顿定律作为理论基础的。

亨利定律指出：在一定温度下，当溶解于水中的气体与自水中离析出的气体处于动平衡状态时，单位体积水中溶解的气体量 b 和水面上该气体的分压力 p_f 成正比，即

$$b \propto p_f \tag{5-2}$$

根据亨利定律，如果采取措施降低水面上该气体的分压力 p_f，则溶解于水中的部分该气体就会从水中离析出来，水中溶解的该气体量就减少了；如果能使水面上该气体的分压力 p_f 降为零（从水面上完全清除掉该气体），该气体从水中就可以完全离析出来，从而就可以把该气体从水中完全除去。

道尔顿定律指明了将水面上气体的分压力降为零的方法。它指出：混合气体的全压力等于各组成气体的分压力之和。

根据道尔顿定律，在除氧器中，水面上的全压力 p 等于水中溶解的各种气体的分压力 $\sum p_f$ 及水蒸气的分压力 p_{H_2O} 之和，即

$$p = \sum p_f + p_{H_2O} \tag{5-3}$$

当给水被定压加热时，随着水蒸发过程的进行，水面上的蒸汽量不断增加，蒸汽的分压力逐渐升高，同时把从水中离析出的气体及时排出，水面上各种气体的分压力 $\sum p_f$ 不断降低。当水被加热到除氧器压力下的饱和温度时，水大量蒸发，水蒸气的分压力 p_{H_2O} 就会接近水面上的全压力（即 $p \approx p_{H_2O}$），水面上各种气体的分压力将趋近于零，于是溶解于水中的气体就会从水中逸出而被除去。

热力除氧过程就是传热、传质过程，要保证理想的除氧效果，要满足几个条件：

（1）把水加热到除氧器压力下的饱和温度，以保证水面上水蒸气的分压力接近于水面上的全压力。

（2）将水中逸出的气体及时排出，使水面上各种气体的分压力尽量趋近于零。

（3）被除氧的水与加热蒸汽应有足够的接触面积，且两者逆向流动，这样可以强化传热，并且使气体易于从水中离析出来。

气体从水中离析出来的过程基本上可分为两个阶段：①第一阶段为初期除氧阶段，此时，由于水中的气体较多，气体以小气泡的形式克服水的黏滞力和表面张力逸出，此阶段可以除去水中约80%～90%的气体；②第二阶段为深度除氧阶段。这时，水中还残留着少量的气体，气体已没有足够的动力克服水的黏滞力和表面张力逸出，只有靠单个气体分子扩散作用慢慢地离析出来。这时可以加大汽水的接触面积，使水形成水膜，减小其表面张力，从而使气体容易扩散出来。也可用制造蒸汽在水中的鼓泡作用，使气体分子附着在气泡上从水中逸出。在除氧器设计和运行时，都要强化传热、传质过程，满足除氧的基本条件，保证深度除氧效果。

三、除氧器的分类

除氧器的分类方法很多，按工作压力可分为大气式除氧器、真空除氧器和高压除氧器。

1. 大气式除氧器

大气式除氧器的工作压力略高于大气压力，一般为0.12MPa（对应的饱和温度为104.8℃）。这种除氧器常用于中、低压凝汽式电厂和中压热电厂。

2. 真空除氧器

它是在0.08～0.09MPa压力下进行加热除氧的，分离出的气体由抽气设备抽出。因其受抽气器的工作状况影响较大而且系统要求严密，故单独的真空除氧器在电力生产上应用较少。

在超高压及以上凝汽式电厂中，补充水一般补入凝汽器内。为避免主凝结水管路和低压加热器受腐蚀，在凝汽器内装设了真空除氧装置，见图5-24，作为二级除氧的第一级除氧。凝汽器真空除氧的过程如下：凝结水由集水板流下，经过淋水盘把水分成细股水流或水滴，另外，在集水板下引出一根抽气管至凝汽器的空气冷却区的抽气口处，使热水井处的压力低于凝汽器内压力，因此，从凝汽器流至热水井的凝结水温度就高于热水井压力下的饱和水温度，从而引起凝结水在热水井中产生汽化，使凝结水中所含的氧从中分离出来，被抽气器由抽气管抽出，达到凝汽器除氧的目的。

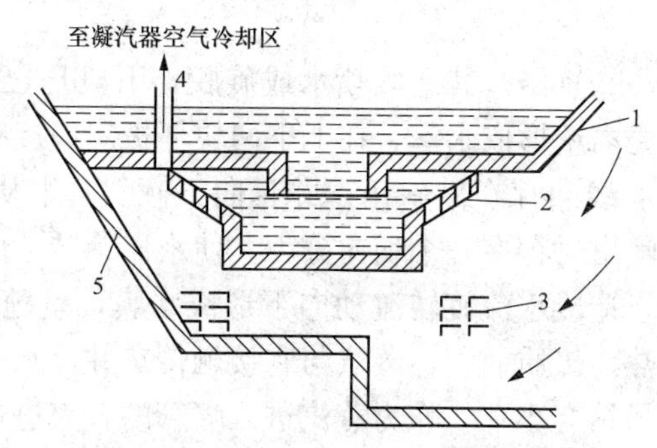

图5-24　凝汽器真空除氧装置

1—集水板；2—淋水盘；3—溅水板；4—分离出来的氧气至凝汽器抽气口；5—热水井

3. 高压除氧器

在高参数大容量机组上，广泛采用高压除氧器，其工作压力约为0.588MPa，给水温度可加热至158℃～160℃，含氧量小于7μg/L。

高压除氧器有以下优点：①节省投资，高压除氧器在回热系统中可作为一台混合式加热器，从而减少高压加热器的数量；②提高锅炉运行的安全可靠性，当高压加热器因故停运时，可供给锅炉温度较高的给水，对锅炉的正常运行影响较小；③除氧效果好，气体在水中的溶解度随着温度的升高而减小，高压除氧器由于其压力高，对应的饱和温度高，使气体在水中的溶解度降低；④可防止除氧器内“自生沸腾”现象的发生。除氧器的“自生沸腾”现象是指过量的热疏水进入除氧器时，其汽化产生的蒸汽量已能满足或超过除氧器的用汽需要，使除氧器内的给水不需要回热抽汽的加热就能沸腾。这时，原设计的除氧器内部汽与水的逆向流动遭到破坏，在除氧器中形成蒸汽层，阻碍气体的逸出，使除氧效果恶化。同时，除氧器内的压力会不受限制地升高，排汽量增大，造成较大的工质和热量损失。在高压除氧器中，由于除氧器的压力较高，要将水加热到除氧器压力下的饱和温度，所需热量较多，进入除氧器的热疏水所放出的热量一般达不到除氧器的用汽需要，因此，不易发生“自生沸腾”现象。

四、除氧器的结构

依据除氧器由水播散成微小细流被蒸汽加热方式的不同，除氧器有各种结构形式，国内外各厂家设计制造的除氧器也形式多样。有的除氧器一种传热结构形式，例如淋水盘除氧器，见图5-25。它的水流播散方式是多孔淋水盘，通过一层一层多个淋水盘把水加热达到出水温度，它的传热结构方式是一种，所以可称为一段传热式除氧器。另一种可称之为两段传热式除氧器，它将两种不同的传热方式组合在一个除氧器内，例如喷雾填料式除氧器，给水先经喷嘴雾化成微细水滴再被蒸汽加热，加热后的水再经另一种结构形式（填料）的加热段加热。现在国内除氧器绝大部分都采用两段传热式结构。两段式除氧器储水箱的总容积一般应能满足锅炉在额定负荷下20min的用水量。

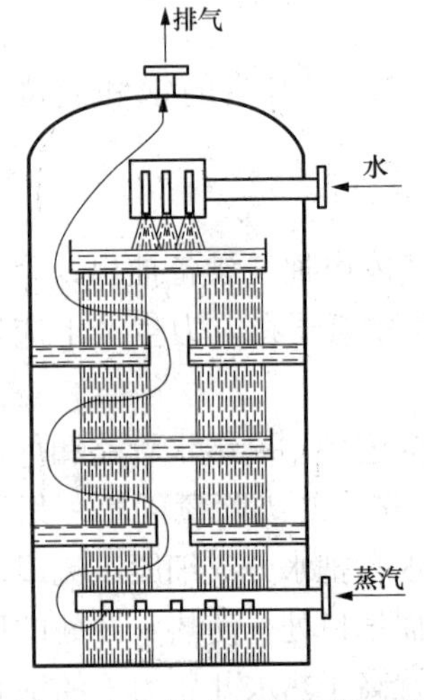

图5-25 淋水盘除氧器示意

（一）旋膜式除氧器

1. 旋膜填环式除氧器

图5-26为旋膜填环式除氧器，其上段喷水成旋膜，下段是拉西环填环层。在进水处，由上下两块环板焊接在筒壳内壁形成水室。在上下两块环板间焊接有多个管子，每根管子上钻有多个小孔，小孔与中心线间存在倾斜角，并且向下倾斜。水从水室内由小孔向管内喷出，由于存在倾斜角，水喷出时存在一个切向分力，使水流旋转。由于向下倾斜，除重力外还有加速了向下流动的力，造成水流旋转流动向下形成水膜，呈抛物体旋转中空水膜裙状，在雾化室此水膜裙即为传热、传质面积，蒸汽与它接触传热并使水初步除氧，见图5-27所示。靠近喷管下端出口处另钻有小孔，作为蒸汽进入喷管的补充进口，以防止抛物体圆柱形旋转中空水膜裙阻挡住蒸汽而在水膜裙中缺少蒸汽。在下部的拉西环填料层，用以进一步加热给水，对给水进行深度除氧。在填料层以下设有一次蒸汽进口，在填料层以上设有高温水

进口（例如高压加热器疏水）以及二次蒸汽进口。少量蒸汽携带着氧气从喷管内向上通过，并最终从除氧器顶部排出。

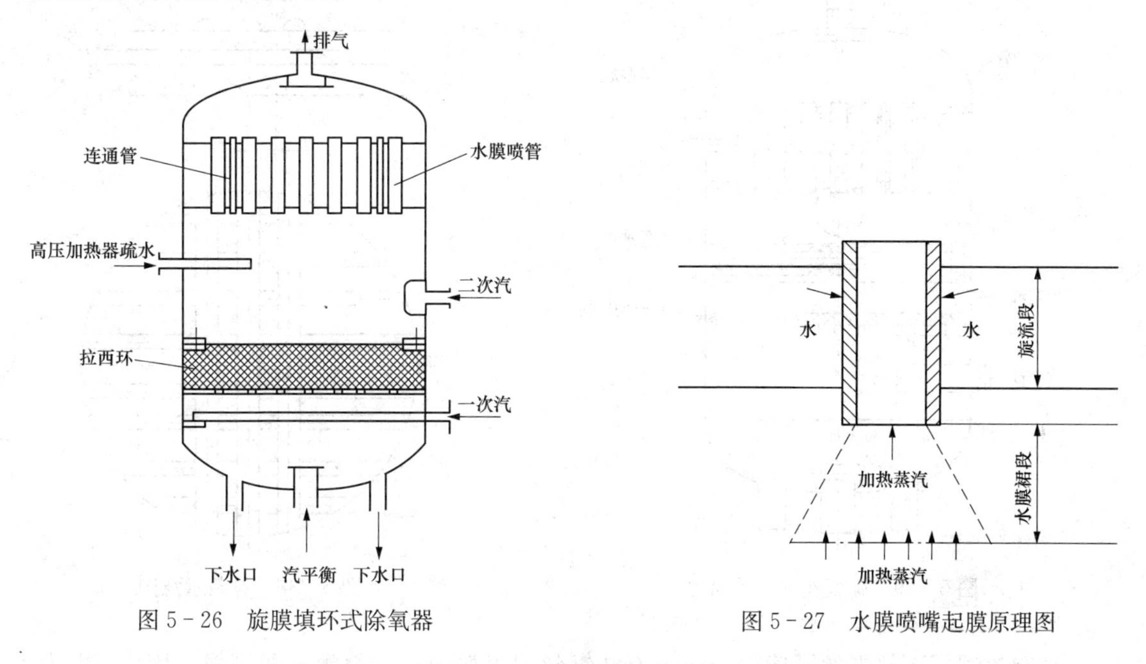

图 5－26　旋膜填环式除氧器

图 5－27　水膜喷嘴起膜原理图

图 5－28 中的拉西环是由 0.4～0.5mm 奥氏体不锈钢薄板（材质 1Crl8Ni9 或 1Crl8Ni9Ti）制成的直径为 25mm 和长度为 25mm 的圆环，圆环上冲制出长方形的翼片，并向环内弯曲成向心的圆弧形，每立方米容积内装载的质量约为 400kg（每千克质量的数量约 120 只），每立方米容积内装载的数量约 5 万只，有非常好的除氧性能。

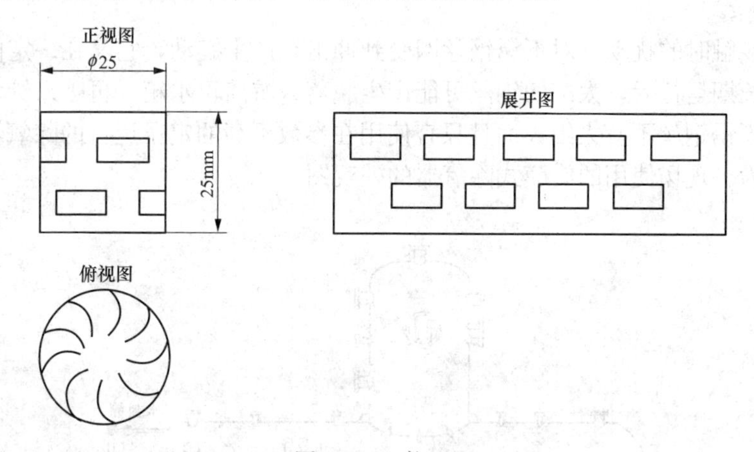

图 5－28　拉西环

2. 旋膜丝网式除氧器

图 5－29 为旋膜丝网式除氧器，其上段喷水成旋膜，此旋膜的情况与旋膜填环式除氧器是一样的。其中段是三层半圆形的箅条，箅条可用直径为 38mm 的钢管，沿中心割开成半圆，焊接在框架内。水由上向下流到箅条表面，并向两边往下流动形成水膜，箅条起到传热和除氧的作用，此外又起到水再分配的均布作用，见图 5－30。对于 1 台直径为 2m 的除氧器，箅条的造膜面积约为 $12.5m^2$。

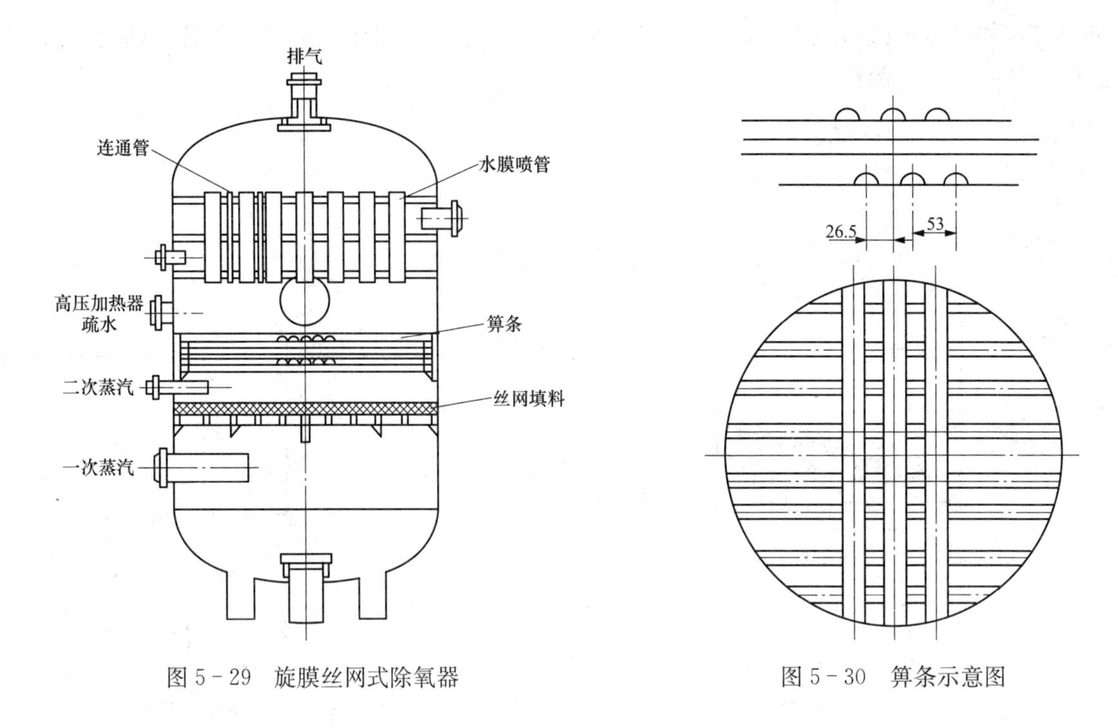

图 5-29 旋膜丝网式除氧器　　图 5-30 算条示意图

该除氧器的下部是丝网填料，使用不锈钢丝网以卷制或折叠等方式制成，固定在框架内。把这种不锈钢丝网折叠或卷制成一定的高度，一般为 200mm 以上，由于水在网的表面可分布成水膜状，加大了汽水接触面积，其材质可为奥氏体不锈钢（1Crl8Ni9 或 1Crl8Ni9Ti）等。对于 1 台直径为 2m 的除氧器，当丝网填料高度为 200mm 时，其装载的丝网质量约 58kg。

由于汽水接触时的扰动，对不锈钢丝网受到冲击，产生震动，它又在一定的压力和温度下工作，因此长期运行后，太细的钢丝可能产生脱落，游离至水箱，再吸入给水泵，对给水泵不利，所以不锈钢丝不宜太细，而且只宜使用在参数不高的定压运行的除氧器中。

图 5-31 为一现场使用的旋膜式除氧器的外观图。

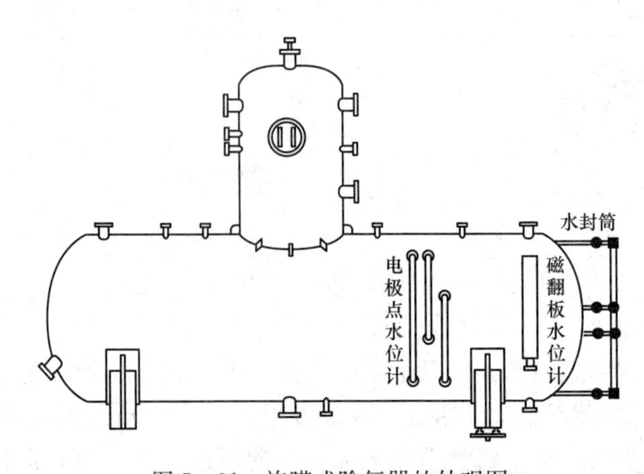

图 5-31 旋膜式除氧器的外观图

（二）喷雾填料式除氧器

图 5－32 所示为国产 300MW 机组上常配用的高压喷雾填料式除氧器的结构。主凝结水先进入中心管，再由中心管流入环形配水管，在环形配水管上装有若干个喷嘴，水经喷嘴喷成雾状，加热蒸汽由除氧器顶的进汽管 1 进入喷雾层，蒸汽对水进行第一次加热。由于汽水间传热面积大，除氧水很快被加热到除氧器压力下的饱和温度，这时约有 80％～90％的溶解气体以小汽泡的形式从水中逸出，完成初期除氧。

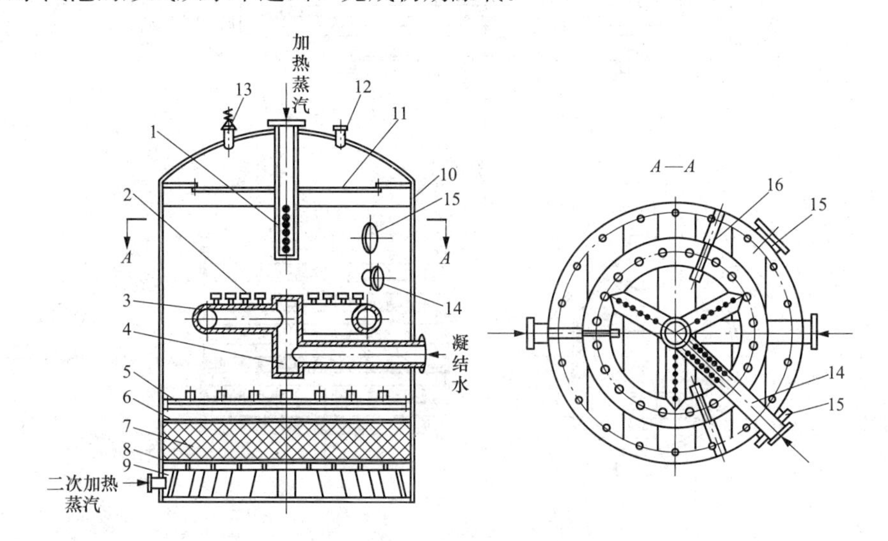

图 5－32　高压喷雾填料式除氧器的结构

1—一次蒸汽进汽管；2—喷嘴；3—环形配水管；4—中心管；5—淋水区；6—滤板；7—Ω 形填料；8—滤网；9—二次蒸汽进汽室；10—筒身；11—挡水板；12—排气管；13—弹簧安全阀；14—疏水进人管；15—人孔；16—吊攀

在喷雾除氧层下部，装置一些填料，如 Ω 形不锈钢片、小瓷环、塑料波纹板、不锈钢车花等，作为深度除氧层。经过初期除氧的水在填料层上形成水膜，使水的表面张力减小，水中残留的气体比较容易地扩散到水的表面，被除氧器下部向上流动的二次加热蒸汽带走，分离出来的气体与少量蒸汽由塔顶排气管排出。

喷雾填料式除氧器在高参数热电机组上应用也比较广泛，但其工作压力一般比大容量凝汽式机组的除氧器低些。

（三）喷雾淋水盘式除氧器

图 5－33 为某 300MW 机组卧式喷雾淋水盘式除氧器的结构。它由除氧器本体、凝结水进水室、喷雾除氧段、深度除氧段及各种进汽、进水管等组成。

除氧器本体由圆形筒身和两端的椭圆形封头焊接而成。本体采用不锈钢复合钢板制作。

凝结水进水室由一个弓形的不锈钢罩板和两端两块挡板与筒体焊接而成。在弓形罩板上沿除氧器长度方向均匀地装设着若干只恒速喷嘴，见图 5－34。当喷嘴水侧压力大于喷嘴的汽侧压力时，该压差作用在喷嘴板上，喷嘴板受轴向力后通过喷嘴轴将弹簧压缩并打开喷嘴板，凝结水即从喷嘴板与喷嘴架的缝隙中喷出，形成一个圆锥形的水膜喷向喷雾除氧段空间。喷雾除氧段是用两块侧包板与两端的密封板焊接而成的。在密封板上设有人孔，以便进入检修。

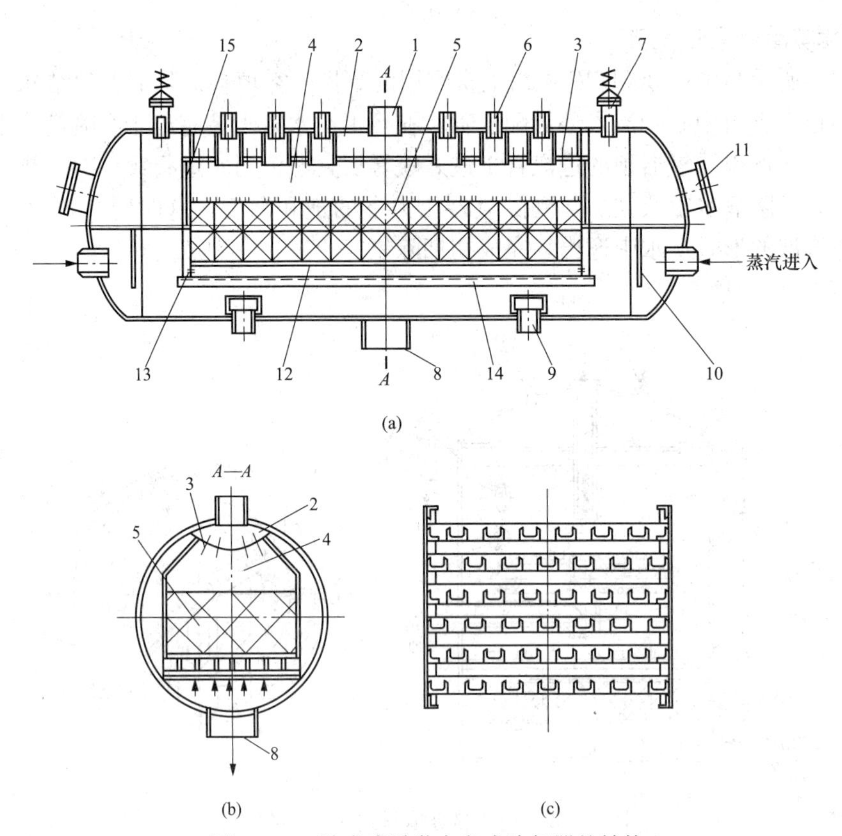

图5-33 卧式喷雾淋水盘式除氧器的结构

(a) 除氧器纵剖面图；(b) 除氧器横剖面图；(c) 淋水盘箱示意图

1—凝结水进水管；2—凝结水进水室；3—恒速喷嘴；4—喷雾除氧空间；5—淋水盘箱；6—排气管；7—安全阀；8—除氧水出口；9—蒸汽连通管；10—布汽板；11—搬物孔；12—栅架；13—工字钢；14—基面角铁；15—喷雾除氧段人孔门

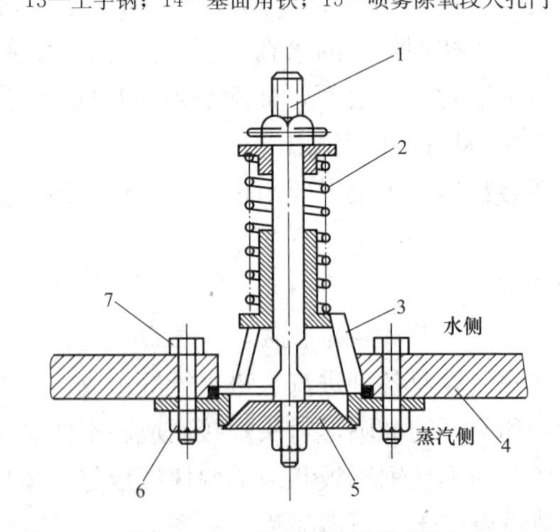

图5-34 恒速喷嘴结构简图

1—喷嘴轴；2—弹簧；3—喷嘴架；4—弓形罩板；5—喷嘴板；6—固定螺母；7—固定螺栓

深度除氧段也是由两块侧包板和两端的密封板焊接而成的。在该段装有布水槽、淋水盘箱和下层栅架。淋水盘箱中交错布置有十几层的小槽钢［见图5-33（c）］，使凝结水在向下流动过程中被分成无数水膜。

卧式喷雾淋水盘式除氧器的工作过程如下：主凝结水由除氧器上部的进水管进入进水室，经恒速喷嘴雾化，进入喷雾除氧段。加热蒸汽从除氧器两端的进汽管进入，经布汽孔板分配后均匀地从栅架底部进入深度除氧段，再流入喷雾除氧段与圆锥形水膜充分接触，迅速把凝结水加热到除氧器压力下的饱和温度，绝大部分的气体在该除氧段除去，完成初期除氧。穿过喷雾除氧段的凝结水喷洒在布水槽钢中，布水槽钢均匀地将水分配给淋水盘箱。在淋水盘箱中，凝结水从上层的小槽钢两侧分别流入下层的小槽钢中，经过十几层上下彼此交错布置的小槽钢后，被分成无数细流，使其具有足够的时间与加热蒸汽充分接触，凝结水不断沸腾，这时，残余在水中的气体在淋水盘箱中进一步离析出来，进行深度除氧。离析出的气体，通过进水室上的六只排气管排入大气。除氧后的水从除氧器的下水管流入除氧水箱。

给水箱一般由卧式筒身和两端冲压椭圆封头焊制而成。它位于除氧器下面，与立式除氧器焊接成一个整体，对于卧式除氧器则是通过下水管和蒸汽平衡管相连，见图 5－35。给水箱壳体上装有各种不同规格的对外接管，在两端的封头上开有人孔门供检修用。水箱内设有控制除氧器水位过高的溢水装置。除氧器水箱内设有启动加热装置，这不仅可避免采用除氧循环泵增加设备和系统投资；还能利用蒸汽的鼓泡作用辅助除去给水中的不凝结气体。水箱内还设有接收启动分离器来的启动放水装置。

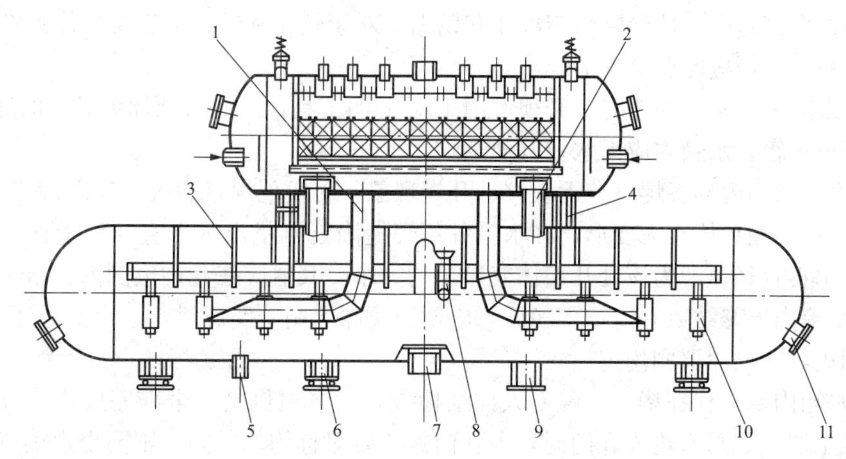

图 5－35 除氧器与水箱的组合图

1—下水管；2—汽平衡管；3—吊架；4—上支座；5—放水口；6—活动支座；
7—出水口；8—溢流管；9—固定支座；10—启动加热装置；11—人孔

为保证除氧器的安全运行，除氧器及其水箱上还设有弹簧式安全阀、压力表、温度计、水位计及电接点液位信号器等。

五、除氧器检修

（一）除氧器检修工艺

1. 除氧器检修前准备工作

（1）将需检修的除氧器停止运行，关闭除氧器与公用系统连接的所有阀门，并挂禁止操作牌。

（2）有关的汽、水阀门关闭不严时，应加死堵，以免伤人。

（3）吊除氧器大盖时，有关人员应站在适当的位置，以防伤人。

（4）进入水箱内工作时应用12V低压行灯照明，通风应良好，外面要有专人监护。

2. 除氧器检修

（1）用扳手将除氧器除氧头的人孔门螺栓解开，打开人孔门，将搬物孔密封垫拿掉，清扫密封面。密封面不得有径向沟痕，清扫时不得碰伤密封面，螺栓要清扫丝扣锈垢，对于丝扣乱丝、毛刺要用什锉修理。修后要涂黑铅粉，螺帽应能自由灵活进退。进入进口平台，将人孔门打开。

（2）检查除氧头内喷嘴有无磨损、脱落、歪斜现象，弹簧是否损坏，如有应更换、扶正。

（3）检查布水槽钢及淋水盘箱的小槽钢是否有开焊、断裂的现象，如有应进行补焊或更换。

（4）检查淋水盘是否有开焊和倾斜，盘孔应清扫干净不得堵塞。

（5）检查除氧头各进汽、进水管口处内外壁有无裂纹、开焊等。

（6）除氧头内部检修结束后指定专人详细检查各检修项目是否全部结束，检查容器内是否有人及工器具，封人孔门前将做好的人孔门垫抹上黑铅粉。封人孔门时，紧螺丝时一定要对称紧固，不要出现偏口现象。

（7）用扳手将水箱人孔门螺栓解开，打开人孔门，将人孔门密封垫拿掉，清扫密封面，清扫时不得碰伤密封面，螺栓要清扫丝扣和锈垢，对于丝扣乱丝、毛刺要用什锉修理。修理后要涂黑铅粉，螺帽应能进退灵活。

（8）进入除氧器水箱作业时，必须使用12V照明工具，同时必须加装必要的通风装置。

（9）清扫水箱，水箱内应无水及其他杂物。

（10）检查水箱内部各焊口有无裂纹、开焊现象，对发现焊口裂纹，应进行挖补处理。

（11）检查水箱箱体有无变形，在水箱各环焊缝附近测量出水平直径和垂直直径，水平直径值减去垂直直径值即为该处几何体变形量的大小，其值应在允许范围内。

（12）水箱内检修结束并清扫干净后，应刷防腐漆。刷防腐漆时，一定要保证通风良好，不得动用明火，防腐漆要刷均匀。

（13）水箱内部工作完毕后，经专人详细检查，检修项目是否全部完成，检查水箱内部是否有人及工器具。封水箱人孔门时，人孔门螺栓要对称均匀紧固，不要出现偏口现象。

（二）除氧器检修过程中特殊工艺简介

1. 除氧器整体更换工艺

（1）安全措施。

1）凡参加除氧器更换工作的人员，均经过安全考试合格后，方可进入现场工作。

2）参加施工人员，均做好一切安全措施，到现场戴安全帽穿工作服。

3）在除氧器除氧水箱内使用的电气设备均由电气人员认真检查合格，方可使用，杜绝漏电现象，并接好地线，行灯使用12V电压，并设有专用配电盘，指定专人监护。

4）焊工及配合焊工工作人员在除氧水箱焊接时，要求戴电焊手套。电焊线装置刀闸，电焊线完整不漏电，焊把处用胶圈套好，作业场地设胶皮板，并设专人监护。

5）乙炔瓶、氧气瓶做好防爆措施，设置的距离均符合《电业安全工作规程　第1部分：热力和机械》要求。

6）焊口打磨时，戴平光镜或风镜。

7）做好除氧器除氧水箱内的通风工作，装设通风机，保证容器内空气对流，做好防暑降温工作。

8）高空作业必须扎好安全带。

9）除氧器作业前必须与所有公用系统进行可靠的隔绝，检修管段应用带尾巴的堵板和运行中的管段隔绝。

10）进入容器内作业，工作人员不得少于3人，其中1人在外面监护，工作人员应轮换工作和休息。

11）起重机械的使用应遵照《电业安全工作规程 第1部分：热力和机械》的有关规定。

（2）焊接要求。

1）焊缝的对口角度为60°，对口前将坡口和距坡口30mm内钢板清理干净，打磨光。

2）焊接材料选用J422焊条，焊条直径为3.2和4.0两种，焊条使用前在350℃下恒温烘干2h，在除氧器设有干燥箱，随用随取。

3）除氧器水箱安装焊口单面坡口（外坡口）焊接程序为：首先在外坡口处打底焊接（10～12）mm焊肉，然后用磨光机将内径环焊缝清根，开坡口打磨光亮，坡口角度60°，然后进行内焊缝的焊接，当内焊缝焊完后，再进行外焊缝焊接工作，内外焊缝均高于母材（2～2.5）mm。

4）除氧器水箱焊接时，为防止除氧水箱变形和减少焊接应力应采用对称焊接方式。由六人同时焊接，整圈焊接连续完成。每焊完一层进行良好地连接，并做仔细地检查，发现缺陷立即铲除，以满足焊接要求。

5）除氧水箱两道安装焊缝焊接后，进行100%超声波探伤。

（3）除氧器、除氧水箱安装技术要求。

1）基础未动，底座、鞍座、滚柱接触表面光洁，无毛刺、焊瘤等。滚柱检查，平面无弯曲，符合膨胀要求。

2）除氧水箱滑动鞍座底板检查，表面光洁无毛刺、无弯曲。

3）各管道与除氧器连接焊缝均进行内外两面焊接，并用加强板进行加强，各连接管部高于除氧水箱200mm。

4）改造后的各管道，根据计算分别加装支架或拖架。

5）除氧器除氧水箱连接焊缝采用单面焊双面成形焊接。

6）除氧水箱一侧滑动鞍座留有热膨胀尺寸50mm。

7）压力调整门采用原压力调整门，由于门的位置有变动，故应调整热工执行机构位置，使动杆加长，与热工共同定极限，试验动作灵活、准确好用。

8）安全阀动作压力按工作压力的1.1倍整定，试验动作泄漏。每台安全阀向厂房外引出一根排放管，管道和支架安装符合《火电施工检验及评定标准》要求。

9）各管道阀门、止回阀均进行解体检修。

10）除氧器表面探伤。

11）除氧器、除氧水箱外观检查。

12）除氧器、除氧水箱完工后，内部杂物清扫干净。

13）各压力表、温度表和电接点水位计、磁翻柱式水位计、平衡容器等与除氧器连接管均采用两面焊接。

14）其他附件安装均符合《火电施工质量检验及评定标准》。

15）保温材料选用硅酸铝纤维毡和保温砖，其硅酸铝纤维毡和保温砖的保温层厚度为100mm，铁丝网一层，二层抹面，包镀锌铁皮。

2. 除氧器水压试验

(1) 水压试验前准备工作。由于除氧器连接管比较多，将对水压试验工作带来不便，为使水压试验工作顺利进行，决定除锅炉疏水至除氧器截门（做排空气门）外，将所有除氧器连接一次门靠近除氧器侧法兰加装堵板，堵板要满足承压条件，需加装堵板的管道有：安全阀、除氧器出水管一次门、除氧器高位排水管一次门、凝结水至除氧器靠近除氧器侧一次门、除氧器侧高压加热器疏水一次门、除氧器汽平衡一次门、除氧器再循环一次门、除氧器加热蒸汽一次门、除氧器破膜器管一次门、除氧器再沸腾管一次门和门杆漏汽门。

(2) 除氧器水压试验采用炉疏水泵，升压速度由疏水泵出口来控制。

(3) 除氧器水压试验压力为1.0MPa。

(4) 水压试验充水时，首先将排气门打开，把气体排出（将除氧器排氧门作为水压试验的排气门），除氧器上满水全面检查无问题后方可升压。

(5) 为防止试验过程中发生意外的低应力脆断性破坏，水压试验水温应不低于15℃。

(6) 升压时速度不宜过快，缓慢升至工作压力0.49MPa，当压力升到工作压力0.49MPa时，保持30min，然后将压力升到试验压力1.0MPa，保持20min，然后将压力降至设计压力0.65MPa，需保持30min，同时进行全面检查无任何问题后由除氧器放水门除压放水到炉灰沟，并符合以下条件：①除氧器除氧水箱和各部焊缝无泄漏；②除氧器除氧水箱不应有异常变形；③除氧器挠度应符合要求。

(7) 水压试验的全部工作应按国家劳动部《压力容器安全监察规程》和制造厂家的有关要求进行。

(8) 升压过程由值长统一指挥。

(9) 压力试验必须用两个量程相同的并经过校正的压力表，压力表的量程为试验压力的2倍为宜，但不应低于1.5倍和高于4倍的试验压力。试验过程中，应保持容器表面的干燥，便于观察试验结果是否有泄漏现象。

能力训练

1. 说明热力除氧原理。
2. 简述喷雾填料式除氧器的工作流程。
3. 简述喷雾淋水盘式除氧器的工作流程。
4. 简单描述喷雾填料式除氧器的结构。
5. 制作ppt，并搜集相关动画和视频，介绍除氧器安全阀的结构。
6. 详细说明除氧器检修工序。
7. 说明除氧器内部、外部检查记录情况。

任务三　回热加热器检修

任务目标

熟悉不同型式回热加热器的结构；掌握各类型回热加热器的工作流程；熟练掌握回热加热器的检修工艺；熟悉回热加热器检修质量标准。

知识储备

一、回热加热器的分类

回热加热器是利用汽轮机抽汽加热凝结水或给水的换热设备。

（一）按传热方式分

按其传热方式不同可分为混合式加热器和表面式加热器两大类。

1. 混合式加热器

在混合式加热器中，加热蒸汽与给水直接接触混合，将热量传给给水，从而提高给水温度，见图 5-36（a）。这种加热器可以将给水加热到加热蒸汽压力下的饱和温度（没有传热端差），热经济性高，并且结构简单，造价低，便于汇集不同温度的疏水，但所组成的回热系统复杂，见图 5-36（b）。

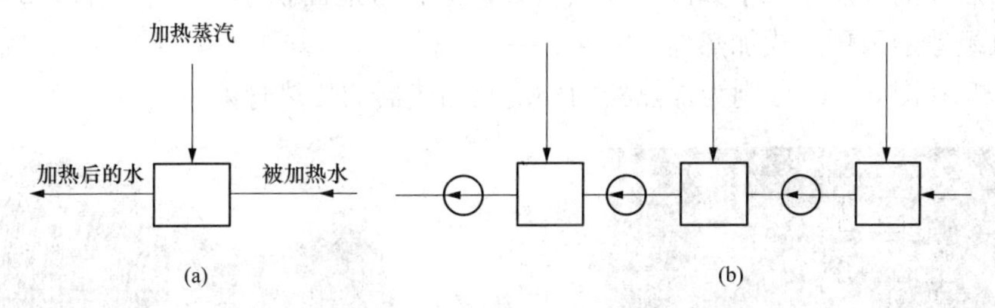

图 5-36　混合式加热器及其组成的回热系统

（a）混合式加热器；（b）混合式加热器组成的回热系统

2. 表面式加热器

在表面式加热器中，加热蒸汽是通过金属壁面加热给水的，见图 5-37（a）。由于传热壁面不可能足够大以及存在传热热阻，表面式加热器的热经济性较混合式加热器低。但表面式加热器所组成的回热系统简单，所需设置的水泵少，节省厂用电，安全可靠，见图 5-37（b）。

（二）按水侧压力分

回热加热器按水侧压力的高低可分为高压加热器和低压加热器。按水的流动方向，在除氧器之前的加热器，由于其水侧承受的压力比较低，故称为低压加热器；除氧器之后，由于给水经给水泵进一步升压，加热器水侧所承受的压力很高，故称为高压加热器，见图5-38。

（三）按布置方式分

回热加热器按其布置方式可分为卧式加热器和立式加热器。卧式加热器的传热效果好，且水位比较稳定，在结构上便于布置蒸汽冷却段和疏水冷却段，有利于提高热经济性，并且安装检修方便。因此，300MW 及以上容量的机组广泛采用卧式加热器。

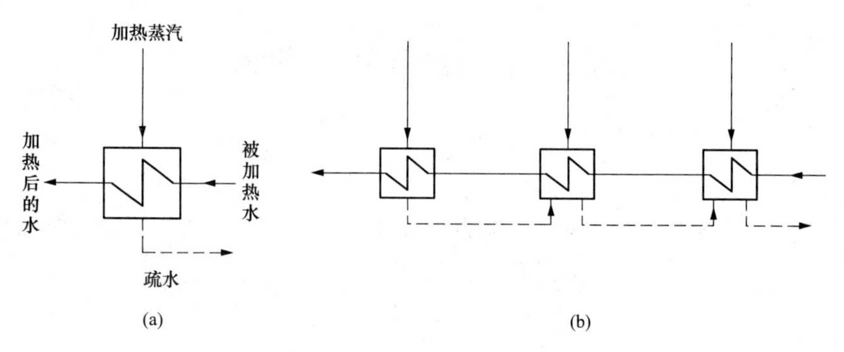

图 5-37 表面式加热器及其组成的回热系统

(a) 表面式加热器；(b) 表面式加热器组成的回热系统

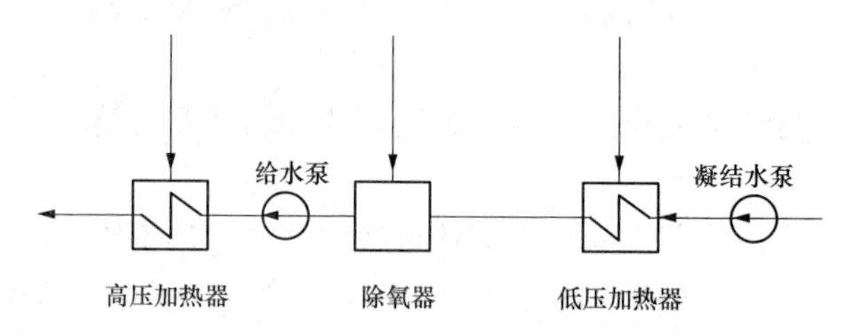

图 5-38 高压加热器、除氧器和低压加热器组成的回热系统

立式加热器的传热效果不如卧式加热器好，但它占地面积小，便于布置，200MW 及以下容量的机组普遍采用立式加热器。

图 5-39 和图 5-40 分别为加热器的外观及加热器的传热管束。

图 5-39 加热器的外观

图 5-40 加热器的传热管束

二、回热加热器的结构

(一) 高压加热器

由于高压加热器水侧工作压力很高，所以其结构比较复杂。目前，我国常用的主要有管板—U 形管式和联箱—螺旋管式两种加热器。联箱—螺旋管式加热器虽然运行可靠，但因其存在体积大、耗材料多、管壁厚、热阻及水阻大、热效率低、检修劳动强度大等缺点，故在现场应用较少。现仅介绍电厂中广泛采用的管板—U 形管式高压加热器。

1. 卧式高压加热器

图 5-41 为卧式管板—U 形管式高压加热器结构示意。该加热器由水室、壳体和 U 形管束等组成。

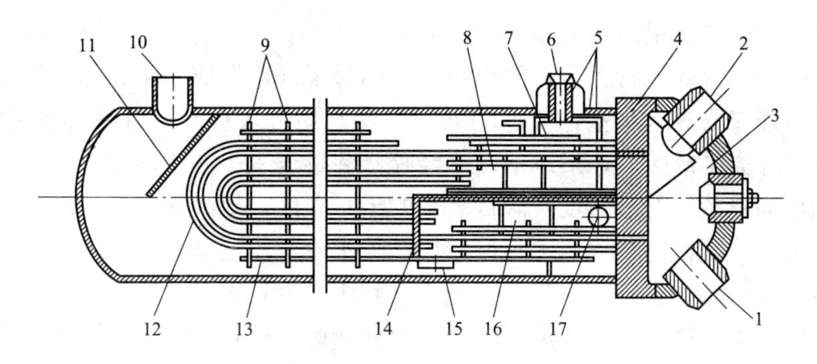

图 5-41　卧式管板—U形管式高压加热器结构示意

1、2—给水进、出口；3—水室；4—管板；5—遮热板；6—蒸汽进口；7—防冲板；
8—过热蒸汽冷却段；9—隔板；10—上级疏水进口；11—防冲板；12—U 形管；
13—拉杆和定距管；14—疏水冷却段端板；15—疏水冷却段进口；
16—疏水冷却段；17—疏水出口；18—壳体

(1) 水室。为方便检修，保证高压加热器运行时的严密性，现代大型机组采用焊接的水室结构。焊接水室按结构不同又分为人孔盖式［图 5-42 (a)］和密封座式［图 5-42 (b)］两种。人孔盖式结构即在水室的给水入口侧，装有稳流板，其作用是消除 U 形管进水涡流，从而减小对管子入口处的冲蚀。有的高压加热器采用在给水进口端的管口内装设不锈钢衬套的办法，减弱管口进水处的冲刷腐蚀。进、出给水是通过分流隔板隔开的，分流隔板焊接在管板上，避免了由封头直接焊接而导致的较高局部应力。封头上开有放气孔，供设备启动时放气用。此外，在水室上还设有水侧安全阀和化学清洗接头。密封座式水室结构，是利用进入加热器内的水的压力作用在密封座上起密封作用的。其优点是检修方便，水室冷却快；缺点是水室受力大，水室壁较厚，材料消耗多且加工工作量大。

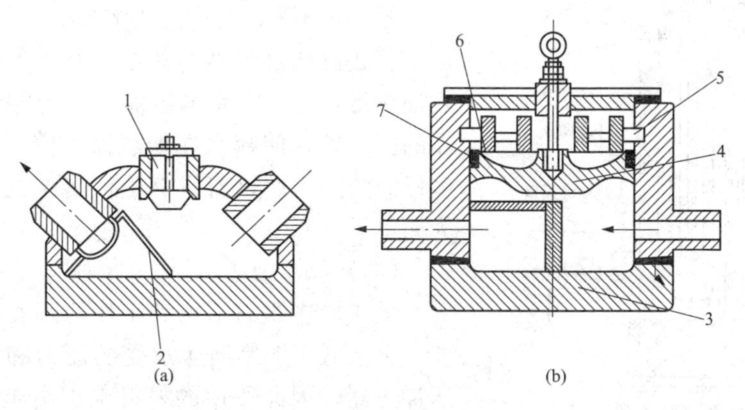

图 5-42　水室结构

(a) 人孔盖式；(b) 密封座式

1—压力密封人孔；2—独立的分流隔板；3—管板；4—密封座；
5—均压四合环；6—垫圈；7—密封环

(2) 壳体。壳体呈圆筒形，由合金钢板卷制并与冲压的椭圆形封头焊接而成。外壳上焊有各种不同规格的对外接管。为便于壳体的拆移，在壳体上还安装有拉耳和滚轮。

(3) 传热面。加热器传热面由胀接或焊接在管板上的 U 形管束组成。现代大容量机组采用的高压加热器的管板很厚，为300～655mm，而管壁相对很薄，为加强它们之间的严密性，采用了先进的弧焊爆胀管工艺。管束用专门的骨架固定形成一个整体，便于从壳体里抽出。给水由进口连接管进入水室，流过U形管束吸热后进入水室出口侧，通过出水管流出。加热蒸汽在管束外凝结放热后，形成的疏水经疏水装置进入下一级加热器。

为充分利用加热蒸汽的过热度，降低疏水的出水温度，提高热经济性，高压加热器的传热面通常设置为过热蒸汽冷却段、蒸汽凝结段和疏水冷却段三部分。

过热蒸汽冷却段布置在给水出口流程侧。它利用具有较大过热度的过热蒸汽的过热热量加热较高温度的给水。该段受热面用包壳板、套管和遮热板封闭起来，这不仅使该段与加热器主要汽侧部分形成内部隔离，而且避免过热蒸汽与管板、壳体等的直接接触，有利于保护管板和壳体。为防止过热蒸汽对管束的直接冲刷，在该段的蒸汽进口处还设有防冲板。

蒸汽凝结段是利用蒸汽凝结时放出的汽化潜热加热给水的。由于这一阶段的传热过程是有相变的对流换热过程，工质流速的大小对换热已不太重要，因此现在加热器蒸汽凝结段的隔板已改变设计，在加热器的上部留有一定的蒸汽通道，使蒸汽沿着加热器长度方向均匀分布，并自上而下地流动凝结，隔板主要起着支撑管束和防振的作用。

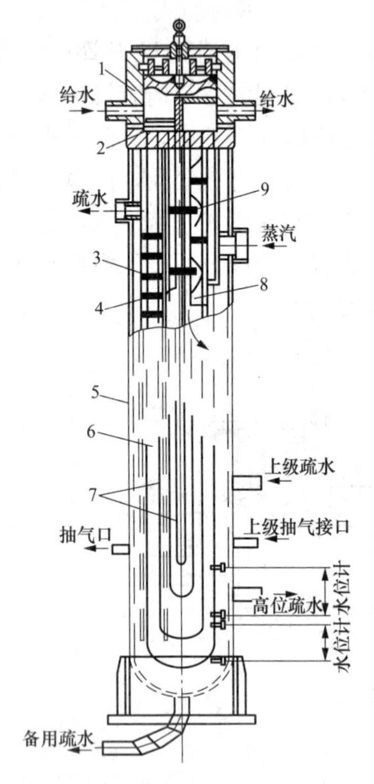

图5-43　设置有过热蒸汽冷却段的立式管板—U形管式高压加热器

1—水室；2—导流装置；3—包壳；4—蒸汽凝结段；5—壳体；6—疏水冷却段；7—管束；8—过热蒸汽冷却段；9—蒸汽冷却段隔板

疏水冷却段位于给水进口流程侧，蒸汽凝结水在这里可以被温度较低的给水冷却到低于加热器内蒸汽压力对应的饱和温度。疏水由加热器壳体较低处的疏水进口通过虹吸作用吸入该段，在一组隔板的引导下流经管束，最后从位于该段顶部在壳体侧面的疏水口流出。这种疏水出口管的设置，是便于在运行前排放残余气体。

2. 立式高压加热器

图5-43为设置有过热蒸汽冷却段的立式管板—U形管式高压加热器。其结构和工作原理类似于卧式加热器，疏水依靠本级加热器与相邻下一级加热器的压力差，使疏水在加热器内由下向上流动。有些机组的高压加热器只有蒸汽凝结段，其结构就较为简单了。

（二）低压加热器

低压加热器的结构和工作原理类似于高压加热器。由于低压加热器所承受的压力和温度远低于高压加热器，因此所用的材料次于高压加热器，结构上也比较简单。

1. 卧式低压加热器

卧式低压加热器主要由壳体、水室、U形管束、隔板、防冲板等组成，并设计成可拆卸壳体结构，以便于检修时抽出管束，见图5-44。壳体由钢板焊接成圆筒后再与法兰焊成一体，并与短接法兰连接而成。水室由钢板焊制成的圆筒通过法兰与大平端盖连接，再焊接在管板上构成。壳体材料为碳钢，管板、大平端盖和壳体法兰的材料为低合金，U形管材料为不锈钢。

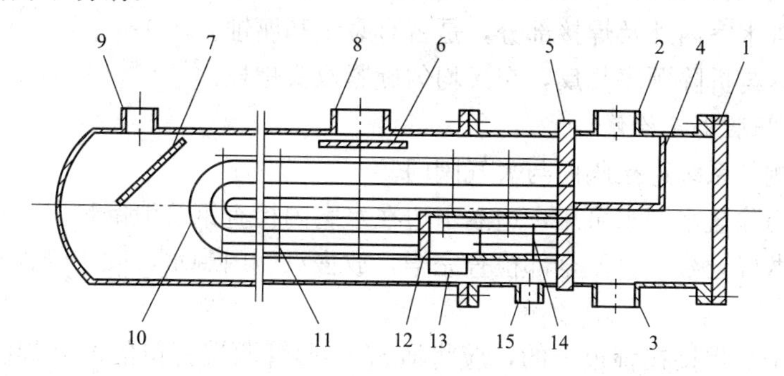

图5-44 卧式低压加热器

1—端盖；2、3—给水进、出口；4—水室分隔板；5—管板；6、7—防冲板；8—蒸汽进口；9—上级疏水进口；10—U形管；11—隔板；12—疏水冷却段端板；13—疏水冷却段进口；14—疏水冷却段；15—疏水出口

大容量机组的卧式低压加热器的传热面一般设计成两个区段：蒸汽凝结段和疏水冷却段。在国产机组上，对抽汽过热度较大的低压加热器，也设置过热蒸汽冷却段。

2. 立式低压加热器

立式低压加热器的结构见图5-45，它应用于被加热水压力约在7.0MPa以下的场合，因此200MW及以下容量机组的低压加热器多采用这种结构。加热蒸汽从加热器外壳的上部进入加热器汽侧，借助导向板的作用，使汽流在加热器中呈S形向下流动，在管子的外壁凝结放热，将热量传给被加热的水，疏水汇集在加热器底部，经疏水装置自动排出。

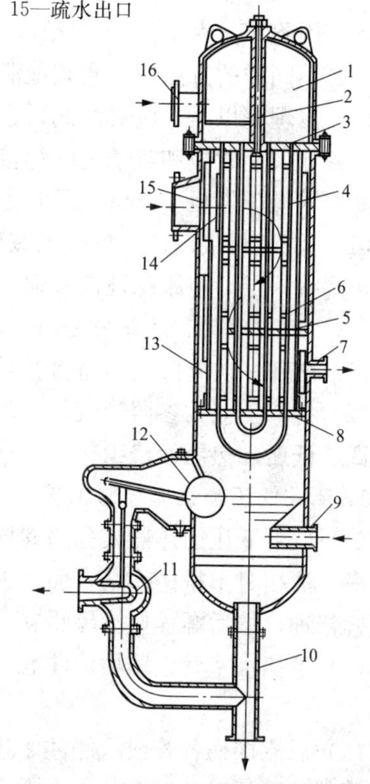

图5-45 立式低压加热器的结构

1—水室；2—锚形拉撑；3—管板；4—U形管；5—导向板；6—隔板；7—抽空气接管；8—U形管固定板；9—邻近加热器来的疏水管；10—加热器疏水管；11—疏水器；12—疏水器浮球；13—骨架；14—保护板；15—进汽管；16—主凝结水进口管道

三、高压加热器检修工艺

（一）水室人孔盖拆装及水室检查

（1）确认汽、水侧已泄压，方可开始进行检修。

（2）拆除人孔盖的双头螺栓和压板。

（3）将拆装托架固定在人孔座上，并与人孔盖中心相连，用合适的手动葫芦，支吊拆装装置和人孔盖。

（4）松开人孔盖，将其推入水室，沿逆时针方向旋转拆装装置螺杆，将其退出，一直旋下去，直至人孔盖与拆装装置贴紧。

（5）将人孔盖朝任何方向旋转90°，留出空隙，以便从椭圆口中取出。

（6）用葫芦将人孔盖从人孔中拉出，并从拆装装置上拆下人孔盖。

(7) 清理检查人孔盖结合面和双头螺栓。

(8) 清理检查水室内外及焊接部分，是否有裂纹和腐蚀。

(9) 装复时，与拆除顺序相反，交叉均匀旋紧双头螺栓。

(二) 管束水压验漏及检修

(1) 关闭汽侧与系统连接阀门与大气阀门。

(2) 汽侧内用除盐水罐水泵压，边灌水边在水室内检查钢管泄漏情况，待水灌满后，再泵压，发现泄漏做好记号，直至全部检查完毕，放去汽侧内剩水，吹干管板和泄露管子内的剩水。

(3) 由于管子是焊接在管板上的，应将泄露U形管两端管口的原来焊缝磨光，然后清理被堵处，准备好专用堵头和压入工具。

(4) 在焊接前，将焊接部位预热到65℃，以除去潮气。

(5) 压入外端打入$\phi6\times19$mm深孔的堵头。

(6) 用$\phi2.5\sim\phi3$结506焊条进行补焊。

(7) 用同样的方法，堵塞其他泄漏的管子。

(8) 修理完以后，应对汽侧再进行水压试验，直至没有泄漏为止。

(9) 如仅是管板和管子之间焊接泄漏，可先磨去原焊缝，再压入长度为380mm的实心管头，要求低于管板10mm，磨去受影响官孔间的官孔带，使其与堵头齐平，准备焊补。

(10) 清理焊接部位，焊接区域预热到120℃左右，然后，使用$\phi2.5$结506焊条进行焊接。每焊接一层，应跟踪锤击一遍。在焊下道焊缝前，必须将焊渣清理干净。

(三) 进出水门、汽侧安全门、疏水调节阀（气动）以及其他阀门

(1) 全部一次阀门，均需检查是否严密，开关是否灵活。

(2) 检修工艺，参照管道与阀门内自密封闸阀、安全阀、疏水调节阀及阀门检修部分。

四、低压加热器检修工艺

1. 卧式低压加热器检修工艺

(1) 取下低压加热器人孔门螺栓，打开人孔门，清扫人孔门结合面，结合面垫料要用刮刀除净，清扫时不得碰伤结合面，人孔门紧固螺栓要清扫丝扣锈垢，对于丝扣乱丝、毛刺要用什锉修理，修后螺栓要涂黑铅粉，螺帽应进退灵活。

(2) 清扫水室管板锈垢，注意不要损伤管口，必要时用圆毛刷子接长杠逐根清扫管内壁污垢。

(3) 涡流探伤各管或汽侧注水进行水压找漏，遇有泄漏管应用专用堵将泄漏管堵死，注意堵管数不可超过总管数的10%，否则应予以更换。

(4) 人孔门结合面垫料可采用绕垫或高压石棉垫，高压石棉垫需涂黑铅粉。

(5) 人孔门螺栓要对称紧固，不可紧偏。

(6) 组装结束后，应对水侧进行水压试验，水压试验压力下应保持5min不漏。

2. 立式低压加热器检修工艺

(1) 解体。

1) 解体前要打开汽侧放空气门、放水门及水侧放水门，确认内部蒸汽压力到“0”方可进行解体。

2）拆除出、入口水管法兰螺栓，加热器上盖拉筋螺栓及结合面大螺栓，吊开水室上盖。

（2）检修。

1）清扫水室管板锈垢。

2）必要时用圆毛刷子接长杠逐根清扫铜管内壁污垢。

3）灌净水水压找漏，注水时应从铜管一端逐根注入U形管，另一端冒水排出管内空气。然后净放2～4h，检查泄漏管用堵子堵上，管子堵管量不得超过10%，否则应予以更换。

4）结合面垫料要用刮刀除净，清扫时不得碰伤结合面，紧固螺丝要清扫丝扣锈垢，对于丝扣乱丝、毛刺要用什锉修理。修后要涂黑铅粉，螺帽要进退灵活。

（3）组装。

1）结合面垫料采用高压石棉板，涂黑铅粉，拉筋螺丝采用紫铜垫圈或绕垫。

2）紧结合面螺丝要先紧四面销子螺丝，然后对称紧四周螺丝。

3）低压加热器组装结束后，进行水侧水压试验。

能力训练

1. 简述高压加热器的结构及工作流程。
2. 什么是过热蒸汽加热段、蒸汽凝结段和疏水冷却段？
3. 简述低压加热器的结构及工作流程。
4. 简述加热器的检修项目。

综合测试五

一、单选题

1. 加热器铜管泄漏堵塞（　　）以上需要全部更换新铜管。
   A. 20%　　B. 5%　　C. 10%
2. 高低压加热器采用卧式横束管的意义在于（　　）。
   A. 传热效果较好　　B. 占地面积小　　C. 汽水阻力小
3. 胀管的长度应为管板厚度的（　　）。
   A. 50%　　B. 80%～90%　　C. 100%
4. 给水中溶解的气体，危害性最大的是（　　）。
   A. 氧气　　B. 二氧化碳　　C. 氮气
5. 一般水压实验的压力是原容器额定压力的（　　）。
   A. 1倍　　B. 1.25倍　　C. 1.5倍
6. 循环水泵主要供给（　　）等设备的冷却水。
   A. 除氧器　　B. 凝汽器　　C. 加热器
7. 表面式换热器中，冷流体和热流体按相反方向平行流动则称为（　　）。
   A. 混合式　　B. 逆流式　　C. 顺流式
8. 凝汽器按排汽流动方向可分为4种，目前采用较多的是（　　）。
   A. 汽流向上式　　B. 汽流向心式　　C. 汽流向侧式
9. 高压加热器运行中，水侧压力（　　）汽侧压力。
   A. 高于　　B. 低于　　C. 等于
10. 国产300MW机组除氧器属于（　　）式加热器。
   A. 表面　　B. 混合　　C. 既是表面又是混合

二、判断题

1. 凝结器检漏须停机注水检漏。（　　）
2. 同射水抽气器比较，离心真空泵有耗功低、耗水量少的优点，且噪声也小。（　　）
3. 凝结水的冷却水从上面进入，从下面引出。（　　）
4. 低压加热器内部装有水位计，以便检测汽侧水位。（　　）
5. 凝结器的水位高影响射水泵的工况。（　　）
6. 如果轴封压力不足，则凝结器真空下降。（　　）
7. 进入凝结器必须使用24行灯。（　　）
8. 表面加热器的端差越大其经济性越低。（　　）
9. 循环倍率越大，则凝结器的真空度越高。（　　）
10. 按工作介质不同，喷射式抽气器可分为射汽式和射水式两种。（　　）

三、填空题

1. 凝汽设备主要由（　　）、（　　）、（　　）、（　　）等组成。
2. 表面式凝汽器由（　　）、（　　）、（　　）、（　　）、补偿装置和支架等部件组成。
3. 凝汽器的人孔门平面应（　　），无（　　）或腐蚀，橡皮垫完好不老化。

4. 检修人员在每项检修完毕后，要按照（　　）检查，合格后才能交工，由有关人员验收。

5. 回热加热器是利用（　　）加热凝结水或给水的换热设备。

6. 按传热方式不同，回热加热器分为（　　）和（　　）两大类。

7. 在混合式加热器中，两种介质直接接触并混合，给水可被加热到（　　）压力下的饱和温度。

8. 大容量机组卧式高压加热器的传热面一般设置为三部分：即（　　）、（　　）和（　　）。

9. 抽气器是凝汽设备的重要组成部分，主要用于（　　）和（　　）凝汽器真空。

10. 现代电厂中常用的抽气器有（　　）和（　　）两大类。

四、简答题

1. 试画出凝汽设备原则性系统图。

2. 凝汽器铜管在管板上有几种排列方法？各有何特点？

3. 卧式高压加热器主要由哪些部件组成？简述其工作过程。

4. 卧式高压加热器的传热面一般分成三段，它们各有什么作用？

5. 喷雾填料式除氧器有什么优点？

6. 查阅资料，高、低压除氧器检修后应满足什么要求？

7. 简述除氧器安全阀检修工序。

8. 简述运行时凝汽器冷却水管找漏的方法。

项目六　阀　门　检　修

项目目标

掌握阀门常见缺陷的修理方法；了解常用垫料、盘根的分类、规范及其用途；掌握制作垫子、盘根的方法，会加装盘根；掌握阀门密封面的研磨方法和步骤；会使用研磨胎具研磨阀门密封面；够独立解体、检查、测量、组装阀门。

任务一　阀门基本知识

任务目标

掌握阀门的用途分类；掌握阀门型号的编制；了解阀门涂漆和标志识别。

知识储备

一、阀门

1. 阀门的用途

阀门是一种用来控制管道内介质流动，具有可动机械的机械产品的总称，是管道系统中不可缺少的部件，它在系统中起截断、调节介质压力和流量、接通、排放、减压、防止介质压力超过规定数值的作用，是保证设备和管道的安全运行的基本保证。

2. 阀门概述

随着发电机组向大容量、高参数方向发展，阀门也随着介质参数的提高，不断地向高温高压方向发展，管道介质工作压力的提高，要求阀门相应地改进密封结构，提高密封性能，采用新型密封面材料，为了简化管道系统出现了一阀多用的组合阀门，随着自动控制的提高，实行集中控制和遥控，对阀门的驱动装置和执行机构提出了新的要求，实用性能好，强度高，操作方便，维修简单，噪声低。

3. 阀门分类

(1) 按关闭件的动力来源分。

1) 自动阀：依靠介质自身的力量，自动操作的阀门，如安全阀、止回阀、调节阀、疏水阀、减压阀等。

2) 驱动阀门：借助手动、电动、液动、气动来操纵动作的阀门，如闸阀、截止阀、节流阀、蝶阀、球阀、旋塞阀等。

(2) 按用途和作用分类。

1）关断用阀门：用来切断或接通管道介质。如闸阀、截止阀、球阀、碟阀、旋塞及隔膜阀等。

2）调节用阀门：用来调节介质的压力和流量。如调节阀、减压阀、节流阀及疏水器等。

3）保护用阀门：用来排除多余介质，防止压力超过规定值。如安全阀、止回阀及快速关断阀等。

（3）按公称压力分。

1）真空阀门：公称压力 p_N＜0.1MPa 的阀门。

2）低压阀门：0.1MPa≤p_N≤1.6MPa 的阀门。

3）中压阀门：2.5MPa≤p_N≤6.4MPa 的阀门。

4）高压阀门：10MPa≤p_N≤80MPa 的阀门。

5）超高压阀：公称压力 p_N≥100MPa 的阀门。

（4）按介质工作温度分。

1）超低温阀门：用于介质工作温度 t＜－100℃的阀门。

2）低温阀门：用于介质工作温度－100℃≤t＜－40℃的阀门。

3）常温阀：用于介质工作温度－40℃≤t＜120℃的阀门。

4）中温阀：用于介质工作温度 120℃≤t≤450℃的阀门。

5）高温阀：用于介质工作温度 t＞450℃的阀门。

（5）按阀体材料分类。

1）非金属阀门：如陶瓷阀门、玻璃钢阀门、塑料阀门。

2）金属材料阀门：如铸铁阀门、碳钢阀门、铸钢阀门、低合金钢阀门、高合金钢阀门及铜合金阀门等。

（6）按操作方法分。

1）手动阀：借助手轮、手柄、杠杆、链轮、由人力来操作的阀门。

2）气动阀：借助压缩空气来操作的阀门。

3）液动阀：借助水、油等液体的压力来操作的阀门。

4）电动阀：借助电动机、电磁等电力来操作的阀门。

（7）按连接方式分。

1）螺纹连接：阀体带有内螺纹或外螺纹与管道连接的。

2）法兰连接：阀体带有法兰与管道法兰连接的。

3）焊接阀门：阀体带有焊接坡口与管道焊接连接的。

（8）通用分类法。这种分类方法既按原理、作用又按结构划分，是目前国际、国内最常用的分类方法。一般分：闸阀、截止阀、节流阀、仪表阀、柱塞阀、隔膜阀、旋塞阀、球阀、蝶阀、止回阀、减压阀安全阀、疏水阀、调节阀、底阀、过滤器、排污阀等。

4. 阀门型号的编制

阀门的型号是用来表示阀类、驱动及连接形式、密封圈材料和公称压力等要素的。

由于阀门种类繁杂，为了制造和使用方便，国家对阀门产品型号的编制方法做了统一规定。阀门产品的型号是由七个单元组成，用来表明阀门类别、驱动种类、连接和结构形式、密封面或衬里材料、公称压力及阀体材料。其排列顺序如下：

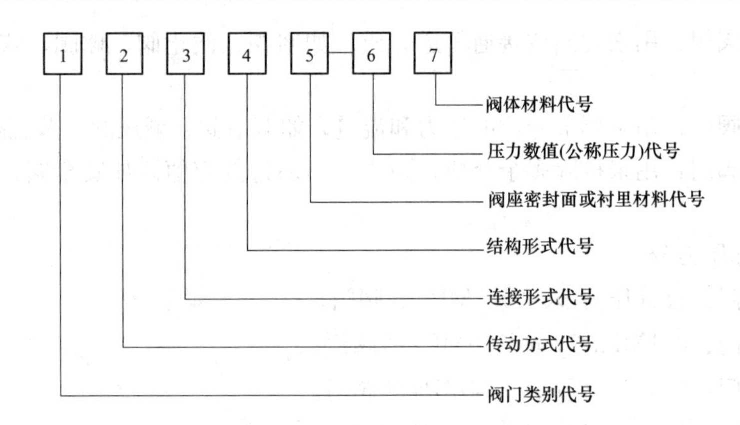

(1) 第一单元用拼音字母表示阀门类别，如闸阀用 Z 表示。每类阀门的代表符号见表6-1。

表 6-1　　阀门类别代号

阀门类别	闸　阀	截止阀	止回阀	节流阀	球　阀	蝶　阀	给水分配阀
代号	Z	J	H	L	Q	D	F
阀门类别	隔膜阀	安全阀	调节阀	旋塞阀	减压阀	疏水阀	水位计、水位平衡器
代号	G	A	T	X	Y	S	B

(2) 第二单元用一位阿拉伯数字表示传动方式。对于手轮、手柄、扳手传动及自动阀门则省略本单元；对于气动或液动阀门，常开式用 6K、7K 表示，常闭式用 6B、7B 表示，气动带手动用 6S 表示；对于电动阀门，防爆电动用 9B 表示，户外耐热式用 9R 表示。阀门传动方式代号见表 6-2。

表 6-2　　阀门传动方式代号

代号	0	1	2	3	4	5	6	7	8	9
传动方式	电磁传动	电磁-液动	电-液动	蜗轮传动	圆柱齿轮传动	圆锥齿轮传动	气动	液动	气-液动	电动

(3) 第三单元用一位阿拉伯数字表示连接方式。阀门连接方式代号见表 6-3。

表 6-3　　阀门连接方式代号

代　号	1	2	4	6	7	8	9
连接方式	内螺纹	外螺纹	法兰	焊接	对夹式	卡箍	卡套

注　①用于双弹簧安全阀；②用于杠杆式安全阀，单弹簧安全阀；③焊接包括对焊和承插焊。

(4) 第四单元用一位阿拉伯数字表示结构形式。结构形式因阀门类别不同而异，不同类别的阀门各个数字所代表的意义不同。常用阀门结构形式代号见表 6-4。

表 6-4　　阀门的结构形式代号

代号	1	2	3	4	5	6	7	8	9	0
闸阀	明杆楔式刚性单闸板	明杆楔式刚性双闸板	明杆平行式刚性单闸板	明杆平行式刚性双闸板	暗杆楔式刚性单闸板	暗杆楔式刚性双闸板	暗杆楔式平行式单闸板	暗杆平行式刚性双闸板	—	明杆楔式弹性闸板

续表

代号		1	2	3	4	5	6	7	8	9	0
截止阀（节流阀）		直通式	—	直通式Z形	角式	直流式	带平衡装置直通式	带平衡装置角式	波纹管式	三通式	—
止回阀（逆止阀）		升降直通式	升降立式	升降直通式Z形	旋启式单瓣	旋启式多瓣	旋启式双瓣	升降直流式	升降节流式再循环	蝶式	—
旋塞阀		—	—	直通式	T形三通式	多通式	—	—	—	—	—
疏水阀		浮球式	—	波纹管式	膜盒式	钟形浮子式	—	节流孔板式	脉冲式	圆盘式	—
减压阀		薄膜式	弹簧薄膜式	活塞式	波纹管式	杠杆式	—	—	—	—	—
隔膜阀		屋脊式	—	截止式	—	直流式	—	闸板式	—	—	—
球阀		浮动球直通式	—	浮动三通式Y形	浮动三通式L形	浮动三通式T形	固定四通式	固定球直通式	—	—	—
蝶阀		垂直板式	—	斜板式	—	—	—	—	—	—	杠杆式
调节阀		升降式多级柱塞式Z形	升降式单级针形式	—	升降式单级柱塞式	升降式单级套筒式Z形	升降式单级闸板式	升降式单级套筒式	升降式多级套筒式	升降式多级柱塞式	回转式套筒式
给水分配阀		柱塞式	回转式	旁通式	—	—	—	—	—	—	—
安全阀	弹簧	封闭微启式	封闭全启式	不封闭带扳手双弹簧微启式	封闭带扳手全启式	不封闭带扳手微启式	不封闭带控制机构全启式	不封闭带扳手微启式	不封闭带扳手全启式	—	封闭带散热片全启式
	杠杆	—	单杠杆	—	双杠杆	—	—	—	—	—	—
	脉冲	—	—	—	—	—	—	—	—	脉冲	—

注　杠杆式安全阀在类型代号前加“G”。

（5）第五单元用汉语拼音字母表示密封面或衬里材料，见表6－5。

表6－5　　密封面或衬里材料代号

代　号	密封面或衬里材料	代　号	密封面或衬里材料
H	耐酸刚、不锈钢	C	搪瓷
T	铜合金	F	氟塑料
Y	硬质合金	N	尼龙
D	渗氮钢	P	渗硼钢或皮革
X	橡胶	B	巴氏合金（锡基合金、轴承合金）
CJ	衬胶	CQ	衬铅

注　1　由阀体直接加工的阀座密封面材料代号用“W”表示；

2　当阀座与阀瓣（闸板）密封面材料不同时，用低硬度材料代号表示（隔膜阀除外）。

（6）第六单元用数字直接表示公称压力数值，并用短线与前五单元分开。当介质最高温度小于450℃时，标注公称压力数值。当介质最高温度大于450℃时，标注工作温度和工作压力，工作压力用P表示，并在“P”的右下角附加介质最高温度数字，该数字是介质最高温度数值除以10所得的整数。如P_{54}100表示最高工作温度为540℃，工作压力为100kgf/cm^2。

（7）第七单元用拼音字母表示阀体材料。对于p_N≤1.6MPa的灰铸铁阀门或p_N≥2.5MPa的碳素钢阀门，则省略本单元。阀门阀体材料代号见表6－6。

表6－6 阀门阀体材料代号

代号	Z	K	Q	T	L	C
阀体材料	灰铸铁	可锻铸铁	球墨铸铁	铜合金	铝合金	碳钢
代号	I	P	R	V	S	G
阀体材料	铬钼钢	铬镍钛钢	铬镍钼钢	铬钼钒钢	塑料	高硅铁

以上代号只是一般规定，不包括各制造厂自行编制的型号和新产品型号。

现在，只要提出阀门型号，我们就可以知道阀门的结构和性能特点。

（8）阀门型号举例：

例一：E948－10型，表明闸阀，电动驱动，法兰连接，暗杆单行式双闸板密封面有阀体材料直接加工而成。公称压力1MPa，阀体材料为灰铸铁，产品全称为电动暗杆平衡式双闸板闸阀。

例二：J63H－19.6V，表明截止阀，手动传动，焊接连接，直通式密封面为合金钢，公称压力19.6MPa，阀体材料为铬钼钢，适合于蒸汽介质的截止阀。

例三：2948W－10型含义为闸阀、电动机驱动、法兰连接、暗杆平行式双闸板、密封面由阀体直接加工、公称压力为1M（A）阀体材料为灰铸铁。全称为电动暗杆平行式双闸板闸阀。

二、阀门涂漆和标志识别

1. 阀件标志识别

在阀件的壳体上，有带箭头的横线，横线上部的数字表示公称压力的等级，有的则表示温度参数和工作压力，如PN10、PT510表示在10MPa和510℃工作参数下使用。在横线下部的数字，表示连接管道的公称直径。

“→”表示阀件是直通式的，介质进口与出口的流动方向，在同一或相平行的中心线上。

“↱”表示阀件是直角式的，介质作用在关闭件上。

“←→”表示阀件是三通式的，介质有几个流动方向。

2. 阀件材料涂漆色

阀件材料涂漆色见表6－7。

表6－7 阀件材料的涂漆色

项目	涂漆部位	涂漆颜色	材料
阀体材料	阀体	黑色 银色 灰色 浅蓝色或不涂色 蓝色	灰铸铁、可锻铸铁 球墨铸铁 碳素钢 耐酸钢或不锈钢 合金钢

续表

项目	涂漆部位	涂漆颜色	材料
密封圈材料	驱动阀、门的 手轮、手柄、扳手， 或自动阀门的盖上、杠杆上	红色 黄色 铝白色 浅蓝色 淡紫色 灰色周边带红色条 灰色周边带蓝色条 棕色 绿色 与阀体涂色相同	青铜或黄铜 巴氏合金 铝 耐酸钢或不锈钢 渗氮钢 硬质合金 塑料 皮革或橡胶 硬橡胶 直接在阀体上做密封面
衬里材料	阀门连接法兰的外圆柱表面	铝白色 红色 绿色 黄色 蓝色	铝 搪瓷 橡胶或硬橡胶 铝锑合金 塑料

能力训练

1. 简述阀门按用途分类。
2. 简述阀门 J41H－6.4 DN80 和 Z41H－1.6 阀门的型号的含义。

任务二 阀门检修基本技术

任务目标

了解阀门研磨的工艺方法及质量标准；掌握阀门压盘根的方法及质量标准；了解阀杆检修的工艺方法及质量标准；了解阀体与阀盖的修理、阀瓣与阀座的补焊工艺方法；掌握阀门的水压试验。

知识储备

一、阀门研磨工艺

因为阀门的密封面是阀门上最容易损坏的部位，它经常在比较复杂的运行条件下工作，当阀门开启或关闭时，由于摩擦而产生磨损，也会由于快速流过的介质作用而产生汽蚀，也会由于一些介质，如酸、碱以及气体或水中氧的作用，使密封面受到腐蚀，或由于一些杂物等损伤密封面，阀瓣与阀座密封面上出现的麻点、刻痕时都要进行研磨。所以阀门的阀芯与阀座密封面研磨是阀门检修的主要项目。若深度超过 0.5mm 时，应先在车床上光一刀再进行研磨。研磨材料的选择应根据阀瓣、阀座的损坏程度和材料而不同。通常用研磨砂或砂布。

（一）研磨头与研磨座

阀门检修时，大量而重要的工作是进行阀瓣和阀座密封面的研磨。开始研磨密封面时，不能将门芯与门座直接对磨，因其损坏程度不一致，直接对磨既浪费材料，又易将门芯、门座磨偏，故在粗磨阶段应采用胎具分别与门座、门芯研磨。研磨头和研磨座不但应数量足够，尺寸和角度也都要与阀瓣、阀座相符，所用材料的硬度应比阀座、阀瓣略小，一般用普通碳素钢和铸铁制成。常用的研磨头和研磨座见图 6－1。

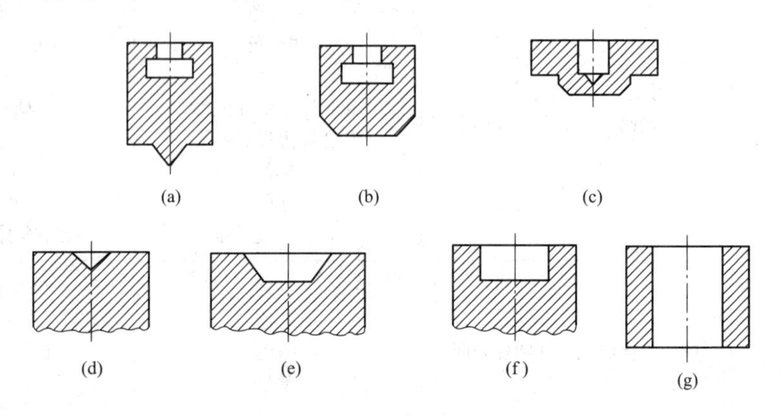

图 6－1　常用的研磨头和研磨座

（a）研磨小型节流阀用的研磨头；（b）研磨斜口阀门用的研磨头；（c）研磨平口阀门用的研磨头；（d）研磨小型节流阀用的研磨座；（e）研磨斜口阀门用的研磨座；（f）研磨平口阀门用的研磨座；（g）研磨安全阀用的研磨座

手工研磨时，研磨头或阀瓣要配置各种研磨杆（图 6－2）。研磨头与研磨杆装配到一起置于阀座中，可对阀座进行研磨；阀瓣与研磨杆装配到一起置于研磨座中，可对阀瓣进行研磨。

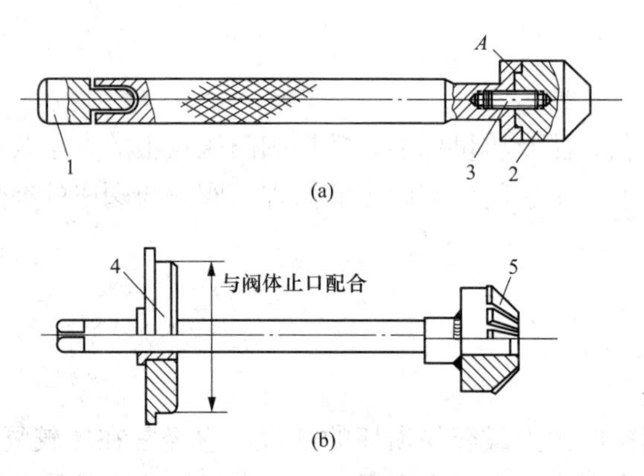

图 6－2　研磨杆

1—活动头；2—研磨头；3—丝对；4—定心板；5—铣刀头

研磨杆与研磨头（或阀瓣）用固定螺栓连接，要装配得很直，不能歪斜。使用时最好按顺时针方向转，以免螺栓松动。

研磨杆的尺寸根据实际情况来定，较小阀门用的研磨杆长度为 150mm，直径为 20mm 左右；40～50mm 阀门用的研磨杆长度为 200mm，直径为 25mm 左右。为便于操作常把研磨杆顶端做成活动头，见图 6－2（a）。

研磨杆的头部也可安装锥度铣刀头（一般根据门座结构进行配制），直接对门座进行铣削，以提高研磨效率，见图 6－2（b）。

在研磨过程中，研磨杆与门座要保持垂直，不可偏斜。图 6－2（b）所示的研磨杆用一嵌合在阀体上的导向定心板进行导向，使研磨杆在研磨时不发生偏斜。如发现磨偏时，应及时纠正（图 6－3）。

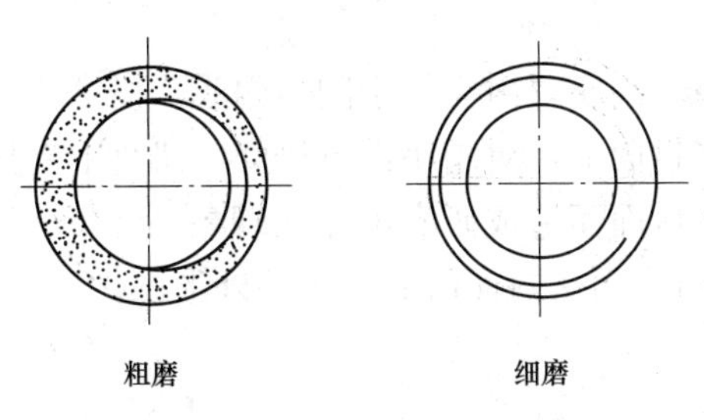

图 6－3　研磨时的磨偏现象

（二）研磨材料

研磨材料主要用于研磨管道附件及阀门的密封面。常用的研磨材料有砂布、研磨砂和研磨膏等。

1. 砂布

它是用布料作衬底，在其上面胶粘砂粒而成。根据砂粒的粗细分为 00、0、1、2 等号码。00 号最细，以后每一号都粗于前一号，2 号最粗。

2. 研磨砂

研磨砂的规格是按其粒度大小编制的。分为：10，12，14，16，20，24，30，36，46，54，60，70，80，90，100，120，150，180，220，240，280，320，M28，M20，M14，M10，M7 和 M5 等号码。其中 10～90 号称为磨粒；100～320 号称为磨粉；M28～M5 称为微粉。

管道附件或阀门的密封面研磨，除个别情况用 280、320 号磨粉外，主要是用微粉。

为了加快研磨速度，有时先采用粗磨。粗磨可用大粒度 320 号磨粉（颗粒尺寸 28～42μm）；细磨可采用小粒度的 M28～M14 微粉（颗粒尺寸 10～28μm）；最后可采用 M7 微粉（颗粒尺寸 5～7μm）。常用研磨砂见表 6－8。

表 6－8　　常用研磨砂

名　　称	主要成分	颜　　色	粒度号码	适用于被研磨的材料
人造钢玉	$Al_{20}O_3$ 92%～95%	暗棕色到淡粉红色	12～M_5	碳素钢、合金钢、 可锻铸铁、软黄铜等 （表面渗氮和硬质合金不适用）
人造钢玉	$Al_{20}O_3$ 97%～98.5%	白色	16～M_5	
人造碳化硅 （人造金刚砂）	Si_2C 96%～98.5%	黑色	16～M_5	灰铸铁、软黄铜、青铜、紫铜
人造碳化硅 （人造金刚砂）	Si_2C 97%～99%	绿色	16～M_5	
人造碳化硼	B72～78% C20～24%	黑色		硬质合金与渗碳钢

注　金刚砂不宜用于研磨阀门密封面。

3. 研磨膏

研磨膏是用油脂类（石蜡、甘油、三硬脂酸等）和研磨微粉合成的。它是细研磨料，分为M28、M20、M14、M10、M7、M5等，有黑色、淡黄色和绿色的。

（三）阀门的研磨

1. 手工研磨

（1）阀座密封面的研磨。阀座密封面位于阀体内腔，研磨比较困难。通常使用自制的手工研磨工具，放在阀座的密封面上，对阀座进行研磨。研盘上有导向定心板，以防止在研磨过程中研具局部离开环状密封面而造成研磨不匀的现象。图6-4为阀体平面密封面的手工研磨示意图，图6-5为阀门平面密封面研磨工具的外形图。

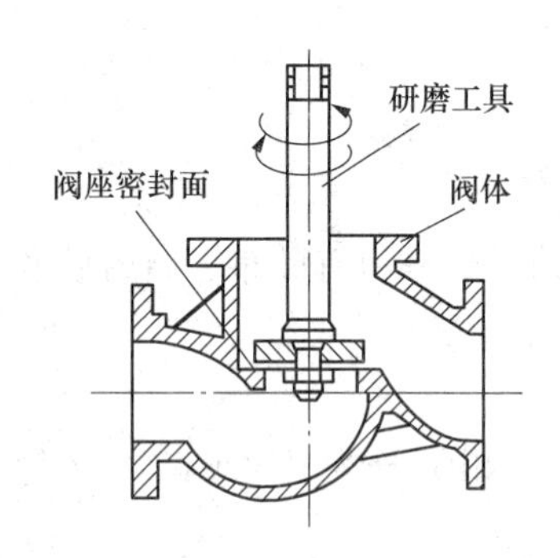

图6-4 阀体平面密封面的手工研磨

图6-5 阀门平面密封面研磨工具的外形

研磨前应将研具工作面用丙酮或汽油擦净，并去除阀体密封面上的飞边、毛刺，再在密封面上涂敷一层研磨剂。

用研磨砂研磨截止阀密封面可分为四个步骤：

1）粗磨。阀门密封面锈蚀坑大于0.5mm时，应先在车床上光一刀，再进行研磨。具体做法是：在密封面上涂一层280号或320号磨粉，用约15N的力压着胎具顺一个方向研磨，磨到从胎具中感到无砂粒时把旧砂擦去换上新砂再磨，直至麻点、锈蚀坑完全消失。

2）中磨。把粗磨留下的砂擦干净，加上一层薄薄的M28～M14微粉，用10N左右的力压着胎具仍顺一个方向研磨，磨到无砂粒声或砂发黑时就换新砂，经过几次换砂后，看密封面基本光亮，隐约看见一条不明显、不连续的凡尔线，或者在密封面上用铅笔划几道横线，合上胎具轻轻转几圈，铅笔线被磨掉，就可以进行细磨。

3）细磨。用M7～M5微粉研磨，用力要轻，先顺转60°～100°，再反转40°～90°，来回研磨，磨到微粉发黑时，再更换微粉，直至看到一圈又黑又亮的连续凡尔线，且占密封面宽度的2/3以上，就可进行精磨。

4）精磨。这是研磨的最后一道工序，为了降低粗糙度和磨去嵌在金属表面的砂粒。磨时不加外力也不加磨料，只用润滑油研磨。具体研磨方法与细磨相同，一直磨到加进的油磨后不变色为止。

磨料粒度的选择见表6-9。

用砂布研磨的优点是研磨速度快、质量好，故在电厂和安装工地得到了广泛应用。

表 6-9 **磨料粒度的选择**

密封面需要表面粗糙度		磨料颗粒度
粗磨	$Ra \leqslant 0.8$	60～80～120～180
精磨	$Ra \leqslant 0.4$	220～320～400
抛光	$Ra \leqslant 0.1$	500～600～1200

使用砂布研磨时，也要根据阀瓣和阀座的尺寸、角度配制研磨头和研磨座，所不同的是要考虑到砂布的固定问题。对斜口球形阀和针形阀，可在其研磨头上开一条横槽（见图 6-6），将砂布剪成图 6-6 右上角所示的形状，按图用线绳将其放在研磨头的槽中即可。

对平口阀，其研磨头见图 6-7，砂布剪成圆环形，用固定螺母将其压紧在导向圆筒上即可。

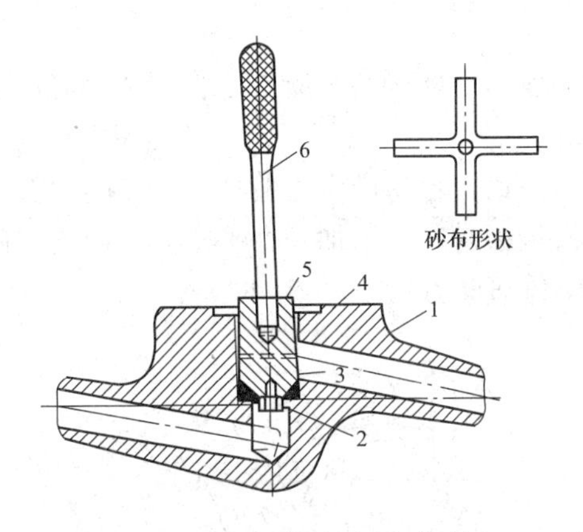

图 6-6 用砂布研磨斜口阀门

1—阀门；2—压砂布螺栓；3—砂布；4—用棉线扎砂布的槽；5—导向铁；6—研磨杆

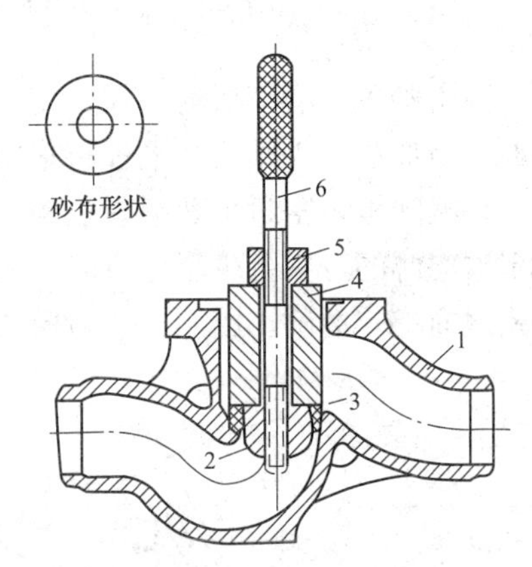

图 6-7 用砂布研磨平口阀门

1—阀门；2—压砂布螺栓；3—砂布；4—导向圆筒；5—固定螺母；6—研磨杆

砂布研磨也可分为三步，先用 2 号粗砂布把麻坑、刻痕等磨平，再用 1 号或 0 号砂布把用 2 号粗砂布研磨时造成的纹痕磨掉，最后用抛光砂布磨一遍即可。如阀门有一般缺陷也可分两步研磨，先用 1 号砂布把缺陷磨掉，再用 0 号或抛光砂布磨一遍。如阀门有很轻的缺陷，可直接用 0 号或抛光砂布研磨。

用砂布研磨阀门时，可一直按前进方向研磨，不必向后倒转，要经常检查，只要把缺陷磨掉就应更换较细砂布继续研磨。

用砂布研磨阀门时，工具和阀门间隙要小，一般每边间隙为 0.2mm 左右，如间隙太大容易磨偏，故在制造研磨工具时应注意此点。在用机械化工具研磨时要用力轻而均匀，否则易使砂布皱叠而把阀门磨坏。

以上所述是指阀座而言，若阀瓣有缺陷可用车床车光，紧接着用抛光砂布磨光；也可用抛光砂布放到研磨座上或平板上进行研磨。

（2）阀芯、闸板密封面的研磨。阀芯、闸板密封面可使用研磨平板进行手工研磨。研磨平板应平整，研磨用平板分刻槽平板和光滑平板两种，如图 6-8 所示。研磨工作前，先用丙酮或汽油将研磨平板的表面擦干净，然后在平板上均匀、适量地涂一层研磨砂或把砂布放在平板上，对闸板或阀芯的密封面进行研磨。用手一边旋转一边做直线运动，或作 8 字形运动。由于研磨运动方向的不断变更，使磨粒不断地在新的方向起磨削作用，故可提高研磨效率。图 6－9 为研磨用平板。

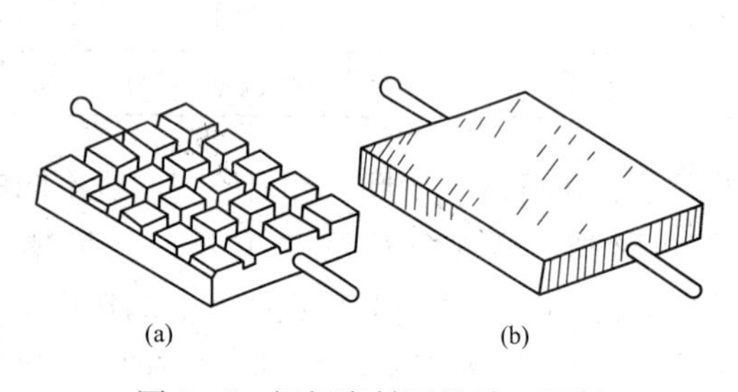

图 6－8 闸板密封面的手工研磨

（a）刻槽平板；（b）光滑平板

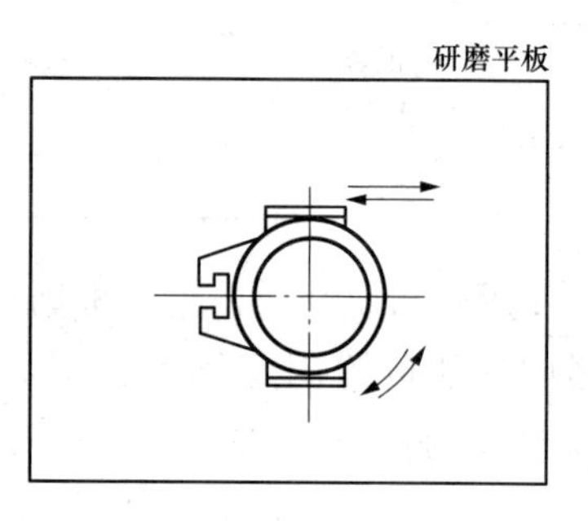

图 6－9 研磨用平板

为了避免研磨平板的磨耗不均，不要总是使用平板的中部研磨，应沿平板的全部表面上不断变换部位，否则研磨平板将很快失去平面精度。

楔状闸板，密封平面圆周上的重量不均，厚薄不一致，容易产生磨偏现象，厚的一头容易多磨，薄的一头会少磨。所以，在研磨楔式闸板密封面时，应附加一个平衡力，使楔式闸板密封面均匀磨削。图 6－10 为楔式闸板密封面的整体研磨方法。

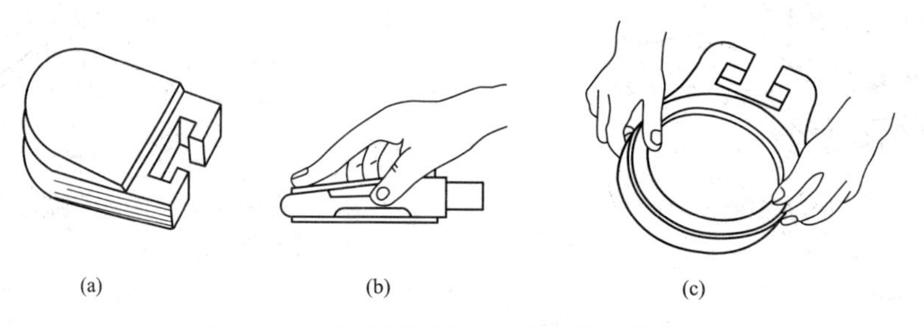

图 6－10 楔式闸板密封面的整体研磨方法

无论是使用研磨砂研磨还是使用砂布研磨，都只能研磨中、小型阀门，对于大型闸板阀（如循环水管道阀门）则只能用刮刀进行刮研。研磨方法是先将阀瓣放在标准平板上用色印法（即在平板上涂红丹粉与机油混合物）研磨，再用刮刀把不平的部位刮平，要达到每平方厘米接触两点以上；把刮研好的阀瓣放到阀门中，用着色法刮研阀座，待阀座上的接触点亦达到每平方厘米面积上接触两点为止。

研磨工作也不一定必须从粗磨开始，可视密封面损坏程度来确定。

（3）电钻式研磨工具。为了减轻研磨阀门的劳动强度，加快研磨速度，对小型球形阀常用手电钻带动研磨杆进行研磨。用这种方法研磨，速度较快，如阀座上有深 0.2～0.3mm 的坑，用研磨砂或自粘砂纸只需几分钟就可磨平，然后再用手工稍加研磨即可达到质量要求。

2. 机械研磨

为了减轻研磨阀门的劳动强度，加快研磨速度，常在阀门检修时的粗磨和中磨阶段，采用各种研磨机进行研磨。

手动研磨一般适用于小口径、小研磨量的密封面，而大口径、大研磨量的最好采用研磨机进行研磨，以降低劳动强度，提高工作效率。

3. 研磨中应注意事项

（1）整个研磨过程中，研具必须经常进行平整，且应妥善存放。

（2）注意清洁，对不同粒度或不同号数的研磨剂不能相互掺和，且应严密封存，以防杂质混入。

（3）研磨过程中应有多块磨盘或平板，不能在同一块磨盘上或平板上同时使用不同粒度或不同号数的研磨剂。

（4）研磨时作用于磨盘的力不应太大，因为人工操作是不易把握，并可以避免因磨料压碎而划伤密封面。

（5）阀瓣与阀座的密封面不允许对研。

（6）一般不亦采用高硬度的硬质合金材料制成的平板进行研磨。

4. 研磨时常见缺陷的产生原因及防止方法

（1）密封面成凸形或不平整。其原因可能是：

1）研具不平整。应重新磨平研具再研磨，并注意检查研具的平面度。

2）研磨时挤出的研磨剂积聚在工件边缘未擦去就继续研磨，应擦去后再研磨。

3）研磨时压力不匀，研磨过程中应时常转换一角度后再研磨。

4）研磨剂涂得太多，应均匀适量使用，涂抹适当。

5）研具与导向机构配合不当，应适当配合。

6）研具运动不平稳。研磨速度应适当，防止研具与工件非研磨面接触。

（2）密封面不光洁或拉毛。其原因可能是：

1）研磨剂选择不当，应重新选择研磨剂。

2）研磨剂掺入杂质，应先做好清洁工作再进行研磨操作。

3）研磨剂涂得厚薄不匀，应均匀涂抹。

4）精研磨时研磨剂过干。

5）研磨操作时压力过大，压碎磨粒或磨料嵌入工件中。

5. 密封面效果的检验

（1）目检：表面呈光滑镜面，观察密封面反射光，均匀无显现的明暗差异。

（2）校验台上气封性试验。

（3）光学检查：适合于（2）不能进行查测的阀门以及焊接阀门（主要用于安全阀）。

利用光波的干涉原理，通过光学镜片和单色光，来观察所产生的干扰条纹来判断平面的水平度，这是检查表面水平度的最精确方法。充满氦气的灯管发出橘黄色的光线，这种光源的波长是 0.000598μm，在检测平面时仅用半波长进行，则测量半径约为 0.3μm，就是说产生的干扰条纹单位是 0.3μm，即光学镜片两条暗纹中心之间部件的水平度为：高或低 0.3μm。

单色光的干涉法方法如下：将一透镜平放到密封面上，旁边入射一束单色光（如钠灯），人眼在透镜上方观察出现的光线干涉条纹（图 6-11）。

原理：入射光是单色光，因此波长一样。光线在透镜上表面反射，同时透过透镜到达密封面后再反射，再透过透镜射出。两份光线互相干涉。如果正好是波峰遇到波峰，亮度最强，如果是波峰遇到波谷，亮度最暗。最亮和最暗就形成了干涉条纹。两个相邻亮纹间的高度差为半波长，同一条纹的高度相同。这样，通过数干涉条纹就可以进行量化评估该密封面的平面度情况。充满氦气的灯管发出橘黄色的光线，这种光源的波长是 0.000598μm，在检测平面时仅用半波长进行，则测量半径约为 0.3μm，就是说产生的干扰条纹单位是 0.3μm，即光学镜片两条暗纹中心之间部件的水平度为：高或低 0.3μm。见图 6－12。

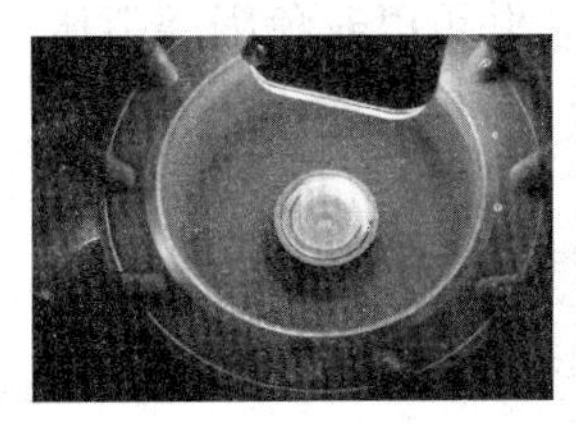

图 6－11　安全阀干涉光平面度检测

光源
单色光灯
光学镜
空气
被检查的部件

图 6－12　干涉光平面度检测的原理

要提高研磨的质量，首先要清楚研磨过程的质量控制要求，从另一方面讲，也就是说要清楚影响密封性的要素以及相应的检查方法。

平面密封：对于平面密封的研磨，主要控制以下三个方面：平面度、粗糙度、密封比压。

平面度良好意味着密封面没有凹陷、突起或是瓢面。

对于平面度的检测有：刀口尺、蓝油或红丹试验、单色光干涉法等方法。

良好的粗糙度能够达到更好的密封效果。

实践证明，保证良好的平面度，以 1000 目的砂纸进行细磨后就可以达到足够高的密封效果。密封比压指密封面上的压强密封比压＝密封面上的作用力/密封面贴合面积，单位是 MPa。

显然，提高阀门密封比压肯定有利于提高密封性，但应该以密封面材料的强度为极限。如果阀门解体检查发现阀瓣或阀座密封面上有较明显压痕，说明该阀门密封面上的密封比压已经超过最大允许密封比压（设计上一般是密封面材料屈服强度乘以系数），此时就要考虑阀门密封面的材料是否合适（如硬质合金层的厚度要求）、密封面的宽度是否符合标准、阀门是否适用于当时的工况等。

同样，如果密封面宽度太宽，就会造成密封比压不够，导致阀门内漏。

因此研磨后测量密封面的宽度是很有必要的。如果密封面太宽，可以通过车削的方法来纠正，但要注意密封面堆焊层的厚度是否足够。

同轴度显而易见，阀杆、阀瓣和阀座的同轴度会明显影响阀杆和阀座的贴合，会使密封面在圆周方向上受力不均，有可能出现密封面某部分密封力超过允许密封比压，产生密封面损坏；而同时某一其他部位的密封力达不到必须密封比压，导致内漏。

发现同轴度不好，一般从以下几个方面来查找原因：①阀杆的同轴度不好；②阀座加工偏斜；③阀杆导向结构的偏斜。

二、阀门填料的检修

阀门的盘根是用于密封门杆或密封盘的，它能阻止工作介质的流出。阀门盘根除起到密封作用外，还要求与阀杆的摩擦小，不应阻碍阀杆动作。阀门盘根密封严密与否，直接与检修和维护的质量有关，是大小修与维护工作中的一项很重要的工作。

1. 盘根的规格与使用

盘根大多数是绳状，截面大多是方形，规格有 6、8、10、15、…、30mm 等多种。超临界压力机组所用的缠绕柔性石墨填料成环状，其截面也是方形或三角形，使用时可直接填入。绳状填料用多少切多少，切口成 45°斜口，弯成环状填入填料函。填料的种类：铜丝石棉橡胶盘根、镍丝石棉橡胶盘根、缠绕柔性石墨盘根等。

阀门盘根的选择应根据工作介质、压力和温度的不同，采用的盘根材料和形状也不相同。

常用的盘根分类、性能和使用范围见表 6－10。

表 6－10　　常用的盘根分类、性能和使用范围

种　　类	材　　料	压力（MPa）	温度（℃）	介　　质
棉盘根	棉纱编结棉绳、油浸棉绳、橡胶棉绳	＜20～25	＜100	水、空气、油类
麻盘根	麻绳、油浸麻绳、橡胶麻绳	＜16～20	＜1m	
普通石棉盘根	油和石墨浸渍过的石棉线；夹铝丝石棉编织线，用油、石墨浸渍；夹铜丝石棉编织线，用油和石墨浸渍	＜4.5 ＜4.5 ＜6	＜250 ＜350 ＜450	水、空气、蒸汽、油类
高压石棉盘根	用石棉布（线），以橡胶为黏合剂，石棉与片状石墨粉的混合物	＜6	＜450	水、空气、蒸汽
石墨盘根	石墨做成的环，并在环间填充银色石墨粉，掺入不锈钢丝，以提高使用寿命	＜14	540	蒸汽
碳纤维填料（盘根）	经预氧化或炭化的聚丙烯纤维，浸渍聚斯氯乙烯乳液	＜20	＜320	各种介质
氟纤维填料（可制成标准形状）	聚四氟乙烯纤维，浸渍聚四氟乙烯乳液	＜35	260	各种介质
金属丝填料	铅丝、铜丝	＜35	230 500	油 蒸汽
RSM－O 形柔性石墨密封圈	成品为矩形截面圆圈	＜32		用于高压阀门

2. 阀门填料检修注意事项

（1）填料压盖与阀杆的间隙不能过大，一般为 0.1～0.2mm，阀杆与填料接触的部分要光滑，腐蚀深度不能超过 0.1mm，填料开裂或太干都不能使用。填料压盖要平整不能有弯曲变形，压盖螺丝紧力要均匀，四周间隙要一致。

（2）更换旧填料时，盘根钩子的硬度不能大于阀杆材料的硬度。换新填料时，各层接口要错开 90°～180°。见图 6－13，上下搭接，每装入 1～2 层应用压盖压紧一次，不能装满一

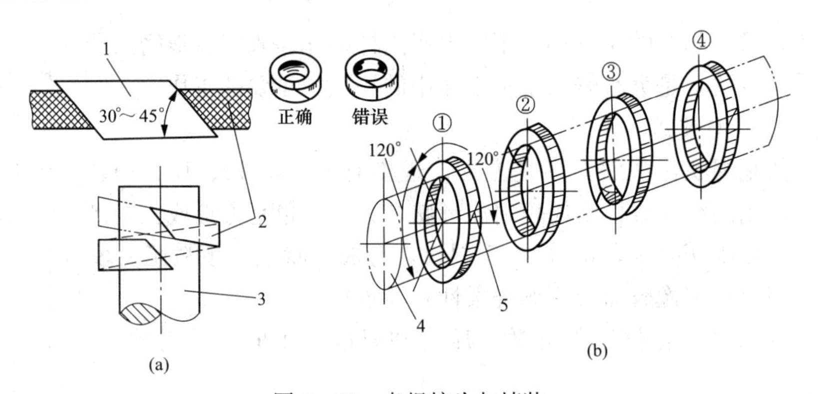

图 6-13 盘根接头与填装

(a) 盘根接头；(b) 盘根填装

1—样板；2—盘根；3—与阀杆等径的圆棒；4—阀杆；5—盘根接头

次性压紧。每一层填料都要压实，对于填料函较深的阀门应制作专门的假压盖保证每一层填料都要压实。然后拧紧压盖螺丝时，压盖伸入填料函的深度为可深入部分的 1/2～2/3，且不得小于 5mm，以便留有热紧余量，见图 6-14 所示。

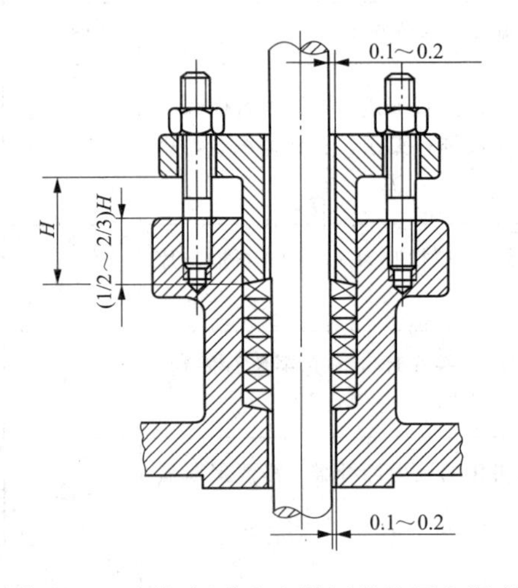

图 6-14 阀杆间隙和盘根压盖的压入深度

三、阀门的阀杆检修工艺

检查阀杆的弯曲和磨损腐蚀情况，阀杆与填料接触的部位应光滑平直，阀杆弯曲度检查与轴弯曲检查类似，用百分表检查，弯曲度一般不超过 0.10～0.15mm/m（安全阀阀杆全长的弯曲度应小于 0.05mm）。椭圆度一般不超过 0.02～0.05mm，表面锈蚀和磨损深度不超过 0.10～0.20mm，否则应更换新杆或校直，更换新杆材质应与原材质相同。

阀杆校直处理的方法有静压校直、冷作校直和火焰校直三种。

1. 静压校直法

静压校直阀杆，一般是在校直台上进行，校直台是由两个 V 形铁、平板、压力螺杆、压头、手轮、百分表和表座组成，见图 6-15。

（1）用百分表测量出阀杆各部位的弯曲值，并做好标记和记录，确定弯曲最高点和最低点。

（2）把阀杆最大弯曲点朝上，放在两个 V 形铁中央，操作手轮，使压头压住最大弯曲

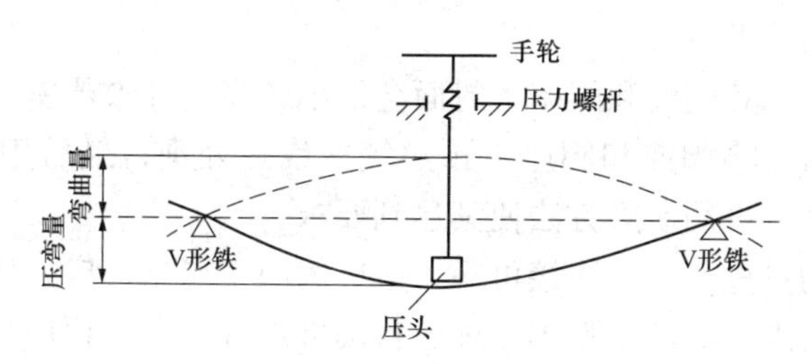

图 6-15 静压校直阀杆示意

点，慢慢加力使阀杆最大弯曲点向相反方向压弯。

(3) 阀杆压弯量应视阀杆刚度而定，一般为阀杆弯曲量的 8～15 倍。

(4) 阀杆在校直压弯后，压弯校正的稳定性随压弯量的增加而提高，也随旋压时间延长而提高。

2. 冷作校直法

冷作校直法是用圆锤、尖锤或用圆弧工具敲击阀杆弯曲的凹侧表面，使其产生塑性变形，受压的金属层挤压伸展，对相邻金属产生推力作用，弯曲的阀杆，在变形层的应力作用下得到校直，在作阀杆校直时，应注意以下几点：

(1) 阀杆弯曲量不大于 0.5mm。

(2) 阀杆与填料接触的圆柱面，不采用冷作校直法。

(3) 阀杆用冷作校直法完毕后，被锤击部分应用砂纸研磨膏打磨抛光。

3. 火焰校直法

火焰校直法是在阀杆弯曲部分孤最高点，用气焊的中性焰快速加热到 450℃以上，然后迅速冷却，使阀杆弯曲轴线恢复到原有的直线形状。在阀杆火焰校直时，应注意以下几点：

(1) 阀杆直径小、弯曲量小的，校正温度可低一些，反之则应高些。

(2) 阀杆的加热尺寸带宽度应接近阀杆直径，长度为直径的 2～2.5 倍。

(3) 阀杆的加热深度对校直量有直接影响，加热深度超过其直径的 1/3 时，加热深度增加，校直量减少。

四、阀体与阀盖的修理

阀体和阀盖上如发现裂纹，在进行修补之前，应在裂缝方向前几毫米处使用 15～8 的钻头，钻止裂孔，孔要钻穿，以防裂纹继续扩大。然后用砂轮把裂纹或砂眼磨去或用錾子剔去，打磨坡口，坡口的型式视本体缺陷和厚度而定。壁厚的以打双坡口为好，打双坡口不方便时，可打 U 形坡口。焊补时，应严格遵守操作规范，一般焊补碳钢小型阀门时可以不预热，但对大而厚的碳钢阀门、合金钢阀门，不论大小，补焊前都要进行预热，预热温度要根据材质具体选择。焊接时要特别注意施焊方法，焊后要放到石棉灰内缓冷，并做 1.5 倍工作压力的超压试验。

阀体上的双头螺栓如有损坏或折断时，可用煤油润滑后旋出，或用火焊加热至 200～300℃，再用管钳子搬出；如阀体上内螺纹损坏不能装上螺栓时，可攻出比原来大一挡尺寸的螺纹，换上适合新螺纹的螺栓。

如法兰经过补焊，焊缝高出原平面，必须经过车旋削平焊缝，以保证凹、凸口配合平整和受热后不发生变形。

五、阀瓣与阀座的补焊

阀门经过长期使用，其阀瓣和阀座密封面会发生磨损，导致严密性降低。此时，可用堆焊的办法修复。堆焊后，将阀瓣和阀座需预热缓冷或热处理；最后用车床加工至要求的尺寸，并力求光洁度达到；再用研磨方法使其达到要求。

这种方法具有节约贵重金属，连接可靠，适应阀门工况条件广，使用寿命长等优点。堆焊的方法有电弧焊、气焊、等离子弧焊、埋弧自动堆焊等，电厂检修中最常用的方法是手工堆焊。

在修理中低压阀门密封面中，经常会遇到密封面上有较深的凹坑和堆焊气孔，用研磨和其他方法难以修复，可采用黏接铆合修复工艺。

(1) 根据缺陷的最大直径选用钻头，把缺陷钻削掉，孔深应大于 2mm。选用与密封面材料相同或相似的销钉，其硬度等于或略小于密封面硬度，直径等于钻头的直径，销钉长度应比孔深高 2mm 以上。

(2) 孔钻完后，清除孔中的切屑和毛刺，销钉和孔进行除油和化学处理，在孔内灌满胶粘剂。胶粘剂应根据阀门的介质、温度、材料选用。

(3) 销钉插入孔中，用小手锤的球面敲击销钉头部中心部位，使销钉胀接在孔中，产生过盈配合。用小锉修平销钉然后研磨。敲击和锉修过程中，应采取相应的措施，以免损伤密封面。

六、水压实验

1. 实验要求

高压阀门一般是焊接在管道上的，其实验是和锅炉管道整体进行水压实验。对于拆卸下的阀门组装好后立即进行水压实验。

2. 试验一般步骤

(1) 充水排净阀门内的空气后，缓慢进水升压，不可产生较大的冲击现象。

(2) 试压泵打压时，压力应逐渐升压到工作压力的 1.5 倍试验压力，保持 5min，压力保持不变，再把压力降到工作压力进行检查。无渗漏合格，即可将水放掉擦干。

(3) 高压焊接阀门一般是在管道上检修，不拆下来，其严密试验是和锅炉水压试验一同进行。对于拆卸下来的焊接阀门则用退火后的钢垫垫好后再进行打压试验。

(4) 试验好后将水放掉，并擦干净。

七、一般阀门的常见故障和预防措施

1. 填料函泄漏

这是阀门跑、冒、滴、漏的主要方面。

产生填料函泄漏的原因有下列几点：①填料与工作介质的腐蚀性、温度、压力不相适应；②装填方法不对，尤其是整根填料盘旋放入，最易产生泄漏；③阀杆加工精度或表面光洁度不够，或有椭圆度，或有刻痕；④阀杆已发生点蚀，或因露天缺乏保护而生锈；⑤阀杆弯曲；⑥填料使用太久，已经老化；⑦操作太猛。

消除填料泄漏的方法是：①正确选用填料；②按正确地进行装填；③阀杆加工不合格的，要修理或更换，表面光洁度最低要达到 5，较重要的，要达到 8 以上，且无其他缺陷；④采取保护措施，防止锈蚀，已经锈蚀的要更换；⑤阀杆弯曲要校直或更新；⑥填料使用一定时间后，要更换；⑦操作要注意平稳，缓开缓关，防止温度剧变或介质冲击。

2. 关闭件泄漏

通常将填料函泄漏称为外泄，把关闭件称为内泄。关闭件泄漏，在阀门里面，不易发现。关闭件泄漏，可分两类：一类是密封面泄漏，另一类是密封圈根部泄漏。引起泄漏的原因有：①密封面研磨得不好；②密封圈与阀座、阀瓣配合不严密；③阀瓣与阀杆连接不牢靠；④阀杆弯扭，使上下关闭件不对中；⑤关闭太快，密封面接触不好或早已损坏；⑥材料选择不当，经受不住介质的腐蚀；⑦将截止阀、闸阀作调节阀使用。密封面经受不住高速流动介质的冲蚀；⑧某些介质，在阀门关闭后逐渐冷却，使密封面出现细缝，也会产生冲蚀现象；⑨某些密封面与阀座、阀瓣之间采用螺纹连接，容易产生氧浓差电池，腐蚀松脱；⑩因焊渣、铁锈、尘土等杂质嵌入，或生产系统中有机械零件脱落堵住阀芯，使阀门不能关严。

预防办法有：①使用前必须认真试压试漏，发现密封面泄漏或密封圈根部泄漏，要处理好后再使用；②要事先检查阀门各部件是否完好，不能使用阀杆弯扭或阀瓣与阀杆连接不可靠的阀门；③阀门关紧要使稳劲，不要使猛劲，如发现密封面之间接触不好或有挡碍，应立即开启稍许，让杂物流出，然后再细心关紧；④选用阀门时，不但要考虑阀体的耐腐蚀性，而且要考虑关闭件的耐腐蚀性；⑤要按照阀门的结构特性，正确使用，需要调节流量的部件应该采用调节阀；⑥对于关阀后介质冷却且温差较大的情况，要在冷却后再将阀门关紧一下；⑦阀座、阀瓣与密封圈采用螺纹连接时，可以用聚四氟乙烯带作螺纹间的填料，使其没有空隙；⑧有可能掉入杂质的阀门，应在阀前加过滤器。

3. 阀杆升降失灵

阀杆升降失灵的原因有：①操作过猛使螺纹损伤；②缺乏润滑或润滑剂失效；③阀杆弯扭；④表面光洁度不够；⑤配合公差不准，咬得过紧；⑥阀杆螺母倾斜；⑦材料选择不当，例如阀杆和阀杆螺母为同一材质，容易咬住；⑧螺纹被介质腐蚀（指暗杆阀门或阀杆螺母在下部的阀门）；⑨露天阀门缺乏保护，阀杆螺纹沾满尘砂，或者被雨露霜雪所锈蚀。

预防的方法：①精心操作，关闭时不要使猛劲，开启时不要到上死点，开够后将手轮倒转一两圈，使螺纹上侧密合，以免介质推动阀杆向上冲击；②经常检查润滑情况，保持正常的润滑状态；③不要用长杠杆开闭阀门，习惯使用短杠杆的工人要严格控制用力分寸，以防扭弯阀杆（指手轮和阀杆直接连接的阀门）；④提高加工或修理质量，达到规范要求；⑤材料要耐腐蚀，适应工作温度和其他工作条件；⑥阀杆螺母不要采用与阀杆相同的材质；⑦采用塑料作阀杆螺母时，要验算强度，不能只考虑耐腐蚀性好和摩擦系数小，还须考虑强度问题，强度不够就不要使用；⑧露天阀门要加阀杆保护套；⑨常开阀门，要定期转动手轮，以免阀杆锈住。

4. 其他

垫圈泄漏：主要原因是不耐腐蚀，不适应工作温度和工作压力；还有高温阀门的温度变化。预防方法：采用与工作条件相适应的垫圈，对新阀门要检查垫圈材质是否适合，如不适合就应更换。对于高温阀门，要在使用时再紧一遍螺栓。

阀体开裂：一般冰冻造成的。天冷时，阀门要有保温伴热措施，否则停产后应将阀门及连接管路中的水排干净（如有阀底丝堵，可打开丝堵排水）。

手轮损坏：撞击或长杠杆猛力操作所致。只要操作人员和其他有关人员注意，便可避免。

填料压盖断裂：压紧填料时用力不均匀，或压盖（一般是铸铁）有缺陷。压紧填料，要对称地旋转螺丝，不可偏歪。制造时不仅要注意大件和关键件，也要注意压盖之类次要件，否则影响使用。

阀杆与阀板连接失灵：闸阀采用阀杆长方头与闸板 T 形槽连接的形式较多，T 形槽内有时不加工，因此使阀杆长方头磨损较快。主要从制造方面来解决。但使用单位也可对 T 形槽进行补加工，让它有一定的光洁度。

双闸板阀门的闸板不能压紧密封面：双闸板的张力是靠顶楔产生的，有些闸阀，顶楔材质不佳（低牌号铸铁），使用不久便磨损或折断。顶楔是个小件，所用材料不多，使用单位可以用碳钢自行制作，换下原有的铸铁件。

能力训练

1. 在教师指导下，分组对截止阀阀门密封面进行研磨。
2. 在教师指导下，用红丹粉研磨方法检查阀门密封面的严密性。
3. 简述阀门阀体与阀盖的检修方法。
4. 简述阀杆的检查方法及阀杆缺陷处理方法。
5. 分组进行阀门盘根的安装。
6. 简述阀瓣与阀座的检查方法及缺陷处理方法。
7. 简述阀门的常见故障和预防措施。

任务三　关断用阀门检修

任务目标

掌握闸阀、截止阀、闸阀、蝶阀的分类、特点及工作过程；了解闸阀、截止阀检修工艺及质量标准。

知识储备

关断用阀门只用来截断或接通流体，如截止阀、闸阀、蝶阀、球阀、隔膜阀等。

一、闸阀检修

（一）闸阀用途及工作原理

闸阀（gate valve）是指关闭件（闸板）沿通路中心线的垂直方向移动的阀门。它的启闭件是闸板，闸板的运动方向与流体方向相垂直，闸阀只能作全开和全关，不能作调节和节流。它的闭合原理是闸板密封面与阀座密封面高度光洁、平整一致，相互贴合，可阻止介质流过，并依靠顶模、弹簧或闸板的模型，来增强密封效果。它在管路中主要起切断作用。

（二）闸阀的特点

闸阀的结构特点是具有两个密封圆盘形成密封面，阀瓣如同一块闸板插在阀座中。工质在闸阀中流过是流向不变，因而流动阻力较小；阀瓣的启闭方向与介质流向垂直，因而启闭力较小。当闸阀全开时，工质不会直接冲刷阀门的密封面，密封面受介质冲蚀小，故阀线不易损坏。闸阀只适用于全开或全关，而不适用于调节。

缺点是结构复杂，高度尺寸较大，开启需一定的空间，开闭时间长，开闭时密封面容易受冲蚀和擦伤。

（三）闸阀分类

（1）按闸板结构形式分为单闸板和双闸板两种。

（2）根据阀芯结构形式又可分为楔式、平行式和弹性三种。楔式闸板是指闸板的两个密封面成一定角度；平行式闸板的两个密封面平行，弹性闸板在两个平行闸板间加有弹簧。

（3）根据闸杆的结构形式和在阀门开启时闸杆是否伸出阀体又可分为明杆式和暗杆式两类。在阀门开启时阀杆伸出阀体的叫明杆式；不伸出阀体的叫暗杆式。

（4）由上面各种形式的组合，又可构成各种不同形式的结构。图 6－16 为平行双闸板闸阀，图 6－17 为电动明杆楔式单闸板阀。

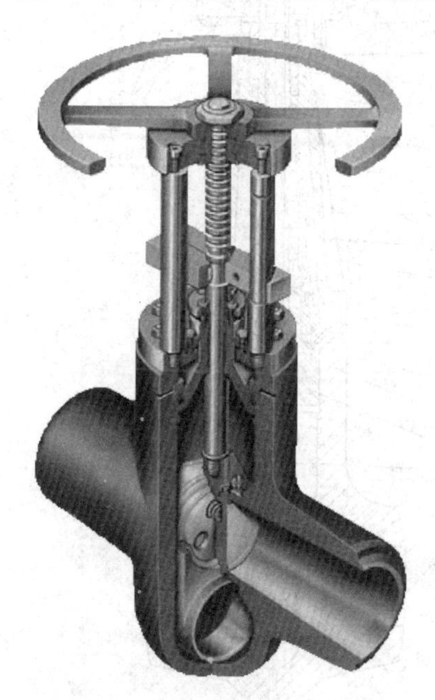

图 6－16　平行双闸板闸阀

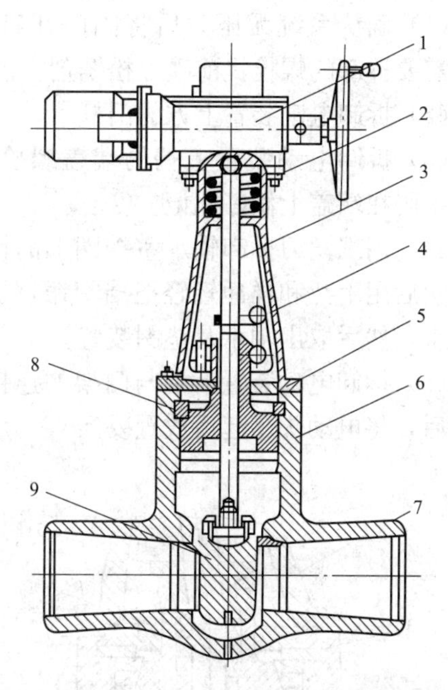

图 6－17　电动明杆楔式单闸板阀

1—电动机构；2—丝母；3—阀杆；4—支架；5—压板；6—密封盘；7—阀体；8—开口止动环；9—阀板

（四）闸板阀检修工艺

以高压自密封闸板阀检修为例介绍闸板的检修工艺。高压自密封闸板阀阀体密封的结构为内压自紧密封，密封连接是利用阀门内部介质的压力来达到密封的目的。其连接结构见图 6－18，它由四合环、垫环和密封圈等组成。阀盖上部具有通常为 45℃的光滑锥面，锥面上紧贴着密封圈，密封圈的外圆与阀体紧贴，上部通过垫环和四合环被支承压盖压住。显然，介质压力使阀盖与闭体之间的严密性得到提高，压力越高，密封性械越好。其优点是流动阻力小，开闭省力，不受介质流向的限制，结构尺寸小，全开时介质对密封面的冲蚀小。

一般在主给水管道、减温水管道、吹灰管道、事故放水管道及排污管道等主要管道上布置平行式闸板阀，以实现切断或接通管路介质的。高压自密封闸板阀结构图见图6-19。

1. 高压自密封闸板阀检修前准备

(1) 工器具准备：合格的吊具（倒链、钢丝绳吊环、卡环等）、扳手（套筒扳手、锤击扳手、梅花扳手、活扳手）、研磨工具（研磨机、平板研磨砂等）、大锤、手锤、紫铜棒、螺丝刀、撬棍、样冲、扁铲、量具（游标卡尺、深度尺、钢板尺、内外卡钳）、锉刀、钢字码。

(2) 备品备件及材料准备：盘根、自密封填料环、轴承、松锈剂、煤油、润滑油、黄油等。

(3) 办理工作票，联系控仪停电、拆线。

2. 解体

(1) 确认系统无压力后将阀门开启，并将需要拆卸的螺栓提前喷上松锈剂。

(2) 拆卸电动装置上方的门杆罩。

(3) 拆卸电动装置上端的端盖螺栓，用钢字码在端盖上做好标记。

(4) 用螺丝刀拆卸轴承室挡圈上的销子，然后用手锤和样冲轻轻把挡圈振打旋转下来，然后取出轴承及垫圈装置。

(5) 拆卸电动装置下端与门架的连接螺栓后，将电动头吊起后放置妥当。

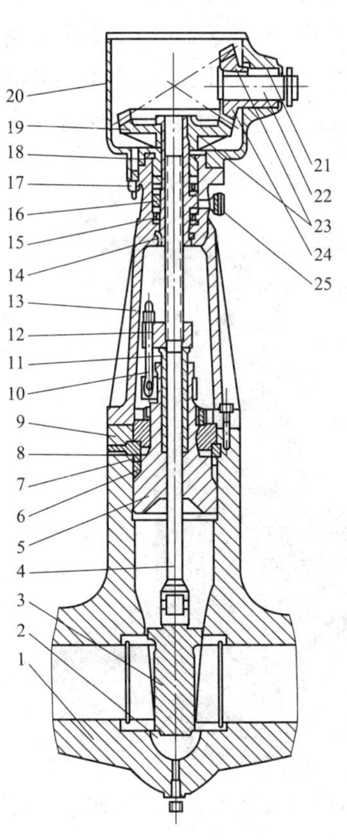

图6-19 高压自密封闸板阀结构

1—阀体；2—阀座；3—阀芯；4—阀杆；5—阀盖；6—密封圈；7—均压圈；8—四合环；9—吊盖；10—盘根螺；11—盘根压盖；12—压板；13—支架；14—油封；15—平面轴承；16—阀杆螺母；17—齿轮箱速度螺丝；18—轴承压盖；19—大锥齿轮；20—齿轮箱；21—进盖；22—轴；23—平键；24—小锥齿轮；25—油杯

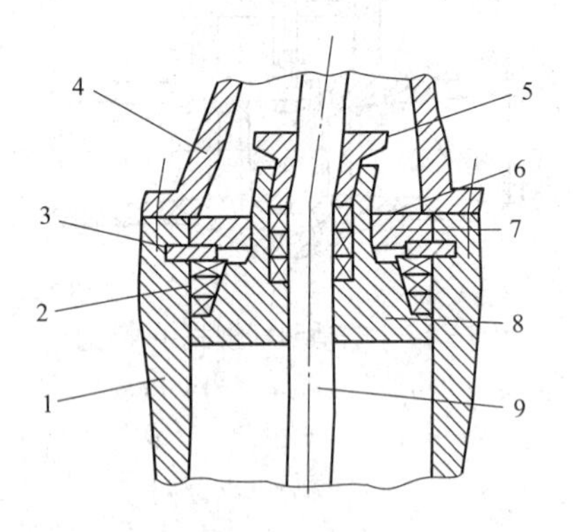

图6-18 自密封连接结构

1—阀体；2—密封环；3—四合环；4—压盖；5—填料压盖；6—填料；7—吊盖；8—阀盖；9—阀杆

(6) 拆卸门架下端与阀体连接的螺栓，并在门架上做好标记，然后将门架吊起旋出并放置好。

(7) 松开盘根压盖螺栓，并将盘根压盖取出，并将压盖螺栓旋出，将盘根抠除。

(8) 松开自密封拉紧螺栓后，用专用圆盘将自密封拉紧环慢慢用螺栓背出（拧紧螺栓时一定要均匀，且一边拧紧螺栓，一边用铜棒敲打阀体)。

(9) 取出自密封拉紧环后，若四开环尚未完全露出，应用铜棒敲打阀杆上端，使阀体下沉露出四开环；然后用螺丝刀伸到阀体的小孔中把四开环取出环槽。

(10) 取出四开环后用倒链拉紧阀杆，然后用上述专用圆盘将阀体慢慢背出（拧紧螺栓时一定要均匀，且一边拧紧螺栓，一边用铜棒敲打阀体），在背出的同时慢慢拉紧倒链，在背出螺栓拧到底后用倒链将阀芯提出。

(11) 将套在阀芯上的V形填料挡环和V形填料取下。

3. 清理检查及修理

(1) 清理检查轴承应完整无损，检查有无磨损、裂纹，滚道无麻点、腐蚀、剥皮。轴承压盖松紧适当，转动无异音。

(2) 清理检查变速齿轮箱，检查有无磨损、啮合不良及断裂现象，涡轮、涡杆磨损不应超过齿厚的1/3。

(3) 检查传动轴平直，表面光滑无锈蚀，各部轴衬套间隙不应过大。

(4) 检查清理阀芯、阀座密封面应无裂纹、锈蚀和划痕等缺陷，轻微锈蚀和划痕应进行研磨，直到凡尔线光洁度达到0.1以上。裂纹或严重划痕，应焊补后车削再进行研磨。极严重的，应申请报废。

(5) 清理门杆，并检查弯曲度（一般不超过0.15mm/m)，椭圆度（一般不超过0.05mm)，表面锈蚀和磨损深度不超过0.20mm，门杆螺纹完好，表面光滑，无损伤、锈蚀、裂纹，门杆与丝螺母配合良好且转动灵活。

(6) 四合环清理干净，表面光洁完好，无压痕、卷边［沟槽内轴向间隙为0.20～0.25mm]，用铅粉擦拭。

(7) 清理检查盘根压盖、盘根室，并检查配合间隙是否适当，一般应为0.10～0.20mm。

(8) 清理检查各螺栓、螺母，螺纹应完好，清理干净，擦铅粉油，且配合适当。

(9) 清理检查阀体、阀盖等各部件，表面无裂纹和砂眼等缺陷。发现缺陷应挖补。

(10) 检查手动一电动切换装置有无失灵现象，检查手轮应完整无缺。

4. 复装

(1) 复装工艺过程与解体步骤相反。

(2) 紧法兰螺栓和门盖螺栓时，应对称均匀拧紧。

(3) 紧盘根螺栓时，应注意四周间隙是否均匀，以防紧偏。

(4) 各部件就位时，应缓慢小心，严禁猛力落入和重力击打。

(5) 电动装置就位时，应在轴承室和齿轮箱内加入新的高温润滑油。

(6) 复装轴承时，应注意将带有型号的一端朝外。

(7) 填盘根时，注意盘根接口为45°，开口处要错开120°～180°，填料压盖进入盒内(5～8) mm。

(8) 全部组装完后，阀门处于关闭位置。如系统条件允许可直接作水压试验，工作压力的1.25倍，时间5min，但必须做好与其他设备的隔离措施方可进行。

5. 调试

(1) 联系控仪恢复电动头接线并送电。

(2) 配合控仪调整行程，并根据阀门运行情况确定是以力矩定开关，还是行程定开关(一般常关门且生产厂家允许应用力矩定开关，常开门一般用行程定开关)。

二、截止阀检修

(一) 截止阀用途及工作原理

截止阀，也叫截门，是使用最广泛的一种阀门，是关闭件（阀瓣）沿阀座中心线移动的阀门，截止阀在管路中主要作切断用。它的闭合原理是依靠阀杠压力，使阀瓣密封面与阀座密封面紧密贴合，阻止介质流通。

(二) 截止阀的特点

开闭过程中密封面之间摩擦力小，比较耐用，开启高度不大，制造容易，维修方便，不仅适用于中低压，而且适用于高压。

截止阀只许介质单向流动，安装时有方向性。由于开闭力矩较大，结构长度较长，一般公称通径都限制在 DN≤200mm 以下。截止阀的流体阻力损失较大，长期运行时，密封可靠性不强，因而限制了截止阀更广泛的使用。

(三) 直通式、直角式及直流式截止阀

(1) 直通式截止阀。直通式截止阀的阀杆与介质通路中心线成 90°角，流动阻力大，压力降大，这种截止阀在电厂中利用最广，见图 6-20。

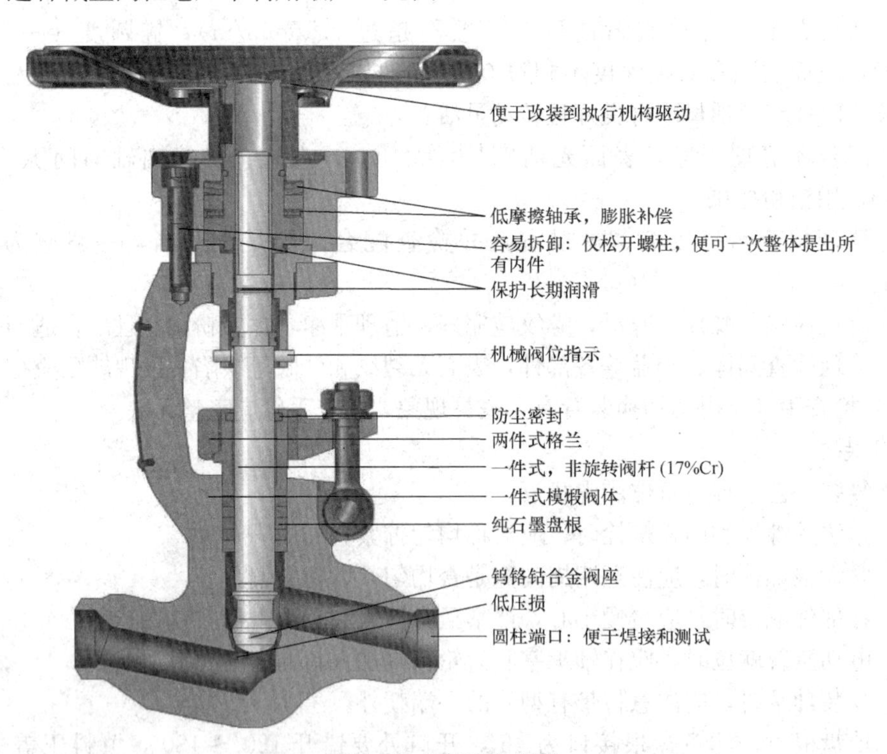

图 6-20 直通截止阀

(2) 直角式截止阀。直角式截止阀的特点是介质在阀内与原来的流向转成 90°，弯头处流动阻力小，见图 6-21。

(3) 直流式截止阀。直流式截止阀是阀门的阀杆与介质通路中心线成 45°，流动阻力小，压降也小，便于检修和更换，见图 6-22。

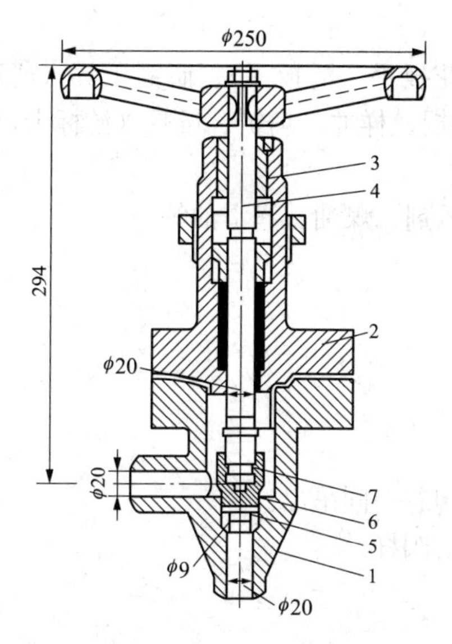

图 6－21　高压角式截止阀

1—阀座；2—阀盖；3—丝母；4—阀杆；5—阀座密封圈；6—阀头；7—开口环

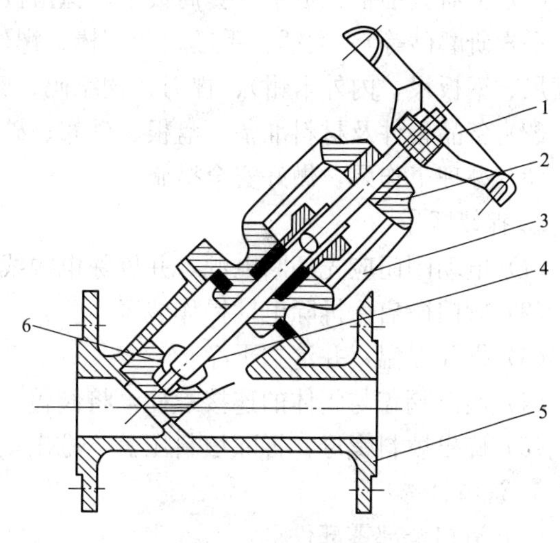

图 6－22　直流式截止阀

1—手轮；2—丝母；3—阀盖；4—阀杆；5—阀体；6—阀瓣

（四）高压截止阀检修

高压截止阀结构见图 6－23。

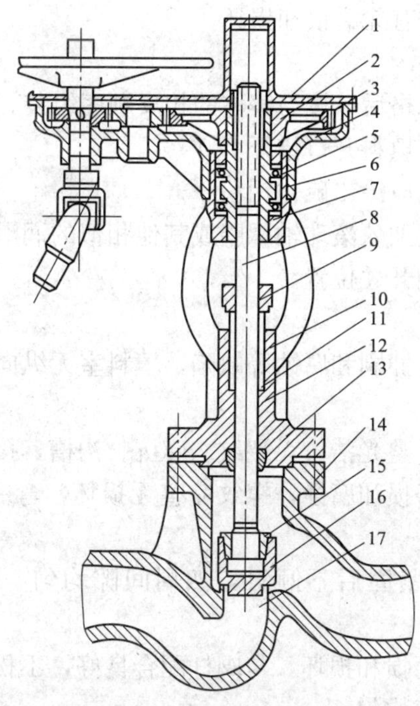

图 6－23　高压截止阀结构

1—传动箱；2—阀杆螺母；3—传动齿轮；4—轴承压紧螺母；5—平面轴承；6—阀杆螺帽套；7—密封圈；8—阀杆；9—盘根压盖；10—盘根；11—盘根室；12—阀盖；13—阀杆导套；14—阀壳；15—阀芯螺栓；16—阀芯；17—阀座

1. 高压截止阀检修前的准备

(1) 工器具准备：扳手（套筒扳手、锤击扳手、梅花扳手、活扳手）、研磨工具（研磨机、平板研磨砂等）、大锤、手锤、紫铜棒、螺丝刀、撬棍、样冲、扁铲、量具（游标卡尺、深度尺、钢板尺、内外卡钳）、锉刀、钢字码、磨光机。

(2) 备品备件及材料准备：盘根、砂布、破布、松锈剂、煤油、润滑油等。

(3) 办理工作票，做好安全措施。

2. 拆卸顺序

(1) 电动阀门应先切断电源，并拆除电源线。

(2) 阀门微启，拆除电动操作装置。

(3) 拆除保温，并清扫干净。

(4) 旋出阀盖与阀体的连接螺栓，将阀盖、阀杆及阀芯一同吊出。

(5) 旋出填料螺母，拆除填料压盖，挖出填料，旋出阀杆。

3. 清扫检查

(1) 清扫全部零部件。

(2) 检查阀体和阀盖有无裂纹、砂眼、冲刷和腐蚀等缺陷，填料室有无纵向沟痕，法兰面是否平整光洁，有无砂眼与沟槽。

(3) 检查阀座与阀芯的密封面是否光洁，有无裂纹、麻点、沟槽，并用红丹粉检查其接触情况。

(4) 检查阀杆表面是否光滑，有无磨损、沟槽、腐蚀，螺纹有无磨损和损坏。

(5) 检查阀杆螺母的螺纹有无磨损和损坏。

4. 组装

(1) 所有零件清扫检查合格后，按与解体的相反顺序组装。

(2) 垫片与填料应更换，填料开口错开 120°。

(3) 垫片、填料及螺纹上应涂二硫化钼粉。

(4) 轴承和阀杆螺母内应加入滚珠轴承脂或其他相似的润滑脂。

(5) 组装后应调整电动阀开关位置。

5. 质量标准

(1) 阀盖无裂纹、砂眼、冲刷和腐蚀等缺陷，填料室无纵向沟槽，法兰面平整光洁、无沟槽与腐蚀。

(2) 阀座和阀芯密封面平整光洁，无裂纹、麻坑、沟槽，接触痕迹连续均匀。

(3) 阀杆表面光滑，无磨损和腐蚀，螺纹完整无损坏，弯曲度≤0.08mm，与填料环的间隙为 0.3～0.5mm。

(4) 填料压板无变形，紧固后不倾斜，四周间隙均匀，与阀杆配合间隙为 0.10～0.20mm。

(5) 阀杆螺母的螺纹无磨损和损坏，与阀杆配合良好，不松旷，不卡涩。

(6) 法兰紧固后四周间隙均匀。

(7) 轴承转动灵活，滑道滚动体光滑，无裂纹，滚珠架无损坏。

(8) 螺栓与螺母配合良好，不松旷，不卡涩。

(9) 阀门组装正确，开关灵活，电动开关正确。

三、阀门检注意事项

(1) 阀门检修当天不能完成时，应采取措施，以防掉进东西。

(2) 更换阀门时，在焊接新阀门前，要把这个新阀门开 2～3 圈，以防阀门温度过高，发生胀死、卡住或把阀杆顶高现象。

(3) 阀门在研磨过程中要经常检查，以便随时纠正角度磨偏问题。

(4) 用专用卡子做水压试验时，在试验过程中有关人员应远离开卡子，以免卡子脱落时伤人。

(5) 使用风动工具检修阀门时，胶皮管接头一定要绑牢固，最好用铁卡子卡紧，以免胶管脱落时伤人。

四、阀门检修记录及检修报告

阀门检修过程中做好检修记录，检修后上交检修报告。阀门检修记录见表 6-11。

表 6-11　　阀门检修记录

<table>
<tr><td>阀门型号</td><td>公称压力 PN</td><td>公称直径 DN</td><td>使用介质</td><td>工作温度</td><td>工作压力</td></tr>
<tr><td></td><td>MPa</td><td>mm</td><td></td><td>℃</td><td>MPa</td></tr>
</table>

<table>
<tr><td rowspan="22">检查检修内容</td><td rowspan="4">阀杆</td><td>弯曲度</td><td colspan="4">mm</td></tr>
<tr><td>椭圆度</td><td colspan="4">mm</td></tr>
<tr><td>表面锈蚀和磨损深度</td><td colspan="4">mm</td></tr>
<tr><td>螺纹</td><td colspan="4"></td></tr>
<tr><td colspan="2">填料压盖、填料盒与阀杆的间隙</td><td colspan="4">mm</td></tr>
<tr><td colspan="2">阀体、阀盖凸凹口的径向间隙</td><td colspan="4">mm</td></tr>
<tr><td rowspan="3">填料</td><td>材质</td><td colspan="4"></td></tr>
<tr><td>规格</td><td colspan="4"></td></tr>
<tr><td>圈数</td><td colspan="4"></td></tr>
<tr><td rowspan="6">垫片</td><td rowspan="3">中法兰</td><td>名称</td><td colspan="3"></td></tr>
<tr><td>材质</td><td colspan="3"></td></tr>
<tr><td>规格</td><td colspan="3"></td></tr>
<tr><td rowspan="3">两侧法兰</td><td>名称</td><td colspan="3"></td></tr>
<tr><td>材质</td><td colspan="3"></td></tr>
<tr><td>规格</td><td colspan="3"></td></tr>
<tr><td rowspan="4">更换紧固件</td><td rowspan="2">螺栓</td><td>材质</td><td colspan="3"></td></tr>
<tr><td>规格</td><td></td><td>数量</td><td></td></tr>
<tr><td rowspan="2">螺母</td><td>材质</td><td colspan="3"></td></tr>
<tr><td>规格</td><td></td><td>数量</td><td></td></tr>
<tr><td rowspan="3">密封面</td><td>修前检查情况</td><td colspan="4"></td></tr>
<tr><td>研磨或修理</td><td colspan="4"></td></tr>
<tr><td>堆焊或更换</td><td colspan="4"></td></tr>
<tr><td>检修结论</td><td colspan="6"></td></tr>
</table>

能力训练

1. 简述闸阀、截止阀、蝶阀的分类、特点及工作过程。

2. 在教师指导下分组进行闸阀或截止阀的解体、清洗、检查、组装。每组写出阀门检修的工序卡、检修记录、检修报告。

任务四 保护用阀门检修

任务目标

掌握保护用阀门的分类及止回阀、安全阀的工作过程；了解止回阀、安全阀的检修工艺方法及质量标准。

知识储备

热力设备和管道上装有一些保护用的阀门，在发电厂中常用的有止回阀、安全阀和疏水阀等。

一、止回阀检修

（一）止回阀作用及工作原理

止回阀是能自动阻止流体倒流的阀门。止回阀的阀瓣在流体压力下开启，流体从进口侧流向出口侧，当进口侧压力低于出口侧时，阀瓣在流体压差、本身重力等因素作用下自动关闭以防止流体倒流。在汽轮机主要安装在各种泵的出口，防止泵停止运行后介质倒流，使泵反转；汽轮机抽汽管道上的止回阀当汽轮机故障停机或紧急跳闸时防止抽汽回流（特别是母管制），保护汽轮机不致因蒸汽回流而超速，并防止加热器及管路带水进入汽轮机。

（二）止回阀的分类及其特点

止回阀一般分为升降式、旋启式、蝶式及隔膜式等几种类型。

(1) 升降式止回阀的结构一般与截止阀相似，其阀瓣沿着通道中心线作升降运动，动作可靠，但流体阻力较大，适用于较小口径的场合。升降式止回阀可分为卧式和立式，见图6-24和图6-25，又可分为自重式和它动式。

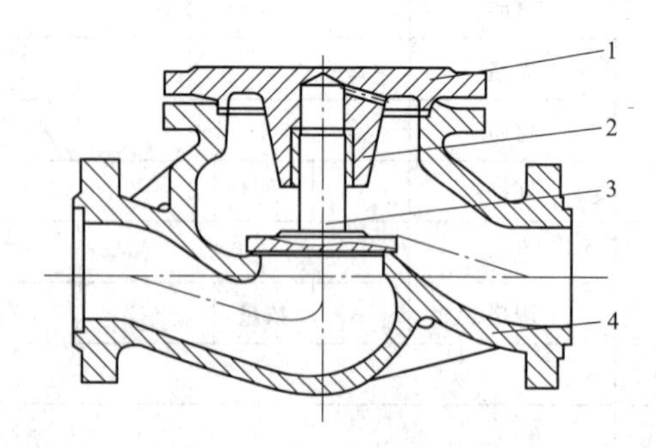

图6-24 卧式升降式止回阀

1—阀盖；2—阀套；3—阀瓣；4—阀体

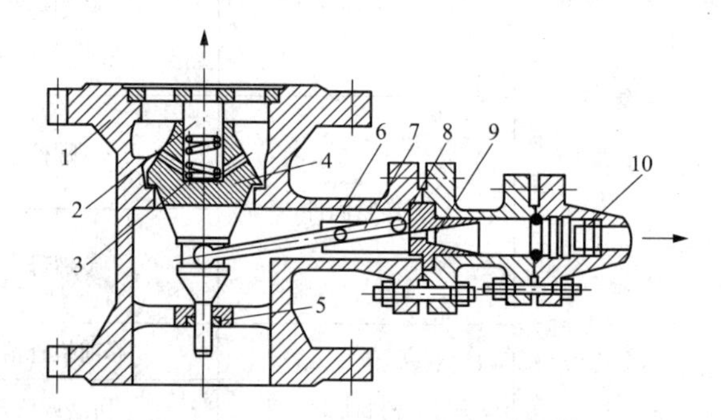

图6-25 立式升降式止回阀

1—阀体；2—定位轴；3—压缩弹簧；4—阀芯；5—轴套；6—支架；7—杠杆；8—活门；9—空排盘；10—节流孔板

卧式升降式逆止工作过程是当介质有阀盘下进入时，阀盘就被介质压力推起，将通路打通，当介质逆向流动时阀盘在自身重力的作用下，落到本体阀座上，将通路关闭。

大通径的高压止回阀大都采用强制关闭装置，它的不同点是在阀盖与阀盘的上部之间装一弹簧。卧式升降式止回阀安装在水平管道上。

立式升降式止回阀工作过程当入口流量达到一定值后，阀芯在介质的作用下升起一定的高度，介质即流出。同时由于止回阀阀芯的上升，带动杠杆转动，使再循环阀的刀片式活门向下移动，关闭阀口。当介质流量减少时，止回阀阀芯下落，杠杆的左端与阀芯相连的部分也下降，这样使右端活门上升，开启再循环门维持水泵最小的允许流量。当停泵时，阀芯自动下落，关闭阀口通道，防止高压给水倒流。

(2) 旋启式止回阀的阀瓣绕转轴做旋转运动，其流体阻力一般小于升降式止回阀，它适用于较大口径的场合。旋启式止回阀可分为卧式旋启式止回阀（见图 6－26）、多盘式旋启式止回阀（见图 6－27）和立式旋启式止回阀。

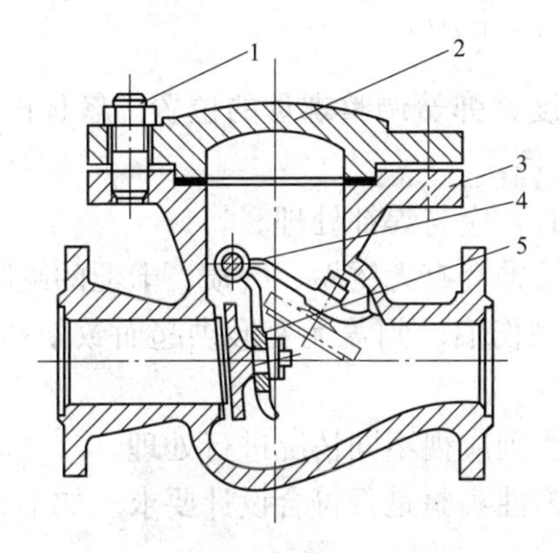

图 6－26　卧式旋启式止回阀

1—螺栓；2—阀盖；3—阀体；4—阀轴；5—阀瓣

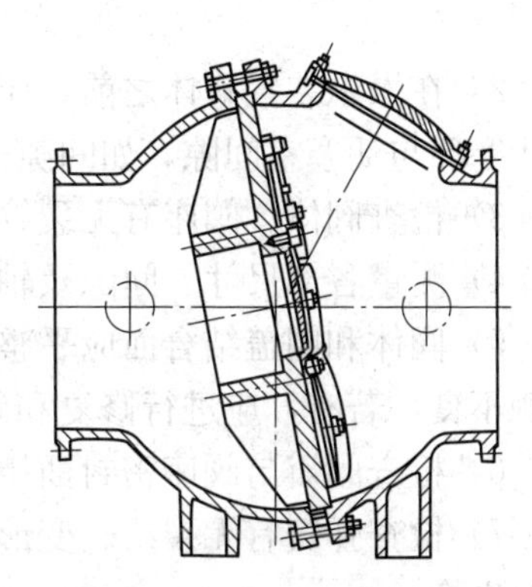

图 6－27　多盘式旋启式止回阀

(3) 蝶式止回阀的阀瓣类似于蝶阀，其结构简单、流阻较小，水锤压力亦较小。

(4) 隔膜式止回阀有多种结构形式，均采用隔膜作为启闭件，由于其防水锤性能好，结构简单，成本低，近年来发展较快。但隔膜式止回阀的使用温度和压力受到隔膜材料的限制。

（三）止回阀的检修工艺

以汽轮机抽汽止回阀介绍止回阀的结构及检修工艺

1. 抽汽轮机旋启式抽汽止回阀结构及作用

抽汽轮机旋启式抽汽止回阀结构见图 6－28，主要由阀盖、阀芯拉杆、阀芯、阀体、气控操纵装置组成。

当机组电气超速保护动作或者机组跳闸时均会使危急遮断装置的 OPC 母管压力油失压，导致空气引导阀动作使抽汽逆止门操作汽缸活塞下部的压缩空气失压，使所有的抽汽止回门快速关闭。

2. 检修工艺及质量标准

(1) 抽汽逆止门检修。

1) 解体之前，首先进行通气试验，以检查操纵装置动作是否灵活，行程是否正确，阀瓣的开关有无卡涩现象，开度是否符合要求，关闭时是否能关严。

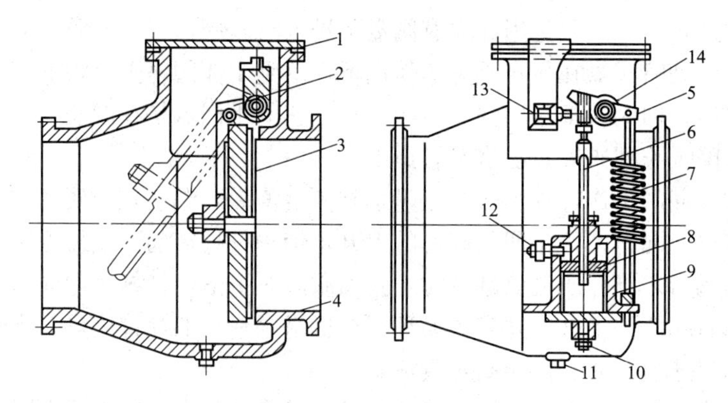

图6-28 汽轮机旋启式抽汽止回阀结构

1—阀盖；2—阀芯拉杆；3—阀芯；4—阀体；5—杠杆；6—活塞杆；7—拉伸弹簧；
8—活塞；9—活塞缸；10—工作水出口；11—放水塞；
12—水进口；13—行程开关；14—传动轴

2）在操纵装置解体之前，应测量记录弹簧的长度、弹簧调整螺母的位置。解体时要测量活塞环与活塞室间隙，如间隙过大，则应更换活塞环。

3）检查阀体、阀座有无裂纹、砂眼等缺陷，若有，应与焊补处理。

4）测量各部尺寸、间隙及轴的弯曲度，检查轴及轴套有无锈垢、磨损、卡涩的缺陷。

5）阀体和阀盖结合面应平整光滑，无麻点和机械伤痕。阀盖无变形拱起而致使结合面接触不良，若有，应进行修复和研磨。

6）检查阀瓣与阀座密封面接触情况是否良好，否则应视不同情况进行处理。

7）检查弹簧有无裂纹、变形，弹簧是否良好，弹性实验是否符合设计要求。如不合格，应与更换。

8）操纵装置中活塞与活塞室的检查和修理同安全阀一样。

（2）抽汽逆止门部件检查和测量。

1）首先将拆除下来的部件全部清洗、检查测量磨损情况。

2）在操纵装置解体之前，应测量弹簧的长度、弹簧调整螺母的位置。解体时要测量活塞环与活塞室间隙。

3）检查阀体、阀座有无裂纹、砂眼等缺陷。

4）测量各部尺寸、间隙及轴的弯曲度，检查轴及轴套有无锈垢、磨损、卡涩的缺陷。

5）阀体和阀盖结合面应平整光滑，无麻点和机械伤痕。阀盖无变形突起而致使结合面接触不良。

6）检查阀瓣与阀座密封面接触情况是否良好。

7）检查弹簧有无裂纹、变形，弹簧是否良好，弹性实验是否符合设计要求。

（3）抽汽逆止门的复装。

1）将所有零部件用砂纸打磨干净。

2）所有零部件结合部均应按原记号复位。

3）整个复装过程按拆除时的逆序进行。

4）将阀门阀瓣就位。

5）将阀臂与阀瓣连接好后加上填料。

6）在操纵装置Ⅱ一侧加好填料。

7）将气动装置连接好后与阀门连接固定。

8）紧好两侧填料压盖。

9）紧好阀门阀盖螺栓。

（4）检修项目及质量标准。

1）阀臂弯曲度每500mm长度不超过0.05mm。

2）抽汽止回门阀瓣开度85°。

3）汽缸弹簧无裂纹、变形。

4）活塞密封件间隙0.20～0.30mm。

5）阀芯无麻点。

6）阀座无麻点。

7）阀盖无变形，与阀体密封面间隙为0.15～0.25mm。

8）阀体无裂纹，无砂眼。

9）填料各层搭接错口90°～120°，压盖余量大于15mm。

（5）阀门调试。

1）阀门组装后在压缩空气系统、DEH系统、EH油系统、ETS系统各条件具备后应进行阀门动作实验。

2）阀门应动作灵活无卡涩、关闭严密、动作时间符合标准要求。

3）水压试验检查，阀门严密不漏。

（四）止回阀常见故障

1）阀瓣打碎。引起阀瓣打碎的原因是：止回阀前后介质压力处于接近平衡而又互相“拉锯”的状态，阀瓣经常与阀座拍打，某些脆性材料（如铸铁、黄铜等）做成的阀瓣就被打碎。预防的办法是采用阀瓣为韧性材料的止回阀。

2）介质倒流。介质倒流的原因有：①密封面破坏；②夹入杂质。修复密封面和清洗杂质，就能防止倒流。

二、安全阀检修

安全阀广泛用于各种承压容器和管道上，防止压力超过规定值，它是一种自动机构，当压力超过规定值后自动打开泄压，而压力回降到工作压力或略低于工作压力时又能自动关闭。它的可靠性直接关系到设备及人身的安全。

汽轮机中，高压加热器、除氧器、抽汽管道和供汽管道等容器和管道上。

（一）安全阀的基本特性和要求

1. 安全阀的各种压力定义

（1）最高允许压力：介质通过安全阀排放时，被保护容器内允许最高压力。

（2）运行压力：容器在工作中经常承受的表压力。

（3）容器的计算工作压力：进行容器壁厚强度计算的压力。

（4）全开压力：安全阀在全开启行程下的阀前压力，它又叫排放压力。

（5）整定压力：调整的使安全阀开启的入口压力。

（6）关闭压力：又叫回座压力，是安全阀开启后，当容器压力下降到该压力时安全阀关闭的压力。

（7）回差：指容器的工作压力同安全阀的关闭压力之差。

（8）背压：指在安全阀排出侧建立起来的压力。背压可能是固定的，也可能是变动的，影响着安全装置的工作，向大气排放时，背压为零。

2. 对安全阀的工作要求

（1）当达到最高允许压力时，安全阀要尽可能开启到应达到的高度，并排放出规定量的介质。

（2）达到开启压力时，要迅速开启。

（3）安全阀在开启状态下排放时应稳定无震动。

（4）当压力降低到回座压力时，应能及时有效地关闭。

（5）安全阀处于关闭状态下，应保持良好的密封性能。

3. 安全阀的排放能力

（1）是指在单位时间内流经安全阀的介质流量。

（2）安全阀的排放能力要保证能放掉系统中可能产生的最大过剩介质量，给予系统设备有效的保护。

（二）安全阀的分类

安全阀按其结构不同分为直通式安全阀和脉冲式安全阀二种，直通式安全阀又分为杠杆重锤式安全阀和弹簧式安全阀。

（三）安全阀的构造及工作原理

1. 杠杆重锤式安全阀（见图 6-29）

杠杆重锤式安全阀工作原理：重锤通过杠杆将重力作用在阀杆上，使阀瓣紧压在阀座上，保持阀门关闭。当容器内的压力大于重锤作用在阀瓣上的力时，阀瓣开启，蒸汽通过环形间隙高速流出，遇到反冲盘，使流束改变方向，产生的反作用力使阀杆进一步上升，开大阀门。调整反冲盘的位置，可以改变安全阀的升程和回座压力，调整重锤的位置，可以得到不同的开启压力。

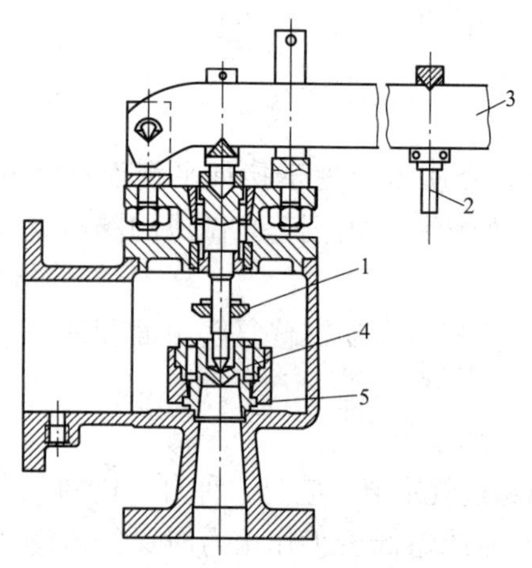

图 6-29　杠杆重锤式安全阀
1—反冲盘；2—重锤；3—杠杆；
4—阀瓣；5—阀座

2. 弹簧式安全阀（见图 6-30）

弹簧式安全阀工作原理：当系统处于计算压力时，弹簧向下的作用力大于流体作用在门芯上的向上作用力，阀门处于关闭状态，阀瓣上受到介质作用力和弹簧的作用力。当系统压力升到阀门动作压力时，一旦流体压力超过允许压力，流体作用在门芯上的向上的作用力增加，门芯被顶开，流体溢出，这种安全阀是随着容器内压力的升高而逐渐开启的，它是微启式安全阀。当系统压力回到工作压力或稍低于工作压力时，安全阀关闭。

3. 脉冲式安全阀（见图 6-31）

脉冲式安全阀（主阀）工作原理：正常关闭状态下，作用在阀瓣（倒过来的，密封面在上表面）的力平衡。当压力升高到起座压力时，脉冲阀开启，脉冲汽进入主阀，作用在活塞上，使阀杆向下移动，阀门开启。压力降到回座压力后，脉冲阀关闭，切断脉冲汽，阀瓣在介质压力与弹簧弹力差压作用下向上移动，关闭主阀。

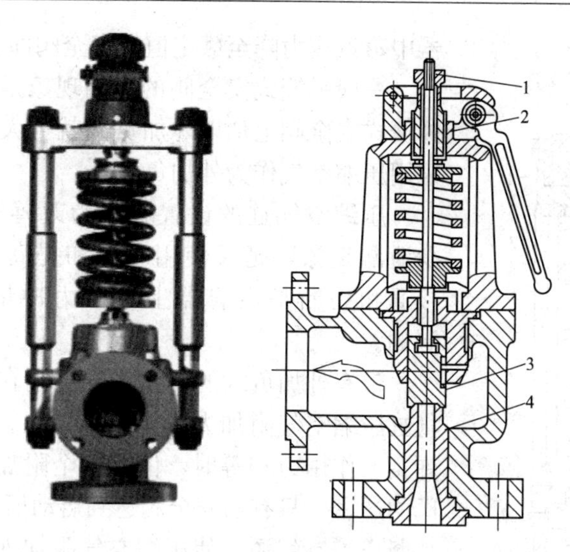

图 6－30　弹簧式安全阀

1—并紧螺帽；2—调整螺帽；3—门芯；4—门座

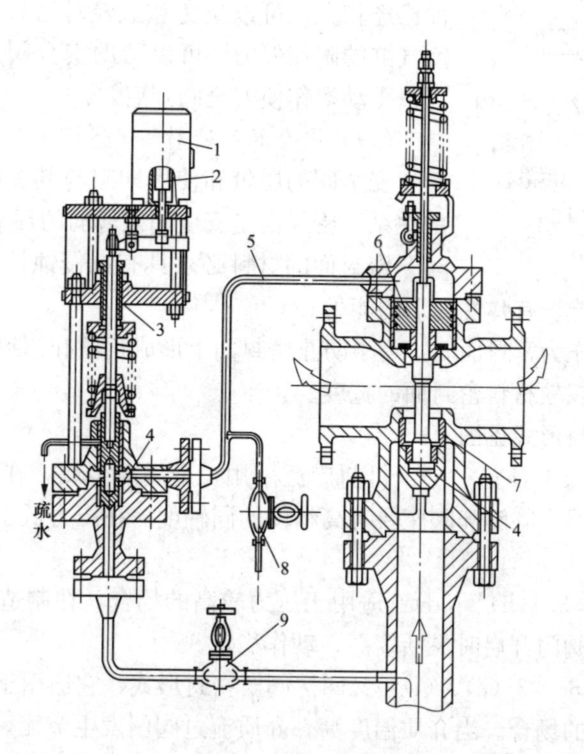

图 6－31　脉冲式安全阀

1—电磁铁；2—活动铁芯；3—调整螺帽；4—门芯；5—脉冲汽管；
6—汽动活塞；7—门座；8—节流阀；9—脉冲门入口阀

4. 外加负载弹簧式安全阀（见图 6－32）

弹簧式安全阀的工作过程为：当容器（汽包或联箱）内的压力超过规定值时，喷嘴内蒸汽作用于阀头上的压力大于盘形弹簧压向下的作用力，阀头即被推离阀座，使安全阀开启排汽降压，直至容器内的蒸汽压力降低到使作用于阀头上的力小于盘形弹簧的作用力时，即容

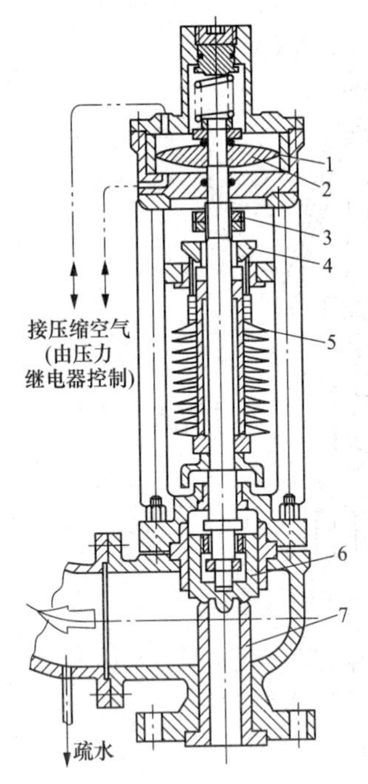

图 6-32 外加负载弹簧式安全阀
1—“O”形密封圈；2—气动活塞；
3—定位螺帽；4—调整螺帽；
5—碟形弹簧；6—门芯；
7—门座

器中蒸汽压力降至额定值时安全阀即关闭。

一般弹簧式安全阀的泄漏现象是很难避免的，为此在弹簧式安全阀上加以外加负载就可大大减少其泄漏。一般采用压缩空气作为外加负载。

压缩空气缸的设置就是为改善安全阀的严密性，减少泄漏现象，延长使用寿命和提高启、闭灵性。气源的接通和切断是由容器上的压力冲量经压力继电器来控制的。

带有外加负载的弹簧式安全阀在正常运行时，压缩空气缸压缩空气附加力作用于阀头上。因此，当蒸汽压力和弹簧的作用力相等时，依靠这个附加外力，可以保持安全阀的严密。只有当安全阀达到启动压力，压力继电器动作，切断压缩空气源，使压缩空气附加外力消失时，安全阀立即开启排汽，一下子就开足，这时阀头和喷嘴间的流通截面已经较大，可以避免和减轻对密封面的吹损程度，压缩空气缸的附加外力还可以帮助安全阀的关闭和密封，向上可以手动操作使安全阀开启。

（四）安全阀的密封

安全阀的质量和使用期限与其关闭件的密封面有密切的关系，密封面是安全阀最薄弱的环节。

密封面的材料必须具有抗侵蚀性和耐腐蚀性，有良好的机械加工和研磨性能，有弹性变形的能力。

当采用不同材料作为密封面时，为了防止密封面上形成角槽和招致破坏，必须使较硬材料密封面的宽度大于较软材料密封面的宽度。

常见的安全阀密封形式见图 6-33。

平面密封见图 6-33（a）、（h）：目前广泛采用，金属对金属，在制造和修理时比较简便，它不像锥形密封那样阀瓣和阀座要有高精度的同轴度。在压力低于 9.8MPa 可靠，压力更高不适合。

锥形密封见图 6-33（b）、（d）：适用于压力较高的场合，在制造精密并堆焊硬质合金的情况下，它能保证阀门开启时灵活度高，动作稳定。

带弹性密封见图 6-33（e）、（i）：又叫热阀瓣密封形式，它适用于高温介质中阀座和阀瓣有可能发生热变形的场合。当介质温度高，介质流过阀门发生节流，温度降低，在密封材料中造成温度梯度，引起密封材料热变形。这种形式中的弹性密封面较薄，受热均匀，因此热变形小。

（五）安全阀检修

安全阀作为受压系统的超压保护装置，理所当然地受到非常地重视。为了使安全阀在工作中始终保持良好状态，除了设计、制造等必要条件外，还同准确地选用、安装和使用等因素有关，而安全阀的维修工作也是不容忽视的。安全阀的使用寿命和功能作用的维持很大程度上取决于维修，因此从这一点上来说，安全阀的维修有着重要的意义。

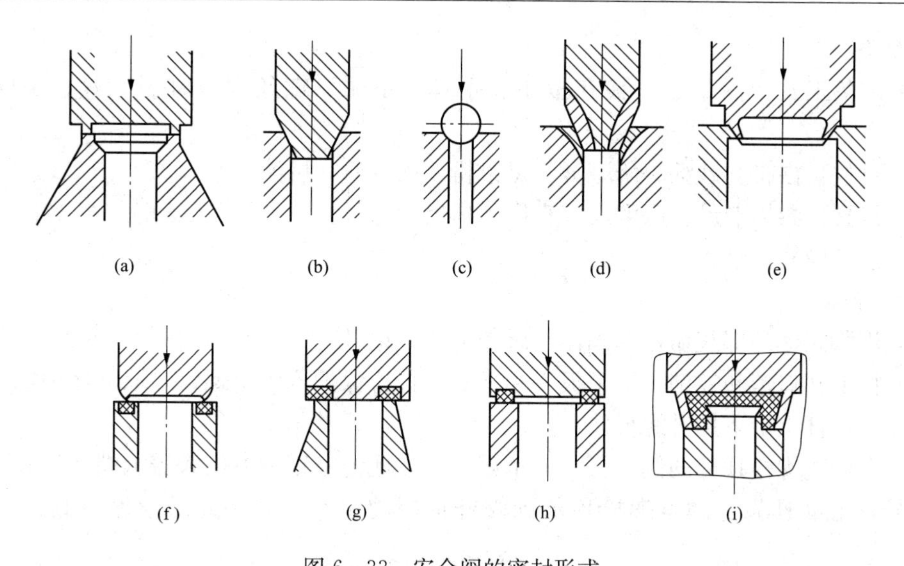

图 6-33　安全阀的密封形式

（a）平面密封 1；（b）锥形密封 1；（c）球形密封；（d）锥形密封 2；（e）带弹性密封 1；（f）刀形密封 1；（g）刀形密封 2；（h）平面密封 2；（i）带弹性密封 2

安全阀的维修工作要严格遵守安全技术规程。每一个操作人员一定要熟悉安全技术规程，很好地了解管路系统的流程路线、用途及其保养与维修方法。在修理安全阀时，有时是在蒸汽管路上直接进行的，这时严格遵守安全技术规程更具有特别重要的意义。

现代大型锅炉一般都采用弹簧式安全阀。A48Y-16C 弹簧式安全阀及其外形分别见图 6-34和图 6-35 为例，现以此为例介绍安全阀的检修过程。

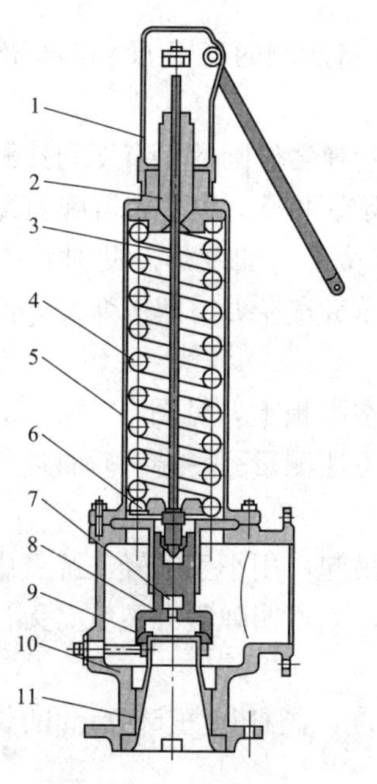

图 6-34　A48Y-16C 弹簧式安全阀

1—保护罩；2—调整螺杆；3—阀杆；4—弹簧；5—阀盖；6—导向套；7—阀瓣；8—反冲盘；9—调节环；10—阀体；11—阀座

图 6-35　A48Y-16C 弹簧式安全阀外形

1．准备工作

（1）准备工具：活扳手、梅花扳手、手锤、手钳、螺丝刀、研磨工具、手电筒、记号笔。

（2）材料：白布、砂纸、研磨膏、黑铅粉、红丹粉、机油。

（3）量具：游标卡尺、深度尺、直尺、角尺、塞尺。

（4）准备检修记录表。

2．拆卸顺序

（1）清除阀体外部灰垢，在阀体与阀盖上做上记号。

（2）拆下开口销和柱销，取下扳手和叉板，拧松保护罩固定螺钉，取下保护罩。

（3）从阀杆上旋下提升螺母。

（4）在调整螺栓顶部的侧面打上一个记号，在此记号正下方的阀盖上端加工表面上作上另一记号，用量具测量调整螺栓顶部到阀杆顶端的距离，并将此纪录保持到该阀门重新装配。

（5）旋松调整螺栓的锁紧螺母和调整螺栓，卸去弹簧的预紧力。

（6）旋出连接阀盖和阀体的螺母，取出阀盖。

（7）取出弹簧座、弹簧及阀杆。

（8）取出导向套、阀瓣组合件（阀瓣、反冲盘）。

（9）旋下调节圈固定螺钉，对下调节圈的位置做上记号，然后拆下下调节圈，当阀瓣与阀座的密封面研磨量不是很大时，下调节圈可不拆卸。

3．检查项目

将拆下的各部件清洗后进行检查。

（1）检测弹簧的自由高度：检测方法见图6-36（a）。将所测的高度H值与标准值或上次大修的测量值进行比较，确定弹簧是否产生变形。

（2）检测弹簧中心弯曲度：弹簧中心弯曲度可通过测量弹簧外圆的平直度间接测出。

测量时，将弹簧横卧在平板上见图6-36（b），让弹簧在平板上滚动，若弹簧能在任意位置停住，则说明弹簧未弯曲。如果不能停稳，则说明弹簧已弯曲变形。此时将弹簧置于图6-36（c）的位置，测得最高处至平板的尺寸h，减去弹簧直径D，即得弹簧弯曲值。其标准为每100mm不大于1.5mm。

（3）检测弹簧两端面与其中心线的垂直度：将弹簧立在平板上，见图6-36（d），用角尺进行测量（测量两处，相隔90°），测量一端后再用同样方法测量另一端。垂直度标准为每100mm不大于1.5mm。

（4）检查弹簧裂纹：最简便的方法是将弹簧用细铁丝吊起，用小手锤轻击弹簧中部，听其声音，没有裂纹的弹簧声音清脆、有余音；若声音嘶哑，则说明弹簧有裂纹。无论裂纹在何处，只要有裂纹弹簧不允许再继续使用。

（5）检查阀杆的腐蚀情况，检查阀杆的弯曲度、椭圆度，阀杆以每500mm的长度允许的弯曲不超过0.05mm为准。阀杆螺纹无损伤、毛刺。

（6）检查阀瓣和阀座的密封面有无沟槽和麻坑等缺陷。

（7）测量阀瓣组件与导向套的径向间隙。

测量阀瓣组件与导向套的径向间隙（即反冲盘与导向套的间隙）。反冲盘与导向套的间隙必须在一定的范围内，太小容易卡阻、太大则容易造成开启时阀瓣侧偏，影响回座密封。导向套间隙的设计和介质温度、安全阀通径有关，介质温度直接造成热膨胀改变间隙，口径大小与间隙也成正比，因此工作介质温度越高，间隙也应该越大，口径越大，间隙也应该越大。表 6－12 给出了阀瓣与导向套的径向间隙范围。

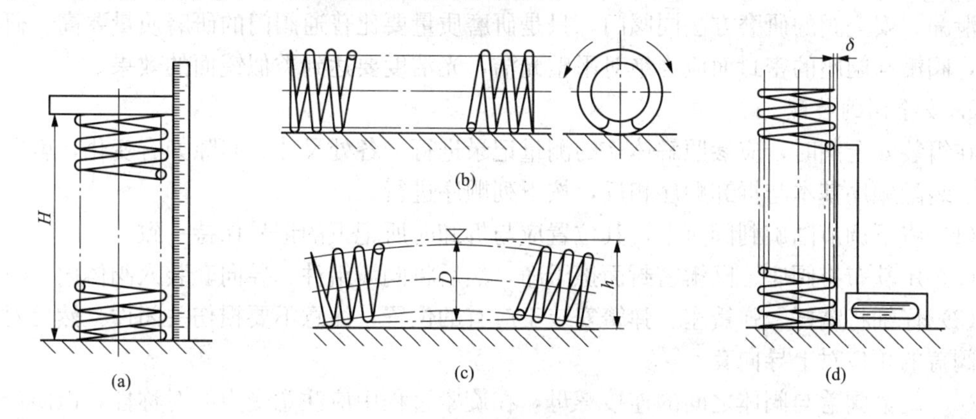

图 6－36 弹簧形位公差的检测

(a) 检测自由高度；(b) 弹簧横卧在平板上；(c) 检测平直度；(d) 检测垂直度

表 6－12　　阀瓣与导向套的径向间隙

阀瓣外径（mm）	介质温度（℃）	阀瓣外径（mm）
	≤300	＞300
	间隙（mm）	
＜40	0.35	0.45
40～60	0.5	0.60
60～80	0.55	0.65
80～100	0.7	0.8
100～120	0.9	1.00
120～140	1.10	1.20
140～160	1.30	1.40

4. 安全阀的检修工艺

(1) 阀杆的检修。安全阀阀杆材料应为铬不锈钢，一般为 2Cr13。阀杆的上部导向面，下端尖承压点都是最重要的。上部如电镀仍未剥落可用细砂纸沾油磨光。下部的尖端是受力中心点，如锈蚀只能用小车床修正，绝对不能用手工在砂轮上磨尖，因为一旦破坏了同心度，便将受力偏移，容易泄漏。

(2) 弹簧的检修。安全阀弹簧如严重锈蚀当然不可用，但一般环境中如无严重锈蚀可使用多次大修周期。但需要注意的是，必须用着色剂检查有无径向裂纹，即使有细小的径向（横向）裂缝，也不能继续使用。

(3) 密封面的检修。安全阀密封面的结构形式主要有平面密封、锥形密封、球形密封等，目前应用最广泛的是金属对金属平面密封。平面密封在制造修理时比较简便，它不像锥形密封那样要求阀瓣对阀座具有高度的同轴度，锥形密封用于压力较高的场合。高温工作的安全阀的密封面用硬质合金堆焊，一般为钴基硬质合金，其硬度在 HRC40～45 间，具有很优良的物理特性。

金属密封面在损坏不太严重的情况下，都采用研磨的方式进行修理。研磨时，阀瓣和阀座必须用平整的专用研磨工具分开研磨，不能对磨，因为对磨后易出现沟槽，一经开启回座后即泄漏。安全阀的研磨方法同阀门，只是研磨质量要比普通阀门的研磨质量要高。研磨结束后，阀瓣与阀座的密封面应当绝对平整光洁，光洁度要达到类似镜面的效果。

5. 安全阀的装配

在组装安全阀时，应参照解体前的测量记录进行，各处尺寸、间隙如有变化，就要查明原因。装配顺序基本与拆卸顺序相反，按下列顺序进行。

（1）将下调节圈旋到阀座上，其位置应与拆卸时所记下的记号保持一致。

（2）用软布将阀座、阀瓣密封面擦干净，然后将阀瓣组件、导向套装入阀体内。

（3）仔细将阀杆、弹簧座、弹簧安装于应有的位置，注意不要损伤关闭件。然后对准中心将阀盖的止口对上导向套。

（4）旋紧阀盖与阀体之间的连接螺母，在旋紧过程中应注意受力的对称性，以防产生任何不必要的应力或可能造成部分零件失调而导致密封面损伤。

（5）将调整螺栓紧至与拆卸之前相同的位置，然后将锁紧螺母紧好。

（6）旋上提升螺母，提升螺母与叉板之间要有 3mm 左右间隙，如图 6－23 中的间隙 a 所示。

（7）装上保护罩等其他零件。

（8）旋上调节圈固定螺钉，使螺钉位于调节圈两圈之间的凹槽内，以防止调节圈转动，但不得对调节圈产生侧向压力。

6. 安全阀拆装注意事项

（1）在检修安全阀时应做好检修记录，可使用安全阀检修记录表，见表 6－13。

表 6－13　　安全阀检修记录表

<table>
<tr><td>阀门名称</td><td></td><td>整定压力</td><td></td><td>阀座喉径</td><td></td></tr>
<tr><td>阀门型号</td><td></td><td>排放压力</td><td></td><td>回座压力</td><td></td></tr>
<tr><td rowspan="11">检查检修项目</td><td rowspan="4">弹簧</td><td>自由高度</td><td colspan="3"></td></tr>
<tr><td>弯曲度</td><td colspan="3"></td></tr>
<tr><td>垂直度</td><td colspan="3"></td></tr>
<tr><td>有无裂纹</td><td colspan="3"></td></tr>
<tr><td rowspan="3">阀杆</td><td>阀杆表面及螺纹</td><td colspan="3"></td></tr>
<tr><td>弯曲度</td><td colspan="3"></td></tr>
<tr><td>椭圆度</td><td colspan="3"></td></tr>
<tr><td rowspan="2">密封面</td><td>阀瓣</td><td colspan="3"></td></tr>
<tr><td>阀座</td><td colspan="3"></td></tr>
<tr><td rowspan="2">配合间隙</td><td>导向套的内径</td><td></td><td rowspan="2">间隙值</td><td rowspan="2"></td></tr>
<tr><td>反冲盘的外径</td><td></td></tr>
<tr><td>检修人员</td><td colspan="5"></td></tr>
</table>

（2）安全阀在安装就位后，其阀杆中心应处于垂直状态。

（3）安装前应对安全阀的管道系统进行检查和吹洗，管内不许有灰渣、锈块等杂物。

（4）安全阀的排汽管应固定牢，必须防止排汽管的自重与反作用力传到安全阀上，同时要防止雨、雪倒流到安全阀内。

（5）安全阀的支吊架应牢固可靠，并保证安全阀不歪斜。

（六）安全阀的校验

1. 安全阀的冷态

安全阀检修好后可进行冷态校验，这样可保证热态校验一次成功，缩短热校验时间，并且减少了由于校验安全阀时锅炉超过额定压力运行的时间。安全阀的冷态校验可在专用的校验台（图 6－37）上进行。

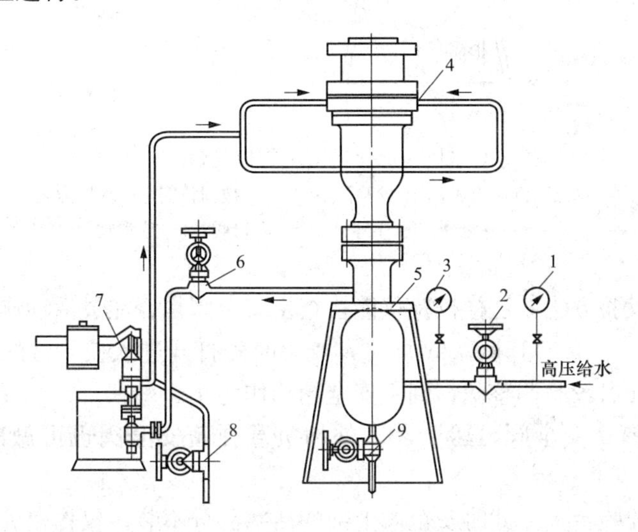

图 6－37　安全阀校验台

1—高压给水压力表；2—校验调节阀；3—被调整安全阀水压力表；4—主安全阀；5—校验台；6—脉冲安全阀入口阀；7—脉冲安全阀；8—调节缓冲节流阀；9—校验台放水阀

（1）脉冲安全阀的冷态校验。脉冲安全阀的冷态校验步骤：脉冲安全阀和主安全阀等检修完以后，将其安装在校验台上；校验时应先关闭校验调节阀和校验台放水阀，开启脉冲安全阀之人口阀，并开调节缓冲节流阀，开 1/4～1/2 圈。再接通校验用的高压给水，其压力应高于安全门动作压力。校验时徐徐开启控制校验调节阀，监视压力表压力升高数值和脉冲安全阀的动作情况，调整脉冲安全阀之重锤位置（若是弹簧式脉冲安全阀则调整弹簧之调整螺母），使其在规定的动作压力下动作，接着主安全阀亦应动作。否则应检查找出不动作的原因，并给予解决。

校验好后应将重锤位置记下或将重锤用顶丝顶紧不使其移动。根据实际经验，冷态校验安全阀的动作压力，应比规定的安全阀动作压力高 0.5～1kg/cm^2。

校验完后打开校验台放水阀，水放完后即可将安全阀拆下来，并将内部的水擦干净，再组装好即可做备用或安装压力设备上。

（2）主安全阀单独校验。

校验是在校验台上进行，见图 6－38。

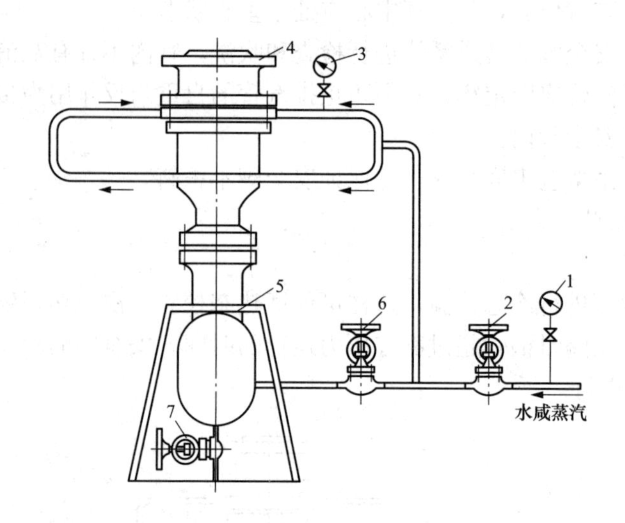

图 6-38　主安全阀校验台

1—水或蒸汽压力表；2—校验调整阀；3—被调整安全阀水压力表；
4—主安全阀；5—校验台；6—入口阀；7—放水阀

主安全阀单独校验方法：这样校验仅能检查主安全阀是否能灵活动作，所以所用的水或蒸汽压力不需太高，有 $10\sim15kg/cm^2$ 即可，校验时先打开进入校验台的入口阀，关闭校验台放水阀，再徐徐开启校验调整阀，到主安全阀动作为止。

(3) 外加负载弹簧安全阀校验步骤。外加负载弹簧安全阀也可做冷态校验，其系统见图 6-38。

将安全阀装到校验台上，此时安全阀上部的活塞部分不装，仅作校验弹簧的长度（即弹簧调整螺母的位置）。

校验时使高压给水充满校验台，根据其动作压力调整弹簧调整螺母（拧紧或旋松），直到在规定动作压力下能动作即可。同样其冷态校验时的动作压力，应较规定之动作压力大 $0.5\sim1kg/cm^2$。

校验后将安全阀内的水擦干净。

2. 安全阀的热校验

脉冲式安全阀热校验步骤：安全阀热校验顺序，联系运行人员一起整定。安全阀的开启压力按要求整定值进行整定，一般当压力升至接近安全阀动作压力（一般较动作压力小 $1kg/cm^2$ 左右）时，若脉冲安全阀还不动作应将脉冲安全阀的重锤向里侧稍加移动（对弹簧式脉冲安全阀应将弹簧调整螺母稍松一些），若此时脉冲安全阀动作接着主安全阀也动作，应将动作压力和动作完毕返回压力记录下来作为技术档案保存，如果动作压力和规定动作压力一致，或正负相差在 $0.5kg/cm^2$ 之内即算合格。

外加负载弹簧安全阀热校验要点：外加负载弹簧安全阀校验时，其上部的外加负载装置先不安装，待安全阀校验完后再将其安装上。如果被校验的安全阀已经过冷态校验，当系统压力升至动作压力时，若安全阀还不动作，应将系统压力降至系统工作压力，方可稍松弹簧调整螺母，然后再将系统压力升至动作压力，安全阀即可动作，此时记下开始动作和返回的压力作为技术档案保存。这个安全阀校验完后，可用U形垫板卡在定位圈上，并将定位圈向上旋紧，这样安全阀就不会动作了。就可继续校验其他安全阀。

安全阀校验时安全注意事项：

(1) 安全阀做冷态试验时，应由专人控制高压给水进入校验台的入口阀，防止阀开得过大超压过多，开阀门时应慢慢地开，均匀的升压。避免高压给水烫伤工作人员。

(2) 冷态校验时一定要把校验台内部和管道内部清理干净，防止有铁渣等把安全阀密封面损坏。

(3) 在热校验安全阀当压力超过锅炉工作压力时，工作人员应站远些，以防蒸汽喷出受伤。

(4) 在热校验安全阀时应由一人负责统一指挥，各个工作人员加强联系，参加人员不可过多，以免造成混乱。

(七) 安全阀常见故障原因分析及解决方法

1. 阀门泄漏

在设备正常工作压力下，阀瓣与阀座密封面处发生超过允许程度的渗漏，安全阀的泄漏不但会引起介质损失。另外，介质的不断泄漏还会使硬的密封材料遭到破坏，但是，常用的安全阀的密封面都是金属材料对金属材料，虽然力求做得光洁平整，但是要在介质带压情况下做到绝对不漏也是非常困难的。因此，对于工作介质是蒸汽的安全阀，在规定压力值下，如果在出口端肉眼看不见，也听不出有泄漏，就认为密封性能是合格的。一般造成阀门泄漏的原因主要有以下几种情况：

一种情况是，脏物杂质落到密封面上，将密封面垫住，造成阀芯与阀座间有间隙，从而阀门渗漏。消除这种故障的方法就是清除掉落到密封面上的脏物及杂质，一般在锅炉准备停炉大小修时，首先做安全门跑砣试验，如果发现泄漏停炉后都进行解体检修，如果是点炉后进行跑砣试验时发现安全门泄漏，估计是这种情况造成的，可在跑砣后冷却20min后再跑砣一次，对密封面进行冲刷。

另一种情况是密封面损伤。造成密封面损伤的主要原因有以下几点：一是密封面材质不良。消除这种现象最好的方法就是将原有密封面车削下去，然后按图纸要求重新堆焊加工，提高密封面的表面硬度。注意在加工过程中一定保证加工质量，如密封面出现裂纹、沙眼等缺陷一定要将其车削下去后重新加工。新加工的阀芯阀座一定要符合图纸要求。目前使用YST103通用钢焊条堆焊加工的阀芯密封面效果就比较好。二是检修质量差，阀芯阀座研磨的达不到质量标准要求，消除这种故障的方法是根据损伤程度采用研磨或车削后研磨的方法修复密封面。

造成安全阀泄漏的另一个原因是装配不当或有关零件尺寸不合适。在装配过程中阀芯阀座未完全对正或结合面有透光现象，或者是阀芯阀座密封面过宽不利于密封。消除方法是检查阀芯周围配合间隙的大小及均匀性，保证阀芯顶尖孔与密封面同正度，检查各部间隙不允许抬起阀芯；根据图纸要求适当减小密封面的宽度实现有效密封。

还有整定压力的偏差。当安全阀的工作压力相当高时，压力的波动使阀瓣得不到密封而泄漏。因此，应检查安全阀的整定压力偏差是否超出允许的范围。同时这种泄漏通常也是由于高温安全阀在试验台进行冷整定试验时，弹簧的设定压力不恰当的补偿引起的。因此，解决的办法涉及安全阀制造厂家的温度修正系数。

2. 阀体结合面渗漏

指上下阀体间结合面处的渗漏现象，造成这种泄漏的主要原因有以下几个方面：一是结合面的螺栓紧力不够或紧偏，造成结合面密封不好。消除方法是调整螺栓紧力，在紧螺栓时一定要按对角把紧的方式进行，最好是边紧边测量各处间隙，将螺栓紧到紧不动为止，并使结合面各处间隙一致。二是阀体结合面的齿形密封垫不符合标准。例如，齿形密封垫径向有轻微沟痕，平行度差，齿形过尖或过坡等缺陷都会造成密封失效。从而使阀体结合面渗漏。在检修时把好备件质量关，采用合乎标准的齿形密封垫就可以避免这种现象的发生。三是阀体结合面的平面度太差或被硬的杂质垫住造成密封失效。对由于阀体结合面的平面度太差而引起阀体结合面渗漏的，消除的方法是将阀门解体重新研磨结合面直至符合质量标准。由于杂质垫住而造成密封失效的，在阀门组装时认真清理结合面避免杂质落入。

3. 冲量安全阀动作后主安全阀不动作

这种现象通常被称为主安全门的拒动。主安全门拒动对运行中的锅炉来说危害是非常大的，是重大的设备隐患，严重影响设备的安全运行，一旦运行中的压力容器及管路中的介质压力超过额定值时，主安全门不动作，使设备超压运行极易造成设备损坏及重大事故。

假设作用在活塞上力为 f_1，介质对阀芯一个向上的作用力为 f_2，运动部件与固定部件间摩擦力（主要是活塞与活塞室间的摩擦力）为 f_m，则主安全门的动作的先决条件：只有作用在活塞上的作用力 f_1略大于作用在阀芯上使其向上的作用力 f_2及弹簧通过阀杆对阀芯向上的拉力 f_3及运动部件与固定部件间摩擦力（主要是活塞与活塞室间的摩擦力）f_m之和时，即 $f_1>f_2+f_3+f_m$时，主安全门才能启动。

通过实践，主安全门拒动主要与以下三方面因素有关：

(1) 一是阀门运动部件有卡阻现象。这可能是由于装配不当，脏物及杂质混入或零件腐蚀；活塞室表面光洁度差，表面损伤，有沟痕硬点等缺陷造成的。这样就使运动部件与固定部件间摩擦力 f_m增大，在其他条件不变的情况下 $f_1<f_2+f_3+f_m$所以主安全门拒动。

消除这种缺陷的方法是：检修时对活塞、胀圈及活塞室进行了除锈处理，对活塞室沟痕等缺陷进行了研磨，装配前将活塞室内壁均匀地涂上铅粉，并严格按次序对阀门进行组装。在锅炉水压试验时，对脉冲管进行冲洗，然后将主安全门与冲量安全阀连接。

(2) 二是主安全门活塞室漏气量大。当阀门活塞室漏气量大时，f_1一项作用在活塞上的作用力偏小，在其他条件不变的情况下，$f_1<f_2+f_3+f_m$，所以主安全门拒动。造成活塞室漏气量大的主要原因与阀门本身的气密性和活塞环不符合尺寸要求或活塞环磨损过大达不到密封要求有关系。

消除这种缺陷的方法是：对活塞室内表面进行处理，更换合格的活塞及活塞环，在有节流阀的冲量安全装置系统中关小节流阀开度，增大进入主安全门活塞室的进汽量，在条件允许的情况下也可以通过增加冲量安全阀的行程来增加进入主安全门活塞室内的进汽量方法推动主安全阀动作。

(3) 三是主安全阀与冲量安全阀的匹配不当，冲量安全阀的蒸汽流量太小。冲量安全阀的公称通径太小，致使流入主安全阀活塞室的蒸汽量不足，推动活塞向下运动的作用力 f_1不够，即 $f_1<f_2+f_3+f_m$，致使主安全阀阀芯不动。这种现象多发生于主安全阀式冲量安全阀有一个更换时，由于考虑不周而造成的。

将冲量安全阀解体，将其导向套与阀芯配合部分的间隙扩大，以增加其通流面积，跑砣试验一次成功。所以说冲量安全阀与主安全阀匹配不当，公称通径较小也会引起主安全阀拒动。

4. 冲量安全阀回座后主安全阀延迟回座时间过长

发生这种故障的主要原因有以下两个方面：

（1）一方面是，主安全阀活塞室的漏汽量大小，虽然冲量安全阀回座了，但存在管路中与活塞室中的蒸汽的压力仍很高，推动活塞向下的力仍很大，所以造成主安全阀回座迟缓，这种故障多发生于 A42Y－P5413.7VDg100 型安全阀上，因为这种型式的安全阀活塞室汽封性良好。消除这种故障的方法主要通过开大节流阀的开度和加大节流孔径加以解决，节流阀的开度开大与节流孔径的增加都使留在脉冲管内的蒸汽迅速排放掉，从而降低了活塞内的压力，使其作用在活塞上向下运动的推力迅速减小，阀芯在集汽联箱内蒸汽介质向上的推力和主安全阀自身弹簧向上的拉力作用下迅速回座。

（2）另一方面原因就是主安全阀的运动部件与固定部件之间的摩擦力过大也会造成主安全阀回座迟缓，解决这种问题的方法就是将主安全阀运动部件与固定部件的配合间隙控制台标准范围内。

5. 安全阀的回座压力低

安全阀回座压力低将造成大量的介质超时排放，造成不必要的能量损失。这种故障多发生在弹簧脉冲安全阀上，分析其原因主要是由以下几个因素造成的：

（1）弹簧脉冲安全阀上蒸汽的排泄量大，这种形式的冲量安全阀在开启后，介质不断排出，推动主安全阀动作。

（2）是冲量安全阀前压力因主安全阀的介质排出量不够而继续升高，所以脉冲管内的蒸汽继续流向冲量安全阀维持冲量安全阀动作。

（3）由于此种型式的冲量安全阀介质流通是经由阀芯与导向套之间的间隙流向主安全阀活塞室的，介质冲出冲量安全阀的密封面，在其周围形成动能压力区，将阀芯抬高，于是达到冲量安全阀继续排放，蒸汽排放量越大，阀芯部位动能压力区的压强越大，作用在阀芯上的向上的推力就越大，冲量安全阀就越不容易回座，此时消除这种故障的方法就是将节流阀关小，使流出冲量安全阀的介质流量减少，降低动能压力区内的压力，从而使冲量安全阀回座。

造成回座压力低的第二因素是：阀芯与导向套的配合间隙不适当，配合间隙偏小，在冲量安全阀启座后，在此部位瞬间节流形成较高的动能压力区，将阀芯抬高，延迟回座时间，当容器内降到较低时，动能压力区的压力减小，冲量阀回座。

消除这种故障的方法是认真检查阀芯及导向套各部分尺寸，配合间隙过小时，减小阀瓣密封面直往式阀瓣阻汽帽直径或增加阀瓣与导向套之间径向间隙，来增加该部位的通流面积，使蒸汽流经时不至于过分节流，而使局部压力升高形成很高的动能压力区。

造成回座压力低的另一个原因就是各运动零件摩擦力大，有些部位有卡涩，解决方法就是认真检查各运动部件，严格按检修标准对各部件进行检修，将各部件的配合间隙调整至标准范围内，消除卡涩的可能性。

6. 安全阀的频跳

频跳指的是安全阀回座后，待压力稍一升高，安全阀又将开启，反复几次出现，这种现象称为安全阀的“频跳”。安全阀机械特性要求安全阀在整动作过程中达到规定的开启高度时，不允许出现卡阻、震颤和频跳现象。发生频跳现象对安全阀的密封极为不利，极易造成密封面的泄漏。分析原因主要与安全阀回座压力达高有关，回座压力较高时，容器内过剩的介质排放量较少，安全阀已经回座了，当运行人员调整不当，容器内压力又会很快升起来，所以又造成安全阀动作，像这种情况可通过开大节流阀的开度的方法予以消除。节流阀开大后，通往主安全阀活塞室内的汽源减少，推动活塞向下运动的力较小，主安全阀动作的概率较小，从而避免了主安全阀连续启动。

7. 安全阀的颤振

安全阀在排放过程中出现的抖动现象，称其为安全阀的颤振，颤振现象的发生极易造成金属的疲劳，使安全阀的机械性能下降，造成严重的设备隐患，发生颤振的原因主要有以下几个方面：

（1）阀门的使用不当，选用阀门的排放能力太大（相对于必须排放量而言），流体的流量低于安全阀额定排量的25％时，将有发生颤振的趋向。在达到突然排放压力时，容器中的介质没有足够的能量克服弹簧力的作用而使阀瓣达不到全开启位置，升力的不足导致了颤振。消除的方法是应当使选用阀门的额定排量尽可能接近设备的必需排放量、流量来准确地选择阀门。

（2）由于进口管道的口径太小，小于阀门的进口通径，或进口管阻力太大，消除的方法是在阀门安装时，使进口管内径不小于阀门进口通径或者减少进口管道的阻力。排放管道阻力过大，造成排放时过大的背压也是造成阀门颤振的一个因素，可以通过降低排放管道的阻力加以解决。

（3）压力的波动。排放引起的压力波动或安全阀进口压力的波动都能引起颤振。排放端背压的变动也可以发生颤振。当排放管线的尺寸设计都不能防止颤振时，波纹管安全阀就能够克服背压的波动。波纹管不仅隔离了导向面及上面机构与介质的接触，也消除了波动背压对阀性能的影响。把一大一小两安全阀结合起来也可避免颤振。

（4）弹簧刚度过大。弹簧剐度过大也可以成为阀瓣颤振的原因。因为弹簧剐度过大可能导致在安全阀进口压力高于开启压力下的关闭。为了消除这种现象，应当使用符合结构尺寸设计的弹簧。

（5）安全阀被当作调节阀使用。有时人们试图用弹簧加裁式泄流阀代替调节阀或控制阀来调节流体的流动，从而造成颤振。

8. 提前开启

安全阀的提前开启不仅和外界的干扰有关，还和安全阀本身的装配、检测及使用条件有关。

（1）与内部调节件有关的原因。当阀瓣下方的压力接近安全周的整定压力时，内部调节件的调整（上调或下调调节圈）能引起安全阀的提前开启因此，应在无压力状态下调节。如果系统必须保持压力状态，也应稍微关闭安全阀前的截止阀防止突然排放。当通过调整弹簧力来改变安全阀的整定压力时，不应使阀瓣和阀座的表面相互转动，否则，会使密封面遭受破坏。为了做到这一点，在调整时应固定阀杆的上端或反冲盘。

（2）冷整定的原因。当安全阀在室温下整定而在高温设备上使用时，阀瓣和阀体的膨胀，加上和温度相关的弹簧力减小，导致了安全阀在实际工作温度下的整定压力降低，从而造成了提前开启。因此，应运用安全阀制造厂所提供的弹簧冷整定修正系数进行修正。

（3）装配失误。这个因素引起的安全阀提前开启已在泄漏部分中阐述。

（4）敲打阀体或阀帽造成的提前开启。当压力接近安全阀的整定压力时，敲打安全阀的阀体或阀帽来阻止泄漏将造成提前开启，管线和容器的振动也能产生同样的结果。所以应避免敲击阀门和用常规的办法来防止系统的振动。

（5）与测试设施或测量仪器有关的原因。如果用来整定安全阀的仪表读数偏高，安全阀将提前开启。如果仪表读数偏低，系统压力将可能超过容器的极限压力。

能力训练

1. 简述止回阀的分类及工作过程。

2. 简述止回阀的拆装步骤及检修质量标准。

3. 简述安全阀的分类及工作原理。

4. 在教师指导下，分组进行弹簧安全阀的检修，并做出安全阀检修的工序卡、检修记录表。

5. 分组讨论安全阀结合面渗漏的原因。

综合测试六

一、单选题

1. 阀门常用的研磨材料有（　　）。

A. 研磨砂、砂布　　B. 研磨膏、砂布

C. 研磨砂、金刚石　　D. 研磨膏、研磨砂、砂布

2. 阀门第一单元型号 J 表示为（　　）。

A. 闸阀　　B. 截止阀　　C. 减压阀　　D. 球阀

3. 表示阀门的代号由（　　）个单元组成。

A. 4　　B. 5　　C. 6　　D. 7

4. 阀门盘根接口应切成（　　）。

A. 0°　　B. 45°　　C. 60°　　D. 90°

5. 阀门检修其密封面的接触面应在全宽的（　　）以上。

A. 1/2　　B. 2/3　　C. 3/4　　D. 100

6. 以下对于阀门作用的叙述（　　）是错误的。

A. 阀门是用来控制流体流量的　　B. 阀门是用来降低流体压力的

C. 阀门是用来调节介质温度的　　D. 阀门是用来改变流体流动方向的

7. 安全阀的实际动作压力与定值相差（　　）MPa。

A. ±0.05　　B. ±0.07　　C. ±0.09　　D. ±0.01

8. 安全阀杆每 500mm 长度允许的弯曲不超过（　　）mm。

A. 0.2　　B. 0.5　　C. 1　　D. 2

9. 阀门电动装置中的行程控制机构的作用是（　　）。

A. 保证阀门开到要求的位置　　B. 保证阀门关到要求的位置

C. 保证阀门开、关到要求的位置　　D. 都不是

10. 检查阀瓣密封面，如果其表面有严重擦伤或腐蚀，深度超过（　　）mm 者应用车床修平，然后研磨，直至合格。

A. 0.1　　B. 0.2　　C. 0.5　　D. 1

11. 对于研磨好的阀门，应立即回装，为保证其密封面的粗糙度及防止其生锈，应在密封面上涂（　　）。

A. 油　　B. 机油　　C. 煤油　　D. 稀料

12. 检查密封面的密合情况一般用（　　）。

A. 铅粉　　B. 红丹粉　　C. 品蓝　　D. 白灰水

13. （　　）是为了消除密封面上的粗纹路，从而进一步提高密封面的平整度和降低其表面粗糙度。

A. 粗研　　B. 精研　　C. 抛光　　D. 车削

二、判断题

1. 阀门的研磨过程分为粗研和抛光两个过程。（　　）

2. 阀门进行密封面研磨时可用阀芯和阀座直接研磨。（　　）

3. 阀门按驱动方式可分为手动阀、电动阀、气动阀和液动阀。（　　）

4. 研磨头和研磨座是阀门检修的专用工具。（　　）

5. 阀门研磨时磨具最好采用合金钢制式。（　　）

6. 阀门密封面磨损后可以采用堆焊的办法修复。（　　）

7. 阀门填料压盖、填料室和阀杆的间隙要适当，一般为 0.1～0.2mm。（　　）

8. 对阀门填加盘根时，将填料盒内填满盘根，用压盖压紧后，应使填料压盖压紧后，填料压盖和填料盒之间的间隙为压盖有效长度的 2/3。（　　）

9. 阀门盘根接口处应切成 90°，两圈盘根和接口要错开 90°～180°。（　　）

10. 检查密封面的密合情况一般用铅粉。（　　）

11. 阀头、阀座上的麻点或小孔，深度一般在 0.5mm 以内，可采用研磨的方法检修。（　　）

12. 阀门内部泄漏的主要原因是阀瓣和阀座密封面被损坏。（　　）

三、简答题

1. 阀门在解体与组装时，为何阀门的门芯要处于开启状态?

2. 说明下列阀门型号各单元的意义：J61H－P54170V，Z941H－160。

3. 门芯或门座在粗磨时，根据什么现象确定要更换研磨砂?

4. 在开始研磨时，为何不能将门芯与门座直接进行粗磨?

5. 截止阀的安装方向如何确定?

6. 叙述阀门的解体步骤。

7. 叙述加盘根的工艺及其注意事项。

8. 阀门检查主要检查哪些项目?

9. 根据什么原则选用盘根?

10. 阀门检修后，如何进行气密性试验？其试验压力是多少?

11. 安全阀的作用是什么?

12. 试述 A48Y－16C 弹簧式安全阀的解体步骤。

13. 弹簧式安全阀的检查项目有哪些?

14. 安全阀按结构分为哪几类?

15. 说明型号：A47H－16C 各单元的意义。

16. 安全阀有几种校验方法?

17. 安全阀的常见故障及排除方法。

参 考 文 献

[1] 毛正孝，王德坚，李广华．泵与风机．3版．北京：中国电力出版社，2016.
[2] 王德坚，等．汽轮机设备检修．北京：中国电力出版社，2012.
[3] 廉根宽，等．辅助设备检修．北京：中国电力出版社，2013.
[4] 赵鸿逵．热力设备检修基础工艺．北京：中国电力出版社，2007.
[5] 盛伟等．电厂热力设备及运行．北京：中国电力出版社，2007.
[6] 王金枝，程新华．电厂锅炉原理．3版．北京：中国电力出版社，2014.
[7] 张灿勇，张洪明．火电厂热力系统．2版．北京：中国电力出版社，2013.
[8] 万振家，陈海金．锅炉辅机检修．北京：中国电力出版社，2008.
[9] 郭延秋．大型火电机组检修实用技术丛书汽轮机分册．北京：中国电力出版社，2003.
[10] 高澍芃，等．汽轮机设备检修技术问答．北京：中国水利电力出版社，2004.
[11] 王殿武．火力发电职业技能培训教材．汽轮机设备检修．北京：中国电力出版社，2005.